SIEGFRIED FLÜGGE
Rechenmethoden der Elektrodynamik

Siegfried Flügge

Rechenmethoden der Elektrodynamik

Aufgaben mit Lösungen

Mit 49 Abbildungen

Springer-Verlag Berlin Heidelberg New York
London Paris Tokyo

Professor Dr. SIEGFRIED FLÜGGE

Fakultät für Physik der Universität
D-7800 Freiburg i. Br.

ISBN 3-540-16421-9 Springer-Verlag Berlin Heidelberg New York
ISBN 0-387-16421-9 Springer-Verlag New York Heidelberg Berlin

CIP-Kurztitelaufnahme der Deutschen Bibliothek
Flügge, Siegfried:
Rechenmethoden der Elektrodynamik : Aufgaben u. Lösungen / S. Flügge.
Berlin ; Heidelberg ; New York : Springer, 1986
ISBN 3-540-16421-9 (Berlin ...)
ISBN 0-387-16421-9 (New York ...)

Satz: K + V Fotosatz, D-6124 Beerfelden. Druck- und Bindearbeiten: Beltz Offsetdruck, D-6944 Hemsbach
2153/3150-543210

Vorwort

Der Erfolg, den meine „Rechenmethoden der Quantentheorie“ seit nunmehr fast vierzig Jahren haben, hat mir schon lange den Gedanken nahegelegt, in ähnlicher Weise auch eine Darstellung von Gebieten der klassischen Physik zu versuchen. Ein Stamm von 50 Übungsaufgaben, die ich häufig gestellt und deren Lösung ich zu meinem eigenen Gebrauch und dem meiner Assistenten ausgearbeitet hatte, konnten als Ausgangspunkt eines solchen Unternehmens dienen. Das Ergebnis lege ich nun vor in der Hoffnung, Kollegen wie Studenten damit eine nützliche Hilfe an die Hand zu geben.

Der eigentliche Sinn einer solchen Sammlung ist die Ergänzung der Lehrbücher, in denen meist für die praktische mathematische Durchführung konkreter Einzelfragen wenig Raum bleibt. Natürlich hängt das bis zu einem gewissen Grade vom persönlichen Geschmack des Verfassers ab. Richard Becker etwa gab stets physikalischem Verständnis mit einem Minimum an mathematischem Aufwand den Vorzug, Arnold Sommerfeld hingegen hat nie seine besondere Freude an gescheiten mathematischen Verfahren verleugnet. Während ich in meinem 1962 erschienenen Lehrbuch um einen mittleren Weg bemüht war, steht der hier vorgelegte Band ganz im Zeichen der Anwendung mathematischer Hilfsmittel, eben der Rechenmethoden. Demzufolge sind z. B. die statischen Felder ellipsoidförmiger Körper mit Hilfe der dabei auftretenden Legendreschen Funktionen zweiter Art oder die zylindrischen Wellenleiter und Drahtwellen mit den für sie charakteristischen Zylinderfunktionen ausführlicher als üblich und als in einem Lehrbuch sinnvoll behandelt. Auf der anderen Seite mußte manches weggelassen oder nur knapp angedeutet werden. So wurden Probleme der Optik nur in einigen Aufgaben gestreift. Die Erklärung elektrischer und magnetischer Materialeigenschaften ist auf den letzten Abschnitt des Buches beschränkt, wobei der Verzicht auf quantentheoretische Hilfsmittel von vornherein enge Grenzen setzte.

Einer besonderen Begründung bedarf es noch, warum ich auch in diesem Buch das der Elektrostatik entnommene Gaußsche cgs-System der Einheiten verwendet habe. Ich habe versucht, dies im Anhang zu erläutern, insbesondere auf S. 294f. Das gleiche hat Richard Becker im Vorwort seiner „Theorie der Elektrizität“ getan. Der Unterschied dieses Systems und des besonders von Ingenieuren, aber auch von vielen Experimentalphysikern vorgezogenen MKSA-Systems besteht nicht nur in der Einführung einer vierten Größe, nämlich des elektrischen Stroms. Vielmehr liegt eine verschiedene Philosophie zugrunde, bei der ich konsequent die Haltung des theoretischen Physikers eingenommen habe. Philosophische Gesichtspunkte werden von verschiedenen Menschen meist verschieden beurteilt werden. Wenn ich mich selbst auch entschieden zu einer dem theoretischen Physiker, besonders dem Atomphysiker, naheliegenden Auffassung bekenne, so scheint mir doch fanatische Einseitigkeit wenig angemessen. Der Student, der dieses Buch vielleicht neben einer Vorlesung benutzt, welcher das MKSA-System zugrundeliegt, kann gerade daran erfahren, daß es auch in der Physik solche Verschiedenheiten der Auffassung geben kann, ohne daß ihre Ergebnisse dadurch entwertet würden. Seinem praktischen Bedürfnis aber mögen die im Anhang ausgeführten Umrechnungen helfen.

Hinterzarten, im April 1986 Der Verfasser

Inhaltsverzeichnis

A. Elektrostatik

1. Ladungen im materiefreien Raum

Eine ruhende elektrische Ladungsdichte ϱ(Coul/cm^3) erzeugt eine elektrische Feldstärke $\boldsymbol{E}$ nach der Differentialgleichung

$$\operatorname{div} \boldsymbol{E} = 4\pi\varrho\,. \tag{1}$$

Dies Feld ist wirbelfrei:

$$\operatorname{rot} \boldsymbol{E} = 0 \tag{2}$$

und gestattet daher, das Vektorfeld $\boldsymbol{E}$ aus einem skalaren Potential Φ abzuleiten:

$$\boldsymbol{E} = -\operatorname{grad} \Phi\,. \tag{3}$$

Wegen Gl. (1) genügt dies Potential der Poissonschen Differentialgleichung

$$\nabla^2 \Phi = -4\pi\varrho\,, \tag{4a}$$

die sich an allen Orten, an denen $\varrho = 0$ ist, auf die Laplacesche Gleichung

$$\nabla^2 \Phi = 0 \tag{4b}$$

reduziert.

Analog zu dem Begriff der Punktmasse läßt sich der Grenzbegriff der Punktladung einführen. Ist speziell

$$\varrho(\boldsymbol{r}) = q\,\delta^3(\boldsymbol{r} - \boldsymbol{r}_0)\,, \tag{5}$$

so beschreibt dies eine Punktladung q am Ort $\boldsymbol{r}_0$. Für diese Punktladung wird Gl. (4a) gelöst durch

$$\Phi(\boldsymbol{r}) = \frac{q}{|\boldsymbol{r} - \boldsymbol{r}_0|}\,, \tag{6a}$$

die zugehörige Feldstärke ist

$$\boldsymbol{E}(\boldsymbol{r}) = q\,\frac{\boldsymbol{r} - \boldsymbol{r}_0}{|\boldsymbol{r} - \boldsymbol{r}_0|^3}\,. \tag{6b}$$

Dabei ist in Gl. (6a) eine willkürliche Konstante so fixiert, daß das Potential im Unendlichen verschwindet.

Eine Feldstärke $\boldsymbol{E}$ kann gemessen werden mit Hilfe der Kraft $K = q\boldsymbol{E}$, welche sie auf eine Punktladung q am Meßort ausübt. Diese Ladung besitzt dann im elektrischen Feld die potentielle Energie $V = q\Phi$, entsprechend der mechanischen Definition aus $K = -\operatorname{grad} V$.

Der Energieinhalt eines elektrostatischen Feldes im materiefreien Raum ist

$$W = \tfrac{1}{2}\int d\tau\, \varrho\, \Phi\,. \tag{7}$$

Ersetzt man hier ϱ nach Gl. (1), so entsteht

$$W = \frac{1}{8\pi}\int d\tau\, \Phi\, \operatorname{div} \boldsymbol{E} = \frac{1}{8\pi}\int d\tau \{\operatorname{div}(\Phi \boldsymbol{E}) - \boldsymbol{E} \cdot \operatorname{grad} \Phi\}\,.$$

Der erste Term läßt sich nach dem Gaußschen Satz in ein Integral über eine unendlich ferne Kugel umformen, das für ganz im Endlichen liegende Ladungsverteilungen verschwindet. Den zweiten Term können wir mit Hilfe von Gl. (2) umschreiben:

$$W = \frac{1}{8\pi}\int d\tau\, \boldsymbol{E}^2\,. \tag{8}$$

1. Aufgabe. Punktladungen außerhalb des Nullpunkts (Multipolentwicklung)

(a) Eine Punktladung befinde sich bei $z = +a$ auf der z-Achse eines Achsenkreuzes. Das von ihr erzeugte Potential soll in Kugelkoordinaten beschrieben werden. Welche Komponenten hat die Feldstärke in Kugelkoordinaten? (b) Eine zweite, entgegengesetzt gleiche Ladung soll bei $z = -a$ hinzugefügt werden und das von den beiden Ladungen gemeinsam erzeugte elektrische Feld beschrieben werden.

Lösung. (a) Die Ladung q erzeugt im Aufpunkt P mit den Kugelkoordinaten r, ϑ, φ das Potential $\Phi_1 = q/s_1$ mit

$$s_1^2 = r^2 + a^2 - 2ar\cos\vartheta\,.$$

Die Entwicklung des Potentials nach Legendreschen Polynomen von $\cos\vartheta$ lautet

$$\Phi_1 = \begin{cases} \dfrac{q}{r}\displaystyle\sum_{l=0}^{\infty}\left(\frac{a}{r}\right)^l P_l(\cos\vartheta) & \text{für} \quad r > a \quad \text{(Fernzone)} \\[2ex] \dfrac{q}{a}\displaystyle\sum_{l=0}^{\infty}\left(\frac{r}{a}\right)^l P_l(\cos\vartheta) & \text{für} \quad r < a \quad \text{(Nahzone)} \end{cases} \tag{1.1}$$

Das Potential hängt nicht vom Winkel φ um die z-Achse ab (Abb. 1). Die ersten Glieder lauten explicite

$$\Phi_1 = \begin{cases} \dfrac{q}{r} + \dfrac{qa}{r^2}\cos\vartheta + \dfrac{qa^2}{r^3}\left(\dfrac{3}{2}\cos^2\vartheta - \dfrac{1}{2}\right) & \text{für} \quad r > a \\[2ex] \dfrac{q}{a} + \dfrac{qr}{a^2}\cos\vartheta + \dfrac{qr^2}{a^3}\left(\dfrac{3}{2}\cos^2\vartheta - \dfrac{1}{2}\right) & \text{für} \quad r < a\,. \end{cases} \tag{1.2}$$

In der Fernzone beschreibt das zweite Glied einen Dipol vom Moment $p = qa$, das dritte einen Quadrupol. Das Auftreten dieser Glieder ist hier nur eine Folge

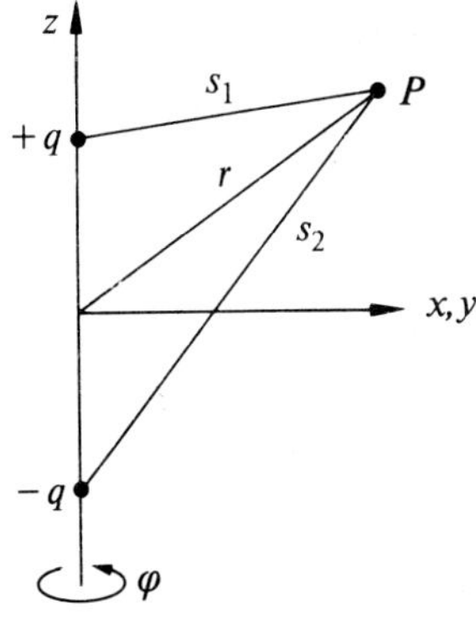

Abb. 1

der Koordinatenwahl ohne tiefere physikalische Bedeutung. Durch Verschiebung des Koordinatenursprungs nach q können sie sofort beseitigt werden.

Die zu Φ_1 gehörigen Feldstärkekomponenten

$$E_r = -\frac{\partial \Phi_1}{\partial r}; \qquad E_\vartheta = -\frac{1}{r}\frac{\partial \Phi_1}{\partial \vartheta}; \qquad E_\varphi = 0 \tag{1.3}$$

folgen aus Gl. (1.1) für die Fernzone zu

$$E_r = \frac{q}{r^2} \sum_{l=0}^{\infty} (l+1)\left(\frac{a}{r}\right)^l P_l(\cos\vartheta)$$

$$= \frac{q}{r^2} + 2\frac{qa}{r^3}\cos\vartheta + 3\frac{qa^2}{r^4}\left(\frac{3}{2}\cos^2\vartheta - \frac{1}{2}\right)\ldots$$

$$E_\vartheta = -\frac{q}{r^2}\sum_{l=0}^{\infty}\left(\frac{a}{r}\right)^l \frac{dP_l}{d\vartheta} = \frac{qa}{r^3}\sin\vartheta\left(1 + 3\frac{a}{r}\cos\vartheta + \ldots\right).$$

Das erste Glied in E_r dominiert für $r \gg a$ entsprechend der einfachen Punktladung q. Das zweite Glied in E_r und das erste in E_ϑ sind proportional zu qa/r^3 und beschreiben ein Dipolfeld vom Moment $p = qa$; die nächsten Terme, die zu qa^2/r^4 proportional sind, geben den Quadrupolanteil des Feldes wieder, usw. In der Nahzone wird

$$E_r = -\frac{q}{a^2}\cos\vartheta - \frac{2qr}{a^3}\left(\frac{3}{2}\cos^2\vartheta - \frac{1}{2}\right) + \ldots,$$

$$E_\vartheta = \frac{q}{a^2}\sin\vartheta\left(1 + 3\frac{r}{a}\cos\vartheta + \ldots\right).$$

Führt man hier Zylinderkoordinaten z und $R = \sqrt{x^2 + y^2}$ ein, so ergibt sich an der Stelle $r = 0$

$$E_z = E_r \cos\vartheta - E_\vartheta \sin\vartheta = -q/a^2\,;$$
$$E_R = E_r \sin\vartheta + E_\vartheta \cos\vartheta = 0\,,$$

was auch anschaulich klar ist.

(b) Das Potential der Ladung $-q$ bei $z = -a$ im Aufpunkt P ist $\Phi_2 = -q/s_2$, wobei

$$s_2^2 = r^2 + a^2 - 2ra\cos(\pi - \vartheta)$$

ist; denn der Winkel zwischen dem Ortsvektor $\boldsymbol{r}$ zu P und dem Vektor $-\boldsymbol{a}$ zur Ladung ist $\pi - \vartheta$. In der Entwicklung des Potentials Φ_2 treten daher die Legendreschen Polynome von $\cos(\pi - \vartheta) = -\cos\vartheta$ auf. Da

$$P_l(-\cos\vartheta) = (-1)^l P_l(\cos\vartheta)$$

ist, lautet die Entwicklung jetzt

$$\Phi_2 = \begin{cases} -\dfrac{q}{r}\sum\limits_{l=0}^{\infty}(-1)^l\left(\dfrac{a}{r}\right)^l P_l(\cos\vartheta) & \text{für} \quad r > a \\ -\dfrac{q}{a}\sum\limits_{l=0}^{\infty}(-1)^l\left(\dfrac{r}{a}\right)^l P_l(\cos\vartheta) & \text{für} \quad r < a\,. \end{cases} \tag{1.4}$$

Bilden wir nun für die beiden Ladungen $+q$ und $-q$ zusammen das Potential $\Phi = \Phi_1 + \Phi_2$, so heben sich offenbar die Beiträge aller geraden l heraus, während sich diejenigen zu ungeraden l jetzt verdoppeln. Die ersten Glieder der Entwicklung lauten daher

$$\Phi = \begin{cases} \dfrac{2qa}{r^2}P_1(\cos\vartheta) + \dfrac{2qa^3}{r^4}P_3(\cos\vartheta) + \ldots & \text{für} \quad r > a \\ \dfrac{2qr}{a^2}P_1(\cos\vartheta) + \dfrac{2qr^3}{a^4}P_3(\cos\vartheta) + \ldots & \text{für} \quad r < a\,. \end{cases} \tag{1.5}$$

Die Entwicklung beginnt mit dem Dipolglied, wobei das Dipolmoment $p = 2qa$ ist. Für $r \gg a$ fällt das Potential jetzt asymptotisch wie $1/r^2$ ab. Das Dipolglied läßt sich nicht mehr wie bei (a) durch Verschieben des Koordinatenursprungs beseitigen. Es hat daher jetzt echte physikalische Bedeutung.

Bilden wir aus Gl. (1.5) mit $p = 2qa$ die Feldstärkekomponenten nach Gl. (1.3), so ergibt sich für $r \gg a$

$$E_r = \frac{2p}{r^3}\cos\vartheta + \ldots\,; \qquad E_\vartheta = \frac{p}{r^3}\sin\vartheta + \ldots\,. \tag{1.6}$$

2. Aufgabe. Vier Ladungen, Quadrupol

Vier Ladungen $q_1 = q_3 = q$ und $q_2 = q_4 = -q$ sind auf einem Kreis unter den Winkeln $\varphi_1 = 0$, $\varphi_2 = 90°$, $\varphi_3 = 180°$, $\varphi_4 = 270°$ angebracht (Abb. 2). Das Potentialfeld soll berechnet werden. Wie ändert sich das Potentialfeld, wenn alle vier Ladungen gleiches Vorzeichen haben?

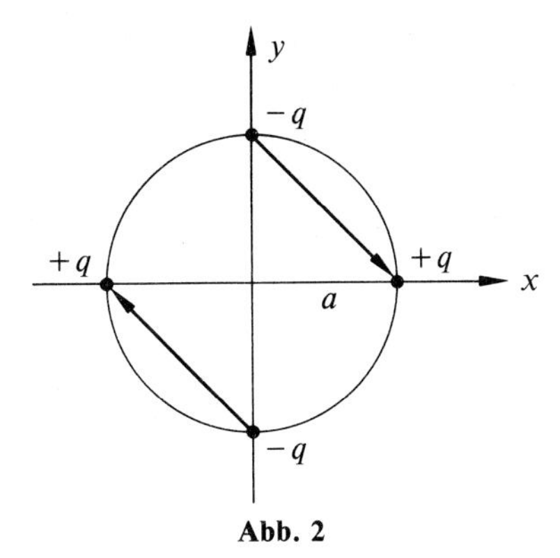

Abb. 2

Lösung. Da die Gesamtladung Null ist und sich die vier Ladungen zu zwei entgegengesetzten Dipolen zusammenfassen lassen, kann man unterstellen, daß die Entwicklung mit dem Quadrupolgliede ($l = 2$) beginnt.

Wir bezeichnen mit β_n ($n = 1, 2, 3, 4$) den Winkel zwischen dem Ortsvektor zum Aufpunkt und dem vom Mittelpunkt zur n-ten Ladung weisenden Vektor. Diese Winkel folgen aus der allgemeinen Beziehung

$$\cos\beta_n = \cos\vartheta\cos\vartheta_n + \sin\vartheta\sin\vartheta_n\cos(\varphi - \varphi_n) .$$

Da für alle vier Ladungen $\vartheta_n = 90°$ ist, vereinfachen sich die Ausdrücke zu

$$\cos\beta_1 = -\cos\beta_3 = \sin\vartheta\cos\varphi ;$$
$$\cos\beta_2 = -\cos\beta_4 = \sin\vartheta\sin\varphi .$$

Bei einem Kreisradius a lautet daher die Entwicklung des Potentials für $r > a$

$$\Phi = \frac{q}{r}\sum_{l=0}^{\infty}\left(\frac{a}{r}\right)^l [P_l(\cos\beta_1) - P_l(\cos\beta_2) + (-1)^l P_l(\cos\beta_1) - (-1)^l P_l(\cos\beta_2)] .$$

Hier heben sich die Glieder zu ungeraden l und die Beiträge von $l = 0$ heraus. Mit der Umbenennung $l = 2\lambda$ bleibt daher nur

$$\Phi = \frac{2q}{r}\sum_{\lambda=1}^{\infty}\left(\frac{a}{r}\right)^{2\lambda} [P_{2\lambda}(\sin\vartheta\cos\varphi) - P_{2\lambda}(\sin\vartheta\sin\varphi)] .$$

Das erste Glied dieser Entwicklung ($\lambda = 1$) ist das Quadrupolglied mit

$$P_2(\sin\vartheta\cos\varphi) - P_2(\sin\vartheta\sin\varphi) = \tfrac{3}{2}\sin^2\vartheta\cos 2\varphi = \tfrac{1}{2}P_2^2(\vartheta)\cos 2\varphi ,$$

so daß wir asymptotisch für große r

$$\Phi = \frac{qa^2}{r^3}P_2^2(\vartheta)\cos 2\varphi$$

erhalten.

Sind alle vier Ladungen einander gleich, so heben sich wie zuvor die ungeraden Glieder heraus, jedoch bleibt der Term mit $l = 0$ jetzt stehen, entsprechend der Gesamtladung $4q$. Wir erhalten daher

$$\Phi = \frac{4q}{r} + \frac{2q}{r} \sum_{\lambda=1}^{\infty} \left(\frac{a}{r}\right)^{2\lambda} [P_{2\lambda}(\sin\vartheta\cos\varphi) + P_{2\lambda}(\sin\vartheta\sin\varphi)] ,$$

was einfacher bis einschließlich des Quadrupolgliedes

$$\Phi = \frac{4q}{r} + \frac{2qa^2}{r^3}\left(\frac{3}{2}\sin^2\vartheta - 1\right) = \frac{4q}{r} - \frac{2qa^2}{r^3} P_2(\cos\vartheta)$$

geschrieben werden kann.

3. Aufgabe. Dreieck und Stern aus Punktladungen: Oktupol

Drei gleiche Ladungen q sind unter Winkeln von 120° auf einem Kreis vom Radius a angeordnet, wie Abb. 3a zeigt. (a) Das Potentialfeld soll für $r > a$ bis einschließlich $l = 6$ berechnet werden. (b) Drei weitere entgegengesetzte Ladungen $-q$ werden hinzugefügt (Abb. 3b), so daß das Dreieck zu einem sechszackigen Stern ergänzt wird. Was für ein Potential ergibt sich dann? (c) Welches Potential erhält man, wenn alle sechs Ladungen gleiches Vorzeichen haben?

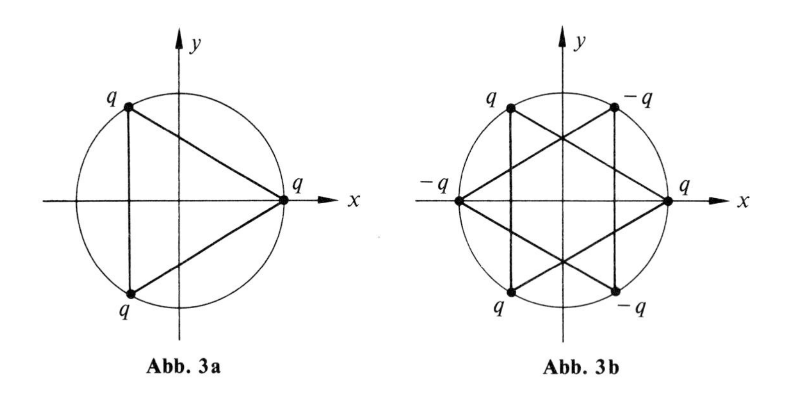

Abb. 3a **Abb. 3b**

Lösung. (a) Mit den Bezeichnungen von Aufgabe 2,

$$\cos\beta_n = \sin\vartheta\cos(\varphi - \varphi_n)$$

erhalten wir für $\varphi_1 = 0$, $\varphi_2 = 120°$ und $\varphi_3 = -120°$:

$$\left.\begin{aligned} \cos\beta_1 &= \sin\vartheta\cos\varphi ; \\ \cos\beta_2 &= -\tfrac{1}{2}\sin\vartheta(\cos\varphi - \sqrt{3}\sin\varphi) ; \\ \cos\beta_3 &= -\tfrac{1}{2}\sin\vartheta(\cos\varphi + \sqrt{3}\sin\varphi) . \end{aligned}\right\} \quad (3.1)$$

Das Potential für die drei Ladungen läßt sich mit Hilfe dieser drei Winkel folgendermaßen ausdrücken:

$$\Phi = \frac{q}{r} \sum_{l=0}^{\infty} \left(\frac{a}{r}\right)^l [P_l(\cos\beta_1) + P_l(\cos\beta_2) + P_l(\cos\beta_3)] . \tag{3.2}$$

Die Aufgabe besteht darin, die Summe in der eckigen Klammer für verschiedene l auszurechnen. Dazu bilden wir zunächst

$$\begin{aligned}
&\sum_n \cos\beta_n = 0 ; \quad \sum_n \cos^2\beta_n = \frac{3}{2}\sin^2\vartheta ; \quad \sum_n \cos^3\beta_n = \frac{3}{4}\sin^3\vartheta\cos 3\varphi ;\\
&\sum_n \cos^4\beta_n = \frac{9}{8}\sin^4\vartheta ; \quad \sum_n \cos^5\beta_n = \frac{15}{16}\sin^5\vartheta\cos 3\varphi ;\\
&\sum_n \cos^6\beta_n = \frac{3}{16}\sin^6\vartheta\left(5 + \frac{1}{2}\cos 6\varphi\right) .
\end{aligned} \tag{3.3}$$

Nun sind die ersten sechs Legendreschen Polynome

$$\left.\begin{aligned}
&P_0(t) = 1 ; \quad P_1(t) = t ; \quad P_2(t) = \frac{3}{2}t^2 - \frac{1}{2} ;\\
&P_3(t) = \frac{5}{2}t^3 - \frac{3}{2}t ; \quad P_4(t) = \frac{35}{8}t^4 - \frac{15}{4}t^2 + \frac{3}{8} ;\\
&P_5(t) = \frac{63}{8}t^5 - \frac{35}{4}t^3 + \frac{15}{8}t ;\\
&P_6(t) = \frac{231}{16}t^6 - \frac{315}{16}t^4 + \frac{105}{16}t^2 - \frac{5}{16} .
\end{aligned}\right\} \tag{3.4}$$

Aus Gln. (3.3) und (3.4) können wir die eckigen Klammern von Gl. (3.2) für die verschiedenen l aufbauen. Mit der Abkürzung

$$P_l(\cos\beta_1) + P_l(\cos\beta_2) + P_l(\cos\beta_3) = \Sigma P_l$$

erhalten wir dann die Ausdrücke

$$\left.\begin{aligned}
&\Sigma P_0 = 3 ; \quad \Sigma P_1 = 0 ; \quad \Sigma P_2 = \frac{9}{4}\sin^2\vartheta - \frac{3}{2} = -\frac{3}{2}P_2(\cos\vartheta) ;\\
&\Sigma P_3 = \frac{15}{8}\sin^3\vartheta\cos 3\varphi = \frac{1}{8}P_3^3(\vartheta)\cos 3\varphi ;\\
&\Sigma P_4 = \frac{9}{8}\left(\frac{35}{8}\sin^4\vartheta - 5\sin^2\vartheta + 1\right) = \frac{9}{8}P_4(\cos\vartheta) ;\\
&\Sigma P_5 = \frac{105}{16}\left(\frac{9}{8}\sin^5\vartheta - \sin^3\vartheta\right)\cos 3\varphi = -\frac{1}{64}P_5^3(\vartheta)\cos 3\varphi ;\\
&\Sigma P_6 = \frac{3}{16}\left[\frac{1}{1440}P_6^6(\vartheta)\cos 6\varphi - 5P_6(\cos\vartheta)\right] .
\end{aligned}\right\} \tag{3.5}$$

Das Potential für die Abb. 3a wird daher bis einschließlich $l = 6$

$$\left.\begin{aligned}\Phi = \frac{3q}{r} - \frac{3qa^2}{2r^3} P_2(\cos\vartheta) + \frac{qa^3}{8r^4} P_3^3(\vartheta)\cos 3\varphi + \frac{9qa^4}{8r^5} P_4(\cos\vartheta) \\ - \frac{qa^5}{64r^6} P_5^3(\vartheta)\cos 3\varphi + \frac{3a^6}{16r^7}\left[\frac{1}{1440} P_6^6(\vartheta)\cos 6\varphi - 5P_6(\cos\vartheta)\right].\end{aligned}\right\} \quad (3.6)$$

Bemerkenswert ist hieran, daß kein Dipolmoment auftritt, während alle höheren Momente vertreten sind.

(b) Das Dreieck negativer Ladungen, das in Abb. 3b hinzugefügt wird, entsteht durch Spiegelung an der y, z-Ebene,

$$x \to -x\,, \quad y \to y\,, \quad z \to z$$

aus der ursprünglichen Konfiguration von Abb. 3a. In Kugelkoordinaten ist das gleichbedeutend mit

$$\vartheta \to -\vartheta\,; \quad \varphi \to -\varphi\,.$$

Wir können diese Transformation sofort an dem Ergebnis von (a) ausführen. Dann bleiben P_2, P_4, P_6 und P_6^6 sowie $\cos 3\varphi$ unverändert erhalten, dagegen kehren P_3^3 und P_5^3 ihr Vorzeichen um. Da auch noch q durch $-q$ zu ersetzen ist, bleiben für den Stern diese letzten Terme verdoppelt stehen, während sich alle anderen wegheben. Wir erhalten so für den sechszackigen Stern mit alternierenden Ladungen

$$\Phi = \left[\frac{qa^3}{4r^4} P_3^3(\vartheta) - \frac{qa^5}{32r^6} P_5^3(\vartheta)\right]\cos 3\varphi\,. \quad (3.7)$$

Das Potential wird also asymptotisch proportional zu $1/r^4$; das Gebilde wird als *Oktupol* bezeichnet, vgl. Aufgabe 4.

(c) Wären alle sechs Ladungen gleich, so würden gerade diese Glieder wegfallen und alle anderen verdoppelt übrig bleiben, also

$$\begin{aligned}\Phi = \frac{6q}{r} - \frac{3qa^2}{r^3} P_2(\cos\vartheta) + \frac{9qa^4}{4r^5} P_4(\cos\vartheta) \\ + \frac{3a^6}{8r^7}\left[\frac{1}{1440} P_6^6(\vartheta)\cos 6\varphi - 5P_6(\cos\vartheta)\right].\end{aligned} \quad (3.8)$$

Die Glieder zu ungeraden l entfallen also. Eine Abhängigkeit vom Winkel φ tritt erst in dem Gliede mit $l = 6$ auf.

4. Aufgabe. Ladungen in den Ecken eines Würfels

An den acht Ecken eines Würfels sind abwechselnd Ladungen $+q$ und $-q$ angebracht. Das asymptotische Verhalten des Potentialfeldes in großer Entfernung soll berechnet werden. Was ergibt sich umgekehrt in der Umgebung des Würfelmittelpunktes?

Lösung. Der Mittelpunkt des Würfels sei als Koordinatenursprung gewählt und die x, y, z-Achsen parallel zu seinen Kanten orientiert. Ist die Kantenlänge $2a$, so ergeben sich die Werte x_n, y_n, z_n für den Ort der n-ten Ladung wie in Tabelle 1 angegeben. Für das Potential erhalten wir

$$\Phi = \sum_{n=1}^{8} \frac{q_n}{|\boldsymbol{r} - \boldsymbol{r}_n|}, \tag{4.1}$$

wobei

$$(\boldsymbol{r} - \boldsymbol{r}_n)^2 = r^2 - 2(xx_n + yy_n + zz_n) + 3a^2$$

ist. Wir wollen die Abkürzung

$$a r p_n = x x_n + y y_n + z z_n \tag{4.2}$$

einführen; dann wird

$$\frac{1}{|\boldsymbol{r} - \boldsymbol{r}_n|} = \frac{1}{r}\left[1 - 2\frac{a}{r} p_n + 3\frac{a^2}{r^2}\right]^{-1/2}, \tag{4.3}$$

wobei die Größen rp_n in der letzten Spalte der Tabelle 1 zusammengestellt sind.

Tabelle 1

n	q_n	x_n	y_n	z_n	rp_n
1	q	a	a	a	$x+y+z$
2	$-q$	$-a$	a	a	$-x+y+z$
3	q	$-a$	$-a$	a	$-x-y+z$
4	$-q$	a	$-a$	a	$x-y+z$
5	$-q$	a	a	$-a$	$x+y-z$
6	q	$-a$	a	$-a$	$-x+y-z$
7	$-q$	$-a$	$-a$	$-a$	$-x-y-z$
8	q	a	$-a$	$-a$	$x-y-z$

Entwickeln wir den Ausdruck (4.3) nach der Formel

$$(1+t)^{-1/2} = 1 - \frac{1}{2}t + \frac{3}{8}t^2 - \frac{5}{16}t^3 \ldots, \tag{4.4}$$

und ordnen sodann die Glieder nach Potenzen von a/r, so erhalten wir

$$\frac{q_n}{|\boldsymbol{r} - \boldsymbol{r}_n|} = \frac{q_n}{r}\left[1 + p_n\frac{a}{r} + \left(\frac{3}{2}p_n^2 - \frac{3}{2}\right)\frac{a^2}{r^2} + \left(\frac{5}{2}p_n^3 - \frac{9}{2}p_n\right)\frac{a^3}{r^3} \ldots\right]. \tag{4.5}$$

Summation nach Gl. (4.1) ergibt insbesondere

$$\sum_n q_n = 0\,; \quad \sum_n q_n p_n = 0\,; \quad \sum_n q_n p_n^2 = 0\,, \tag{4.6a}$$

aber

$$\sum_n q_n p_n^3 = 48\,q\,\frac{xyz}{r^3}\,. \tag{4.6b}$$

Daher treten im Potential weder Dipol- noch Quadrupolbeiträge auf, und nur von dem letzten Gliede in Gl. (4.5) bleibt ein Beitrag zum Potential, der für $r \gg a$

$$\Phi = \frac{5}{2} \cdot 48 q \frac{xyz}{r^3} \cdot \frac{a^3}{r^4} = 120 q \frac{xyz}{r^3} \frac{a^3}{r^4} \tag{4.7}$$

ergibt. Der Faktor

$$xyz/r^3 = \sin^2\vartheta \cos\vartheta \sin\varphi \cos\varphi = \tfrac{1}{30} P_3^2(\vartheta) \sin 2\varphi \tag{4.8}$$

hängt nur von der Richtung, nicht aber von der Entfernung r ab, so daß das Potential dieses *Oktupols* asymptotisch wie $1/r^4$ abfällt.

Ist $r < \sqrt{3}a$, so können wir Gl. (4.3) in

$$\frac{1}{|\boldsymbol{r}-\boldsymbol{r}_n|} = \frac{1}{\sqrt{3}a}\left[1 - \frac{2}{3} p_n \frac{r}{a} + \frac{1}{3}\frac{r^2}{a^2}\right]^{-1/2}$$

umschreiben und wieder nach Gl. (4.4) entwickeln. Dann wird

$$\frac{q_n}{|\boldsymbol{r}-\boldsymbol{r}_n|} = \frac{q_n}{\sqrt{3}a}\left[1 + \frac{1}{3} p_n \frac{r}{a} + \frac{1}{6}(p_n^2 - 1)\left(\frac{r}{a}\right)^2 + \frac{1}{27}\left(\frac{5}{2}p_n^3 - \frac{9}{2}p_n\right)\left(\frac{r}{a}\right)^3 \dots\right],$$

wovon nach Gl. (4.6a, b) nur das Glied mit p_n^3 bei Summation über alle acht Ladungen übrig bleibt:

$$\Phi = \frac{1}{\sqrt{3}a} \cdot \frac{5}{54}\left(48 q \frac{xyz}{r^3}\right)\left(\frac{r}{a}\right)^3 = \frac{40}{9\sqrt{3}}(xyz/r^3)\frac{r^3}{a^4}. \tag{4.9}$$

Die Berechnung des asymptotischen Verhaltens läßt sich auch durch Taylorentwicklung der Funktion $1/|\boldsymbol{r}-\boldsymbol{r}_n|$ aufbauen:

$$\Phi = \sum_n \frac{q_n}{|\boldsymbol{r}-\boldsymbol{r}_n|} = \sum_n q_n \left\{1 - (\boldsymbol{r}_n \cdot \nabla) + \frac{1}{2}(\boldsymbol{r}_n \cdot \nabla)^2 - \frac{1}{6}(\boldsymbol{r}_n \cdot \nabla)^3 \dots\right\}\frac{1}{r}.$$

Aus Symmetriegründen müssen die Beiträge der ersten drei Glieder verschwinden. Das Oktupolglied

$$\Phi = -\frac{1}{6}\sum_n q_n (x_n \partial_x + y_n \partial_y + z_n \partial_z)^3 \frac{1}{r} \tag{4.10}$$

enthält Beiträge der Form

$$\sum_n q_n x_n^3 \partial_x^3 \frac{1}{r}; \qquad \sum_n q_n x_n^2 y_n \partial_x^2 \partial_y \frac{1}{r}; \qquad \sum_n q_n x_n y_n z_n \partial_x \partial_y \partial_z \frac{1}{r}$$

und solche, die durch Vertauschung von x, y, z daraus hervorgehen. Ein Blick auf Tabelle 1 zeigt, daß

$$\sum_n q_n x_n^3 = 0 \quad \text{und} \quad \sum_n q_n x_n^2 y_n = 0$$

wird, daß aber

$$\sum_n q_n x_n y_n z_n = 8a^3 \tag{4.11}$$

ist. Da das entsprechende Glied in $(\boldsymbol{r}\cdot\nabla)^3$ mit dem Faktor 6 auftritt, führt Gl. (4.10) dann wieder zu dem Ergebnis in Gl. (4.7) zurück.

5. Aufgabe. Elementare Lösung der Poissonschen Gleichung

Man zeige, daß die Poissonsche Differentialgleichung

$$\nabla^2 \Phi = -4\pi\varrho \tag{5.1}$$

durch

$$\Phi(\boldsymbol{r}) = \int \frac{d\tau'\,\varrho(\boldsymbol{r}')}{|\boldsymbol{r}-\boldsymbol{r}'|} \tag{5.2}$$

gelöst wird.

Lösung. Wenn wir aus Gl. (5.2)

$$\nabla^2 \Phi = \int d\tau'\,\varrho(\boldsymbol{r}')\,\nabla^2 \frac{1}{|\boldsymbol{r}-\boldsymbol{r}'|}$$

bilden, so wird überall

$$\nabla^2 \frac{1}{|\boldsymbol{r}-\boldsymbol{r}'|} = 0\,,$$

außer an der Singularität bei $\boldsymbol{r}=\boldsymbol{r}'$. Wenn wir also das Integrationsgebiet $\boldsymbol{r}'$ aufteilen durch eine kleine (infinitesimale) Kugel vom Radius ε um den Punkt $\boldsymbol{r}$,

$$\Phi = \Phi_\mathrm{i} + \Phi_\mathrm{a}\,, \tag{5.3}$$

so erfüllt das Integral über das Äußere der Kugel die homogene Potentialgleichung

$$\nabla^2 \Phi_\mathrm{a} = 0\,. \tag{5.4}$$

Für das Innere der Kugel können wir ϱ als Konstante behandeln und vor das Integral ziehen,

$$\nabla^2 \Phi_\mathrm{i} = \varrho(\boldsymbol{r}) \int_{(i)} d\tau'\,\nabla^2 \frac{1}{|\boldsymbol{r}-\boldsymbol{r}'|}\,.$$

Wegen der Symmetrie von $|\boldsymbol{r}-\boldsymbol{r}'|$ in $\boldsymbol{r}$ und $\boldsymbol{r}'$ ist aber

$$\nabla^2 \frac{1}{|\boldsymbol{r}-\boldsymbol{r}'|} = \nabla'^2 \frac{1}{|\boldsymbol{r}-\boldsymbol{r}'|} = \operatorname{div}'\operatorname{grad}' \frac{1}{|\boldsymbol{r}-\boldsymbol{r}'|} = -\operatorname{div}' \frac{\boldsymbol{r}'-\boldsymbol{r}}{|\boldsymbol{r}'-\boldsymbol{r}|^3}\,.$$

Wir erhalten daher

$$\nabla^2 \Phi_\mathrm{i} = -\varrho(\boldsymbol{r}) \int d\tau'\operatorname{div}' \frac{\boldsymbol{r}'-\boldsymbol{r}}{|\boldsymbol{r}'-\boldsymbol{r}|^3}\,.$$

Das verbleibende Integral können wir nach dem Gaußschen Satz in ein Integral über die Oberfläche der Kugel umwandeln, wobei die Normalkomponente des Vektors $(\boldsymbol{r}'-\boldsymbol{r})/|\boldsymbol{r}'-\boldsymbol{r}|^3$ gleich $1/\varepsilon^2$ wird:

$$\nabla^2 \Phi_\mathrm{i} = -\varrho(\boldsymbol{r}) \oint d\Omega\,\varepsilon^2 \cdot \frac{1}{\varepsilon^2} = -4\pi\varrho(\boldsymbol{r})\,. \tag{5.5}$$

Die Summe der Gln. (5.4) und (5.5) wird daher

$$\nabla^2(\Phi_\mathrm{i}+\Phi_\mathrm{a}) = -4\pi\varrho\,,$$

womit Gl. (5.1) bewiesen ist.

6. Aufgabe. Greensche Funktion zur Poissonschen Gleichung

Man löse die Poissonsche Differentialgleichung mit Hilfe einer dreidimensionalen Greenschen Funktion, die als Fourierintegral aufgebaut wird.

Lösung. Eine Greensche Funktion des Differentialausdrucks ∇^2 ist definiert als Lösung der Differentialgleichung

$$\nabla^2 G(\boldsymbol{r}) = \delta^3(\boldsymbol{r})\,, \tag{6.1}$$

wobei $\delta^3(\boldsymbol{r})$ die dreidimensionale δ-Funktion mit der Normierung

$$\int d\tau\,\delta^3(\boldsymbol{r}) = 1$$

bedeutet. Sie läßt sich als Fourierintegral

$$\delta^3(\boldsymbol{r}) = \frac{1}{(2\pi)^3}\int d^3k\,\mathrm{e}^{i\boldsymbol{k}\boldsymbol{r}} \tag{6.2}$$

schreiben. Setzen wir analog hierzu die Greensche Funktion in der Form

$$G(\boldsymbol{r}) = \frac{1}{(2\pi)^3}\int d^3k\,\Gamma(\boldsymbol{k})\,\mathrm{e}^{i\boldsymbol{k}\boldsymbol{r}} \tag{6.3a}$$

an, so ergibt Einsetzen in Gl. (6.1) sofort

$$\Gamma(k) = -\frac{1}{k^2}\,, \tag{6.3b}$$

so daß die Lösung von Gl. (6.1)

$$G(\boldsymbol{r}) = -\frac{1}{(2\pi)^3}\int_0^\infty dk\,k^2 \oint d\Omega_k \frac{\mathrm{e}^{i\boldsymbol{k}\boldsymbol{r}}}{k^2}$$

wird. Wegen

$$\oint d\Omega_k\,\mathrm{e}^{i\boldsymbol{k}\boldsymbol{r}} = 2\pi\int_{-1}^{+1} d\cos\vartheta\,\mathrm{e}^{ikr\cos\vartheta} = 4\pi\frac{\sin kr}{kr}$$

erhalten wir

$$G(\boldsymbol{r}) = -\frac{1}{2\pi^2}\int_0^\infty dk\frac{\sin kr}{kr} = -\frac{1}{2\pi^2 r}\int_0^\infty du\frac{\sin u}{u}\,.$$

Das letzte Integral ist gleich $\frac{\pi}{2}$ und daher folgt schließlich

$$G(\boldsymbol{r}) = -\frac{1}{4\pi r}\,. \tag{6.4}$$

Die Lösung der Poissonschen Gleichung

$$\nabla^2 \Phi = -4\pi\varrho(\boldsymbol{r}) \tag{6.5}$$

läßt sich mit Hilfe der Greenschen Funktion, Gl. (6.4), in der Form

$$\Phi(\boldsymbol{r}) = -4\pi\int d\tau'\,\varrho(\boldsymbol{r}')\,G(\boldsymbol{r}-\boldsymbol{r}') \tag{6.6}$$

schreiben; denn dann wird nach Gl. (6.1)

$$\nabla^2\Phi = -4\pi\int d\tau'\,\varrho(\boldsymbol{r}')\,\nabla^2 G(\boldsymbol{r}-\boldsymbol{r}') = -4\pi\int d\tau'\,\varrho(\boldsymbol{r}')\,\delta^3(\boldsymbol{r}-\boldsymbol{r}') = -4\pi\varrho(\boldsymbol{r})\,.$$

Mit der Greenschen Funktion, Gl. (6.4), ergibt Gl. (6.6)

$$\Phi(\boldsymbol{r}) = \int d\tau'\,\frac{\varrho(\boldsymbol{r}')}{|\boldsymbol{r}-\boldsymbol{r}'|}\,, \tag{6.7}$$

also den bekannten, dem Coulombschen Gesetz entsprechenden Ausdruck von Aufgabe 5.

7. Aufgabe. Multipolentwicklung einer Raumladung

Das Potentialfeld einer Raumladungswolke $\varrho(\boldsymbol{r})$ soll für die Fernzone nach Multipolen entwickelt und die ersten Glieder bis einschließlich des Quadrupolbeitrags sollen diskutiert werden.

Lösung. Wir entwickeln im Integranden von

$$\Phi(\boldsymbol{r}) = \int d\tau'\,\frac{\varrho(\boldsymbol{r}')}{|\boldsymbol{r}-\boldsymbol{r}'|} \tag{7.1}$$

nach Potenzen von r'/r, bzw. r/r':

$$\frac{1}{|\boldsymbol{r}-\boldsymbol{r}'|} = \begin{cases} \dfrac{1}{r}\displaystyle\sum_{l=0}^{\infty}\left(\frac{r'}{r}\right)^l P_l(\cos\gamma) & \text{für} \quad r' < r \\[2ex] \dfrac{1}{r'}\displaystyle\sum_{l=0}^{\infty}\left(\frac{r}{r'}\right)^l P_l(\cos\gamma) & \text{für} \quad r < r'\,. \end{cases} \tag{7.2}$$

Dabei bedeutet γ den von den Vektoren $\boldsymbol{r}'$ zum Quellpunkt und $\boldsymbol{r}$ zum Aufpunkt eingeschlossenen Winkel. Die Legendreschen Polynome dieses Winkels lassen sich gemäß

$$P_l(\cos\gamma) = \frac{4\pi}{2l+1}\sum_{m=-l}^{+l} Y^*_{l,m}(\vartheta',\varphi')\,Y_{l,m}(\vartheta,\varphi) \tag{7.3}$$

durch Kugelfunktionen der sphärischen Polarkoordinaten des Quellpunktes (ϑ', φ') und des Aufpunktes (ϑ, φ) ausdrücken. Somit ergibt die Entwicklung des Potentials nach Gl. (7.1) die allgemeine Formel

$$\Phi(r, \vartheta, \varphi) = \sum_{l=0}^{\infty} \frac{4\pi}{2l+1} \sum_{m=-l}^{+l} \left\{ \frac{1}{r} \int_0^r dr' \, r'^2 \left(\frac{r'}{r}\right)^l \oint d\Omega' \, Y^*_{l,m}(\vartheta', \varphi') \, \varrho(\mathbf{r}') \right. \\ \left. + \int_r^{\infty} dr' \, r' \left(\frac{r}{r'}\right)^l \oint d\Omega' \, Y^*_{l,m}(\vartheta', \varphi') \, \varrho(\mathbf{r}') \right\} Y_{l,m}(\vartheta, \varphi) \, . \tag{7.4}$$

Ist die Ladungswolke ganz im Endlichen gelegen, d.h. auf ein Gebiet $r < R$ beschränkt und liegt der Aufpunkt bei $r > R$ außerhalb dieses Bereichs in der Fernzone, so entfällt das zweite dieser Integrale und das erste kann bis ins Unendliche erstreckt werden. Gleichung (7.4) vereinfacht sich dann zu

$$\Phi(r, \vartheta, \varphi) = \sum_{l=0}^{\infty} \sum_{m=-l}^{+l} \frac{M_{l,m}}{r^{l+1}} Y_{l,m}(\vartheta, \varphi) \tag{7.5a}$$

mit den Konstanten

$$M_{l,m} = \frac{4\pi}{2l+1} \int d\tau' \, r'^l \, Y^*_{l,m}(\vartheta', \varphi') \, \varrho(\mathbf{r}') \, , \tag{7.5b}$$

wobei das Integral über den ganzen Raum zu erstrecken ist.

Die ersten drei Glieder der Entwicklung, Gl. (7.5a), enthalten die Gesamtladung q, das Dipolglied und das Quadrupolglied. Wir bezeichnen sie als Φ_0, Φ_1 und Φ_2; sie sind

$$\begin{aligned} \Phi_0 &= \frac{1}{\sqrt{4\pi}} \frac{M_{0,0}}{r} \, ; \qquad \Phi_1 = \frac{1}{r^2} \sum_{m=-1}^{+1} M_{1,m} Y_{1,m} \, ; \\ \Phi_2 &= \frac{1}{r^3} \sum_{m=-2}^{+2} M_{2,m} Y_{2,m} \, . \end{aligned} \tag{7.6}$$

Die Gesamtladung ist wegen $\Phi_0 = q/r$ nach Gl. (7.6)

$$q = \frac{1}{\sqrt{4\pi}} M_{0,0} \, , \tag{7.7a}$$

also nach Gl. (7.5b) in bekannter Weise

$$q = \int d\tau' \, \varrho(\mathbf{r}') \, . \tag{7.7b}$$

Für $l = 1$ lauten die drei Kugelfunktionen $Y_{1,m}$

$$\begin{aligned} Y_{1,\pm 1} &= \pm \sqrt{\frac{3}{8\pi}} \sin\vartheta \, e^{\pm i\varphi} = \pm \sqrt{\frac{3}{8\pi}} \frac{x \pm iy}{r} \, ; \\ Y_{1,0} &= \sqrt{\frac{3}{4\pi}} \cos\vartheta = \sqrt{\frac{3}{4\pi}} \frac{z}{r} \, . \end{aligned} \tag{7.8}$$

Daher ergibt sich für die Dipolglieder von Gl. (7.5a)

$$\Phi_1 = \frac{1}{r^3}\sqrt{\frac{3}{8\pi}}\,[M_{1,1}(x+iy)+M_{1,0}\sqrt{2}z+M_{1,-1}(x-iy)] \tag{7.9a}$$

und für die Koeffizienten nach Gl. (7.5b)

$$\begin{aligned} M_{1,\pm 1} &= \pm\frac{4\pi}{3}\sqrt{\frac{3}{8\pi}}\int d\tau'\,\varrho(\boldsymbol{r}')(x'\mp iy')\,; \\ M_{1,0} &= \frac{4\pi}{3}\sqrt{\frac{3}{4\pi}}\int d\tau'\,\varrho(\boldsymbol{r}')z'\,. \end{aligned} \tag{7.9b}$$

Setzen wir die Ausdrücke aus Gl. (7.9b) in Gl. (7.9a) ein, so finden wir nach einfacher Rechnung

$$\Phi_1 = \frac{1}{r^3}\,[x\int d\tau'\,\varrho(\boldsymbol{r}')x' + y\int d\tau'\,\varrho(\boldsymbol{r}')y' + z\int d\tau'\,\varrho(\boldsymbol{r}')z']\,. \tag{7.10}$$

Führen wir hier das vektorielle Dipolmoment

$$\boldsymbol{p} = \int d\tau'\,\varrho(\boldsymbol{r}')\boldsymbol{r}' \tag{7.11a}$$

der Ladungsverteilung ein, so entsteht das Dipolpotential

$$\Phi_1 = \frac{\boldsymbol{r}\cdot\boldsymbol{p}}{r^3}\,. \tag{7.11b}$$

Etwas komplizierter liegen die Verhältnisse für $l=2$, wo fünf Kugelfunktionen auftreten, nämlich

$$\left.\begin{aligned} Y_{2,\pm 2} &= \frac{1}{2}\sqrt{\frac{15}{8\pi}}\,\frac{(x\pm iy)^2}{r^2}\,; \\ Y_{2,\pm 1} &= \pm\sqrt{\frac{15}{8\pi}}\,\frac{(x\pm iy)z}{r^2}\,; \\ Y_{2,0} &= \frac{1}{2}\sqrt{\frac{5}{4\pi}}\,\frac{2z^2-x^2-y^2}{r^2}\,. \end{aligned}\right\} \tag{7.12}$$

Die entsprechenden Glieder in Gl. (7.5a) sind dann

$$\begin{aligned} \Phi_2 = \frac{1}{r^5}\sqrt{\frac{15}{8\pi}}\Bigg[&\frac{1}{2}M_{2,2}(x+iy)^2+\frac{1}{2}M_{2,-2}(x-iy)^2 \\ &+\frac{1}{2}\sqrt{\frac{2}{3}}M_{2,0}(2z^2-x^2-y^2)+M_{2,1}(x+iy)z-M_{2,-1}(x-iy)z\Bigg] \end{aligned} \tag{7.13a}$$

und die Koeffizienten nach Gl. (7.5b)

$$\left.\begin{aligned}
M_{2,\pm 2} &= \frac{2\pi}{5}\sqrt{\frac{15}{8\pi}}\int d\tau'\,\varrho(\boldsymbol{r}')(x'\mp iy')^2\,;\\
M_{2,\pm 1} &= \pm\frac{4\pi}{5}\sqrt{\frac{15}{8\pi}}\int d\tau'\,\varrho(\boldsymbol{r}')(x'\mp iy')z'\,;\\
M_{2,0} &= \frac{2\pi}{5}\sqrt{\frac{5}{4\pi}}\int d\tau'\,\varrho(\boldsymbol{r}')(2z'^2-x'^2-y'^2)\,.
\end{aligned}\right\}\qquad (7.13\text{b})$$

Setzen wir Gl. (7.13b) in Gl. (7.13a) ein, so ergibt sich nach etwas längerer Rechnung

$$\begin{aligned}
\Phi_2 = \frac{1}{2r^5}\{&x^2\int d\tau'\,\varrho(\boldsymbol{r}')(2x'^2-y'^2-z'^2)+6xy\int d\tau'\,\varrho(\boldsymbol{r}')x'y'\\
&+y^2\int d\tau'\,\varrho(\boldsymbol{r}')(2y'^2-z'^2-x'^2)+6yz\int d\tau'\,\varrho(\boldsymbol{r}')y'z'\\
&+z^2\int d\tau'\,\varrho(\boldsymbol{r}')(2z'^2-x'^2-y'^2)+6zx\int d\tau'\,\varrho(\boldsymbol{r}')z'x'\}\,. \qquad (7.14)
\end{aligned}$$

Dies läßt sich tensoriell schreiben

$$\Phi_2 = \frac{1}{2r^5}\,\boldsymbol{r}\cdot\underline{\underline{\boldsymbol{Q}}}\cdot\boldsymbol{r}\,, \qquad (7.15\text{a})$$

wenn wir den symmetrischen Quadrupoltensor $\underline{\underline{\boldsymbol{Q}}}$ einführen mit den Elementen

$$\left.\begin{aligned}
Q_{xx} &= \int d\tau'\,\varrho(\boldsymbol{r}')(2x'^2-y'^2-z'^2)\,;\\
Q_{xy} &= 3\int d\tau'\,\varrho(\boldsymbol{r}')x'y'
\end{aligned}\right.\qquad (7.15\text{b})$$

und den durch zyklische Vertauschung daraus folgenden Elementen. Es sei noch bemerkt, daß die Spur dieses Tensors verschwindet:

$$Q_{xx}+Q_{yy}+Q_{zz} = 0\,. \qquad (7.16)$$

8. Aufgabe. Multipolentwicklung bei Zylinder- und Kugelsymmetrie

Wie vereinfacht sich die Entwicklung der vorstehenden Aufgabe (a) bei Zylindersymmetrie um die z-Achse, (b) bei Kugelsymmetrie der Ladungswolke?

Lösung. (a) *Zylindersymmetrie:* ϱ hängt nicht von φ' ab. Dann reduziert sich die Summe über m auf das Glied $m=0$, und wir erhalten anstelle von Gl. (7.4) der vorigen Aufgabe

$$\begin{aligned}
\Phi(r,\vartheta) = \sum_{l=0}^{\infty}\Bigg\{&\frac{1}{r}\int_0^r dr'\,r'^2(r'/r)^l\oint d\Omega'\,P_l(\cos\vartheta')\,\varrho(\boldsymbol{r}')\\
&+\int_r^{\infty} dr'\,r'(r/r')^l\oint d\Omega'\,P_l(\cos\vartheta')\,\varrho(\boldsymbol{r}')\Bigg\}P_l(\cos\vartheta')\,, \qquad (8.1)
\end{aligned}$$

was sich für die Fernzone zu

$$\Phi(r, \vartheta) = \sum_{l=0}^{\infty} \frac{N_l}{r^{l+1}} P_l(\cos\vartheta) \tag{8.2a}$$

mit

$$N_l = \int d\tau' r'^l \varrho(r', \vartheta') P_l(\cos\vartheta') \tag{8.2b}$$

vereinfacht. Diese Koeffizienten unterscheiden sich nur in der Normierung von den $M_{l,0}$ der vorigen Aufgabe,

$$N_l = \sqrt{\frac{2l+1}{4\pi}} M_{l,0}\,, \tag{8.2c}$$

so daß z. B. für $l = 0$ sofort $N_0 = q$ folgt.

Das Dipolmoment $\boldsymbol{p}$, Gl. (7.11a) von Aufgabe 7, hat jetzt die Komponenten

$$\begin{aligned} p_x \pm i p_y &= \int d\tau' \varrho(r', \vartheta') r' \sin\vartheta' e^{\pm i\varphi'} = 0\,; \\ p_z &= \int d\tau' \varrho(r', \vartheta') r' \cos\vartheta' = \int d\tau' \varrho z'\,. \end{aligned} \tag{8.3}$$

Für den Quadrupoltensor erhalten wir die Zwischenresultate

$$\begin{aligned} &\oint d\varphi' (2x'^2 - y'^2 - z'^2) = \oint d\varphi' (2y'^2 - z'^2 - x'^2) = -2\pi r'^2 P_2(\cos\vartheta')\,; \\ &\oint d\varphi' (2z'^2 - x'^2 - y'^2) = +4\pi r'^2 P_2(\cos\vartheta')\,; \\ &\oint d\varphi' x' y' = \oint d\varphi' y' z' = \oint d\varphi' z' x' = 0\,. \end{aligned} \tag{8.4}$$

Der Tensor wird daher diagonal:

$$\left.\begin{aligned} Q_{xx} = Q_{yy} &= -\int d\tau' r'^2 \varrho(r', \vartheta') P_2(\cos\vartheta')\,; \\ Q_{zz} &= +2\int d\tau' r'^2 \varrho(r', \vartheta') P_2(\cos\vartheta')\,; \\ Q_{xy} = Q_{yz} &= Q_{zx} = 0\,. \end{aligned}\right\} \tag{8.5}$$

Sowohl aus Gl. (8.4) als auch aus Gl. (8.5) lesen wir wieder ab, daß die Spur des Tensors $\underline{\underline{Q}}$ verschwindet.

(b) *Kugelsymmetrie.* In Gl. (8.2b) bleibt dann von der Summe nur das Glied N_0 übrig, das gleich der Ladung q ist. Gleichung (8.2a) geht daher in die bekannte Formel

$$\Phi = \frac{q}{r} \quad \text{mit} \quad q = \int d\tau' \varrho(r') \tag{8.6}$$

über.

9. Aufgabe. Geladener Kreisring

Man berechne das Potentialfeld eines Kreisringes vom Radius a, der in der x, y-Ebene liegt und die Ladung q trägt, bis einschließlich des Quadrupolanteils. Für Punkte auf der z-Achse vergleiche man das Ergebnis mit der exakten Formel.

Lösung. Die Ladung q ist gleichmäßig über die Quellpunkte

$$x' = a\cos\varphi'\,; \quad y' = a\sin\varphi'\,; \quad z' = 0 \tag{9.1}$$

verteilt, so daß jedem Bogenelement $d\varphi'$ die gleiche Ladung $dq = q\,d\varphi'/2\pi$ zukommt. Dann wird

$$\Phi = \frac{q}{2\pi}\oint d\varphi' \frac{1}{|\boldsymbol{r}-\boldsymbol{r}'|}\,, \tag{9.2}$$

wobei

$$\begin{aligned}(\boldsymbol{r}-\boldsymbol{r}')^2 &= r^2 - 2a(x\cos\varphi' + y\sin\varphi') + a^2 \\ &= r^2\left[1 - 2\frac{a}{r}\sin\vartheta\cos(\varphi-\varphi') + \frac{a^2}{r^2}\right]\end{aligned}$$

ist. Dann erhalten wir für $r > a$ die Entwicklung

$$\begin{aligned}\frac{1}{|\boldsymbol{r}-\boldsymbol{r}'|} = \frac{1}{r}\Bigg[&1 + \frac{a}{r}\sin\vartheta\cos(\varphi-\varphi') - \frac{1}{2}\frac{a^2}{r^2} \\ &+ \frac{3}{8}\cdot 4\frac{a^2}{r^2}\sin^2\vartheta\cos^2(\varphi-\varphi') + \ldots\Bigg].\end{aligned} \tag{9.3}$$

Setzen wir das in Gl. (9.2) ein, so entfällt bei der Integration das lineare Glied in $\cos(\varphi-\varphi')$, während das quadratische im Mittel den Faktor $\frac{1}{2}$ erhält:

$$\Phi = \frac{q}{r}\left[1 - \frac{1}{2}\frac{a^2}{r^2} + \frac{3}{4}\frac{a^2}{r^2}\sin^2\vartheta\ldots\right]$$

oder

$$\Phi = \frac{q}{r} - \frac{qa^2}{2r^3}P_2(\cos\vartheta)\ldots. \tag{9.4}$$

Der durch

$$\Phi = \frac{q}{r} + \frac{1}{2r^5}\boldsymbol{r}\cdot\underline{\underline{Q}}\cdot\boldsymbol{r}\ldots \tag{9.5a}$$

definierte Quadrupoltensor $\underline{\underline{Q}}$ ist nach Aufgabe 8 wegen der Rotationssymmetrie diagonal mit

$$Q_{xx} = Q_{yy} = -\tfrac{1}{2}Q_{zz}\,, \tag{9.5b}$$

so daß wir Gl. (9.5a) auch schreiben können

$$\Phi = \frac{q}{r} + \frac{Q_{zz}}{2r^5}\left[-\frac{1}{2}(x^2+y^2) + z^2\right] = \frac{q}{r} + \frac{Q_{zz}}{2r^3}P_2(\cos\vartheta)\ldots. \tag{9.6}$$

Der Vergleich von Gl. (9.6) mit Gl. (9.4) ergibt für den Kreisring

$$Q_{zz} = -qa^2\,; \tag{9.7}$$

diese Komponente wird bei Rotationssymmetrie auch schlechthin als das Quadrupolmoment bezeichnet,.

Auf der z-Achse gilt exakt mit $r = z$

$$\Phi = \frac{q}{\sqrt{z^2 + a^2}}$$

oder, bei Reihenentwicklung

$$\Phi = \frac{q}{z}\left(1+\frac{a^2}{z^2}\right)^{-1/2} = \frac{q}{z} - \frac{q a^2}{2z^3} + \dots .$$

Da hier $\cos\vartheta = 1$ und $P_2(1) = 1$ ist, stimmt das mit Gl. (9.4) überein.

10. Aufgabe. Ladungsverteilung auf der z-Achse

Ladungen sollen längs der z-Achse so verteilt sein, daß an der Stelle z' die Ladung des Elements dz' gleich $\lambda(z')dz'$ ist. Dipol- und Quadrupolmoment bezogen auf den Koordinatenursprung sollen angegeben werden.

Lösung. Ein Abschnitt dz' der Ladung erzeugt am Ort r das Potential

$$d\Phi = \frac{\lambda(z')dz'}{\sqrt{r^2 - 2zz' + z'^2}} .$$

Dieser Ausdruck kann auf zwei verschiedenen Weisen nach Legendreschen Polynomen entwickelt werden: Ist $r > |z'|$ (Fernzone), so wird

$$d\Phi = \frac{\lambda(z')dz'}{r} \sum_{l=0}^{\infty} (z'/r)^l P_l(\cos\vartheta) ; \tag{10.1a}$$

ist aber $r < |z'|$ (Nahzone), so erhalten wir

$$d\Phi = \frac{\lambda(z')dz'}{z'} \sum_{l=0}^{\infty} (r/z')^l P_l(\cos\vartheta) . \tag{10.1b}$$

Sind die Ladungen über die *ganze* z-Achse verteilt, so müssen wir diese Ausdrücke über $-r < z' < +r$ für die Fernzone und über $|z'| > r$ für die Nahzone integrieren und aus beiden Integralen die Summe bilden:

$$\Phi(r,\vartheta) = \sum_{l=0} P_l(\cos\vartheta)\left[\frac{1}{r^{l+1}}\int_{-r}^{+r} dz'\, z'^{\,l}\lambda(z') + r^l\left\{\int_{-\infty}^{-r} + \int_{r}^{\infty}\right\}\frac{dz'\,\lambda(z')}{z'^{\,l+1}}\right] . \tag{10.2}$$

Hier ist der Dipolanteil

$$\Phi_1 = \cos\vartheta\left\{\frac{1}{r^2}\int_{-r}^{+r} dz'\, z'\,\lambda(z') + r\left[\int_{-\infty}^{-r} + \int_{r}^{\infty}\right]\frac{dz'\,\lambda(z')}{z'^{\,2}}\right\} \tag{10.3a}$$

und der Quadrupolanteil

$$\Phi_2 = P_2(\cos\vartheta)\left\{\frac{1}{r^3}\int_{-r}^{+r} dz'\, z'^{\,2}\lambda(z') + r^2\left[\int_{-\infty}^{-r} + \int_{r}^{+\infty}\right]\frac{dz'\,\lambda(z')}{z'^{\,3}}\right\} . \tag{10.3b}$$

Von Dipol- und Quadrupolmoment kann man nur bei einer endlich auf $|z'| < R$ begrenzten Ladungsverteilung sprechen, wenn $r > R$ wird. Dann verbleibt jeweils nur das erste Integral in Gl. (10.2) bzw. in Gl. (10.3a, b):

$$\left.\begin{aligned} \Phi_1 &= \frac{\cos\vartheta}{r^2} \int_{-R}^{+R} dz' z' \lambda(z') \; ; \\ \Phi_2 &= \frac{1}{r^3} P_2(\cos\vartheta) \int_{-R}^{+R} dz' z'^2 \lambda(z') \; . \end{aligned}\right\} \tag{10.4}$$

Das Dipolglied können wir

$$\Phi_1 = \frac{\boldsymbol{p} \cdot \boldsymbol{r}}{r^3}$$

schreiben, wobei das Dipolmoment $\boldsymbol{p}$ vom Betrage

$$p = \int_{-R}^{+R} dz' z' \lambda(z') \tag{10.5}$$

in die z-Richtung weist. Das Quadrupolglied schreiben wir wie in Gl. (9.6) von Aufgabe 9

$$\Phi_2 = \frac{Q}{2r^3} P_2(\cos\vartheta) \; ,$$

wobei

$$Q = 2 \int_{-R}^{+R} dz' z'^2 \lambda(z') \tag{10.6}$$

das Quadrupolmoment $Q = Q_{zz}$ ist.

Während in Aufgabe 9 bei positiver Ladung das Quadrupolmoment negativ war, ergibt sich hier für positives

$$q = \int_{-R}^{+R} dz' \lambda(z')$$

ein positives Moment. Ursache ist, daß der Kreisring von Aufgabe 9 eine in Achsenrichtung abgeplattete, die Ladungsverteilung dieser Aufgabe aber eine gestreckte Form hat.

Ist λ konstant, so wird $q = 2R\lambda$, $p = 0$ und $Q = \frac{2}{3} q R^2$.

11. Aufgabe. Kugelförmiger Atomkern

In einem kugelförmigen Atomkern, der Z Protonen der Ladung e enthält, kann die Ladungsdichte ϱ in roher Näherung als konstant angenommen werden. Welches ist das elektrostatische Potential und die Feldstärke? Wie groß ist der gesamte elektrische Energieinhalt?

Lösung. Die Poissonsche Gleichung lautet bei Kugelsymmetrie

$$\frac{1}{r^2}\frac{d}{dr}\left(r^2\frac{d\Phi}{dr}\right) = -4\pi\varrho \tag{11.1}$$

und kann durch zweimalige Quadratur gelöst werden. Das ergibt im Innern des Kerns, für $r<R$,

$$\Phi_{\mathrm{i}} = -\frac{2\pi}{3}\varrho r^2 + \frac{C_1}{r} + C_2\,. \tag{11.2a}$$

Außerhalb des Kerns, für $r>R$, ist $\varrho = 0$ und daher

$$\Phi_{\mathrm{a}} = \frac{C_3}{r} + C_4\,. \tag{11.2b}$$

Die vier in dieser allgemeinen Lösung der Differentialgleichung frei gebliebenen Konstanten fixieren wir durch die folgenden Bedingungen:

(1) Φ_{a} soll im Unendlichen verschwinden: $C_4 = 0$. Dies ist eine willkürliche, aber zweckmäßige Normierung.

(2) Bei $r = 0$ soll Φ_{i} endlich bleiben, da sich dort keine singuläre Punktladung befindet: $C_1 = 0$.

(3) An der Kernoberfläche $r = R$ muß die Feldstärke stetig sein, weil sich dort keine Oberflächenladung befindet:

$$d\Phi_{\mathrm{i}}/dr = d\Phi_{\mathrm{a}}/dr \qquad \text{bei} \qquad r = R\,,$$

d. h.

$$C_3 = \frac{4\pi}{3}\varrho R^3\,.$$

Dies ist aber die Gesamtladung, $C_3 = Ze$.

(4) Bei $r = R$ darf das Potential keinen Sprung haben, weil nach der Poissonschen Gleichung sonst dort eine unendlich große Oberflächenladung konzentriert wäre, $\Phi_{\mathrm{i}}(R) = \Phi_{\mathrm{a}}(R)$, d. h.

$$C_2 = \frac{2\pi}{3}\varrho R^2\,.$$

Damit sind alle Konstanten festgelegt, und wir erhalten für das Potential:

$$\Phi = \begin{cases} \dfrac{4\pi}{3}\varrho\left(\dfrac{3}{2}R^2 - \dfrac{1}{2}r^2\right) = \dfrac{Ze}{2R}\left(3 - \dfrac{r^2}{R^2}\right) & \text{für} \quad r<R \\[2ex] \dfrac{4\pi}{3}\varrho\dfrac{R^3}{r} = \dfrac{Ze}{r} & \text{für} \quad r>R\,. \end{cases} \tag{11.3}$$

Die Feldstärke $E = -d\Phi/dr$ folgt daraus zu

$$E = \begin{cases} \dfrac{4\pi}{3}\varrho r = \dfrac{Zer}{R^3} & \text{für} \quad r < R \\[2ex] \dfrac{Ze}{r^2} & \text{für} \quad r > R\,. \end{cases} \tag{11.4}$$

Nunmehr läßt sich die gesamte Feldenergie auf zwei verschiedene Weisen bestimmen. *Entweder* bilden wir

$$W = \tfrac{1}{2}\int d\tau\,\varrho\,\Phi\,; \tag{11.5}$$

dann brauchen wir nur über den Innenraum $r < R$ zu integrieren, in dem die ganze Energie lokalisiert ist:

$$W = \frac{1}{2}\varrho \cdot 4\pi \int_0^R dr\,r^2 \Phi_{\mathrm{i}} = \frac{4\pi}{5}\varrho Ze R^2 = \frac{3}{5}\,\frac{Z^2e^2}{R}. \tag{11.6}$$

Oder wir gehen von der Formel

$$W = \frac{1}{8\pi}\int d\tau\,E^2 \tag{11.7}$$

aus; dann erhalten wir Beiträge vom Innen- und Außenraum:

$$W = \frac{1}{2}\int_0^R dr\,r^2 E_{\mathrm{i}}^2 + \frac{1}{2}\int_R^\infty dr\,r^2 E_{\mathrm{a}}^2 = \frac{Z^2e^2}{2R}\left(\frac{1}{5}+1\right) = \frac{3}{5}\,\frac{Z^2e^2}{R}. \tag{11.8}$$

In diesem Fall sind nur 5/6 der Energie innerhalb des Kerns lokalisiert und 1/6 befindet sich außerhalb. Die Lokalisierung der Energie bleibt an dieser Stelle also willkürlich; nur das Gesamtergebnis muß in Gl. (11.6) und (11.8) übereinstimmen.

12. Aufgabe. Homogen geladenes gestrecktes Ellipsoid: Potential

Man berechne das Potentialfeld eines homogen geladenen gestreckten Rotationsellipsoids als rohes Modell für einen Atomkern. Welches ist das Quadrupolmoment?

Lösung. Die für diesen Fall angepaßten elliptischen Koordinaten sind

$$x = c\sqrt{(\xi^2-1)(1-\eta^2)}\cos\varphi\,; \qquad y = c\sqrt{(\xi^2-1)(1-\eta^2)}\sin\varphi\,; \qquad z = c\,\xi\eta \tag{12.1}$$

mit

$$1 \le \xi < \infty\,; \qquad -1 \le \eta \le +1\,; \qquad 0 \le \varphi \le 2\pi\,; \qquad r^2 = c^2(\xi^2+\eta^2-1)\,.$$

Die Halbachsen des Ellipsoids $\xi = \xi_0$ oder

$$\frac{x^2+y^2}{c^2(\xi_0^2-1)} + \frac{z^2}{c^2\xi_0^2} = 1$$

sind

$$a = c\sqrt{\xi_0^2 - 1}\;; \qquad b = c\xi_0$$

mit $b > a$. Die Umkehrung dieser Formeln ist

$$c = \sqrt{b^2 - a^2}\;; \qquad \xi_0 = \frac{b}{\sqrt{b^2 - a^2}}\,. \tag{12.2}$$

Das Ellipsoid $\xi = \xi_0$ sei die Oberfläche des Atomkerns. Für das Potentialfeld Φ_a im Außenraum $\xi > \xi_0$ lautet die Laplacesche Gleichung in unseren Koordinaten

$$\frac{\partial}{\partial \xi}\left[(\xi^2 - 1)\frac{\partial \Phi_a}{\partial \xi}\right] + \frac{\partial}{\partial \eta}\left[(1 - \eta^2)\frac{\partial \Phi_a}{\partial \eta}\right] = 0\,.$$

Sie läßt sich durch den Separationsansatz

$$\Phi_a = f(\xi)\, g(\eta)$$

lösen. Man erhält so

$$\frac{d}{d\xi}\left[(\xi^2 - 1)\frac{df}{d\xi}\right] - \lambda f = 0\;; \qquad \frac{d}{d\eta}\left[(1 - \eta^2)\frac{dg}{d\eta}\right] + \lambda g = 0\,.$$

Beide Gleichungen haben als Lösungen Legendresche Funktionen. Da $g(\eta)$ im Intervall $-1 \le \eta \le +1$ regulär sein muß, folgt notwendig $g(\eta) = P_n(\eta)$ zu Eigenwerten $\lambda = n(n+1)$. Für $\xi \to \infty$ muß $f(\xi)$ verschwinden; das ist zwar nicht für Polynome $P_n(\xi)$, wohl aber für die Funktionen zweiter Art $Q_n(\xi)$ erfüllt. Damit erhalten wir für die Lösung im Außenraum

$$\Phi_a = \sum_{n=0}^{\infty} A_n Q_n(\xi) P_n(\eta)\,. \tag{12.3}$$

Im Innern $(1 \le \xi \le \xi_0)$ gilt die inhomogene Poissonsche Gleichung

$$\nabla^2 \Phi_i = -4\pi\varrho$$

oder

$$\frac{1}{c^2(\xi^2 - \eta^2)}\left\{\frac{\partial}{\partial \xi}\left[(\xi^2 - 1)\frac{\partial \Phi_i}{\partial \xi}\right] + \frac{\partial}{\partial \eta}\left[(1 - \eta^2)\frac{\partial \Phi_i}{\partial \eta}\right]\right\} = -4\pi\varrho\,. \tag{12.4}$$

Eine spezielle Lösung dieser Gleichung finden wir durch Anlehnung an den Fall der Kugel,

$$\Phi_{i,\,\mathrm{spez.}} = -\frac{2\pi}{3}\varrho c^2(\xi^2 + \eta^2) = -\alpha[P_2(\xi) + P_2(\eta) + 1] \tag{12.5}$$

mit

$$\alpha = \frac{4\pi}{9}\varrho c^2\,. \tag{12.6}$$

Die vollständige Lösung von Gl. (12.4), die in ξ an der Stelle $\xi = 1$ regulär bleibt, ist dann

$$\Phi_i = -\alpha[P_2(\xi)+P_2(\eta)+1] + \sum_{n=0}^{\infty} C_n P_n(\xi) P_n(\eta) . \tag{12.7}$$

Die Koeffizienten A_n von Gl. (12.3) und C_n von Gl. (12.7) müssen nun so gewählt werden, daß an der Oberfläche $\xi = \xi_0$ für alle η die Funktionen Φ und $\partial \Phi/\partial \xi$ stetig bleiben. Man sieht sofort, daß dies für alle n außer $n = 0$ und $n = 2$ gleichzeitige Erfüllung von

$$A_n Q_n(\xi_0) = C_n P_n(\xi_0) \quad \text{und} \quad A_n Q_n'(\xi_0) = C_n P_n'(\xi_0)$$

erfordert. Da Q_n und P_n zwei linear unabhängige Lösungen derselben Differentialgleichung sind, ist dies nur erfüllbar, wenn A_n und C_n verschwinden. Daher bleiben nur die Glieder mit $n = 0$ und $n = 2$ übrig, welche die Gleichungen

$$A_0 Q_0 + \xi(P_2+1) = C_0 P_0 ; \qquad A_0 Q_0' + \alpha P_2' = 0$$

und

$$A_2 Q_2 + \alpha = C_2 P_2 ; \qquad A_2 Q_2' = C_2 P_2'$$

für das Argument $\xi = \xi_0$ ergeben. Sie gestatten, die vier Konstanten durch ξ_0 und α auszudrücken, nämlich

$$A_0 = -\alpha P_2'/Q_0' ; \qquad A_2 = \alpha P_2'/W$$

$$C_0 = \alpha(1 + D/Q_0') ; \qquad C_2 = \alpha Q_2'/W$$

mit

$$W = Q_2' P_2 - Q_2 P_2' ; \qquad D = Q_0' P_2 - Q_0 P_2' .$$

Die hier auftretenden Legendreschen Funktionen lauten explicite

$$Q_0 = \frac{1}{2}\log\frac{\xi+1}{\xi-1} \to \frac{1}{\xi} + \frac{1}{3\xi^3} + \ldots ;$$

$$Q_2 = \frac{1}{2} P_2(\xi) \log\frac{\xi+1}{\xi-1} - \frac{3}{2}\xi \to \frac{2}{15\xi^3} + \ldots ; \qquad P_2 = \frac{3}{2}\xi^2 - \frac{1}{2} ;$$

sie sind an der Stelle ξ_0 einzuführen. Eine einfache Rechnung ergibt für die Wronski-Determinante

$$W = -1/(\xi_0^2 - 1)$$

und ebenso für

$$Q_0' = -1/(\xi_0^2 - 1) ,$$

so daß $A_0/A_2 = -W/Q_0' = -1$ folgt. Die Konstante A_0 folgt aus

$$A_0 = -\alpha P_2'/Q_0' = 3\alpha\xi_0(\xi_0^2 - 1) = \frac{4\pi}{3}\varrho c^2 \cdot \frac{ba^2}{c^3} .$$

Da aber

$$\frac{4\pi}{3}\varrho b a^2 = Ze$$

die Ladung des Kerns ist, erhalten wir $A_0 = Ze/c$. Das Potential im Außenraum $\xi > \xi_0$ ist also

$$\Phi_a = \frac{Ze}{c}\,[Q_0(\xi) - Q_2(\xi)P_2(\eta)]\ . \tag{12.8}$$

Zur Bestimmung des Quadrupolmoments ist es zweckmäßig, auf Kugelkoordinaten r und ϑ überzugehen. Aus Gl. (12.1) folgt zunächst streng

$$r = c\sqrt{\xi^2+\eta^2-1}\ ; \qquad \cos\vartheta = \frac{\xi\eta}{\sqrt{\xi^2+\eta^2-1}} \tag{12.9}$$

und daraus genähert für $\xi \gg 1$

$$\xi \approx \frac{r}{c}\left(1 + \frac{c^2}{2r^2}\sin^2\vartheta\right); \qquad \eta = \cos\vartheta\left(1 - \frac{c^2}{2r^2}\sin^2\vartheta\right).$$

Setzen wir in Gl. (12.8) die asymptotischen Ausdrücke für $Q_0(\xi)$ und $Q_2(\xi)$ ein, so erhalten wir

$$\Phi_a \approx \frac{Ze}{c}\left[\frac{1}{\xi} + \frac{1}{3\xi^3} + \ldots - \left(\frac{2}{15\xi^3} + \ldots\right)P_2(\eta)\right]$$

oder

$$\Phi_a \approx \frac{Ze}{c}\left[\frac{c}{r}\left(1 - \frac{c^2}{2r^2}\sin^2\vartheta\right) + \frac{c^3}{3r^3} - \frac{2c^3}{15r^3}P_2(\cos\vartheta)\right],$$

woraus nach einfacher Umformung

$$\Phi_a = \frac{Ze}{r} + \frac{Zec^2}{5r^3}P_2(\cos\vartheta)$$

folgt. Setzen wir c^2 aus Gl. (12.2) ein und schreiben konventionell

$$\Phi_a = \frac{Ze}{r} + \frac{1}{2}QP_2(\cos\vartheta)/r^3\ ,$$

so ist das Quadrupolmoment

$$Q = \frac{2}{5}Ze(b^2-a^2)\ . \tag{12.10}$$

Da es sich um eine längs der Rotationsachse verlängerte Struktur handelt, ist das Quadrupolmoment positiv.

Anm. In den hier benutzten Koordinaten ist die Fläche $\eta = \pm\eta_0$ das zweischalige Rotationshyperboloid

$$\frac{z^2}{c^2\eta_0^2} - \frac{x^2+y^2}{c^2(1-\eta_0^2)} = 1\ .$$

Da $C_1Q_0(\eta) + C_2$ mit willkürlichen Konstanten C_1 und C_2 die von η abhängende, aber von ξ unabhängige Lösung der Potentialgleichung ist, und da

$$Q_0(\eta) = \frac{1}{2}\log\frac{\eta+1}{\eta-1} = \frac{1}{2}\left(\log\frac{1+\eta}{1-\eta} + i\pi\right)$$

ist, wird

$$\Phi = U \log \frac{1+\eta}{1-\eta} \Big/ \log \frac{1+\eta_0}{1-\eta_0}$$

die Lösung, die auf den beiden Schalen gleich $\pm U$ konstant wird.

13. Aufgabe. Homogen geladenes gestrecktes Ellipsoid: Feldenergie

Für das gestreckte Rotationsellipsoid der vorstehenden Aufgabe soll die elektrische Feldenergie berechnet werden.

Lösung. Wir legen die Formel

$$W = \tfrac{1}{2} \int d\tau\, \varrho\, \Phi$$

zugrunde, bei der wir nur über das Innere des homogen geladenen Ellipsoids zu integrieren brauchen. In den elliptischen Koordinaten der vorigen Aufgabe gibt das

$$W = \frac{1}{2}\varrho \cdot 2\pi c^3 \int_1^{\xi_0} d\xi \int_{-1}^{+1} d\eta (\xi^2 - \eta^2)\, \Phi_\mathrm{i}(\xi, \eta)\,. \tag{13.1}$$

Hier ist nach der vorstehenden Aufgabe

$$\Phi_\mathrm{i} = -\alpha[P_2(\xi) + P_2(\eta) + 1] + C_0 + C_2 P_2(\xi) P_2(\eta)\,, \tag{13.2}$$

wobei

$$\alpha = \frac{4\pi}{9}\varrho c^2 \tag{13.3}$$

ist und die Konstanten C_0 und C_2 aus

$$C_0 = \alpha\left(1 + \frac{Q_0' P_2 - Q_0 P_2'}{Q_0'}\right); \quad C_2 = \alpha \frac{Q_2'}{Q_2' P_2 - Q_2 P_2'} \tag{13.4}$$

folgen. Zur Berechnung des Integrals in Gl. (13.1) führen wir

$$\xi^2 - \eta^2 = \tfrac{2}{3}[P_2(\xi) - P_2(\eta)]$$

ein und integrieren über η unter Ausnutzung der Orthogonalitätseigenschaften der Legendreschen Polynome. Dann entsteht zunächst

$$W = \frac{4\pi}{3}\varrho c^3 \int_1^{\xi_0} d\xi \left\{\frac{1}{5}\alpha + \left(C_0 - \alpha - \frac{1}{5}C_2\right) P_2(\xi) - \alpha P_2(\xi)^2\right\}. \tag{13.5}$$

Aus Gl. (13.4) berechnen wir mit den in Aufgabe 12 angegebenen Ausdrücken für die Funktionen Q_0 und Q_2 die Konstanten

$$C_0 = \alpha\left\{\frac{3}{2}\xi_0^2 + \frac{1}{2} + \frac{3}{2}\xi_0(\xi_0^2 - 1) \log \frac{\xi_0 + 1}{\xi_0 - 1}\right\};$$

$$C_2 = \alpha \left\{ 3\,\xi_0^2 - 2 - \frac{3}{2}\,\xi_0(\xi_0^2 - 1)\log\frac{\xi_0 + 1}{\xi_0 - 1} \right\}.$$

Das ergibt für die in Gl. (13.5) auftretende Kombination

$$K = C_0 - \alpha - \frac{1}{5}C_2 = \frac{\alpha}{10}\left\{ 9\,\xi_0^2 - 1 + 18\,\xi_0(\xi_0^2 - 1)\log\frac{\xi_0 + 1}{\xi_0 - 1} \right\}. \tag{13.6}$$

Das Integral aus Gl. (13.5) läßt sich elementar auswerten und führt auf

$$W = \frac{4\pi}{3}\varrho c^3 \left\{ \frac{K}{2}\,\xi_0(\xi_0^2 - 1) - \frac{\alpha}{20}\,\xi_0(9\,\xi_0^4 - 10\,\xi_0^2 + 1) \right\}$$
$$= \frac{4\pi}{3}\varrho c^3\,\xi_0(\xi_0^2 - 1)\left\{ \frac{K}{2} - \frac{\alpha}{20}(9\,\xi_0^2 - 1) \right\}.$$

Setzen wir hier K aus Gl. (13.6) ein, so vereinfacht sich die Klammer, und es entsteht

$$W = \frac{4\pi}{3}\varrho c^3 \alpha\,\xi_0^2(\xi_0^2 - 1)^2\frac{9}{10}\log\frac{\xi_0 + 1}{\xi_0 - 1}. \tag{13.7}$$

Zur Diskussion dieses Ausdrucks bemerken wir zunächst, daß

$$\frac{4\pi}{3}\varrho c^3\,\xi_0(\xi_0^2 - 1) = \frac{4\pi}{3}\varrho a^2 b = Ze$$

die Ladung des Ellipsoids ist. Weiter führen wir dessen Exzentrizität

$$\varepsilon = \sqrt{1 - \frac{a^2}{b^2}} = \frac{1}{\xi_0} \tag{13.8}$$

und den Radius der volumgleichen Kugel,

$$R = c\sqrt[3]{\xi_0(\xi_0^2 - 1)} = \frac{c}{\varepsilon}(1 - \varepsilon^2)^{1/3} \tag{13.9}$$

ein. Dann entsteht aus Gl. (13.7) mit Gl. (13.3) für α

$$W = Ze\,\frac{4\pi}{9}\varrho c^2\,\xi_0(\xi_0^2 - 1)\,\frac{9}{10}\log\frac{\xi_0 + 1}{\xi_0 - 1}$$

und mit Gln. (13.9) und (13.8)

$$W = \frac{3}{10}\,\frac{(Ze)^2}{R}\,\frac{(1 - \varepsilon^2)^{1/3}}{\varepsilon}\log\frac{1 + \varepsilon}{1 - \varepsilon}. \tag{13.10}$$

Im Grenzübergang $\varepsilon \to 0$ wird der Logarithmus gleich 2ε, so daß für die Kugel aus Gl. (13.10) die elementare Formel

$$W = \frac{3}{5}\,\frac{(Ze)^2}{R} \tag{13.11}$$

hervorgeht.

Entwickeln wir für kleine ε ein Glied weiter, so ergibt sich

$$W = \frac{3}{5}\,\frac{(Ze)^2}{R}\left(1 - \frac{\varepsilon^4}{45}\right). \tag{13.12}$$

Die Energie des gestreckten Ellipsoids ist also kleiner als die der volumgleichen Kugel. Das ist verständlich, da W die potentielle Energie der gegenseitigen Abstoßung der gleich geladenen Volumelemente ist, die im Ellipsoid im Mittel weiter voneinander entfernt sind. Die Abweichung des Ausdrucks (13.10) von demjenigen für die Kugel ist übrigens gering; dies zeigt sich darin, daß in Gl. (13.12) das Entwicklungsglied mit ε^2 nicht auftritt.

14. Aufgabe. Homogen geladenes abgeplattetes Ellipsoid

Für ein homogen geladenes abgeplattetes Rotationsellipsoid (wie in den vorstehenden Aufgaben für das gestreckte) sollen Potentialfeld, Quadrupolmoment und Feldenergie berechnet werden.

Lösung. Die Rechnung verläuft ganz analog zu derjenigen für das gestreckte Ellipsoid. Die angepaßten Koordinaten sind jetzt

$$x = c\sqrt{(\xi^2+1)(1-\eta^2)}\,\cos\varphi\,; \quad y = c\sqrt{(\xi^2+1)(1-\eta^2)}\,\sin\varphi\,; \quad z = c\xi\eta \tag{14.1}$$

mit dem Variablenbereich $0 \le \xi < \infty$. Die Halbachsen der Oberfläche $\xi = \xi_0$ des geladenen Körpers sind

$$a = c\sqrt{\xi_0^2+1}\,; \qquad b = c\xi_0\,, \tag{14.2a}$$

umgekehrt ist

$$c = \sqrt{a^2-b^2}\,; \qquad \xi_0 = \frac{b}{\sqrt{a^2-b^2}}\,. \tag{14.2b}$$

Der Radius R der volumgleichen Kugel und die Exzentrizität ε sind definiert durch

$$R^3 = c^3\xi_0(\xi_0^2+1)\,; \qquad \varepsilon = 1/\xi_0\,. \tag{14.3}$$

Im *Außenraum* $\xi > \xi_0$ ist $\nabla^2\Phi_a = 0$; das gibt in Koordinaten

$$\frac{\partial}{\partial\xi}\left[(\xi^2+1)\frac{\partial\Phi_a}{\partial\xi}\right] + \frac{\partial}{\partial\eta}\left[(1-\eta^2)\frac{\partial\Phi_a}{\partial\eta}\right] = 0\,. \tag{14.4}$$

Der Separationsansatz führt wieder auf die $P_n(\eta)$ mit den Eigenwerten $n(n+1)$ des Separationsparameters. Dagegen entsteht in ξ eine etwas abweichende Differentialgleichung

$$\frac{d}{d\xi}\left[(\xi^2+1)\frac{df_n}{d\xi}\right]-n(n+1)f_n=0\,, \tag{14.5}$$

deren im Unendlichen verschwindende Lösungen für $n=0$ und $n=2$

$$\begin{aligned} f_0(\xi) &= \arctan\frac{1}{\xi}\to\frac{1}{\xi}\,; \\ f_2(\xi) &= \left(\frac{3}{2}\xi^2+\frac{1}{2}\right)\arctan\frac{1}{\xi}-\frac{3}{2}\xi\to\frac{2}{15\,\xi^3} \end{aligned} \tag{14.6}$$

sind.

Im *Innenraum* $\xi<\xi_0$ gilt $\nabla^2\Phi_\mathrm{i}=-4\pi\varrho$ oder

$$\frac{\partial}{\partial\xi}\left[(\xi^2+1)\frac{\partial\Phi_\mathrm{i}}{\partial\xi}\right]+\frac{\partial}{\partial\eta}\left[(1-\eta^2)\frac{\partial\Phi_\mathrm{i}}{\partial\eta}\right]=-4\pi\varrho c^2(\xi^2+\eta^2)\,. \tag{14.7}$$

Setzen wir hier wieder

$$\frac{4\pi}{9}\varrho c^2=\alpha\,, \tag{14.8}$$

so wird $-\alpha[P_2(\xi)-P_2(\eta)]$ eine spezielle Lösung von Gl. (14.7). Hierzu fügen wir mit $P_n(\eta)$ multipliziert solche Lösungen $F_n(\xi)$ der homogenen Gleichung (14.5), die bei $\xi=0$ regulär bleiben und $F_n'(0)=0$ haben. Wir brauchen davon

$$F_0(\xi)=1\,;\qquad F_2(\xi)=\tfrac{3}{2}\xi^2+\tfrac{1}{2}\,. \tag{14.9}$$

Fügen wir nun die Lösungen

$$\Phi_\mathrm{a}=\sum_{n=0}^{\infty}A_n f_n(\xi)P_n(\eta)$$

und

$$\Phi_\mathrm{i}=\sum_{n=0}^{\infty}C_nF_n(\xi)P_n(\eta)-\alpha[P_2(\xi)-P_2(\eta)] \tag{14.10}$$

bei $\xi=\xi_0$ stetig und mit stetiger Ableitung nach ξ zusammen, so zeigt sich wieder, daß alle A_n und C_n verschwinden außer für $n=0$ und $n=2$, wo wir die in Gln. (14.6) und (14.9) angegebenen Funktionen $f_n(\xi_0)$ und $F_n(\xi_0)$ einführen. Das liefert die folgenden Beziehungen zur Bestimmung der Konstanten:

$$\left.\begin{aligned} A_0f_0&=C_0F_0-\alpha P_2\,; & A_2f_2&=C_2F_2+\alpha\,; \\ A_0f_0'&=C_0F_0'-\alpha P_2'\,; & A_2f_2'&=C_2F_2'\,, \end{aligned}\right\} \tag{14.11}$$

wobei überall ξ_0 als Argument einzusetzen ist. Die Berechnung der Konstanten hieraus ist etwas mühsam, aber elementar und gibt

$$\left.\begin{aligned} C_0 &= \alpha\left[\left(\frac{3}{2}\xi_0^2-\frac{1}{2}\right)+3\,\xi_0(\xi_0^2+1)\arctan\frac{1}{\xi_0}\right];\\ C_2 &= \alpha\left[-(3\,\xi_0^2+2)+3\,\xi_0(\xi_0^2+1)\arctan\frac{1}{\xi_0}\right];\\ A_0 &= A_2 = 3\,\alpha\xi_0(\xi_0^2+1)\,. \end{aligned}\right\} \tag{14.12}$$

Die letzte Konstante gestattet beim Einsetzen von α aus Gl. (14.8) eine einfache Deutung, da

$$\frac{4\pi}{3}\varrho a^2 b = \frac{4\pi}{3}\varrho c^3\xi_0(\xi_0^2+1) = Ze \tag{14.13a}$$

die Gesamtladung des Körpers (des Atomkerns) ist; es wird

$$A_0 = A_2 = \frac{Ze}{c}\,. \tag{14.13b}$$

Für das Potential im *Außenraum* erhalten wir damit

$$\Phi_\mathrm{a} = \frac{Ze}{c}\,[f_0(\xi)+f_2(\xi)P_2(\eta)]\,,$$

was sich in Quadrupolnäherung asymptotisch wie

$$\Phi_\mathrm{a} \approx \frac{Ze}{c\xi}\left[1-\frac{1}{3\,\xi^2}+\frac{2}{15\,\xi^2}P_2(\eta)\right] \tag{14.14}$$

verhält. Wir rechnen dies mit Hilfe der Beziehungen

$$r^2 = c^2(\xi^2-\eta^2+1)\,;\qquad \cos\vartheta = \frac{\xi\eta}{\sqrt{\xi^2-\eta^2+1}}$$

auf Kugelkoordinaten um; dann wird in unserer Näherung

$$\xi \approx \frac{r}{c}\left[1-\frac{c^2\sin^2\vartheta}{2r^2}\right];\qquad \eta\approx\cos\vartheta$$

und

$$\Phi_\mathrm{a} = \frac{Ze}{r}\left[1+\frac{c^2}{2r^2}\sin^2\vartheta-\frac{c^2}{3r^2}+\frac{2c^2}{15r^2}P_2(\cos\vartheta)\right],$$

was sich zu

$$\Phi_\mathrm{a} = \frac{Ze}{r}-\frac{Zec^2}{5r^3}P_2(\cos\vartheta)$$

zusammenziehen läßt. Gleichung (14.2b) für c^2 ergibt dann hieraus das Quadrupolmoment

$$Q = -\tfrac{2}{5}Ze(a^2-b^2)\,, \tag{14.15}$$

was wegen $a > b$ negativ ist, wie ja auch für eine abgeplattete Form zu erwarten war.

Zur Berechnung der *Feldenergie* nach der Formel

$$W = \tfrac{1}{2} \int d\tau \, \varrho \, \Phi \tag{14.16a}$$

brauchen wir nur das Potential im Innern aus Gl. (14.10). In Koordinaten lautet Gl. (14.16a)

$$W = \frac{1}{2} \varrho \cdot 2\pi c^3 \int_0^{\xi_0} d\xi \int_{-1}^{+1} d\eta (\xi^2 + \eta^2) \, \Phi_{\mathrm{i}} \, . \tag{14.16b}$$

Die elementare Ausrechnung kann unter Ausnutzung der Orthogonalität der Legendreschen Polynome von η wie in Aufgabe 13 ausgeführt werden, wenn wir $F_2(\xi)$ aus Gl. (14.9) und die Konstanten C_0 und C_2 aus Gl. (14.12) in Φ_{i} einführen. Das Ergebnis ist

$$W = \frac{4\pi}{3} \varrho c^3 \alpha \, \xi_0^2 (\xi_0^2 + 1)^2 \frac{9}{5} \arctan \frac{1}{\xi_0} \, . \tag{14.17}$$

Machen wir hier Gebrauch von Gl. (14.13a) und setzen α gemäß Gl. (14.8) ein, so vereinfacht sich das zu

$$W = \frac{3}{5} \frac{(Ze)^2}{c} \arctan \frac{1}{\xi_0} \, . \tag{14.18}$$

Hier können wir noch c und ξ_0 durch R und ε nach Gl. (14.3) ersetzen. Das führt schließlich auf

$$W = \frac{3}{5} \frac{(Ze)^2}{R} \frac{(1+\varepsilon^2)^{1/3}}{\varepsilon} \arctan \varepsilon \, . \tag{14.19}$$

Entwicklung nach kleinen ε führt auf

$$W = \frac{3}{5} \frac{(Ze)^2}{R} \left(1 - \frac{\varepsilon^4}{45}\right)$$

wie in Aufgabe 13. Auch bei Abplattung sind die Ladungsträger im Mittel weiter voneinander entfernt als bei der Kugel.

15. Aufgabe. Deformation eines Atomkerns (Fission)

Behandelt man einen Atomkern genähert als inkompressible Flüssigkeit, so ändern sich bei einer Deformation nur seine Coulomb-Energie W_{C} und die Oberflächenenergie W_{S}. In diesem Modell soll die Stabilität eines kugelförmigen Kerns bezüglich Deformation in ein gestrecktes Ellipsoid untersucht werden.

Lösung. Wir haben in Aufgabe 13 bereits für das gestreckte Ellipsoid

$$W_{\mathrm{C}} = \frac{3}{5} \frac{Z^2 e^2}{R} \left(1 - \frac{\varepsilon^4}{45}\right) \tag{15.1}$$

bei kleiner Deformation berechnet. In den Bezeichnungen dieser Aufgabe ist das Linienelement in der Oberfläche $\xi = \xi_0$

$$ds^2 = c^2 \left\{ \frac{\xi_0^2 - \eta^2}{1-\eta^2}\, d\eta^2 + (1-\eta^2)(\xi_0^2 - 1)\, d\varphi^2 \right\}$$

und daher ein Flächenelement in dieser Fläche

$$dF = c^2 \sqrt{(\xi_0^2 - 1)(\xi_0^2 - \eta^2)}\, d\eta\, d\varphi\,,$$

so daß die gesamte Oberfläche des Ellipsoids

$$F = 2\pi c^2 \sqrt{\xi_0^2 - 1} \int_{-1}^{+1} d\eta \sqrt{\xi_0^2 - \eta^2} \tag{15.2a}$$

wird. Mit der Substitution $\eta/\xi_0 = t$ und $1/\xi_0 = \varepsilon$ läßt sich das Integral auf

$$2\int_0^{\varepsilon} dt \sqrt{1-t^2} = \arcsin\varepsilon + \varepsilon\sqrt{1-\varepsilon^2} \tag{15.2b}$$

reduzieren. Ist γ die Konstante der Oberflächenspannung pro Flächeneinheit, so ist

$$W_S = \gamma F \tag{15.3}$$

oder mit Gln. (15.2a, b) ausführlich

$$W_S = 2\pi\gamma c^2 \sqrt{\xi_0^2 - 1}\, \xi_0^2 (\arcsin\varepsilon + \varepsilon\sqrt{1-\varepsilon^2})$$

die Oberflächenenergie. Wegen

$$a = c\sqrt{\xi_0^2 - 1}\,; \qquad b = c\xi_0\,; \qquad \xi_0 = \frac{1}{\varepsilon} \tag{15.4}$$

können wir dafür kürzer

$$W_S = 2\pi\gamma a b \left(\frac{\arcsin\varepsilon}{\varepsilon} + \sqrt{1-\varepsilon^2} \right)$$

schreiben. Andererseits muß wegen der angenommenen Inkompressibilität der Kernmaterie $a^2 b = R^3$ werden, d.h. wegen Gl. (15.4)

$$a = R(1-\varepsilon^2)^{1/6}\,; \qquad b = R(1-\varepsilon^2)^{-1/3}$$

und

$$W_S = 2\pi\gamma R^2 (1-\varepsilon^2)^{-1/6} \left(\frac{\arcsin\varepsilon}{\varepsilon} + \sqrt{1-\varepsilon^2} \right). \tag{15.5}$$

Da für die Frage der Stabilität nur kleine Deformationen von Interesse sind, entwickeln wir diesen Ausdruck für kleine ε in eine Potenzreihe. So entsteht

$$(1-\varepsilon^2)^{-1/6} = 1 + \frac{1}{6}\varepsilon^2 + \frac{7}{72}\varepsilon^4 + \ldots\,,$$

$$\begin{aligned} \frac{\arcsin\varepsilon}{\varepsilon} + \sqrt{1-\varepsilon^2} &= \left(1 + \frac{1}{6}\varepsilon^2 + \frac{3}{40}\varepsilon^4 \ldots\right) + \left(1 - \frac{1}{2}\varepsilon^2 - \frac{1}{8}\varepsilon^4 \ldots\right) \\ &= 2\left(1 - \frac{1}{6}\varepsilon^2 - \frac{1}{40}\varepsilon^4 \ldots\right) \end{aligned}$$

und

$$W_S = 4\pi\gamma R^2 \left(1 + \frac{2}{45}\varepsilon^4 \ldots\right). \tag{15.6}$$

Die Änderung der gesamten Kernenergie bei einer kleinen Deformation ist nach den Gln. (15.1) und (15.6)

$$\Delta W = \Delta W_C + \Delta W_S = -\frac{3}{5}\frac{Z^2 e^2}{R}\frac{\varepsilon^4}{45} + 4\pi\gamma R^2 \frac{2}{45}\varepsilon^4. \tag{15.7}$$

Die aus der gegenseitigen Abstoßung der Protonen herrührende elektrostatische Energie W_C wird also verringert, weil der Abstand der Protonen voneinander im Mittel größer wird; die Oberflächenenergie aber wird größer, da bei gleichem Volumen jede Gestalt eine größere Oberfläche hat als die Kugel. Ist $\Delta W > 0$, so ist die Kugelgestalt stabil. Ist $\Delta W < 0$, so ist eine Deformation energetisch günstig, so daß eine Kernspaltung (Fission) zum mindesten eingeleitet werden kann. Dies trifft nach Gl. (15.7) zu für

$$\frac{Z^2}{R^3} > \frac{40\pi\gamma}{3e^2}. \tag{15.8}$$

Ist A das Atomgewicht, d.h. die Zahl der Nukleonen im Kern, so ist $R^3 = A r_0^3$ mit einer für alle Kerne (ungefähr) gleichen Konstanten r_0, und wir können als Labilitätsbedingung

$$\frac{Z^2}{A} > \frac{40\pi}{3}\frac{\gamma r_0^3}{e^2} \approx 36 \tag{15.9}$$

schreiben. Der Ausdruck Z^2/A wächst ungefähr linear mit Z an und erreicht den durch die rechte Seite von Gl. (15.9) gegebenen kritischen Wert in der Gegend von $Z = 92$ (Uran), wo bekanntlich eine geringe Energiezufuhr zur Einleitung eines Spaltungsprozesses ausreicht.

2. Geladene Metallkörper

Ein Metall kann für die Elektrostatik als eine Substanz beschrieben werden, in der sich Ladungsträger frei bewegen können. Ladungen, die im Innern eines Metallkörpers aufgebracht werden, bewegen sich unter ihrer gegenseitgen Abstoßung zur Oberfläche hin, bis das Innere feldfrei ist. Auf der Oberfläche verteilen sie sich so, daß sie keine tangentialen Kräfte mehr erfahren. Daher ist die elektrische Feldstärke überall senkrecht zur Oberfläche, die ihrerseits eine Äquipotentialfläche $\Phi = \Phi_0$ wird. Im Innern besteht überall dies konstante Potential.

Aus der Grundgleichung

$$\operatorname{div} \boldsymbol{E} = 4\pi\varrho$$

folgt durch Integration über ein flaches infinitesimales Volumen um das Flächenelement dF der Oberfläche, dessen eine Deckfläche außerhalb, dessen andere innerhalb der Oberfläche liegt, mit Hilfe des Gaußschen Satzes

$$E_n dF = 4\pi \cdot \sigma dF ,$$

wenn wir mit σ die Dichte der Oberflächenladung (Coul/cm^2) bezeichnen, so daß σdF die Gesamtladung in diesem Volumen ist.

Außerhalb eines geladenen Metallkörpers gilt die Laplacesche Differentialgleichung

$$\nabla^2 \Phi = 0 \tag{1}$$

mit den Randbedingungen $\Phi = \Phi_0$ auf der Oberfläche des Metallkörpers und (willkürlich, aber zweckmäßig) $\Phi = 0$ im Unendlichen. Wir können dann die Feldstärke aus

$$\boldsymbol{E} = -\operatorname{grad} \Phi \tag{2}$$

und insbesondere an der Oberfläche aus

$$E_n = -\frac{\partial \Phi}{\partial n} \tag{3}$$

entnehmen, wobei n die Richtung der äußeren Normalen bezeichnet. Aus E_n erhalten wir die Dichte der Oberflächenladung

$$\sigma = \frac{1}{4\pi} E_n , \tag{4}$$

woraus die Gesamtladung auf dem Metallkörper

$$q = \int \sigma dF \tag{5}$$

durch Integration über dessen ganze Oberfläche hervorgeht.

Als *Kapazität C* eines Metallkörpers wird die Größe

$$C = q/\Phi_0 \tag{6}$$

bezeichnet. Die gegenseitige Kapazität zweier entgegengesetzt mit $\pm q$ aufgeladenen Metallkörper, zwischen deren Oberflächen die Potentialdifferenz $\Phi_1 - \Phi_2$ besteht, ist

$$C = q/|\Phi_1 - \Phi_2| .$$

Ein solches Gebilde heißt ein *Kondensator*. Gleichung (6) kann auch als Kapazität des Metallkörpers gegen die unendlich ferne, mit der gleichmäßig verteilten Ladung $-q$ aufgeladene Kugel interpretiert werden.

16. Aufgabe. Kapazität eines abgeplatteten Ellipsoids

Ein metallisches, abgeplattetes Rotationsellipsoid mit den Halbachsen $a > b$ wird auf das Potential Φ_0 aufgeladen. Das erzeugte Potentialfeld $\Phi(r)$ soll unter Verwendung der elliptischen Koordinaten von Aufgabe 14 berechnet werden. Wie ist die Ladung auf der Oberfläche verteilt, und welches ist die Kapazität C des Metallkörpers?

Lösung. Das Potential für $\xi > \xi_0$ genügt der Laplace-Gleichung $\nabla^2 \Phi = 0$. Wegen der Rotationssymmetrie hängt Φ nicht von φ ab. Da die Oberfläche $\xi = \xi_0$ des Metallkörpers eine Äquipotentialfläche $\Phi = \Phi_0$ sein muß, wird Φ auch von η unabhängig. Damit reduziert sich die Laplace-Gleichung auf die gewöhnliche Differentialgleichung

$$\frac{d}{d\xi}\left[(\xi^2+1)\frac{d\Phi}{d\xi}\right] = 0 \tag{16.1}$$

mit der vollständigen Lösung

$$\Phi(\xi) = C_1 \arctan \xi + C_2 \,. \tag{16.2}$$

Aus den Randbedingungen $\Phi(\xi_0) = \Phi_0$ und $\Phi(\infty) = 0$ lassen sich die beiden Integrationskonstanten bestimmen:

$$\Phi(\xi) = \Phi_0 \frac{\frac{\pi}{2} - \arctan \xi}{\frac{\pi}{2} - \arctan \xi_0} \,. \tag{16.3}$$

Um die Ladungsdichte σ auf der Oberfläche $\xi = \xi_0$ zu finden, brauchen wir die Feldstärke $\boldsymbol{E} = -\operatorname{grad} \Phi$. Sie steht überall auf den Äquipotentialflächen $\xi = \text{const}$ senkrecht, hat also nur eine Komponente

$$E_\xi = -\frac{1}{c}\sqrt{\frac{\xi^2+1}{\xi^2+\eta^2}}\,\frac{\partial \Phi}{\partial \xi} \,. \tag{16.4}$$

Mit Gl. (16.3) führt das auf

$$E_\xi = \frac{\Phi_0}{c(\frac{\pi}{2} - \arctan \xi_0)} \cdot \frac{1}{\sqrt{(\xi^2+1)(\xi^2+\eta^2)}} \,. \tag{16.5}$$

An der Oberfläche $\xi = \xi_0$ muß das gleich $4\pi\sigma$ werden:

$$\sigma = \frac{\Phi_0}{4\pi c(\frac{\pi}{2} - \arctan \xi_0)} \cdot \frac{1}{\sqrt{(\xi_0^2+1)(\xi_0^2+\eta^2)}} \tag{16.6}$$

oder

$$\sigma = \frac{\Phi_0}{4\pi[\frac{\pi}{2} - \arctan(b/\sqrt{a^2-b^2})]} \cdot \frac{\sqrt{a^2-b^2}}{a\sqrt{b^2+\eta^2(a^2-b^2)}} \,. \tag{16.7}$$

Man sieht sofort, daß σ am Umfang des Ellipsoids (bei $\eta = 0$) sich zu σ an den Scheiteln auf der Rotationsachse (bei $\eta = \pm 1$) wie a/b verhält, also am Umfang bei schärferer Krümmung größer ist als an den Scheiteln.

Die Gesamtladung $q = \int dF \sigma$ auf dem Metallkörper folgt durch Integration über dessen Oberfläche mit

$$dF = 2\pi c^2 \sqrt{(\xi_0^2+1)(\xi_0^2+\eta^2)}\, d\eta \tag{16.8}$$

und $-1 \leq \eta \leq +1$. Nach Gl. (16.6) wird daher

$$q = \Phi_0 \frac{c}{\frac{\pi}{2} - \arctan \xi_0} \tag{16.9}$$

und die Kapazität, ausgedrückt durch die Halbachsen a und b,

$$C = \frac{\sqrt{a^2 - b^2}}{\frac{\pi}{2} - \arctan(b/\sqrt{a^2 - b^2})} . \tag{16.10}$$

An dieser Formel läßt sich leicht der Grenzübergang zu $a = b$ vollziehen. Dann wird das Argument des arctan groß und

$$\frac{\pi}{2} - \arctan x = \frac{1}{x} + \ldots ,$$

so daß $C = b$ entsteht. Dies ist ein bekanntes Resultat: Die Kapazität einer Kugel ist gleich ihrem Radius.

17. Aufgabe. Metallische Kreisscheibe

Man gebe das Potentialfeld und die Kapazität einer aufgeladenen metallischen Kreisscheibe an. Wie ist die Ladung auf der Scheibe verteilt?

Lösung. Im Anschluß an die vorige Aufgabe können wir eine Kreisscheibe vom Radius a als abgeplattetes Ellipsoid zu $\xi_0 = 0$ oder $b = 0$ behandeln. Gleichung (16.3) geht dann in

$$\Phi(\xi) = \Phi_0(1 - \tfrac{2}{\pi} \arctan \xi) \tag{17.1}$$

über. Gleichung (16.7) ergibt

$$4\pi\sigma = \frac{2\Phi_0}{\pi a \eta} . \tag{17.2}$$

Da in der Ebene der Scheibe ($z = 0$) für $\xi_0 = 0$ der Abstand von der Mitte aus

$$r^2 = x^2 + y^2 = a^2(1 - \eta^2)$$

folgt, können wir mit

$$\eta = \frac{1}{a}\sqrt{a^2 - r^2}$$

auch

$$\sigma = \frac{\Phi_0}{2\pi^2\sqrt{a^2 - r^2}} \tag{17.3}$$

schreiben. Diese Ladung verteilt sich auf Ober- und Unterseite der Scheibe; die gesamte Ladungsdichte ist also doppelt so groß. Bei Integration über die ganze Scheibe erhalten wir für die Gesamtladung

$$q = 2\pi \int_0^a dr\, r \cdot 2\sigma(r) = \frac{2a}{\pi} \Phi_0 .$$

Die Kapazität $C = q/\Phi_0$ wird also

$$C = \frac{2a}{\pi}, \tag{17.4}$$

was sich natürlich auch direkt aus Gl. (16.10) für $b = 0$ ablesen läßt. Nach Gl. (17.3) nimmt die Ladungsdichte 2σ von der Mitte $(r = 0)$ zum Rand $(r = a)$ der Scheibe zu und wird am Rand sogar singulär, wenn auch nicht stark genug, um keine endliche Gesamtladung zu ermöglichen.

Hier wie in Aufgabe 16 ergibt sich die Kapazität in den benutzten CGS-Einheiten als eine rein geometrische Größe.

18. Aufgabe. Feldenergie eines abgeplatteten metallischen Ellipsoids

Wie groß ist die gesamte Energie eines metallischen, abgeplatteten Ellipsoids?

Lösung. Der allgemeine Ausdruck $W = \frac{1}{2}\int d\tau\, \varrho\, \Phi$ geht für einen Körper, der nur eine Oberflächenladung trägt, in

$$W = \tfrac{1}{2}\int dF\, \sigma\, \Phi$$

über. Nun ist auf der Oberfläche $\Phi = \Phi_0$ konstant und $\int dF\, \sigma = q$ die gesamte Ladung. Daher wird

$$W = \tfrac{1}{2} q\, \Phi_0$$

oder bei Einführung der Kapazität $C = q/\Phi_0$

$$W = \frac{q^2}{2C}. \tag{18.1}$$

In Aufgabe 16 haben wir die Kapazität des abgeplatteten Metallellipsoids zu

$$C = \frac{\sqrt{a^2 - b^2}}{\frac{\pi}{2} - \arctan(b/\sqrt{a^2 - b^2})} \tag{18.2}$$

berechnet. Führen wir noch die Exzentrizität

$$\varepsilon = \frac{1}{b}\sqrt{a^2 - b^2} = \sqrt{\frac{a^2}{b^2} - 1} \tag{18.3}$$

ein und berücksichtigen, daß

$$\frac{\pi}{2} - \arctan\frac{1}{\varepsilon} = \arctan\varepsilon$$

ist, so können wir kurz

$$C = b\,\frac{\varepsilon}{\arctan\varepsilon} \tag{18.4}$$

und

$$W = \frac{q^2}{2b} \frac{\arctan \varepsilon}{\varepsilon} \tag{18.5}$$

schreiben.

Wir benutzen nun wie in Aufgabe 15 den Radius R der volumgleichen Kugel. Dann wird $R^3 = a^2 b$ und $a = b\sqrt{1+\varepsilon^2}$; daher ist

$$b = R(1+\varepsilon^2)^{-1/3}$$

und

$$W = \frac{q^2}{2R}(1+\varepsilon^2)^{1/3} \frac{\arctan \varepsilon}{\varepsilon} \tag{18.6}$$

mit einer zu Gl. (14.19) analogen Formabhängigkeit. Lediglich das Auftreten des Faktors 1/2 anstelle von 3/5 beim homogen geladenen Ellipsoid unterscheidet die beiden Formeln. Für kleine Exzentrizitäten gilt daher auch analog zu Gl. (14.20)

$$W = \frac{q^2}{2R}\left(1 - \frac{\varepsilon^4}{45}\right). \tag{18.7}$$

Hierin ist der elementare Grenzfall der Kugel, $W = q^2/2R$, enthalten.

Für den umgekehrten Grenzfall der Scheibe benutzen wir unmittelbar Gl. (17.4) für die Kapazität, $C = 2a/\pi$. Gleichung (18.1) ergibt damit

$$W = \frac{\pi}{4} \frac{q^2}{a}. \tag{18.8}$$

19. Aufgabe. Metallkugel im homogenen Feld

Eine ungeladene Metallkugel vom Radius R wird in ein homogenes elektrisches Feld E_0 gesetzt. Man berechne das Potentialfeld und die Feldstärke. Was läßt sich über die Feldenergie aussagen?

Lösung. Wir benutzen Kugelkoordinaten r, ϑ, φ mit der Polarachse ($z = r\cos\vartheta$) in Richtung des homogenen Feldes. Dann besteht Rotationssymmetrie um diese Achse, so daß wir für $r > R$ ansetzen können

$$\Phi(r,\vartheta) = \sum_{l=0}^{\infty} (a_l r^l + b_l r^{-l-1}) P_l(\cos\vartheta). \tag{19.1}$$

Für $r \to \infty$ soll sich asymptotisch das homogene Feld ergeben, also

$$\Phi \to E_0 r P_1(\cos\vartheta)$$

werden. Daher müssen alle a_l außer $a_1 = -E_0$ verschwinden. Auf der Kugeloberfläche $r = R$ soll Φ von ϑ unabhängig werden; daher verschwinden auch alle b_l außer $b_0 = q$ und $b_1 = E_0 R^3$. Soll die Kugel ungeladen sein, ist außerdem $b_0 = 0$. Damit folgt für $r > R$

$$\Phi(r, \vartheta) = -E_0\left(r - \frac{R^3}{r^2}\right)\cos\vartheta\,. \tag{19.2}$$

Dem homogenen Feld ist ein Dipolfeld vom Moment $p = E_0 R^3$ überlagert. Auf der Kugeloberfläche und im Innern wird das Potential $\Phi_0 = 0$.

Für die Komponenten der Feldstärke erhalten wir

$$\left.\begin{aligned} E_r &= -\frac{\partial\Phi}{\partial r} = E_0\left(1 + \frac{2R^3}{r^3}\right)\cos\vartheta\,; \\ E_\vartheta &= -\frac{\partial\Phi}{r\partial\vartheta} = -E_0\left(1 - \frac{R^3}{r^3}\right)\sin\vartheta\,. \end{aligned}\right\} \tag{19.3}$$

Auf der Oberfläche $r = R$ ist $E_r = 3E_0\cos\vartheta$, so daß die Ladungsdichte

$$\sigma = \frac{3}{4\pi} E_0\cos\vartheta \tag{19.4}$$

entsteht, entsprechend der durch Influenz entstandenen Polarisierung.

Die Feldenergie folgt mit Hilfe von Gl. (19.3) zu

$$W = \frac{E_0^2}{8\pi}\int d\tau\left\{\left(1 + \frac{2R^3}{r^3}\right)^2\cos^2\vartheta + \left(1 - \frac{R^3}{r^3}\right)^2\sin^2\vartheta\right\}.$$

Dieser Ausdruck läßt sich zerlegen in den Beitrag des homogenen Feldes,

$$W_{\text{hom}} = \frac{E_0^2}{8\pi}\int d\tau\,,$$

der natürlich unendlich groß wird, den Beitrag des Dipolfeldes

$$W_{\text{d}} = \frac{E_0^2}{8\pi}\int d\tau\left(\frac{R}{r}\right)^6(4\cos^2\vartheta + \sin^2\vartheta) = \frac{1}{3}E_0^2 R^3$$

und einen Wechselwirkungsterm

$$W' = \frac{E_0^2}{8\pi}\int d\tau\left(\frac{R}{r}\right)^3(4\cos^2\vartheta - 2\sin^2\vartheta) = \frac{E_0^2}{8\pi}\int d\tau\left(\frac{R}{r}\right)^3 4P_2(\cos\vartheta)\,,$$

der wegen der Orthogonalität der Legendreschen Polynome verschwindet.

20. Aufgabe. Gestrecktes Metallellipsoid im homogenen Feld

Ein ungeladener Metallkörper in der Form eines gestreckten Ellipsoids befinde sich in einem homogenen elektrischen Feld E_0 in Richtung seiner Rotationsachse. Das Potentialfeld soll berechnet werden.

Lösung. Wir benutzen die elliptischen Koordinaten von Aufgabe 12. Dann ist das Potential des homogenen Feldes $-E_0 z = -cE_0 \xi\eta$. Ihm überlagern wir zunächst die allgemeinste von φ unabhängige, im Unendlichen verschwindende Lösung

$$\Phi = -cE_0 \xi\eta + \sum_n A_n Q_n(\xi) P_n(\eta) . \tag{20.1}$$

Auf der Metalloberfläche $\xi = \xi_0$ muß $\Phi = \Phi_0$ eine von η unabhängige Konstante werden. Das ist nur möglich, wenn alle A_n für $n \geq 2$ verschwinden und, wegen $\eta = P_1(\eta)$,

$$A_1 Q_1(\xi_0) = cE_0 \xi_0 \tag{20.2}$$

ist. Das Glied für $n = 0$ ist zwar auch von η unabhängig, entspricht aber wegen $Q_0(\xi) \to 1/\xi$ für große ξ dem Potential einer Ladung $q = A_0 c$. Wir lassen es daher im folgenden weg und erhalten das Ergebnis

$$\Phi = -cE_0 \left[\xi - \frac{\xi_0}{Q_1(\xi_0)} Q_1(\xi) \right] \eta . \tag{20.3}$$

Das vom homogenen Feld durch Influenz erzeugte Zusatzglied hat wie bei der Kugel den Charakter eines Dipolfeldes, da für große ξ asymptotisch $\xi \approx r/c$, $Q_1(\xi) \approx 1/(3\xi^2)$ und $\eta \approx \cos\vartheta$ wird, also

$$\Phi \to -E_0 \left[r - \frac{c^3 \xi_0}{3 Q_1(\xi_0)} \frac{1}{r^2} \right] \cos\vartheta ; \tag{20.4}$$

das in Feldrichtung induzierte Dipolmoment p ist also

$$p = \frac{1}{3} E_0 c^3 \frac{\xi_0}{Q_1(\xi_0)} . \tag{20.5}$$

Ist auch $\xi_0 \gg 1$, so unterscheidet sich der Metallkörper wenig von einer Kugel vom Radius $R = c\xi_0$, und wir erhalten $p = E_0 R^3$ wie in Aufgabe 19.

Entwickeln wir das asymptotische Verhalten um ein Glied weiter, so finden wir

$$\xi^2 = \frac{r^2}{c^2} \left(1 + \frac{c^2}{r^2} \sin^2\vartheta \right) ; \qquad \eta = \frac{r\cos\vartheta}{c\xi} \approx \cos\vartheta \left(1 - \frac{1}{2} \frac{c^2}{r^2} \sin^2\vartheta \right) .$$

Mit

$$Q_1(\xi) = \frac{1}{2} \xi \log \frac{\xi+1}{\xi-1} - 1 = \frac{1}{3} \left(\frac{c}{r} \right)^2 \left[1 - \left(\frac{c}{r} \right)^2 \left(\frac{3}{5} - \sin^2\vartheta \right) \right]$$

finden wir dann unter Benutzung der Abkürzung aus Gl. (20.5)

$$\Phi \approx -E_0 r \cos\vartheta + \frac{p\cos\vartheta}{r^2} \left[1 + \left(\frac{c}{r} \right)^2 \left(\frac{3}{2} \cos^2\vartheta - \frac{9}{10} \right) \right] .$$

Zu dem induzierten Dipolfeld tritt daher als nächstes Korrekturglied erst das Oktupolglied

$$\Phi_3 = \frac{3}{5} \frac{pc^2}{r^4} P_3(\cos\vartheta) . \tag{20.6}$$

Führen wir mit $\varepsilon = 1/\xi_0$ die Exzentrizität und mit $R^3 = a^2 b$ den Radius R der volumgleichen Kugel ein, so wird für kleine Exzentrizitäten genähert das Dipolmoment aus Gl. (20.5)

$$p = E_0 R^3 (1 + \tfrac{2}{5}\varepsilon^2) \tag{20.7}$$

und das Oktupolmoment aus Gl. (20.6)

$$\tfrac{3}{5} p c^2 = \tfrac{3}{5} E_0 R^5 \varepsilon^2 . \tag{20.8}$$

21. Aufgabe. Elliptischer Metallzylinder

Ein sehr langer elliptischer Metallzylinder trägt die Ladung q. Seine Achse sei als z-Achse gewählt. Potentialfeld und Feldstärke sind zu bestimmen. Was ergibt sich für die Grenzfälle eines Kreiszylinders und einer Platte?

Lösung. Dies ist ein ebenes Problem, unabhängig von z. Wir führen in der x, y-Ebene elliptische Koordinaten durch die Formeln

$$x = c \cosh \xi \cos \eta \; ; \qquad y = c \sinh \xi \sin \eta \tag{21.1}$$

ein; dann sind die Linien $\xi = \text{const}$ konfokale Ellipsen,

$$\left(\frac{x}{c \cosh \xi}\right)^2 + \left(\frac{y}{c \sinh \xi}\right)^2 = 1 . \tag{21.2}$$

Ist insbesondere $\xi = \xi_0$ die Metalloberfläche, so wird diese beschrieben durch

$$\left(\frac{x}{a}\right)^2 + \left(\frac{y}{b}\right)^2 = 1 \tag{21.3a}$$

mit

$$a = c \cosh \xi_0 \; ; \qquad b = c \sinh \xi_0 \; ; \qquad a^2 - b^2 = c^2 . \tag{21.3b}$$

Die Laplace-Gleichung lautet in den Koordinaten aus Gl. (21.1)

$$\nabla^2 \Phi = \frac{1}{c^2(\sinh^2 \xi + \sin^2 \eta)} \left(\frac{\partial^2 \Phi}{\partial \xi^2} + \frac{\partial^2 \Phi}{\partial \eta^2} \right) = 0 . \tag{21.4}$$

Soll für $\xi = \xi_0$ das Potential $\Phi = \Phi_0$ konstant werden, so reduziert sich Gl. (21.4) auf $d^2 \Phi / d\xi^2 = 0$; also ist

$$\Phi = \Phi_0 + A(\xi - \xi_0) \tag{21.5}$$

mit einer Integrationskonstanten A. Die Feldstärke besitzt überall nur eine Komponente,

$$E_\xi = -\operatorname{grad}_\xi \Phi = -\frac{1}{c\sqrt{\sinh^2 \xi + \sin^2 \eta}} \frac{\partial \Phi}{\partial \xi} . \tag{21.6}$$

Für $\xi = \xi_0$ muß dies gleich $4\pi\sigma$ werden. Daher erhalten wir

$$\sigma = -\frac{A}{4\pi c\sqrt{\sinh^2\xi_0 + \sin^2\eta}} . \tag{21.7}$$

Die Bogenlänge auf der Ellipse $\xi = \xi_0$ hat das Linienelement

$$ds = c\sqrt{\sinh^2\xi_0 + \sin^2\eta}\, d\eta . \tag{21.8}$$

Ist l die (sehr große) Länge des Zylinders, so trägt er insgesamt die Ladung

$$q = l \oint ds\, \sigma$$

oder, mit Gln. (21.7) und (21.8) und $\oint d\eta = 2\pi$:

$$q = -\tfrac{1}{2} l A ,$$

woraus die Integrationskonstante

$$A = -2q/l \tag{21.9}$$

folgt. Damit geht das Potential aus Gl. (21.5) schließlich über in

$$\Phi = \Phi_0 - \frac{2q}{l}(\xi - \xi_0) , \tag{21.10}$$

und Gl. (21.6) ergibt

$$E_\xi(\xi, \eta) = \frac{2q}{cl}(\sinh^2\xi + \sin^2\eta)^{-1/2} . \tag{21.11}$$

Asymptotisch folgt aus Gl. (21.1), daß für $\xi \gg 1$ auch

$$r^2 = x^2 + y^2 = \tfrac{1}{4}c^2 e^{2\xi} ; \qquad r = \tfrac{1}{2} c e^{\xi} \tag{21.12}$$

groß wird. Die Ellipse, Gl. (21.2), ist dann nahezu ein Kreis von diesem Radius, und das Potential verhält sich asymptotisch wie

$$\Phi \approx \left(\Phi_0 + \frac{2q}{l}\xi_0\right) - \frac{2q}{l}\log\frac{2r}{c} ; \tag{21.13}$$

es geht also nicht gegen Null, sondern logarithmisch gegen Unendlich. Die sonst übliche Normierung auf $\Phi = 0$ im Unendlichen verliert daher ihren Sinn. Dies ist verständlich, da sich in diesem Falle die Ladungen bis ins Unendliche erstrecken. Wir können die Konstante Φ_0 dann auf irgendeine andere Weise festlegen; wählen wir z. B. $\Phi_0 = 0$, so wird mit $\xi_0 = \log 2R/c$ asymptotisch

$$\Phi = -\frac{2q}{l}\log\frac{r}{R} ; \qquad E_r = \frac{2q}{lr} . \tag{21.14}$$

Diese Formeln sind bei allen r streng richtig für den Grenzfall eines *Kreiszylinders* vom Radius R.

Für eine *Platte* wird in Gl. (21.3b) $b=0$ und daher auch $\xi_0=0$ und $a=c$ die halbe Breite der Platte. Die Äquipotentiallinien sind auch hier die konfokalen Ellipsen $\xi=\text{const}$ mit Gl. (21.10) für Φ. Von Interesse ist besonders die Ladungsdichte auf der Oberfläche, die nach Gln. (21.7) und (21.9)

$$\sigma=\frac{q}{2\pi l c\sin\eta}$$

wird. Nach Gl. (21.1) gilt für $\xi_0=0$ die Beziehung $x=c\cos\eta$ auf der Platte. Daher wird

$$\sigma=\frac{q}{2\pi l}(a^2-x^2)^{-1/2}\,.$$

An den Rändern $x=\pm a$ sind die Ladungsdichte und die Feldstärke daher unendlich groß; die Singularität ist die gleiche wie für die Kreisplatte der Aufgabe 17.

Anm. Die Transformationsgleichungen (21.1) lassen sich mit

$$x+iy=z\,;\qquad \xi+i\eta=u$$

komplex zu einer analytischen Funktion

$$z=c\cosh u$$

zusammenfassen. Dies ermöglicht die Behandlung des Problems im Rahmen einer konformen Abbildung der x,y-Ebene auf die ξ,η-Ebene. Da in der x,y-Ebene die Linien $\xi=\text{const}$ Äquipotentiallinien sind, werden die dazu senkrechten Hyperbeln $\eta=\text{const}$ die Feldlinien.

22. Aufgabe. Elliptischer Metallzylinder im homogenen Feld

Der sehr lange Metallzylinder der vorigen Aufgabe sei ungeladen. Er soll in ein homogenes Feld E_0 in x-Richtung eingebracht werden. Welches Potential und welche Oberflächenladungen ergeben sich?

Lösung. Das homogene Feld hat ein Potential

$$\Phi_\mathrm{h}=-E_0x=-E_0c\cosh\xi\cos\eta\,. \tag{22.1}$$

Durch Influenz entsteht ein Zusatzglied Φ_i, das für große ξ gegen Null gehen soll. Da es die Gleichung

$$\frac{\partial^2\Phi_\mathrm{i}}{\partial\xi^2}+\frac{\partial^2\Phi_\mathrm{i}}{\partial\eta^2}=0$$

befriedigen muß, ist es von der Form

$$\Phi_\mathrm{i}=A\,\mathrm{e}^{-\xi}\cos\eta\,. \tag{22.2}$$

Dabei ist A so zu bestimmen, daß $\Phi=\Phi_\mathrm{h}+\Phi_\mathrm{i}$ auf der Metallfläche $\xi=\xi_0$ nicht von η abhängt. Das wird von

$$\Phi = -E_0 c(\cosh\xi - e^{\xi_0-\xi}\cosh\xi_0)\cos\eta \tag{22.3}$$

erfüllt; dann ist übrigens $\Phi(\xi_0) = 0$. In diesem Fall gibt es nicht nur eine Feldstärkekomponente E_ξ, sondern auch E_η. Die Komponente E_ξ folgt aus Gl. (21.6) zu

$$E_\xi = \frac{E_0\cos\eta}{\sqrt{\sinh^2\xi + \sin^2\eta}}(\sinh\xi + e^{\xi_0-\xi}\cosh\xi_0)\,. \tag{22.4}$$

An der Oberfläche wird sie identisch mit der Gesamtfeldstärke $E(\xi_0, \eta)$, und die Ladungsdichte $\sigma = E(\xi_0, \eta)/4\pi$ wird

$$\sigma = \frac{E_0}{4\pi}\cos\eta\frac{e^{\xi_0}}{\sqrt{\sinh^2\xi_0 + \sin^2\eta}}\,. \tag{22.5}$$

Diese Formel beschreibt die Polarisierung der Ladung auf der Oberfläche des Zylinders. Mit dem Linienelement aus Gl. (21.8) gibt Gl. (22.5) dann sofort für die Gesamtladung $q = 0$.

Für einen *Kreiszylinder* ist $\xi_0 \gg 1$ (und $c = 0$). Dann geht Gl. (22.5) über in $\sigma = (E_0/2\pi)\cos\eta$ oder, da in diesem Fall $\eta = \varphi$ wird,

$$\sigma = \frac{E_0}{2\pi}\cos\varphi\,.$$

Für die *Platte* $\xi_0 = 0$ vereinfachen sich die Gln. (22.3) und (22.5) zu

$$\Phi(\xi,\eta) = -E_0 c(\cosh\xi - e^{-\xi})\cos\eta = -E_0 c\sinh\xi\cos\eta$$

und

$$\sigma = 2\frac{E_0}{4\pi}\cot\eta\,.$$

Hier haben wir in der Ladungsdichte einen Faktor 2 hinzugefügt, da jetzt die Intervalle $0 \le \eta \le \pi$ $(y > 0)$ und $\pi \le \eta \le 2\pi$ $(y < 0)$ mit $y = 0$ zusammenfallen, so daß jedem Punkt auf der x-Achse der doppelte Ausdruck, Gl. (22.5), zuzuordnen ist. An den Rändern der Platte bei $\eta = 0$ $(x = a)$ und $\eta = \pi$ $(x = -a)$ wird σ singulär mit entgegengesetzten Vorzeichen.

23. Aufgabe. Kondensator aus zwei konfokalen elliptischen Zylindern

Die Kapazität eines langen, aus zwei konfokalen Zylindern bestehenden Kondensators soll bestimmt werden.

Lösung. In Aufgabe 21 haben wir das Potentialfeld eines die Ladung q tragenden Zylinders $\xi = \xi_1$ zu

$$\Phi(\xi) = -\frac{2q}{l}(\xi - \xi_1) + \Phi_0$$

bestimmt. Dieser Zylinder sei umgeben von dem größeren konfokalen Zylinder $\xi = \xi_2$, der geerdet ist. Dann können wir normieren

$$\Phi(\xi_2) = -\frac{2q}{l}(\xi_2 - \xi_1) + \Phi_0 = 0$$

oder

$$\Phi(\xi) = \frac{2q}{l}(\xi_2 - \xi)\,. \tag{23.1}$$

Der innere Zylinder, welcher die Ladung q trägt, ist daher auf das Potential

$$\Phi(\xi_1) = U = \frac{2q}{l}(\xi_2 - \xi_1) \tag{23.2}$$

aufgeladen. Die Kapazität $C = q/U$ folgt dann zu

$$C = \frac{l}{2(\xi_2 - \xi_1)}\,. \tag{23.3}$$

Mit Gl. (21.3b) können wir das umschreiben in

$$C = \frac{l}{2(\cosh^{-1}(a_2/c) - \cosh^{-1}(a_1/c))}\,, \tag{23.4}$$

wobei $c = \sqrt{a^2 - b^2}$ die gemeinsame Brennweite ist und $a_2 > a_1$ die beiden großen Halbachsen bedeuten.

Der Grenzfall von Kreiszylindern wird angenähert, wenn $a/c \gg 1$ und daher

$$\cosh^{-1}\frac{a}{c} \approx \log\frac{2a}{c}$$

wird. Wir erhalten dann aus Gl. (23.3) im Grenzfall $c = 0$

$$C = \frac{l}{2\log(a_2/a_1)}\,. \tag{23.5}$$

Entartet dagegen der innere Zylinder zu einer Platte $\xi_1 = 0$, so gibt Gl. (23.2) einfach

$$C = \frac{l}{2\cosh^{-1}(a_2/c)}\,. \tag{23.6}$$

Anm. Der Ausdruck aus Gl. (23.5) ist derjenige für ein Geigersches Zählrohr, das in einem geerdeten Metallzylinder vom Radius a_2 längs der Achse den auf das Potential U gebrachten Zähldraht vom Radius a_1 enthält. Nach Gl. (21.14) ist dann im Abstand r von der Achse die Feldstärke

$$E_r = \frac{2q}{la_1} = \frac{U}{r\log(a_2/a_1)}\,.$$

Sie wird an einem dünnen Zähldraht ($r = a_1$) sehr groß.

24. Aufgabe. Potentialfeld eines Spalts (konforme Abbildung)

Die analytische Funktion

$$z = \frac{1}{2}\left(u + \frac{1}{u}\right) \tag{24.1}$$

ist geeignet, um das Potentialfeld in der z-Ebene für einen Spalt $-1 \leq x \leq +1$ darzustellen, oberhalb dessen sich ein homogenes Feld befindet. Dies soll untersucht werden.

Lösung. Mit $z = x + iy$ und $u = \varphi + i\psi$ entsteht aus Gl. (24.1) bei Zerlegung in Real- und Imaginärteil

$$2x = \varphi\left(1 + \frac{1}{\varphi^2 + \psi^2}\right); \quad 2y = \psi\left(1 - \frac{1}{\varphi^2 + \psi^2}\right). \tag{24.2}$$

Verstehen wir unter ψ das Potential (in geeigneten Einheiten), so erhalten wir insbesondere für $\psi = 0$ auch $y = 0$ und $2x = \varphi + 1/\varphi$. Das bedeutet für beliebige Werte von $\varphi \gtrless 0$, daß $|x| > 1$ wird. Abgesehen von dem Spalt $|x| < 1$ ist also auf der ganzen x-Achse $\psi = 0$ konstant.

Zur Berechnung der Äquipotentiallinien eliminieren wir die Funktion φ. Aus den Gln. (24.2) erhalten wir

$$\psi x + \varphi y = \psi \varphi$$

oder

$$\varphi = \frac{\psi x}{\psi - y}. \tag{24.3}$$

Einsetzen in eine der Gln. (24.2) führt nach längerer einfacher Rechnung auf

$$x^2 = \frac{(\psi - y)^2(1 - \psi^2 + 2\psi y)}{\psi(\psi - 2y)}. \tag{24.4}$$

Die Äquipotentiallinien sind symmetrisch um $x = 0$. Die Mitte der Linien liegt bei

$$x = 0; \quad y = \frac{\psi^2 - 1}{2\psi}, \tag{24.5}$$

wo der zweite Faktor im Zähler von Gl. (24.4) verschwindet. Für $y = \frac{1}{2}\psi$ geht $x \to \infty$; das entspricht dem Verhalten im homogenen Feld ohne Spalt. Die Linien für $\psi = 0\,/\,0{,}5\,/\,1{,}0\,/\,1{,}5\,/\,2{,}0$ sind in Abb. 4 dargestellt.

Das Verschwinden des Zählers von Gl. (24.4) bei $y = \psi$ hat keinen Einfluß auf die Kurven, die diesen Punkt nicht erreichen. Der Punkt gehört zu einem imaginären Zweig der Funktion aus Gl. (24.4). Man sieht das deutlich, wenn man in Gl. (24.4) $\psi - y = \varepsilon$ setzt. Dann ergibt sich nämlich

$$x^2 = \varepsilon^2 \frac{(1 + y^2) - \varepsilon^2}{\varepsilon^2 - y^2}$$

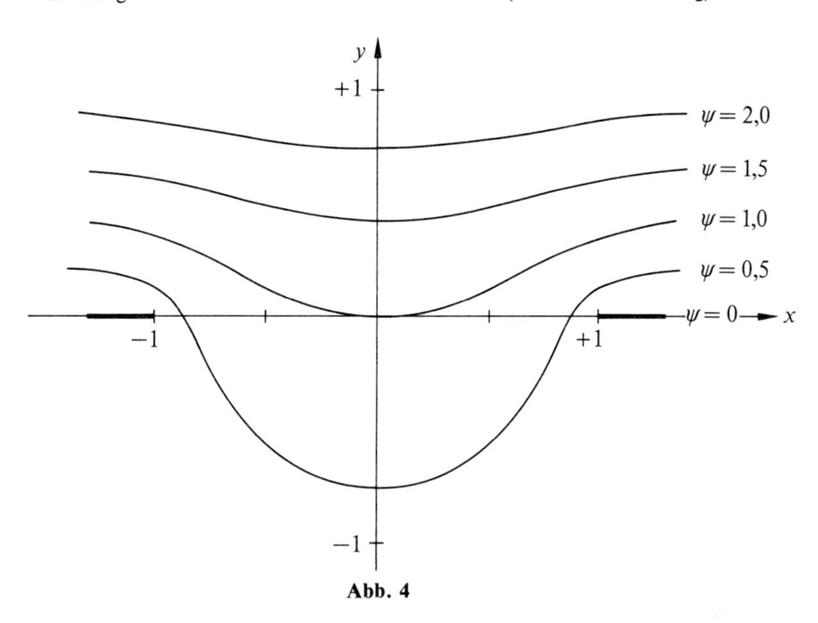

Abb. 4

und daher für $\varepsilon \to 0$

$$x^2 \to -\varepsilon^2 \frac{1+y^2}{y^2} < 0\,,$$

so daß der Punkt $x = 0$ von imaginären Werten her erreicht wird.

Definieren wir das Potential Φ durch $\psi = \Phi/U$ und die Spaltbreite $2a$ mit Hilfe von $x = X/a$, $y = Y/a$, wobei X, Y Längen sind und U ein Potentialwert ist, so lassen sich die Zahlen in physikalische Größen übersetzen. Da z.B. weit seitwärts vom Spalt, also für $X \gg a$ oder $x \gg 1$ einfach $y \approx \frac{1}{2}\psi$ oder $Y/a = \Phi/(2U)$ wird, haben wir dort das homogene Feld

$$\Phi = 2\frac{U}{a}Y$$

mit der auf den Spalt zu gerichteten Feldstärke

$$E_y = -\frac{d\Phi}{dY} = -2U/a\,.$$

25. Aufgabe. Streufeld eines Plattenkondensators (konforme Abbildung)

Das Streufeld am Rand eines Plattenkondensators soll mit Hilfe der konformen Abbildung

$$z = e^{iu} + (1 + iu) \tag{25.1}$$

bestimmt werden.

Lösung. Mit $z = x + iy$ und $u = \varphi + i\psi$ ergibt die Zerlegung von Gl. (25.1) in Realteil und Imaginärteil

$$x = \mathrm{e}^{-\psi} \cos\varphi + (1 - \psi) \; ; \qquad y = \mathrm{e}^{-\psi} \sin\varphi + \varphi \; . \tag{25.2}$$

Im folgenden identifizieren wir φ (in geeigneten Einheiten) mit dem Potential. Für $\varphi = \pm\pi$ ergibt Gl. (25.2)

$$x = -\mathrm{e}^{-\psi} + (1 - \psi) \; .$$

Da für alle $\psi \gtrless 0$ immer $\mathrm{e}^{-\psi} > 1 - \psi$ bleibt, folgt $x < 0$, so daß die Linien $\varphi = \pm\pi$ auf $x < 0$, $y = \pm\pi$ abgebildet werden. Wir identifizieren sie (wieder in geeigneten Einheiten) mit den Kondensatorplatten. Sollen diese im Abstand d voneinander auf $\Phi = \pm\frac{1}{2}U$ aufgeladen sein, so brauchen wir nur

$$\Phi = \frac{U}{2\pi}\varphi \tag{25.3a}$$

für das Potential und

$$X = \frac{d}{2\pi}x \; ; \qquad Y = \frac{d}{2\pi}y \tag{25.3b}$$

für die Abstände einzuführen.

Um die Äquipotentiallinien zu konstruieren, eliminieren wir ψ aus Gl. (25.2). Wir erhalten

$$x = 1 + \log(y - \varphi) - \log\sin\varphi + (y - \varphi)\cot\varphi \; . \tag{25.4}$$

Nach dieser Formel läßt sich zu jedem gegebenen φ zwischen $+\pi$ und $-\pi$ die Linie $x = x(y)$ berechnen. Einige solche Kurven sind in Abb. 5 skizziert.

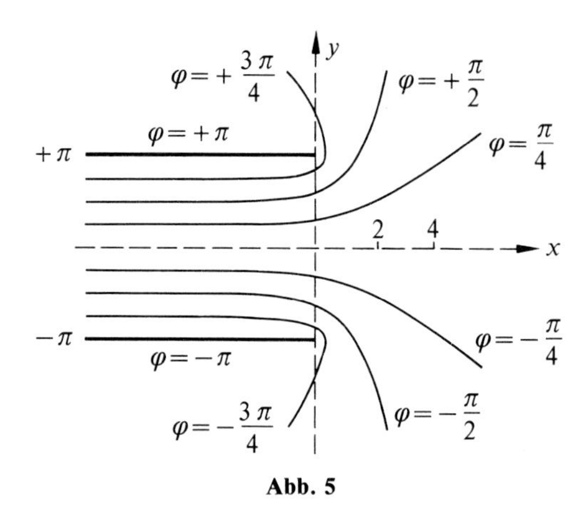

Abb. 5

26. Aufgabe. Zwei parallele Kreiszylinder (konforme Abbildung)

Zwei sehr lange metallische Kreiszylinder vom Radius R liegen parallel zur z-Achse. Ihre Achsen haben die Koordinaten $x = \pm a$, $y = 0$. Sie sind entgegengesetzt auf die Potentiale $\pm\frac{1}{2}U$ aufgeladen. Die Kapazität der Anordnung ist gesucht.

Lösung. Das Problem kann als ebenes Problem in der x, y-Ebene mit $z = x + iy$ durch konforme Abbildung behandelt werden. Das Potential *eines* unendlich dünnen Leiters bei $x = c$, $y = 0$ wäre proportional zu $\log r$ mit $r^2 = (x-c)^2 + y^2$. Mit $u = \varphi + i\psi$ ergibt die analytische Funktion

$$u = \log(z-c)$$

bei Zerlegung in Real- und Imaginärteil

$$\varphi + i\psi = \frac{1}{2}\log[(x-c)^2 + y^2] + i \arctan\frac{y}{x-c}.$$

Wir können dann φ bis auf einen konstanten Faktor mit dem Potential des Leiters identifizieren.

Für *zwei* entgegengesetzt geladene dünne Leiter bei $x = \pm c$, $y = 0$ können wir die analytische Funktion

$$u = \log\frac{z+c}{z-c} \tag{26.1}$$

benutzen, deren Zerlegung

$$\varphi = \frac{1}{2}\log\frac{(x+c)^2 + y^2}{(x-c)^2 + y^2}; \qquad \psi = \arctan\frac{y}{x+c} - \arctan\frac{y}{x-c} \tag{26.2}$$

ergibt. Das läßt sich auch umschreiben in

$$\varphi = \tanh^{-1}\frac{2cx}{x^2 + y^2 + c^2}; \qquad \psi = -\arctan\frac{2cy}{x^2 + y^2 - c^2}. \tag{26.3}$$

Die Linien $\varphi = \text{const}$ sind die Kreise

$$(x - c\coth\varphi)^2 + y^2 = c^2/\sinh^2\varphi \tag{26.4}$$

mit $-\infty < \varphi < +\infty$; die Linien $\psi = \text{const}$ sind die senkrecht schneidenden Kreise

$$x^2 + (y + c\cot\psi)^2 = c^2/\sin^2\psi \tag{26.5}$$

mit $-\pi \leq \psi \leq +\pi$. In diesem Variablenbereich von φ und ψ überdeckt das System der Kreise einfach die z-Ebene.

Löst man Gl. (26.1) nach z auf

$$z = x + iy = c\frac{e^u + 1}{e^u - 1} = c\frac{e^{\varphi}(\cos\psi + i\sin\psi) + 1}{e^{\varphi}(\cos\psi + i\sin\psi) - 1}$$

und trennt rechts in Real- und Imaginärteil, so wird man auf

$$x = c\frac{\sinh\varphi}{\cosh\varphi - \cos\psi}; \qquad y = -c\frac{\sin\psi}{\cosh\varphi - \cos\psi} \tag{26.6}$$

geführt. Hieraus folgen die Cauchy-Riemann-Ausdrücke

$$\frac{\partial x}{\partial \varphi} = \frac{\partial y}{\partial \psi} = c\frac{1-\cosh\varphi\cos\psi}{(\cosh\varphi-\cos\psi)^2};$$

$$-\frac{\partial x}{\partial \psi} = \frac{\partial y}{\partial \varphi} = c\frac{\sinh\varphi\sin\psi}{(\cosh\varphi-\cos\psi)^2},$$

aus denen sich das Linienelement zusammensetzen läßt:

$$ds^2 = \frac{c^2}{(\cosh\varphi-\cos\psi)^2}(d\varphi^2+d\psi^2)\,. \tag{26.7}$$

Für unsere Zwecke ist es wichtig, in den bipolaren Koordinaten φ und ψ die Operationen grad f und $\nabla^2 f$ auszudrücken, die sich aus Gl. (26.7) nach den Regeln der Differentialgeometrie ergeben:

$$\begin{aligned}\mathrm{grad}_\varphi f &= \frac{1}{c}(\cosh\varphi-\cos\psi)\frac{\partial f}{\partial\varphi};\\ \mathrm{grad}_\psi f &= \frac{1}{c}(\cosh\varphi-\cos\psi)\frac{\partial f}{\partial\psi}\end{aligned} \tag{26.8}$$

und

$$\nabla^2 f = \frac{1}{c^2}(\cosh\varphi-\cos\psi)^2\left(\frac{\partial^2 f}{\partial\varphi^2}+\frac{\partial^2 f}{\partial\psi^2}\right). \tag{26.9}$$

Die letzte Beziehung zeigt insbesondere für $f=\varphi$, daß $\nabla^2\varphi=0$ wird.

Daher dürfen wir wie oben die Koordinate φ (in geeigneten Einheiten) mit dem Potential Φ identifizieren. Die Kreise in Gl. (26.4) sind dann die Äquipotentiallinien zu zwei Werten $\varphi = \pm\varphi_0$. Sie haben die Mittelpunkte bei

$$x_0 = \pm a = \pm c\coth\varphi_0\,; \qquad y_0 = 0 \tag{26.10}$$

und ihre Radien sind übereinstimmend

$$R = c/\sinh\varphi_0\,. \tag{26.11}$$

Man sieht sofort, daß $a^2 = c^2 + R^2$ wird, so daß sich die beiden Kreise nicht überdecken. Wir identifizieren ihre Peripherien mit denen der zwei geladenen Metallzylinder.

Um die *Ladungsverteilung* auf ihnen zu bestimmen, verwenden wir die Beziehung $E_n = 4\pi\sigma$, wobei die (äußere) Normalkomponente der Feldstärke $E_n = -E_\varphi = \mathrm{grad}_\varphi\,\Phi$ wird, also

$$\sigma = \frac{1}{4\pi c}(\cosh\varphi_0-\cos\psi)\frac{\partial\Phi}{\partial\varphi}\,. \tag{26.12}$$

An dieser Stelle ist es nun zweckmäßig, das Potential zu eichen, etwa durch

$$\Phi = \frac{U}{2\varphi_0}\varphi\,, \tag{26.13}$$

so daß die beiden Leiter auf $\pm\frac{1}{2}U$ aufgeladen sind. Das Flächenelement auf einem Leiter wird nach Gl. (26.7) bei einer Länge l

$$l\,ds = \frac{l c\, d\psi}{\cosh\varphi_0 - \cos\psi}\,, \tag{26.14}$$

dabei läuft ψ über $-\pi \leq \psi \leq +\pi$. Wir erhalten so

$$\sigma l\, ds = \frac{l}{4\pi}\,d\psi\,\frac{U}{2\varphi_0}\,,$$

wobei φ_0 die in Gln. (26.10) und (26.11) enthaltene geometrische Größe ist. Die Zylinder tragen daher die Ladungen

$$\pm q = \pm l \oint \sigma\, ds = \pm\frac{lU}{4\varphi_0}\,.$$

Die *Kapazität* der Anordnung aus den beiden Zylindern wird $C = q/U$ oder

$$C = \frac{l}{4\varphi_0}\,. \tag{26.15}$$

Es ist zweckmäßig, im Endergebnis statt φ_0 und c die Parameter a und R aus den Gln. (26.10) und (26.11) einzuführen. Wegen $c^2 = a^2 - R^2$ wird nach Gl. (26.11)

$$R(e^{\varphi_0} - e^{-\varphi_0}) = 2\sqrt{a^2 - R^2} \qquad \text{oder} \qquad e^{2\varphi_0} - 2\sqrt{\frac{a^2}{R^2} - 1}\, e^{\varphi_0} - 1 = 0$$

mit der Lösung

$$\varphi_0 = \log\left(\sqrt{\frac{a^2}{R^2} - 1} + \frac{a}{R}\right),$$

so daß schließlich

$$C = \frac{l}{4\log\left(\sqrt{\frac{a^2}{R^2} - 1} + \frac{a}{R}\right)} \tag{26.16a}$$

oder in etwas anderer Schreibweise

$$C = \frac{l}{2\log\frac{a + \sqrt{a^2 - R^2}}{a - \sqrt{a^2 - R^2}}} \tag{26.16b}$$

für die Kapazität entsteht.

27. Aufgabe. Elektrisches Spiegelbild: Punkt und Ebene

Eine Punktladung q befinde sich im Abstand a vor einer ausgedehnten ebenen Metalloberfläche, die geerdet sein soll. Welche Influenzladung bildet sich auf dem Metall, und welche Kraft übt sie auf die Punktladung aus?

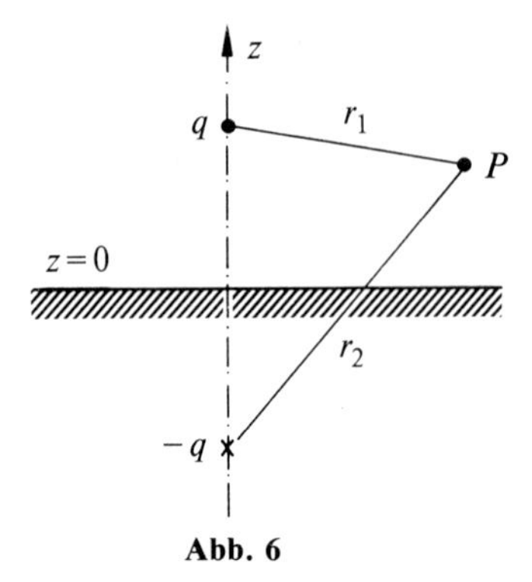

Abb. 6

Lösung. Wir legen die x, y-Ebene in die Metalloberfläche, so daß die Punktladung bei $z = a$ auf die z-Achse fällt. Die geerdete Metallfläche $z = 0$ muß das Potential $\Phi = 0$ haben. Das wird ebenfalls erreicht, wenn man sie durch eine entgegengesetzt gleiche Ladung $-q$ bei $z = -a$ ersetzt (Spiegelbild von q). Das Potential (Abb. 6)

$$\Phi = \frac{q}{r_1} - \frac{q}{r_2} \tag{27.1}$$

erfüllt daher für $z \geqq 0$ alle Randbedingungen des Problems. Wegen

$$r_1^2 = x^2 + y^2 + (z-a)^2 ; \quad r_2^2 = x^2 + y^2 + (z+a)^2$$

wird

$$r_1 \frac{\partial r_1}{\partial z} = z - a ; \quad r_2 \frac{\partial r_2}{\partial z} = z + a$$

und die z-Komponente der Feldstärke für alle Orte $z = 0$

$$E_z = -\frac{\partial \Phi}{\partial z} = \frac{q}{r_1^3}(z-a) - \frac{q}{r_2^3}(z+a) .$$

An der Metallfläche $z = 0$ ergibt das

$$E_z = -\frac{2qa}{(x^2 + y^2 + a^2)^{3/2}} . \tag{27.2}$$

Daraus berechnen wir die auf der Oberfläche durch Influenz erzeugte Ladungsverteilung

$$\sigma = \frac{E_z}{4\pi} = -\frac{qa}{2\pi}(x^2 + y^2 + a^2)^{-3/2} . \tag{27.3}$$

Führen wir in dieser Ebene Polarkoordinaten mit $x^2 + y^2 = s^2$ ein, so erhalten wir aus

$$\sigma = -\frac{qa}{2\pi}(s^2 + a^2)^{-3/2}$$

durch Integration über die ganze Fläche mit $df = 2\pi s\, ds$ die Ladung

$$-qa\int_0^\infty ds\, s(s^2+a^2)^{-3/2} = -q\,.$$

Die Punktladung q bei $z = a$ influenziert also die entgegengesetzt gleiche Ladung auf dem Metall, vorausgesetzt, daß die Metallplatte geerdet ist, so daß von der ursprünglich neutralen Platte die Ladung $+q$ abfließen konnte.

Die negative Influenzladung übt auf die Punktladung eine Anziehungskraft aus. Aus Symmetriegründen zeigt die aus allen Anteilen $\sigma\, df = 2\pi\sigma s\, ds$ resultierende Kraft in die negative z-Richtung. Sie wird gleich

$$K = \int df \frac{\sigma \cdot q}{r^2} \cdot \frac{a}{r} = -qa^2 \int_0^\infty ds\, s/r^6\,,$$

wobei $r^2 = s^2 + a^2$ ist. Das ergibt die Anziehungskraft

$$K - -\frac{q^2}{4a^2}\,, \tag{27.4}$$

welche von der Platte auf die Punktladung ausgeübt wird. Sie ist dieselbe, als ob die Platte durch das Ladungsbild $-q$ im Abstand $2a$ von der Ladung $+q$ ersetzt wäre, weshalb sie als *Bildkraft* bezeichnet wird.

28. Aufgabe. Elektrisches Spiegelbild: Punkt und Kugel

Die Methode des elektrischen Bildes aus der vorigen Aufgabe soll für eine Punktladung q_1, die sich im Abstand a vom Mittelpunkt einer geerdeten Metallkugel des Radius $R < a$ befindet (Abb. 7), abgeändert werden. Die Ergebnisse der vorigen Aufgabe sind aus dem Grenzfall $R \to \infty$ zu entnehmen.

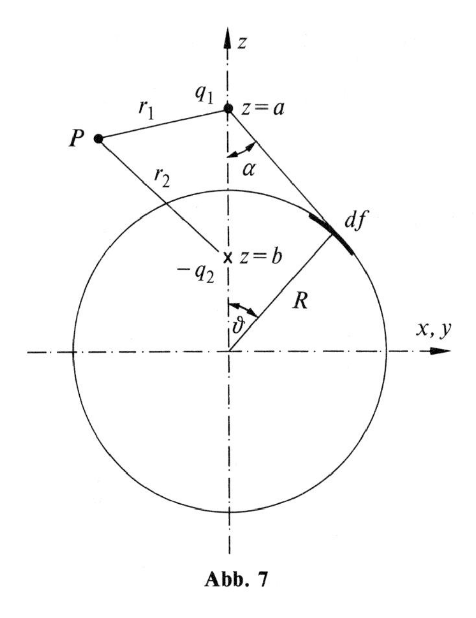

Abb. 7

Lösung. Die Ladung q_1 befinde sich auf der z-Achse im Abstand a vom Mittelpunkt der Kugel bei $z=0$. Wir ersetzen die Kugel versuchsweise durch eine virtuelle Bildladung $-q_2$ bei $z=b$ innerhalb der Kugel. Dann wird das Potential

$$\Phi = \frac{q_1}{r_1} - \frac{q_2}{r_2} \tag{28.1}$$

mit

$$r_1^2 = x^2+y^2+(z-a)^2 = r^2-2az+a^2\,;$$
$$r_2^2 = x^2+y^2+(z-b)^2 = r^2-2bz+b^2\,.$$

Wie versuchen nun die Parameter q_2 und b so zu bestimmen, daß die Fläche $\Phi=0$ mit der Kugel $r=R$ identisch wird. Für $\Phi=0$ folgt aus Gl. (28.1) $q_1r_2=q_2r_1$ oder

$$q_1^2(r^2+b^2-2bz)-q_2^2(r^2+a^2-2az)=0\,.$$

Wir ordnen die Glieder um in

$$(q_1^2-q_2^2)r^2-2z(q_1^2b-q_2^2a)=q_2^2a^2-q_1^2b^2\,,$$

was in $r^2=R^2$ übergeht, wenn

$$q_1^2b=q_2^2a \quad \text{und} \quad \frac{q_2^2a^2-q_1^2b^2}{q_1^2-q_2^2}=R^2$$

wird. Mit der Abkürzung

$$\lambda=\frac{R}{a}<1 \tag{28.2a}$$

folgt dann

$$b=\lambda^2a=\lambda R\,; \qquad q_2=\lambda q_1\,; \qquad ab=R^2\,. \tag{28.2b}$$

Damit ist das Potential nach der Methode des elektrischen Bildes vollständig beschrieben.

Nunmehr können wir die Verteilung der Influenzladung $-q_2$ auf der Kugel bestimmen. Dazu brauchen wir die Feldstärke an der Oberfläche:

$$\sigma=\frac{1}{4\pi}E_r=-\frac{1}{4\pi}\left(\frac{\partial\Phi}{\partial r}\right)_{r=R}. \tag{28.3}$$

Mit

$$\frac{\partial\Phi}{\partial r}=-\frac{q_1}{r_1^2}\frac{\partial r_1}{\partial r}+\frac{q_2}{r_2^2}\frac{\partial r_2}{\partial r}$$

und

$$r_1\frac{\partial r_1}{\partial r}=\frac{1}{2}\frac{\partial}{\partial r}(r^2-2az+a^2)=r-a\cos\vartheta\,;$$

$$r_2\frac{\partial r_2}{\partial r}=\frac{1}{2}\frac{\partial}{\partial r}(r^2-2bz+b^2)=r-b\cos\vartheta$$

entsteht daher

$$-\frac{\partial\Phi}{\partial r}=\frac{q_1}{r_1^3}(r-a\cos\vartheta)-\frac{q_2}{r_2^3}(r-b\cos\vartheta)$$

und auf der Kugel $r = R$, wo nach Gln. (28.2a, b)

$$r_1^2 = R^2 - 2aR\cos\vartheta + a^2 = \frac{R^2}{\lambda^2}(1 - 2\lambda\cos\vartheta + \lambda^2)\,;$$
$$r_2^2 = R^2 - 2bR\cos\vartheta + b^2 = R^2(1 - 2\lambda\cos\vartheta + \lambda^2) \tag{28.4}$$

wird,

$$-\left(\frac{\partial\Phi}{\partial r}\right)_{r=R} = \frac{q_1}{R^2}\,\frac{\lambda^3(1-\cos\vartheta/\lambda) - \lambda(1-\lambda\cos\vartheta)}{(1-2\lambda\cos\vartheta+\lambda^2)^{3/2}}$$

oder nach Gl. (28.3)

$$\sigma = -\frac{q_1}{4\pi R^2}\,\frac{\lambda(1-\lambda^2)}{(1-2\lambda\cos\vartheta+\lambda^2)^{3/2}}\,. \tag{28.5}$$

Man prüft leicht nach, daß Integration dieser Ladungsdichte über die Kugeloberfläche (mit $\cos\vartheta = t$ und $df = 2\pi R^2 dt$; $-1 \le t \le +1$) gerade

$$\oint \sigma\,df = -\lambda q_1 = -q_2$$

ergibt.

Danach können wir die *Bildkraft* berechnen als die Summe aller infinitesimalen Kräfte zwischen den Ladungen q und $\sigma\,df$. Sie zeigt aus Symmetriegründen in die z-Richtung und wird

$$K = \int \frac{\sigma\,df \cdot q_1}{r_1^2}\,\frac{a - R\cos\vartheta}{r_1}\,,$$

wobei der letzte Faktor für $\cos\alpha$ der Abb. 7 steht. Führen wir r_1 aus Gl. (28.4) ein, so entsteht

$$K = -\frac{q_1^2}{2R^2}\lambda^3(1-\lambda^2)\int_{-1}^{+1} dt\,\frac{1-\lambda t}{(1-2\lambda t+\lambda^2)^3}\,.$$

Das Integral kann elementar ausgewertet werden und ergibt $2/(1-\lambda^2)^3$, so daß wir schließlich die Anziehungskraft

$$K = -\frac{q_1^2}{R^2}\,\frac{\lambda^3}{(1-\lambda^2)^2} = -\frac{q_1 q_2}{(a-b)^2} \tag{28.6}$$

erhalten.

Wir betrachten nun den Grenzfall $R \to \infty$, d.h. den Übergang von der Kugel zur Ebene der vorigen Aufgabe. Der Abstand der Ladung q_1 von der Ebene, $d = a - R$ soll dabei endlich bleiben. Wir erreichen das für $\lambda = 1 - \varepsilon$ im Grenzfall $\varepsilon \to 0$. Dann wird nach Gl. (28.2a) $d = R\varepsilon$ und Gl. (28.2b) gibt $q_2 = q_1$. Für die Lage der Spiegelladung bei $d' = R - b$ unter der Oberfläche folgt $d' = R(1-\lambda) = R\varepsilon = d$. Der Ausdruck in Gl. (28.6) für die Bildkraft entartet zu

$$K = -\frac{q_1^2}{R^2(1-\lambda^2)^2} = -\frac{q_1^2}{R^2(2\varepsilon)^2} = -\frac{q_1^2}{4d^2}\,.$$

Alle diese Ausdrücke stimmen mit den in der vorigen Aufgabe abgeleiteten überein.

Nur in diesem Fall wird $q_2 = q_1$. Für jeden endlichen Kugelradius wird nach Gl. (28.2b) $q_2 < q_1$; im Grenzfall $R \to 0$ tritt überhaupt keine Aufladung mehr ein. Das ist vernünftig, da die Kapazität der Kugel gleich R mit kleiner werdendem Radius auf Null absinkt.

Ist die Kugel isoliert, also nicht geerdet, so kann keine Ladung abfließen. Dann ist q_2/r zum Potential, Gl. (28.1), und $q_1 q_2/a^2$ zur Bildkraft, Gl. (28.6), hinzuzufügen, so daß

$$K = \frac{q_1 q_2}{a^2}\left(1 - \frac{a^2}{(a-b)^2}\right)$$

entsteht. Nur dann ist sowohl das Potential auf der Oberfläche konstant $(= q_2/R)$ als auch die Gesamtladung gleich Null. Trägt die isolierte Kugel die Gesamtladung Q, so tritt zum Potential noch der weitere Term Q/r und zur Bildkraft $q_1 Q/a^2$ hinzu.

29. Aufgabe. Vier parallele Drähte (Quadrupolfeld)

Vier sehr lange fadenförmige Leiter $(-l \leq z' \leq +l)$ stehen senkrecht zur x,y-Ebene und sind gleichförmig über die ganze Länge geladen, jedoch mit alternierenden Vorzeichen (Abb. 8). Welches Potentialfeld erzeugen diese Leiter in der Ebene $z = 0$, und dort insbesondere in Nähe der Achse?

Lösung. Wir betrachten als Vorbereitung einen Leiter bei $x = 0$, $y = 0$, der pro Längeneinheit die Ladung $\lambda = q/2l$ trägt. In einem Aufpunkt mit den Koordinaten x, y und $z = 0$ wird dann das Potential

$$\Phi = \lambda \int_{-l}^{+l} \frac{dz'}{\sqrt{r^2 + z'^2}} = \lambda \log \frac{\sqrt{l^2 + r^2} + l}{\sqrt{l^2 + r^2} - l} \tag{29.1}$$

erzeugt, wobei $r^2 = x^2 + y^2$ ist. Ist der Leiter sehr lang, d.h. für $r \ll l$, wird das genähert

$$\Phi = \lambda \log \frac{2l}{r^2/(2l)} = \lambda \log \frac{4l^2}{r^2} = 2\lambda \log \frac{2l}{r}. \tag{29.2}$$

In dieser Formel sind zwei wohlbekannte Aussagen enthalten, nämlich erstens, daß $\log r$ die Grundlösung der zweidimensionalen Potentialgleichung ist, und zweitens, daß sich für $l \to \infty$ kein endlicher Grenzwert von Φ ergibt, wenn resultierende Ladungen bis ins Unendliche reichen.

Für die vier Leiter in der Abb. 8 haben wir nun der Reihe nach r^2 durch

$$\left.\begin{aligned} r_1^2 &= (x-a)^2 + y^2\,; \\ r_2^2 &= x^2 + (y-a)^2\,; \\ r_3^2 &= (x+a)^2 + y^2\,; \\ r_4^2 &= x^2 + (y+a)^2 \end{aligned}\right\} \tag{29.3}$$

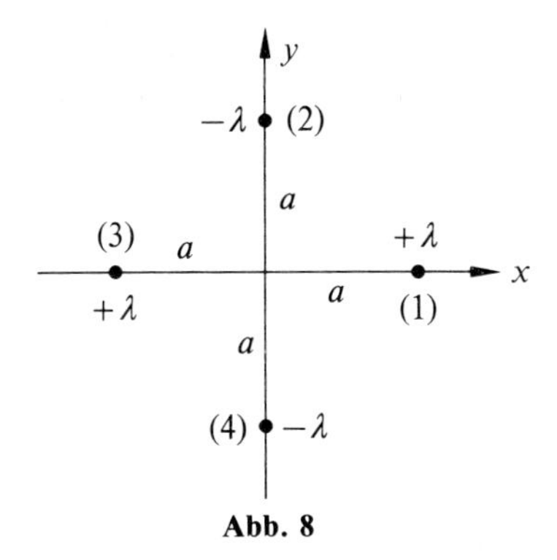

Abb. 8

zu ersetzen. Da die vier Leiter abwechselnd positiv und negativ geladen sind, ergibt konsequente Anwendung von Gl. (29.2) für ihr gesamtes Potential

$$\Phi = \lambda \log \frac{r_2^2 r_4^2}{r_1^2 r_3^2} \,. \tag{29.4}$$

Man beachte, daß dieser Ausdruck einen von l unabhängigen Grenzwert besitzt, da sich die Ladungen im Unendlichen gegenseitig aufheben. Setzen wir nun die Ausdrücke Gl. (29.3) in Gl. (29.4) ein, so entsteht nach einfacher Umformung

$$\Phi = \lambda \log \frac{(x^2+y^2+a^2)^2 - 4a^2y^2}{(x^2+y^2+a^2)^2 - 4a^2x^2} \,. \tag{29.5}$$

In Achsennähe ist $x \ll a$ und $y \ll a$. Wir können uns dann unter dem Logarithmus auf die niedrigsten Potenzen beschränken und erhalten nach einfacher Entwicklung

$$\Phi \approx \frac{4\lambda}{a^2}(x^2 - y^2) = \frac{4\lambda}{a^2} r^2 \cos 2\varphi \,. \tag{29.6}$$

Wegen der Winkelabhängigkeit können wir dies Feld als zweidimensionales Quadrupolfeld bezeichnen.

Ist umgekehrt $r \gg a$, so entsteht durch entsprechende Entwicklung in Gl. (29.5) der asymptotische Ausdruck

$$\Phi \approx 4\lambda \frac{a^2}{r^2} \cos 2\varphi \,, \tag{29.7}$$

der ebenfalls die Bezeichnung als Quadrupolfeld rechtfertigt.

30. Aufgabe. Potentialfeld eines Kreisringes

Ein metallischer Kreisring vom Radius a wird auf das Potential U aufgeladen. Das von ihm erzeugte Potentialfeld soll bestimmt werden.

Lösung. Wir haben das Potentialfeld bereits in Aufgabe 9 als Integral geschrieben und dort den Beginn seiner Multipolentwicklung abgeleitet. Dabei sind wir von der Ladung q auf dem Ring ausgegangen. Wir haben jetzt die Frage zu beantworten, welcher Zusammenhang zwischen q und dem Potential U besteht, in anderen Worten, die Kapazität $C = q/U$ des Ringes zu bestimmen. Dazu brauchen wir das Feld an der Oberfläche des Ringes, an der die in Aufgabe 9 benutzte Entwicklung versagt.

Wir gehen daher nochmals auf den Anfang von Aufgabe 9 zurück und schreiben, mit $\psi = \varphi - \varphi'$, für das Potentialfeld

$$\Phi(r, \vartheta) = \frac{q}{2\pi} \oint \frac{d\psi}{\sqrt{r^2 + a^2 - 2ar\sin\vartheta\cos\psi}} .$$

Mit der Abkürzung

$$p = \frac{2ar\sin\vartheta}{r^2 + a^2}\,; \qquad 0 \leq p < 1 \tag{30.1}$$

läßt sich das auch

$$\Phi(r, \vartheta) = \frac{q}{2\pi\sqrt{r^2 + a^2}} \oint \frac{d\psi}{\sqrt{1 - p\cos\psi}} \tag{30.2}$$

schreiben. Dies Integral läßt sich nun durch das vollständige elliptische Normalintegral erster Art,

$$K(k) = \int_0^{\pi/2} \frac{dt}{\sqrt{1 - k^2\sin^2 t}} \tag{30.3a}$$

mit

$$k^2 = \frac{2p}{1+p} \tag{30.3b}$$

ausdrücken:

$$\oint \frac{d\psi}{\sqrt{1 - p\cos\psi}} = \frac{4}{\sqrt{1+p}} K\left(\sqrt{\frac{2p}{1+p}}\right) .$$

Damit gilt für das Potential des Kreisringes in Strenge die Formel

$$\Phi(r, \vartheta) = \frac{2q}{\pi\sqrt{(r^2 + a^2)(1+p)}} K\left(\sqrt{\frac{2p}{1+p}}\right) . \tag{30.4}$$

Für das $k^2 \ll 1$ kann das gemäß

$$K(k) = \frac{\pi}{2}\left(1 + \frac{1}{4}k^2 + \frac{9}{64}k^4 + \ldots\right)$$

entwickelt werden. Dies führt auf

$$\Phi(r, \vartheta) = \frac{q}{\sqrt{r^2 + a^2}} \left\{1 + \frac{3}{4}\,\frac{a^2 r^2 \sin^2\vartheta}{(r^2 + a^2)^2} + \ldots\right\} ,$$

was mit dem Resultat von Aufgabe 9 übereinstimmt.

Am Ring ist $\sin\vartheta = 1$ und $r = a$, daher wird $p = 1$ und $k = 1$. Für dies Argument wird aber $K(k)$ logarithmisch unendlich, da für $1 - k^2 \ll 1$

$$K(k) \approx \log \frac{4}{\sqrt{1-k^2}} \tag{30.5}$$

gilt. Eine endliche Ladung q ist mit einem endlichen Wert U des Potentials an der Ringoberfläche also nur dann verträglich, wenn der Ring eine endliche Dicke besitzt.

Wir wollen annehmen, der Ring habe einen kreisförmigen Querschnitt vom Radius b, wobei $b \ll a$ sein soll. Mit Hilfe der Zylinderkoordinate $R = r \sin \vartheta$ wird dann die Ringoberfläche durch

$$(R-a)^2 + z^2 = b^2 \quad \text{oder} \quad r^2 + a^2 = 2aR + b^2 \tag{30.6}$$

beschrieben. Führen wir diesen Zusammenhang in den Gln. (30.1) und (30.3b) für p und k ein, so wird in Strenge

$$p = \left(1 + \frac{b^2}{2aR}\right)^{-1}; \quad k^2 = \left(1 + \frac{b^2}{4aR}\right)^{-1}.$$

Wegen $b \ll a$ und $R \approx a$ entsteht dann

$$\frac{1}{\sqrt{1+p}} K(k) = \frac{1}{\sqrt{2}} \log \frac{8a}{b}, \tag{30.7}$$

so daß Gl. (30.4) schließlich den gesuchten Zusammenhang

$$U = \frac{q}{\pi a} \log \frac{8a}{b} \tag{30.8}$$

ergibt.

3. Dielectrica

Dielectrica sind nichtleitende Substanzen, in denen ein angelegtes elektrisches Feld eine Polarisation hervorruft, d. h. in jedem Volumelement $d\tau'$ am Ort $\boldsymbol{r}'$ ein elektrisches Dipolmoment $\boldsymbol{P}(\boldsymbol{r}')\,d\tau'$ induziert. Diese Dipolmomente erzeugen ihrerseits ein Potentialfeld

$$\Phi(\boldsymbol{r}) = \int d\tau' \boldsymbol{P}(\boldsymbol{r}') \frac{\boldsymbol{r}-\boldsymbol{r}'}{|\boldsymbol{r}-\boldsymbol{r}'|^3} = \int d\tau' \boldsymbol{P}(\boldsymbol{r}') \operatorname{grad}' \frac{1}{|\boldsymbol{r}-\boldsymbol{r}'|}$$

am Ort $\boldsymbol{r}$. Wegen der Vektoridentität

$$\boldsymbol{P} \cdot \operatorname{grad} u = \operatorname{div}(u\boldsymbol{P}) - u \operatorname{div} \boldsymbol{P}$$

läßt sich dies Integral bei Verwendung des Gaußschen Satzes in

$$\Phi(\boldsymbol{r}) = \int df' \frac{P_n(\boldsymbol{r}')}{|\boldsymbol{r}-\boldsymbol{r}'|} - \int \frac{d\tau'}{|\boldsymbol{r}-\boldsymbol{r}'|} \operatorname{div}' \boldsymbol{P}(\boldsymbol{r}') \tag{1}$$

umformen. Diese Formel können wir so verstehen, daß die Polarisierung auf der Oberfläche des Dielectricums eine Flächenladungsdichte

$$\sigma' = P_n \tag{2}$$

gleich der äußeren Normalkomponente von $\boldsymbol{P}$, und im Innern eine Raumladungsdichte

$$\varrho' = -\operatorname{div}\boldsymbol{P} \tag{3}$$

induziert.

Die Erzeugung solcher „scheinbarer" Ladungen setzt ein von den „wahren" Ladungen ϱ herrührendes äußeres Feld voraus. Beide zusammen bilden gemäß

$$\operatorname{div}\boldsymbol{E} = 4\pi(\varrho + \varrho') \tag{4}$$

die Quellen des elektrischen Feldes. Wegen Gl. (3) können wir Gl. (4) auch umschreiben in

$$\operatorname{div}(\boldsymbol{E} + 4\pi\boldsymbol{P}) = 4\pi\varrho\ . \tag{5}$$

Der hier auftretende Vektor

$$\boldsymbol{D} = \boldsymbol{E} + 4\pi\boldsymbol{P} \tag{6}$$

heißt *dielektrische Verschiebung*; seine Quellen sind die „wahren" Ladungen,

$$\operatorname{div}\boldsymbol{D} = 4\pi\varrho\ . \tag{7}$$

Für die elektrische Feldstärke gilt auch jetzt noch

$$\operatorname{rot}\boldsymbol{E} = 0\ , \tag{8}$$

sie kann also aus einem Potential abgeleitet werden.

An der Oberfläche eines Dielectricums folgt aus Gl. (8) die Stetigkeit der Tangentialkomponenten von $\boldsymbol{E}$, während Gl. (7) bei Nichtvorhandensein wahrer Raumladungen im Dielectricum die Stetigkeit der Normalkomponente von $\boldsymbol{D}$ zur Folge hat.

Die im folgenden behandelten Dielectrica sind dahin idealisiert, daß $\boldsymbol{P}$ proportional zu $\boldsymbol{E}$ wird,

$$\boldsymbol{P} = \chi\boldsymbol{E} \tag{9}$$

mit einer skalaren Materialkonstante χ, welche *dielektrische Suszeptibilität* heißt. Die beiden Vektoren in Gl. (9) sind parallel in isotropen Substanzen; in Kristallen ist χ ein Tensor. Bei sehr hohen Feldstärken tritt eine Sättigung der Polarisation auf, die den linearen Zusammenhang von Gl. (9) zerstört.

Aus Gln. (9) und (6) folgt die Materialgleichung

$$\boldsymbol{D} = \varepsilon\boldsymbol{E} \quad \text{mit} \quad \varepsilon = 1 + 4\pi\chi\ . \tag{10}$$

Die Materialkonstante ε heißt die *Dielektrizitätskonstante*.

Für die Feldenergie erhalten wir jetzt analog zu S. 2

$$W = \frac{1}{8\pi}\int d\tau\, \boldsymbol{E}\cdot\boldsymbol{D}\ . \tag{11}$$

31. Aufgabe. Dielektrischer Zylinder im homogenen Feld

Ein ungeladener dielektrischer Zylinder vom Radius R steht in einem homogenen elektrischen Feld $\boldsymbol{E}_0$, das senkrecht zu seiner Achse gerichtet ist. Potentialfeld und Feldstärkekomponenten sollen berechnet werden.

Lösung. Wir wählen die Zylinderachse als z-Achse; die Richtung von $\boldsymbol{E}_0$ sei parallel zur x-Achse. In Zylinderkoordinaten r, φ, z suchen wir dann eine von z unabhängige Lösung der Laplaceschen Gleichung $\nabla^2 \Phi = 0$, die gegen Spiegelung $y \to -y$ oder $\varphi \to -\varphi$ invariant ist. Wir schreiben sie als Fourier-Reihe:

$$\Phi(r, \varphi) = \sum_{m=1}^{\infty} (a_m r^m + b_m r^{-m}) \cos m\varphi \,. \tag{31.1}$$

Für $r \to \infty$ soll das Potential gegen $-E_0 r \cos \varphi$ gehen. Das setzt voraus, daß außerhalb des Zylinders, also für $r > R$,

$$\Phi_\mathrm{a} = -E_0 r \cos \varphi + \sum_{m=1}^{\infty} b_m r^{-m} \cos m\varphi \tag{31.2}$$

wird. Im Innern des Zylinders, für $r < R$, muß Φ_i bei $r = 0$ endlich bleiben, d.h. in Gl. (31.1) entfallen alle b_m:

$$\Phi_\mathrm{i} = \sum_{m=1}^{\infty} a_m r^m \cos m\varphi \,. \tag{31.3}$$

Damit bei $r = R$ das Potential stetig ist,

$$\Phi_\mathrm{a}(R, \varphi) = \Phi_\mathrm{i}(R, \varphi) \,, \tag{31.4}$$

muß

$$a_1 R = -E_0 R + \frac{b_1}{R} \,; \qquad a_m R^{2m} = b_m \quad \text{für} \quad m > 1 \tag{31.5}$$

werden. Dies macht automatisch auch die Tangentialkomponente von $\boldsymbol{E}$, $E_\varphi = -\frac{1}{r} \partial \Phi / \partial \varphi$ stetig. Außerdem muß die Normalkomponente D_r der dielektrischen Verschiebung stetig sein, also

$$\left(\frac{\partial \Phi_\mathrm{a}}{\partial r} \right)_{r=R} = \varepsilon \left(\frac{\partial \Phi_\mathrm{i}}{\partial r} \right)_{r=R} \tag{31.6}$$

oder

$$-E_0 - \frac{b_1}{R^2} = \varepsilon a_1 \,; \qquad b_m = -\varepsilon a_m R^{2m} \quad \text{für} \quad m > 1 \,. \tag{31.7}$$

Die Ergebnisse aus Gln. (31.5) und (31.7) sind für $m > 1$ nur dann kompatibel, wenn alle a_m und b_m verschwinden. Für $m = 1$ ergeben sie

$$a_1 = -\frac{2}{\varepsilon + 1} E_0 \,; \qquad b_1 = \frac{\varepsilon - 1}{\varepsilon + 1} R^2 E_0 \,, \tag{31.8}$$

so daß wir für das Potential

$$\left.\begin{aligned} \Phi_a &= -E_0\left(r - \frac{\varepsilon-1}{\varepsilon+1}\,\frac{R^2}{r}\right)\cos\varphi \qquad \text{für} \quad r > R\,, \\ \Phi_i &= -\frac{2}{\varepsilon+1}E_0\, r\cos\varphi \qquad\qquad\quad \text{für} \quad r < R \end{aligned}\right. \tag{31.9}$$

erhalten.

Das ergibt die Feldstärkekomponenten

$$\left.\begin{aligned} E_r &= E_0\left(1 + \frac{\varepsilon-1}{\varepsilon+1}R^2/r^2\right)\cos\varphi \\ E_\varphi &= -E_0\left(1 - \frac{\varepsilon-1}{\varepsilon+1}R^2/r^2\right)\sin\varphi \end{aligned}\right\} \quad \text{für} \quad r > R$$

und

$$E_r = \frac{2}{\varepsilon+1}E_0\cos\varphi\,; \qquad E_\varphi = -\frac{2}{\varepsilon+1}E_0\sin\varphi \qquad \text{für} \qquad r < R\,.$$

Die Umrechnung auf kartesische Komponenten macht das Ergebnis noch anschaulicher. Außerhalb des Zylinders ergibt sich

$$E_x = E_0\left(1 + \frac{\varepsilon-1}{\varepsilon+1}\,\frac{R^2}{r^2}\cos 2\varphi\right);$$

$$E_y = E_0\frac{\varepsilon-1}{\varepsilon+1}\,\frac{R^2}{r^2}\sin 2\varphi\,.$$

Dem homogenen Felde E_0 in x-Richtung ist also ein von der Polarisation herrührendes Feld überlagert, das wir als zweidimensionales Dipolfeld beschreiben können. Im Innern des Zylinders wird

$$E_x = \frac{2}{\varepsilon+1}E_0\,; \qquad E_y = 0\,.$$

Dort besteht also ein homogenes Feld, das infolge des dem ursprünglichen E_0 entgegengerichteten Polarisationsfeldes $\frac{\varepsilon-1}{\varepsilon+1}E_0$ auf

$$E_x = E_0\left(1 - \frac{\varepsilon-1}{\varepsilon+1}\right) = \frac{2}{\varepsilon+1}E_0$$

abgeschwächt ist.

Den Verschiebungsvektor erhält man, indem man im Innern die Feldkomponenten mit ε multipliziert, während er außen mit der Feldstärke identisch wird.

An der Oberfläche $r = R$ des Zylinders wird E_φ innen und außen gleich. Die Radialkomponente der Verschiebung wird dort außen

$$D_r = E_r = \frac{2\varepsilon}{\varepsilon+1}E_0\cos\varphi$$

und innen

$$D_r = \varepsilon E_r = \varepsilon \cdot \frac{2}{\varepsilon+1} E_0 \cos\varphi ,$$

ist also ebenfalls stetig.

32. Aufgabe. Dielektrische Kugel im homogenen Feld

Eine ungeladene dielektrische Kugel vom Radius R befindet sich in einem homogenen Feld $\boldsymbol{E}_0$ in z-Richtung. Potential und Ladungsverteilung auf der Kugel sind zu bestimmen.

Lösung. Wir benutzen Kugelkoordinaten r, ϑ, φ. Das Potential hängt nicht von φ ab und läßt sich als Entwicklung nach Legendreschen Polynomen $P_l(\cos\vartheta)$ schreiben. Innerhalb der Kugel muß Φ bei $r=0$ endlich bleiben; außerhalb dürfen dem Potential des homogenen Feldes nur für $r \to \infty$ verschwindende Glieder überlagert werden. Das führt auf den Ansatz

$$\begin{aligned} \Phi_\mathrm{a} &= -E_0 r P_1(\cos\vartheta) + \sum_{l=1}^{\infty} b_l r^{-l-1} P_l(\cos\vartheta) \qquad \text{für} \quad r>R \\ \Phi_\mathrm{i} &= \sum_{l=1}^{\infty} a_l r^l P_l(\cos\vartheta) \qquad \text{für} \quad r<R . \end{aligned} \tag{32.1}$$

Für $r=R$ muß $\Phi_\mathrm{a} = \Phi_\mathrm{i}$ werden, d. h.

$$-E_0 R + \frac{b_1}{R^2} = a_1 ; \qquad b_l = a_l R^{2l+1} \qquad \text{für} \quad l>1 . \tag{32.2}$$

Um die Normalkomponente von $\boldsymbol{D} = \varepsilon \boldsymbol{E}$ stetig zu machen, muß außerdem

$$\frac{\partial \Phi_\mathrm{a}}{\partial r} = \varepsilon \frac{\partial \Phi_\mathrm{i}}{\partial r} \qquad \text{bei} \quad r=R$$

werden, oder

$$-E_0 P_1 - \sum_l (l+1) b_l R^{-l-2} P_l = \varepsilon l a_l R^{l-1} P_l ,$$

zerlegt:

$$-E_0 - 2 b_1 R^{-3} = \varepsilon a_1 ; \qquad -(l+1) b_l = \varepsilon l a_l R^{2l+1} \qquad \text{für} \quad l>1 . \tag{32.3}$$

Die Bedingungen der Gln. (32.2) und (32.3) sind für alle $l>1$ inkompatibel. Für $l=1$ ergeben sie

$$a_1 = -\frac{3}{\varepsilon+2} E_0 ; \qquad b_1 = \frac{\varepsilon-1}{\varepsilon+2} E_0 R^3 . \tag{32.4}$$

Damit erhalten wir schließlich für das Potential

$$\Phi_\mathrm{a} = -E_0 \left(r - \frac{\varepsilon-1}{\varepsilon+1} \frac{R^3}{r^2} \right) \cos\vartheta ; \qquad \Phi_\mathrm{i} = -\frac{3}{\varepsilon+2} E_0 r \cos\vartheta . \tag{32.5}$$

Das elektrische Feld im Innern der Kugel ist daher homogen, die Feldstärke

$$\boldsymbol{E}_{\mathrm{i}} = \frac{3}{\varepsilon+2}\boldsymbol{E}_0 = \left(1 - \frac{\varepsilon-1}{\varepsilon+2}\right)\boldsymbol{E}_0$$

gegenüber dem Äußeren infolge der Polarisation verringert. Daher überlagert sich außen dem angelegten Feld $\boldsymbol{E}_0$ das Feld eines Dipols vom Moment

$$p = \frac{\varepsilon-1}{\varepsilon+2} R^3 E_0 .$$

Die Polarisation (d.h. die Dipoldichte) im Dielectricum wird daher

$$\boldsymbol{P} = \frac{3}{4\pi}\,\frac{\varepsilon-1}{\varepsilon+2}\boldsymbol{E}_0 .$$

Sie gibt auf der Kugeloberfläche gemäß $\sigma = P_r$ Anlaß zu einer Oberflächenladung

$$\sigma = P\cos\vartheta = \frac{3}{4\pi}\,\frac{\varepsilon-1}{\varepsilon+2} E_0 \cos\vartheta .$$

Statt dessen kann man σ natürlich auch aus

$$4\pi\sigma = (E_{r,\mathrm{a}} - E_{r,\mathrm{i}})_{r=R}$$

entnehmen. Das Integral dieser influenzierten Ladung über die ganze Kugeloberfläche verschwindet.

33. Aufgabe. Dielektrisches Ellipsoid im homogenen Feld

Anstelle der dielektrischen Kugel der vorigen Aufgabe werde ein verlängertes Rotationsellipsoid, dessen Achse mit der z-Achse zusammenfällt, in das homogene Feld gesetzt. Das Potential soll berechnet werden.

Lösung. Wir benutzen die in Aufgabe 12 eingeführten elliptischen Koordinaten. Dann gilt ähnlich wie dort für den Außenraum $\xi > \xi_0$

$$\Phi_{\mathrm{a}} = \sum_{n=1}^{\infty} A_n Q_n(\xi) P_n(\eta) - cE_0 P_1(\xi) P_1(\eta) \tag{33.1}$$

und im Dielectricum

$$\Phi_{\mathrm{i}} = \sum_{n=1}^{\infty} C_n P_n(\xi) P_n(\eta) . \tag{33.2}$$

Das Glied $n = 0$ entfällt für das ungeladene Ellipsoid. Da in diesen Koordinaten $z = c\xi\eta$ ist, entspricht das in Gl. (33.1) zur Summe hinzugefügte Glied gerade dem Potential des in z-Richtung angelegten homogenen Feldes E_0.

Bei $\xi = \xi_0$ müssen wir nun zwei Grenzbedingungen

$$\Phi_a = \Phi_i\,; \qquad \frac{\partial \Phi_a}{\partial \xi} = \varepsilon \frac{\partial \Phi_i}{\partial \xi} \tag{33.3}$$

identisch in η erfüllen. Das führt für $n = 1$ auf die Gleichungen

$$\begin{aligned} A_1 Q_1(\xi_0) - cE_0 \xi_0 &= C_1 \xi_0\,; \\ A_1 Q_1'(\xi_0) - cE_0 \quad &= \varepsilon C_1 \,. \end{aligned} \tag{33.4}$$

Für $n > 1$ entstehen homogene Gleichungen, die allgemein nur für $A_n = C_n = 0$ erfüllbar sind. In den inhomogenen Gleichungen (33.4) führen wir die Abkürzung

$$\lambda = -\frac{\xi_0 Q_1'(\xi_0)}{Q_1(\xi_0)} \tag{33.5}$$

ein; dann ergibt sich für die beiden Konstanten

$$A_1 = \frac{\xi_0}{Q_1(\xi_0)}\, cE_0 \frac{\varepsilon - 1}{\varepsilon + \lambda}\,; \qquad C_1 = -cE_0 \frac{1+\lambda}{\varepsilon+\lambda}\,. \tag{33.6}$$

Das gesuchte Potential wird also

$$\left.\begin{aligned} \Phi_a &= -cE_0 \left[\xi - \frac{\varepsilon-1}{\varepsilon+\lambda}\, \xi_0 \frac{Q_1(\xi)}{Q_1(\xi_0)}\right] \quad &&\text{für} \quad \xi > \xi_0\,; \\ \Phi_i &= -cE_0 \frac{1+\lambda}{\varepsilon+\lambda}\, \xi\eta &&\text{für} \quad \xi < \xi_0\,. \end{aligned}\right\} \tag{33.7}$$

Wie bei der Kugel entsteht also auch hier im Dielectricum ein homogenes Feld der Intensität

$$E = \frac{1+\lambda}{\varepsilon+\lambda} E_0 = \left(1 - \frac{\varepsilon-1}{\varepsilon+\lambda}\right) E_0\,. \tag{33.8}$$

Die Polarisation wird daher

$$P = \frac{\varepsilon-1}{4\pi} E = \frac{\varepsilon-1}{4\pi}\, \frac{1+\lambda}{\varepsilon+\lambda} E_0$$

und ihre ξ-Komponente an der Oberfläche $\xi = \xi_0$

$$P_\xi = \sqrt{\frac{\xi_0^2 - 1}{\xi_0^2 - \eta^2}}\, \eta P\,.$$

Dies wird gleich der Oberflächenladung,

$$\sigma = \sqrt{\frac{\xi_0^2 - 1}{\xi_0^2 - \eta^2}}\, \eta \frac{(\varepsilon-1)(1+\lambda)}{4\pi(\varepsilon+\lambda)} E_0\,. \tag{33.9}$$

Man überprüft leicht, daß das Integral hiervon über die ganze Oberfläche verschwindet,

$$\oint \sigma\, df = 2\pi c^2 \sqrt{\xi_0^2 - 1} \int_{-1}^{+1} d\eta \sqrt{\xi_0^2 - \eta^2}\, \sigma(\xi_0, \eta) = 0\,.$$

Für den Grenzübergang zur *Kugel* ($c\xi_0 = r$ mit $c \to 0$, $\xi_0 \to \infty$ und $\eta = \cos\vartheta$) finden wir aus

$$Q_1(\xi_0) = \frac{1}{2}\xi_0 \log \frac{\xi_0 + 1}{\xi_0 - 1} - 1 \to \frac{1}{3\xi_0^2}$$

für λ, Gl. (33.5), den Grenzwert $\lambda = 2$, mit dem wir auf die Ergebnisse der vorstehenden Aufgabe zurückkommen.

34. Aufgabe. Kraft auf Punktladung vor ebenem Dielectricum

Eine Punktladung q befinde sich auf der z-Achse im Abstand a vor einem Dielectricum, das den Halbraum $z < 0$ ausfüllt. Das elektrische Feld soll bestimmt werden. Welche Kraft wird auf q ausgeübt?

Lösung. Wir gehen analog zu Aufgabe 27 vor, müssen aber andere Randbedingungen und die Existenz eines Feldes auch bei $z < 0$, d.h. im Dielectricum berücksichtigen. Mit den Bezeichnungen von Aufgabe 27 setzen wir jetzt an

$$\left.\begin{aligned} \Phi_a &= \frac{q}{r_1} + \frac{q'}{r_2} \quad &&\text{für} \quad z > a\,, \\ \Phi_i &= \frac{q''}{r_1} \quad &&\text{für} \quad z < a\,. \end{aligned}\right\} \tag{34.1}$$

Die Randbedingungen bei $z = 0$ sind

$$\Phi_a = \Phi_i\,; \qquad \frac{\partial \Phi_a}{\partial z} = \varepsilon \frac{\partial \Phi_i}{\partial z}\,. \tag{34.2}$$

Mit

$$\frac{\partial}{\partial z}\frac{1}{r_1} = -\frac{z-a}{r_1^3}\,; \qquad \frac{\partial}{\partial z}\frac{1}{r_2} = -\frac{z+a}{r_2^3}$$

und mit $r_1 = r_2$ bei $z = 0$ führt das auf

$$q + q' = q'' \qquad \text{und} \qquad q - q' = \varepsilon q''\,.$$

Daraus entnehmen wir

$$q'' = \frac{2}{\varepsilon + 1} q\,; \qquad q' = -\frac{\varepsilon - 1}{\varepsilon + 1} q\,.$$

Das Potential wird also

$$\Phi_a = q\left(\frac{1}{r_1} - \frac{\varepsilon-1}{\varepsilon+1}\,\frac{1}{r_2}\right); \qquad \Phi_i = \frac{2q}{\varepsilon+1}\,\frac{1}{r_1}\,. \tag{34.3}$$

Die auf der Oberfläche des Dielectricums induzierte Flächenladung σ folgt aus

$$4\pi\sigma = E_{z,a} - E_{z,i} = \frac{\partial}{\partial z}(\Phi_i - \Phi_a)_{z=0} \tag{34.4}$$

zu

$$\sigma = -\frac{qa}{2\pi r_1^3}\,\frac{\varepsilon-1}{\varepsilon+1}\,, \tag{34.5}$$

wobei $r_1^2 = a^2 + r^2$ mit $r^2 = x^2 + y^2$ wird. Die Flächenladung hat das zu q entgegengesetzte Vorzeichen; ihr Integral über die ganze Oberfläche wird

$$\int \sigma\, df = 2\pi \int_0^\infty dr\, r\sigma = -q\frac{\varepsilon-1}{\varepsilon+1}\,. \tag{34.6}$$

Diese Influenzladung übt auf q eine Anziehungskraft

$$K = \int \frac{df\,\sigma\cdot q}{r_1^2}\cdot\frac{a}{r_1}$$

aus; das führt nach einfacher Rechnung auf die Bildkraft

$$K = -\frac{q^2}{4a^2}\cdot\frac{\varepsilon-1}{\varepsilon+1}\,. \tag{34.7}$$

Anm. Für $\varepsilon = 1$ wird $q' = 0$ und $q'' = q$, so daß $\Phi_a = \Phi_i = q/r_1$ wird. Für $\varepsilon = \infty$ erhält man $q' = -q$ und $q'' = 0$, so daß im Metall $\Phi_i = 0$ wird und ein feldfreier Raum entsteht. Vgl. dazu Aufgabe 27.

35. Aufgabe. Feld einer Punktladung vor dielektrischer Kugel

Eine Punktladung q steht bei $z = a$ auf der z-Achse einer ungeladenen dielektrischen Kugel vom Radius R um den Koordinatenursprung gegenüber. Das Potentialfeld soll durch Entwicklung nach Kugelfunktionen bestimmt werden. Warum versagt hier die Methode des elektrischen Bildes, die in Aufgabe 28 für die gleiche Anordnung mit einer Metallkugel zum Ziele führte?

Lösung. Wir überlagern dem Feld q/r_1 der Punktladung außerhalb der Kugel ein nach den $P_l(\cos\vartheta)$ entwickeltes Feld. Da wir Grenzbedingungen bei $r = R < a$ erfüllen müssen, brauchen wir für q/r_1 die Entwicklung für $r < a$, für den Zusatzterm bei $r > R$. Das führt zu dem Ansatz

$$\Phi_a = \frac{q}{a}\sum_{l=0}^{\infty}\left(\frac{r}{a}\right)^l P_l(\cos\vartheta) + \frac{1}{r}\sum_{l=0}^{\infty} A_l\left(\frac{R}{r}\right)^l P_l(\cos\vartheta) \qquad \text{für} \quad R \le r \le a\,. \tag{35.1}$$

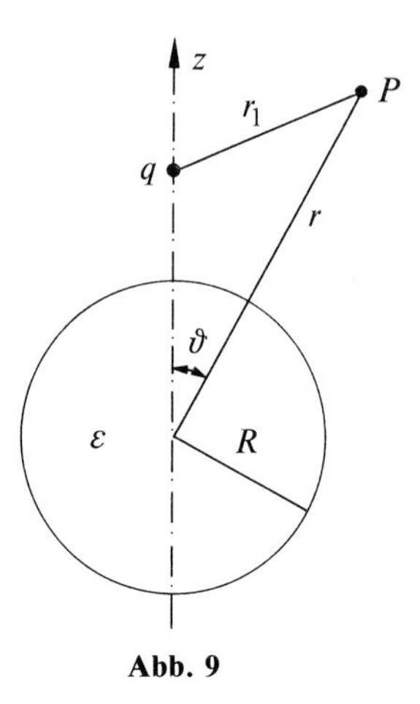

Abb. 9

Das Potential im Innern der dielektrischen Kugel sei

$$\Phi_{\mathrm{i}} = \frac{1}{R} \sum_{l=0}^{\infty} B_l \left(\frac{r}{R}\right)^l P_l(\cos\vartheta) \quad \text{für} \quad 0 \le r \le R\,. \tag{35.2}$$

Zusammenfügen bei $r = R$ mit den Grenzbedingungen

$$\Phi_{\mathrm{a}} = \Phi_{\mathrm{i}} \quad \text{und} \quad \frac{\partial \Phi_{\mathrm{a}}}{\partial r} = \varepsilon \frac{\partial \Phi_{\mathrm{i}}}{\partial r} \tag{35.3}$$

führt bei gliedweiser Zerlegung nach den P_l auf die Gleichungen

$$\frac{q}{a}\left(\frac{R}{a}\right)^l + \frac{1}{R} A_l = \frac{1}{R} B_l\,;$$

$$\frac{q}{a}\,\frac{l}{R}\left(\frac{R}{a}\right)^l - \frac{l+1}{R^2} A_l = \varepsilon \frac{l}{R^2} B_l\,.$$

Auflösen nach A_l und B_l und Einsetzen dieser Konstanten in Gln. (35.1) und (35.2) ergibt dann

$$\Phi_{\mathrm{a}} = \frac{q}{r_1} - \frac{q}{r} \sum_{l=0}^{\infty} \frac{l(\varepsilon-1)}{l+1+\varepsilon l} \left(\frac{R}{a}\right)^{l+1} \left(\frac{R}{r}\right)^l P_l(\cos\vartheta)\,; \tag{35.4}$$

und

$$\Phi_{\mathrm{i}} = \frac{q}{a} \sum_{l=0}^{\infty} \frac{2l+1}{l+1+\varepsilon l} \left(\frac{r}{a}\right)^l P_l(\cos\vartheta)\,. \tag{35.5}$$

Wären die Zusatzfelder von einer (virtuellen) Punktladung erzeugt, so müßten sich die Reihenglieder in die Form $(b/r)^l P_l$ bringen lassen mit einem von l unabhängigen b, das die Lage der Spiegelladung fixiert. Das trifft offensichtlich nicht zu. Lediglich im Grenzfall $\varepsilon \to \infty$ des Metalls wird

$$\Phi_a \to \frac{q}{r_1} - \frac{qR}{ra} \sum_{l=0}^{\infty} \left(\frac{R^2/a}{r}\right)^l P_l(\cos\vartheta); \qquad \Phi_i = 0,$$

d.h. eine Spiegelladung $-qR/a$ an der Stelle $b = R^2/a$ auf der z-Achse löst das Problem (vgl. Aufgabe 28).

Für $\varepsilon = 1$, d.h. bei Abwesenheit des Dielectricums entfällt die Summe in Gl. (35.4), während die Summe in Gl. (35.5) gleich der Entwicklung von q/r_1 wird.

Allgemein beginnt die Summe in Gl. (35.4) mit dem Gliede $l = 1$, das ein infolge der Polarisierung des Dielectricums erzeugtes Dipolfeld

$$\Phi_1 = -\frac{qR^3}{a^2} \frac{\varepsilon - 1}{\varepsilon + 2} \frac{\cos\vartheta}{r^2} \tag{35.6}$$

beschreibt.

36. Aufgabe. Ebener Plattenkondensator (Faraday-Versuche)

In einen ebenen Plattenkondensator der Fläche F wird ein Dielectricum so eingesetzt, daß vor beiden Platten ein Luftspalt bleibt, wie in Abb. 10 angedeutet. Am Kondensator soll (a) die Potentialdifferenz durch eine feste angelegte Spannung U_0, (b) die Plattenladung $q_0 = F\sigma_0$ durch Abklemmen von der Spannungsquelle konstant gehalten werden. In beiden Fällen sollen die Felder E und D bestimmt, die Kapazität und der Energieinhalt der Felder berechnet werden (Grundversuche von Faraday).

Lösung. Vor Einschieben des Dielectricums möge im ganzen Kondensator das elektrische Feld $E_0 = D_0$ von der Ladung $q_0 = F\sigma_0$ auf den Platten erzeugt werden (vgl. den rechten Rand der Abb. 10). Dann ist

$$E_0 = 4\pi\sigma_0 = \frac{U_0}{d}; \qquad q_0 = F\sigma_0 = \frac{FU_0}{4\pi d}; \qquad C_0 = \frac{q_0}{U_0} = \frac{F}{4\pi d} \tag{36.1}$$

und der Energieinhalt des Kondensators

$$W_0 = \frac{1}{8\pi} E_0^2 F d = \frac{1}{2} U_0 q_0 = \frac{1}{2} C_0 U_0^2 . \tag{36.1'}$$

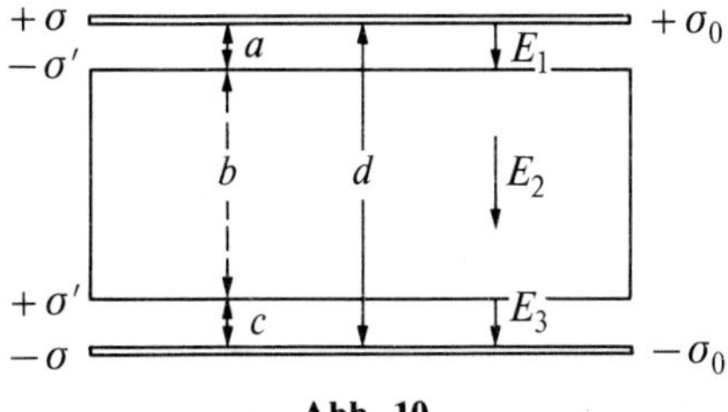

Abb. 10

Wir denken uns nun das Dielectricum eingeschoben. Es wird durch das Feld in Gegenrichtung polarisiert, so daß an seiner Oberfläche Ladungsdichten $\pm\sigma'$ entstehen, die zu Quellen eines Gegenfeldes $E' = -4\pi\sigma'$ werden. Lassen wir noch offen, ob sich auch die Plattenladung ändert (was sie im Fall (a) tut, nicht aber im Fall (b)) und schreiben dafür $\pm\sigma$ (vgl. linken Rand der Abb. 10), so haben wir jetzt in den drei Teilräumen die Feldstärken

$$E_1 = 4\pi\sigma\,; \qquad E_2 = 4\pi(\sigma - \sigma')\,; \qquad E_3 = 4\pi\sigma\,. \tag{36.2}$$

Die Potentialdifferenz U ist das Linienintegral der Feldstärke,

$$U = E_1 a + E_2 b + E_3 c\,. \tag{36.3}$$

Im Dielectricum müssen wir E_2 von $D_2 = \varepsilon E_2$ unterscheiden. Die Verschiebung D ist so definiert, daß die σ' keine Quellen dafür sind, wohl aber nach Gl. (36.2) für E, d.h.

$$D_1 = D_2 = D_3 = E_1 = \varepsilon E_2 = E_3\,. \tag{36.4}$$

Aus Gln. (36.2) und (36.4) erhalten wir dann

$$4\pi\sigma = \varepsilon\cdot 4\pi(\sigma - \sigma') \qquad \text{oder} \qquad \sigma' = \frac{\varepsilon - 1}{\varepsilon}\,\sigma\,. \tag{36.5}$$

Gleichung (36.3) ergibt

$$U = E_1\left(a + \frac{b}{\varepsilon} + c\right) = 4\pi\sigma\left(a + \frac{b}{\varepsilon} + c\right). \tag{36.6}$$

Der Energieinhalt des Kondensators ist

$$W = \frac{F}{8\pi}E_1^2\left(a + \frac{b}{\varepsilon} + c\right)$$

oder, wenn wir E_1 nach Gl. (36.6) einmal durch U und einmal gemäß $q = \sigma F$ ersetzen,

$$W = \tfrac{1}{2}qU\,. \tag{36.7}$$

Wir trennen nun die beiden Fälle voneinander.

(a) *Konstante Spannung,* $U = U_0$. Aus Gln. (36.1) und (36.6) folgt

$$U_0 = 4\pi\sigma_0(a + b + c) = 4\pi\sigma\left(a + \frac{b}{\varepsilon} + c\right)$$

oder

$$\frac{\sigma}{\sigma_0} = \frac{E_1}{E_0} = \frac{a + b + c}{a + \dfrac{b}{\varepsilon} + c}\,.$$

Sind beide Luftspalte sehr eng ($a \to 0$, $c \to 0$, $b \to d$), so wird

$$\sigma = \varepsilon\sigma_0\,; \qquad E_1 = \varepsilon E_0\,; \qquad E_2 = E_0\,; \qquad D_2 = \varepsilon E_0\,.$$

Die Platten werden aufgeladen, so daß die Feldstärke im Dielectricum erhalten bleibt. Die Kapazität ist

$$C = \frac{F\sigma}{U_0} = \frac{\sigma}{\sigma_0} C_0 = \frac{a+b+c}{a+\dfrac{b}{\varepsilon}+c} C_0 \,. \tag{36.8a}$$

Sie wird also vergrößert, bei sehr engen Luftspalten auf

$$C = \varepsilon C_0 \,. \tag{36.8b}$$

Schließlich folgt aus Gl. (36.7) für die Energie eine Zunahme der Energie auf

$$W = W_0 \frac{\sigma}{\sigma_0} = \frac{a+b+c}{a+\dfrac{b}{\varepsilon}+c} E_0 \tag{36.9a}$$

oder bei engen Luftspalten,

$$W = \varepsilon W_0 \,. \tag{36.9b}$$

Bei fester Spannung muß also Arbeit aufgewandt werden, um das Dielectricum in den Kondensator einzubringen.

(b) *Konstante Ladung,* $\sigma = \sigma_0$. Bei abgeklemmtem Kondensator ändert sich beim Einschieben des Dielectricums die Spannung, da Gl. (36.6) jetzt

$$U = 4\pi\sigma_0 \left(a + \frac{b}{\varepsilon} + c \right)$$

gibt anstelle von

$$U_0 = 4\pi\sigma_0 (a+b+c) \,,$$

d. h. es wird

$$U = U_0 \frac{a+\dfrac{b}{\varepsilon}+c}{a+b+c} \,, \tag{36.10a}$$

bei engen Luftspalten

$$U = U_0/\varepsilon \,. \tag{36.10b}$$

Die Spannung wird erniedrigt. Während das Feld in den Luftspalten erhalten bleibt, sinkt es im Dielectricum auf $E_2 = E_0/\varepsilon$ ab, so daß die Potentialdifferenz kleiner wird. Für die Kapazität erhalten wir $C = q_0/U$ oder $C = (U_0/U)\,C_0$, was ebenfalls auf die Gln. (36.8a, b) führt. Schließlich ergibt sich bei der Energie aus Gl. (36.7) eine Verminderung,

$$W = \frac{1}{2} U q_0 = \frac{a+\dfrac{b}{\varepsilon}+c}{a+b+c} E_0 \,, \tag{36.11a}$$

bei engem Luftspalt also

$$W = \frac{1}{\varepsilon} W_0 \,. \tag{36.11b}$$

In einen abgeklemmten Kondensator wird daher das Dielectricum hineingezogen.

37. Aufgabe. Ebener Plattenkondensator: teilweise eingeschobenes Dielectricum

In einen abgeklemmten Plattenkondensator mit den Plattenladungen $\pm q$ wird ein Dielectricum ein Stück weit hineingeschoben. Man berechne die Verschiebung der Ladungen auf den Platten (ohne Streufelder) und den Energieinhalt des Kondensators als Funktion der Einschiebstrecke. Wie ändert sich seine Kapazität?

Lösung. Bezeichnen wir das linke Stück der Länge a in Abb. 11 mit 1, das rechte der Länge $l-a$ mit 2, so wird

$$D_1 = \varepsilon E_1 = 4\pi\sigma_1 \,; \qquad D_2 = E_2 = 4\pi\sigma_2 \tag{37.1}$$

und die unveränderte Gesamtladung der Platten

$$q = [\sigma_1 a + \sigma_2 (l-a)]\, b \,. \tag{37.2}$$

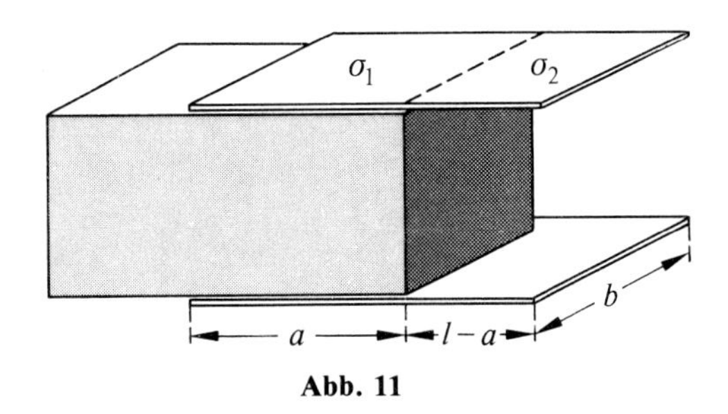

Abb. 11

Da jede Platte eine Äquipotentialfläche ist, muß die Potentialdifferenz zwischen beiden in 1 und 2 gleich sein,

$$U = E_1 d = E_2 d \,, \tag{37.3}$$

also $E_1 = E_2$ und $\sigma_1 = \varepsilon\sigma_2$. Gehen wir damit in Gl. (37.2) ein und führen die gesamte Fläche $F = bl$ ein, so erhalten wir

$$\sigma_1 = \frac{q\varepsilon}{F\left[1 + (\varepsilon - 1)\dfrac{a}{l}\right]} \,; \qquad \sigma_2 = \frac{q}{F\left[1 + (\varepsilon - 1)\dfrac{a}{l}\right]} \,. \tag{37.4}$$

Die elektrische Feldstärke folgt aus Gl. (37.1) zu

$$E_1 = E_2 = \frac{4\pi q}{F\left[1 + (\varepsilon - 1)\dfrac{a}{l}\right]} \,, \tag{37.5}$$

die Potentialdifferenz aus Gl. (37.3) zu

$$U = \frac{4\pi q d}{F\left[1 + (\varepsilon - 1)\dfrac{a}{l}\right]} \tag{37.6}$$

und schließlich die Kapazität aus $C = q/U$ zu

$$C = \frac{F}{4\pi d}\left[1 + (\varepsilon - 1)\frac{a}{l}\right]. \tag{37.7}$$

Schließlich können wir die Energie des Feldes aus $W = \frac{1}{2} q U$ entnehmen,

$$W = \frac{2\pi q^2 d}{F\left[1 + (\varepsilon - 1)\dfrac{a}{l}\right]}. \tag{37.8}$$

Alle Formeln gehen für $a = 0$ (kein Dielectricum) und $a = l$ (volles Dielectricum) in die Ausdrücke des entsprechenden Faradayschen Grundversuches über.

38. Aufgabe. U-Rohr mit dielektrischer Flüssigkeit

Ein U-Rohr von konstantem rechteckigem Querschnitt q ist mit einer dielektrischen Flüssigkeit gefüllt. Der linke Schenkel des Rohres befindet sich in einem Plattenkondensator, der von einer Batterie auf der konstanten Spannung U gehalten wird. Der Plattenabstand sei d, die Dichte der Flüssigkeit ϱ. Man berechne aus der Höhendifferenz h der Flüssigkeitsspiegel im linken und rechten Schenkel die dielektrische Suszeptibilität der Flüssigkeit.

Lösung. Bei fester Spannung U am Kondensator wird die elektrische Energie $W_e = \frac{1}{2} C U^2$ verringert, wenn die dielektrische Flüssigkeit in linken Schenkel sinkt. Da bei verschieden hohen Flüssigkeitsspiegeln im linken und rechten Schenkel die Gravitationsenergie W_G auf jeden Fall vermehrt wird, folgt aus dem

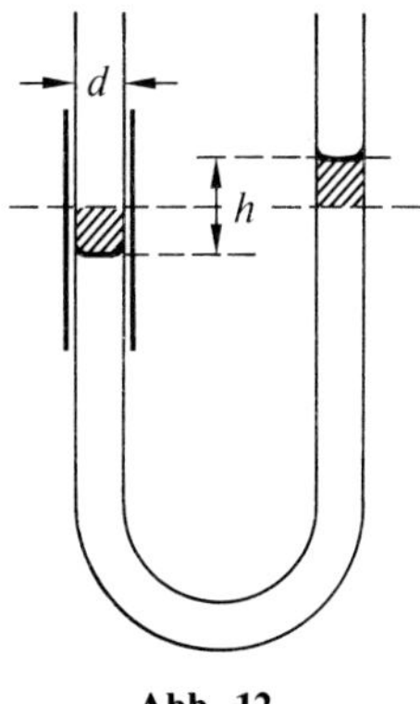

Abb. 12

Energiesatz, daß die Flüssigkeit im linken Schenkel bei Anlegen der Spannung sinken muß (vgl. auch Aufgabe 36).

Stellt sich die Höhendifferenz h ein, so wird die im linken Schenkel der Abb. 12 schraffiert gezeichnete Flüssigkeitsmasse $m = \varrho g(h/2)$ durch die rechts schraffiert gezeichnete ersetzt, also im ganzen die Masse m um $h/2$ gehoben. Die Gravitationsenergie wird daher um

$$\Delta W_G = mg\frac{h}{2} = \frac{1}{4}\varrho q g h^2 \tag{38.1}$$

vermehrt. Dabei wird das links schraffiert gezeichnete Flüssigkeitsvolumen der Dielektrizitätskonstante ε aus dem Kondensator entfernt. Bei gegebener Spannung U bleibt dabei die Feldstärke $E = U/d$ ungeändert. Dagegen wird die Verschiebung D in diesem Gebiet von εE auf E vermindert, d.h. die elektrische Energie des Volumens $V = q(h/2)$ um

$$\Delta W_e = -\frac{V}{8\pi}E^2(\varepsilon - 1) = -\frac{1}{4}\chi\frac{U^2}{d^2}qh \tag{38.2}$$

verändert, wobei wir ε durch die Suszeptibilität

$$\chi = \frac{\varepsilon - 1}{4\pi} \tag{38.3}$$

ersetzt haben. Insgesamt wird also

$$\Delta W = \Delta W_G + \Delta W_e = \frac{1}{4}q\left(\varrho g h^2 - \chi\frac{U^2}{d^2}h\right). \tag{38.4}$$

Gleichgewicht besteht bei

$$\frac{d\Delta W}{dh} = \frac{1}{4}q\left(2\varrho g h - \chi\frac{U^2}{d^2}\right) = 0\,,$$

d.h. für $h = h_0$ mit

$$h_0 = \frac{1}{2}\chi\frac{U^2}{\varrho g d^2}\,. \tag{38.5}$$

Damit können wir Gl. (38.4) auch kurz

$$\Delta W = \tfrac{1}{4}\varrho q g(h^2 - 2h_0 h)$$

schreiben. Man sieht sofort, daß

$$d^2\Delta W/dh^2 = \tfrac{1}{2}\varrho q g > 0$$

wird; die Energie hat für $h = h_0$ ein Minimum, so daß das Gleichgewicht stabil ist. Die gesuchte Suszeptibilität χ folgt aus Gl. (38.5),

$$\chi = \frac{2\varrho g d^2}{U^2}h_0\,. \tag{38.6}$$

Hätten wir den Kondensator von der Batterie abgeklemmt, so daß die Ladung konstant bliebe und die Spannung absänke, so würde die Flüssigkeit im linken Schenkel steigen um

$$h_0 = \frac{1}{2} \frac{\chi}{1+4\pi\chi} \frac{U^2}{\varrho g d^2} .$$

Anm. Wird als Flüssigkeit Wasser verwendet ($\varrho = 1$ g/cm^3, $\varepsilon = 80$, $\chi = 6{,}29$) und ist der Plattenabstand $d = 0{,}5$ cm, so gibt Gl. (38.5) $h_0 = 1{,}284 \times 10^{-2}\, U^2$ cm. Hierbei ist die Spannung U in elektrostatischen Einheiten von 300 V gemessen. Bei einer angelegten Spannung von 3 kV würde sich also eine Höhendifferenz von 12,8 mm ergeben.

B. Stationäre Ströme. Magnetfelder

Elektrischer Strom. Die Stromdichte $\boldsymbol{j}$ (Ladung pro Flächeneinheit pro Zeiteinheit) muß bei Erhaltung der Ladung der Kontinuitätsgleichung genügen. Für stationäre Ströme lautet sie

$$\operatorname{div} \boldsymbol{j} = 0 \,. \tag{1}$$

Fließt der Strom in einem linearen Leiter, so heißt das Integral von $\boldsymbol{j}$ über seinen Querschnitt die Stromstärke

$$I = \int \boldsymbol{j} \cdot d\boldsymbol{f} \,. \tag{2}$$

An einer Verzweigung, an der mehrere lineare Leiter verknüpft sind, ist die Summe aller Stromstärken gleich Null, wenn man einlaufende und auslaufende Ströme mit entgegengesetzten Vorzeichen belegt (Kirchhoffsche Regel). Damit längs eines linearen Leiters ein Strom fließt, muß zwischen seinen Enden eine Spannung bestehen. Diese Spannung U und die Stromstärke I sind proportional zueinander,

$$U = R \cdot I \tag{3}$$

(Ohmsches Gesetz); die Konstante R heißt der Widerstand und hängt vom Material ab. Sie ist proportional zur Länge l und umgekehrt proportional zum Querschnitt q des linearen Leiters,

$$R = \frac{l}{\sigma q} \,; \tag{4}$$

die Materialkonstante σ heißt die Leitfähigkeit des Materials. Dies Gesetz gilt nicht in Gasentladungen.

Magnetfeld. Jeder elektrische Strom erzeugt ein magnetisches Feld, dessen Feldstärke $\boldsymbol{H}$ für stationäre Ströme der Gleichung

$$\operatorname{rot} \boldsymbol{H} = \frac{4\pi}{c} \boldsymbol{j} \tag{5}$$

genügt. In den meisten Materialien kann eine magnetische Dipoldichte, die Magnetisierung $\boldsymbol{M}$, bestehen. Sie kann analog zur dielektrischen Polarisation durch ein äußeres Magnetfeld verursacht sein,

$$\boldsymbol{M} = \chi \boldsymbol{H} \,. \tag{6}$$

Die Materialkonstante χ heißt die magnetische Suszeptibilität. Sie kann positiv (paramagnetisches Material) oder negativ (diamagnetisches Material) sein. Sie ist $\ll 1$, so daß in vielen Fällen $\boldsymbol{M}$ gegen $\boldsymbol{H}$ vernachlässigt werden kann. Es gibt auch Materialien, in denen eine von äußeren Feldern unabhängige Magnetisierung $\boldsymbol{M}$ bestehen kann (ferromagnetische Substanzen).

Analog zur dielektrischen Verschiebung $\boldsymbol{D} = \boldsymbol{E} + 4\pi \boldsymbol{P}$ kann man die magnetische Induktion

$$\boldsymbol{B} = \boldsymbol{H} + 4\pi \boldsymbol{M} \tag{7}$$

einführen. Während aber $\operatorname{div} \vartheta = 4\pi\varrho$ mit der elektrischen Ladung verknüpft ist, ist die Beziehung

$$\operatorname{div} \boldsymbol{D} = 0 \tag{8}$$

Ausdruck dafür, daß es keine magnetischen Ladungen gibt. Gilt insbesondere Gl. (6), so wird

$$\boldsymbol{B} = (1 + 4\pi\chi)\boldsymbol{H} = \mu \boldsymbol{H} .$$

Der (zu ε analoge) Faktor μ heißt dann die Permeabilität des Materials.

Vektorpotential. Gleichung (5) gestattet (im Gegensatz zu $\operatorname{rot} \boldsymbol{E} = 0$) die Einführung eines skalaren Potentials nur gebietsweise dort, wo $\boldsymbol{j} = 0$ ist. Dagegen erlaubt Gl. (8) stets, $\boldsymbol{B}$ aus einem Vektorpotential $\boldsymbol{A}$ abzuleiten:

$$\boldsymbol{B} = \operatorname{rot} \boldsymbol{A} . \tag{9}$$

Diese Beziehung definiert $\boldsymbol{A}$ nur bis auf einen Gradienten, eine Willkür, welche durch die konventionelle Normierung

$$\operatorname{div} \boldsymbol{A} = 0 \tag{10}$$

beseitigt werden kann. Bilden wir von Gl. (9) die Rotation und benutzen Gln. (5) und (7), so wird

$$\nabla^2 \boldsymbol{A} = -\frac{4\pi}{c}\boldsymbol{j} - 4\pi \operatorname{rot} \boldsymbol{M} . \tag{11}$$

Sind die Quellen $\boldsymbol{j}$ und $\boldsymbol{M}$ des Magnetfeldes bekannt, so kann man aus dieser inhomogenen Differentialgleichung

$$\boldsymbol{A}(\boldsymbol{r}) = \int \frac{d\tau'}{|\boldsymbol{r} - \boldsymbol{r}'|} \left[\operatorname{rot}' \boldsymbol{M}(\boldsymbol{r}') + \frac{1}{c} \boldsymbol{j}(\boldsymbol{r}') \right] \tag{12}$$

berechnen und daraus durch reine Differentiationsprozesse auch $\boldsymbol{B}$ und $\boldsymbol{H}$ ableiten. Kann $\boldsymbol{M}$ vernachlässigt werden, so folgt aus Gln. (12) und (9) mit Hilfe der Vektoridentität

$$\operatorname{rot}\left(\frac{\boldsymbol{a}}{r}\right) = (\boldsymbol{a} \times \boldsymbol{r})/r^3$$

die Formel

$$\boldsymbol{B} = \frac{1}{c} \int d\tau' \frac{\boldsymbol{j}(\boldsymbol{r}') \times (\boldsymbol{r} - \boldsymbol{r}')}{|\boldsymbol{r} - \boldsymbol{r}'|^3} . \tag{13}$$

Für einen linearen Leiter mit dem Linienelement ds wird

$$d\tau \boldsymbol{j}(\boldsymbol{r}) = I\, d\boldsymbol{s} \tag{14}$$

und

$$\boldsymbol{B} = \frac{I}{c} \int \frac{d\boldsymbol{s} \times \boldsymbol{r}}{r^3}\,, \tag{15}$$

wenn wir hier kurz mit $\boldsymbol{r}$ den Vektor vom Linienelement $d\boldsymbol{s}$ des Leiters zum Aufpunkt bezeichnen (Biot-Savartsches Gesetz).

Der *Energieinhalt* eines Magnetfeldes ist

$$W = \frac{1}{8\pi} \int d\tau (\boldsymbol{B} \cdot \boldsymbol{H})\,. \tag{16}$$

Mit Hilfe von Gln. (5) und (9) läßt sich der Integrand in

$$\boldsymbol{B} \cdot \boldsymbol{H} = \frac{4\pi}{c} \boldsymbol{A} \cdot \boldsymbol{j} + \operatorname{div}(\boldsymbol{A} \times \boldsymbol{H})$$

umformen, was bei Weglassung des Integrals über die unendlich ferne Oberfläche

$$W = \frac{1}{2c} \int d\tau (\boldsymbol{A} \cdot \boldsymbol{j}) \tag{17}$$

ergibt, für ein System von n linearen Leitern also

$$W = \frac{1}{2c} \sum_{k=1}^{n} I_k \int_{(k)} (\boldsymbol{A} \cdot d\boldsymbol{s}_k)\,.$$

Nun ist nach dem Stokesschen Satz das letzte Integral gleich

$$\int \boldsymbol{B} \cdot d\boldsymbol{f}_k = \Phi_k\,, \tag{18}$$

also gleich einem Integral über die vom Stromkreis umschlossene Fläche. Die Größe Φ_k heißt der Induktionsfluß durch den Stromkreis. Er ist selbst gemäß

$$\frac{1}{c} \Phi_k = \sum_{l=1}^{n} L_{kl} I_l \tag{19}$$

linear aus Anteilen aller Stromkreise aufgebaut. Daher läßt sich die magnetische Energie W als quadratische Form in den Stromstärken, gemäß

$$W = \frac{1}{2} \sum_k \sum_l L_{kl} I_k I_l \tag{20}$$

mit von der Anordnung abhängigen, aber von den Stromstärken unabhängigen Koeffizienten L_{kl} aufbauen. Die Koeffizienten L_{kl} heißen für $k \neq l$ gegenseitige Induktion zweier Stromkreise, für $k = l$ Selbstinduktion eines Stromkreises.

1. Stationäre Ströme

39. Aufgabe. Wheatstonesche Brücke: Effektiver Widerstand

Für das in Abb. 13 skizzierte System von Ohmschen Widerständen soll der effektive Widerstand der Schaltung gemäß

$$V = R_{\text{eff}} I$$

berechnet werden.

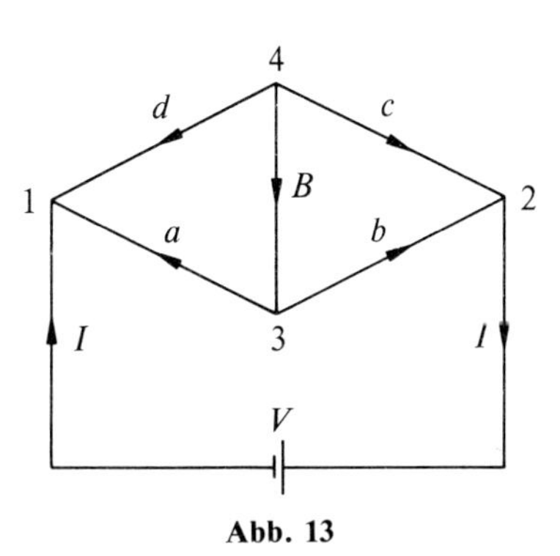

Abb. 13

Lösung. Wir definieren die Stromrichtungen durch die in der Abb. 13 angegebenen Pfeile; ergibt sich dann eine Stromstärke als negativ (z. B. I_a im Zweig a), so fließt der Strom in der umgekehrten Richtung.

Die Kirchhoffschen Regeln geben für die Knoten 3 und 4

$$I_{\text{B}} = I_a + I_b = -(I_c + I_d) \ . \tag{39.1}$$

Die Spannung an der Brücke kann wegen

$$\begin{aligned} V_{\text{B}} = V_4 - V_3 &= (V_4 - V_1) - (V_3 - V_1) = R_d I_d - R_a I_a \\ &= (V_4 - V_2) - (V_3 - V_2) = R_c I_c - R_b I_b \end{aligned} \tag{39.2}$$

durch die Ströme und Widerstände der Zweige ausgedrückt werden. Mit

$$V_{\text{B}} = R_{\text{B}} I_{\text{B}} \tag{39.3}$$

und den Abkürzungen

$$R_a/R_{\text{B}} = a \ ; \qquad R_b/R_{\text{B}} = b \ ; \qquad R_c/R_{\text{B}} = c \ ; \qquad R_d/R_{\text{B}} = d \tag{39.4}$$

wird also der Brückenstrom

$$I_{\text{B}} = dI_d - aI_a = cI_c - bI_b \ . \tag{39.5}$$

Die Relationen (39.1) und (39.5) bilden insgesamt vier lineare Gleichungen, mit deren Hilfe wir I_{B}, I_b, I_c, I_d durch I_a ausdrücken können:

$$I_{\text{B}} = \frac{bd - ac}{c(1+d) + d(1+b)} I_a \ ; \qquad I_b = -\frac{c(1+a) + d(1+c)}{c(1+d) + d(1+b)} I_a \ ; \tag{39.6a}$$

$$I_c = -\frac{a(1+b)+b(1+d)}{c(1+d)+d(1+b)} I_a; \quad I_d = \frac{a(1+c)+b(1+a)}{c(1+d)+d(1+b)} I_a. \quad (39.6\text{b})$$

Fügen wir die Kirchhoffschen Regeln für die Knoten 1 und 2 hinzu,

$$I = -(I_a + I_d) = I_b + I_c, \quad (39.7)$$

so können wir mit Hilfe von Gl. (39.6) auch I durch I_a ausdrücken:

$$I = -\frac{a(1+c)+b(1+a)+c(1+d)+d(1+b)}{c(1+d)+d(1+b)} I_a. \quad (39.8)$$

Die vier Regeln aus Gln. (39.1) und (39.7) sind nicht voneinander unabhängig; deshalb geben beide Beziehungen, Gl. (39.7), das gleiche Ergebnis, Gl. (39.8).

Damit haben wir alle Ströme in den Gln. (39.6) und (39.8) linear durch I_a ausgedrückt. Ein Blick auf Abb. 13 zeigt, daß der Strom im Schenkel a dem Pfeil entgegen gerichtet sein muß. Also ist I_a negativ, wie wir mit positivem I auch an Gl. (39.8) ablesen. Nach Gl. (39.6) ist dann auch I_d negativ, während I_c und I_b positiv sind. Die Richtung des Brückenstroms hängt nach Gl. (39.6) davon ab, ob bd größer oder kleiner als ac ist. Insbesondere ergibt sich $I_B = 0$, wenn

$$R_b R_d = R_a R_c$$

ist. Das ist die bekannte Bedingung von Wheatstone für die abgeglichene Brücke zur Widerstandsmessung.

Um den gesuchten effektiven Widerstand R_{eff} zu bestimmen, gehen wir nun von

$$V = V_1 - V_2 = -(V_3 - V_1) + (V_3 - V_2)$$

aus. Wir schreiben das von den Spannungen auf die Ströme um,

$$R_{eff} I = -R_a I_a + R_b I_b$$

oder

$$R_{eff} = R_B \frac{b I_b - a I_a}{I}. \quad (39.9)$$

Setzen wir hier I_b aus Gl. (39.6) und I aus Gl. (39.8) ein, so erhalten wir

$$R_{eff} = \frac{(1+a)bc + (1+b)ad + (1+c)bd + (1+d)ac}{(1+a)b + (1+b)d + (1+c)a + (1+d)c} R_B. \quad (39.10)$$

Bei Auflösung der Abkürzungen aus Gl. (39.4) ergibt das schließlich nach einfachen Umformungen

$$R_{eff} = \frac{R_B(R_a+R_b)(R_c+R_d) + R_a R_b (R_c+R_d) + R_c R_d (R_a+R_b)}{R_B(R_a+R_b+R_c+R_d) + (R_a+R_d)(R_b+R_c)}. \quad (39.11)$$

Es sei noch angemerkt, daß eine Unterbrechung der Brücke, d.h. ein unendlich großer Brückenwiderstand, auf

$$R_{\text{eff}} = \frac{(R_a+R_b)(R_c+R_d)}{(R_a+R_b)+(R_c+R_d)}$$

oder

$$\frac{1}{R_{\text{eff}}} = \frac{1}{R_a+R_b} + \frac{1}{R_c+R_d}$$

führt. Die Wege 132 mit dem Widerstand R_a+R_b und 142 mit dem Widerstand R_c+R_d sind parallel geschaltet; in diesem Fall sind ihre Reziprokwerte zu addieren, um den Reziprokwert des effektiven Widerstandes zu erhalten.

40. Aufgabe. Wheatstonesche Brücke zur Temperaturmessung

In einer abgeglichenen Wheatstoneschen Brücke soll der Widerstand R_d der vorigen Aufgabe in einem Ofen liegen, so daß er sich mit der Temperatur verändert und einen Brückenstrom verursacht. Dieser soll bei vorgegebener Spannung V zur Temperaturmessung benutzt werden. Der Einfachheit halber sollen zunächst die vier Widerstände der Schenkel a, b, c, d in Abb. 13 einander gleich sein $(=R)$; nur R_d ändert sich beim Erhitzen in $R' = R + \Delta R$.

Lösung. Aus den Gln. (39.6) und (39.8) der vorigen Aufgabe entnehmen wir

$$I_B/I = \frac{ac-bd}{(a+b+c+d)+(a+d)(b+c)}\,, \tag{40.1}$$

während Gl. (39.10)

$$R_{\text{eff}} = R_B \frac{(a+b)(c+d)+ab(c+d)+cd(a+b)}{(a+b+c+d)+(a+d)(b+c)} \tag{40.2}$$

ergibt. Für den gesuchten Zusammenhang des Brückenstroms I_B mit der angelegten Spannung V gilt nun

$$I_B = \frac{V}{R_{\text{eff}}} \frac{I_B}{I}\,. \tag{40.3}$$

Setzen wir in dieser Formel Gln. (40.1) und (40.2) ein, so folgt

$$I_B = \frac{V}{R_B} \frac{ac-bd}{(a+b)(c+d)+ab(c+d)+cd(a+b)}\,. \tag{40.4}$$

In dem vorliegenden Spezialfall soll nun $a = b = c$ sein, womit Gl. (40.4) in

$$I_B = (V/R_B) \frac{a-d}{2(a+d)+a(a+3d)}$$

übergeht. Lösen wir die Abkürzungen $a = R/R_B$ und $d = R'/R_B$ auf, so folgt

$$I_B = V \frac{R-R'}{2R_B(R+R')+R(R+3R')}\,. \tag{40.5}$$

Ist die von der Temperaturänderung hervorgerufene Widerstandsänderung $R' - R = \Delta R \ll R$, so vereinfacht sich Gl. (40.5) zu

$$I_B = -V \frac{\Delta R}{4R(R_B + R)} . \tag{40.6}$$

Das Minuszeichen bedeutet, daß für erhöhte Temperatur ($\Delta R > 0$) der Strom in Abb. 13 von 3 nach 4 fließt.

41. Aufgabe. Charakteristik einer Elektronenröhre

Eine Elektronenröhre sei eindimensional dahin idealisiert, daß von einer Glühkathode bei $x = 0$ Elektronen zur Anode bei $x = l$ eine Potentialdifferenz U durchlaufen. Die entstehende Raumladung beeinflußt das elektrische Feld und damit letztlich auch den fließenden Strom. Der Zusammenhang von Stromstärke I und Spannung U, die sogenannte Röhrencharakteristik, soll aufgesucht werden.

Lösung. Wir können das Problem auf drei Grundbeziehungen aufbauen:

(1) *Energiesatz:* Die Energie der Elektronen $\frac{1}{2}mv^2 - e\Phi$ muß konstant sein. Normieren wir auf $\Phi = 0$ bei $x = 0$ (Kathode) und beachten, daß die kinetische Energie der Elektronen beim Austritt aus der Kathode von der Größenordnung $kT \sim 0{,}1$ eV sehr klein gegen eU ist, so können wir den Energiesatz

$$\tfrac{1}{2}mv^2 - e\Phi = 0 \tag{41.1}$$

schreiben.

(2) *Kontinuitätsgleichung:* Die Stromdichte $j = \varrho v$ des Elektronenstroms ($j < 0$) und daher auch die Stromstärke $I = -Fj$ ($I > 0$) müssen konstant sein. Setzen wir v aus Gl. (41.1) ein, so folgt die Raumladungsdichte ϱ zu

$$\varrho = -\frac{I}{F}\sqrt{\frac{m}{2e\Phi}} < 0 \tag{41.2}$$

als Funktion des Potentials Φ. Die Vernachlässigung der endlichen Anfangsenergie der Elektronen führt bei $x = 0$ zu einer schwachen Singularität von ϱ, die zwar unphysikalisch, aber für das Folgende irrelevant ist.

(3) *Poissonsche Gleichung:* Sie verbindet nochmals ϱ und Φ miteinander und lautet in unserem eindimensionalen Modell

$$\frac{d^2\Phi}{dx^2} = -4\pi\varrho . \tag{41.3}$$

Mit der Abkürzung

$$C = 4\pi \frac{I}{F}\sqrt{\frac{m}{2e}} > 0 \tag{41.4}$$

können wir ϱ aus Gl. (41.2) in (41.3) einsetzen und erhalten die Differentialgleichung

$$\frac{d^2\Phi}{dx^2} = \frac{C}{\sqrt{\Phi}} \,. \tag{41.5}$$

Es bleibt die rein mathematische Aufgabe, diese nichtlineare Gleichung zu den Randbedingungen

$$\Phi = 0 \quad \text{für} \quad x = 0\,; \qquad \Phi = U \quad \text{für} \quad x = l \tag{41.6}$$

zu integrieren.

Wir lösen diese Aufgabe durch Einführung der Hilfsgröße $d\Phi/dx = p$ mit

$$\frac{d^2\Phi}{dx^2} = \frac{dp}{dx} = \frac{dp}{d\Phi}\,\frac{d\Phi}{dx} = \frac{dp}{d\Phi}\,p \,.$$

Dann entsteht eine Gleichung erster Ordnung,

$$p\,\frac{dp}{d\Phi} = \frac{C}{\sqrt{\Phi}} \,,$$

die sich durch Quadratur lösen läßt:

$$\tfrac{1}{2}p^2 = 2(C\sqrt{\Phi} + A) \,.$$

Die Integrationskonstante A hat eine einfache Bedeutung: An der Kathode ist $\Phi = 0$. Da p abgesehen vom Vorzeichen die Feldstärke ist, folgt $2A = \frac{1}{2}E_0^2$, wenn wir mit E_0 die Feldstärke an der Kathode bezeichnen:

$$\left(\frac{d\Phi}{dx}\right)^2 = E_0^2 + 4C\sqrt{\Phi} \,. \tag{41.7}$$

Der folgende Integrationsschritt wird sehr einfach, wenn wir den rechts stehenden Ausdruck

$$y = \sqrt{1 + \frac{4C}{E_0^2}\sqrt{\Phi}} \tag{41.8}$$

anstelle von Φ als Variable einführen. Dann geht Gl. (41.7) in

$$(y^2 - 1)\,\frac{dy}{dx} = 4C^2/E_0^3$$

über. Integration mit der Randbedingung $y = 1$ für $x = 0$ gibt dann

$$x = (E_0^3/4C^2)(\tfrac{1}{3}y^3 - y + \tfrac{2}{3}) \,. \tag{41.9}$$

Diese Beziehung wird sehr viel einfacher, wenn $y \gg 1$ ist, was allerdings an der Kathode nicht erfüllt ist. Dann geht Gl. (41.9) über in

$$x = (E_0^3/12C^2)(4C\sqrt{\Phi}/E_0^2)^{3/2} \,, \tag{41.10}$$

wobei die Feldstärke an der Kathode herausfällt. Wir können das dahin interpretieren, daß die genauen Verhältnisse vor der Kathode keinen großen Einfluß auf den Anodenstrom I haben, so daß unsere Idealisierung (mit singulärem ϱ bei $x=0$) statthaft ist. In der Konstanten C ist nach Gl. (41.4) der gesuchte Anodenstrom I enthalten. Lösen wir Gl. (41.10) danach auf und führen $\Phi = U$ für $x = l$ ein, so entsteht die gesuchte Röhrencharakteristik,

$$I = \frac{F}{9\pi l^2}\sqrt{\frac{2e}{m}}\,U^{3/2}\,. \tag{41.11}$$

Nach der exakteren Formel (41.9) würde sich ein etwas kleinerer Strom ergeben.

Anm. In elektrostatischen Einheiten ist $e/m = 5{,}273 \times 10^{17}$ für Elektronen. Gleichung (41.11) kann dann numerisch

$$I = 3{,}63 \times 10^7 \frac{F}{l^2}\,U^{3/2}$$

geschrieben werden. Da $1\,\mathrm{A} = 3 \times 10^9$ statischen Stromeinheiten und $300\,\mathrm{V} = 1$ statische Spannungseinheit sind, lautet die Formel für Messung von I in A und U in V

$$I = \frac{3{,}63 \times 10^7}{3 \times 10^9 \times 300^{3/2}}\,\frac{F}{l^2}\,U^{3/2}$$

oder

$$I = 2{,}33 \times 10^{-6}\frac{F}{l^2}\,U^{3/2}\,.$$

Mit $U = 100$ V wird man also in den mA-Bereich geführt.

2. Magnetostatik

42. Aufgabe. Homogen magnetisierte Eisenkugel

Eine Eisenkugel vom Radius R sei homogen in z-Richtung magnetisiert mit der Magnetisierung $\boldsymbol{M}$. Die Felder $\boldsymbol{H}$ und $\boldsymbol{B}$ innerhalb und außerhalb der Kugel sollen berechnet werden.

Lösung. Da keine elektrischen Ströme fließen, ist $\operatorname{rot}\boldsymbol{H} = 0$, so daß $\boldsymbol{H}$ aus einem Potential Φ abgeleitet werden kann,

$$\boldsymbol{H} = -\operatorname{grad}\Phi\,.$$

Dann folgt aus $\operatorname{div}\boldsymbol{B} = \operatorname{div}(\boldsymbol{H} + 4\pi\boldsymbol{M}) = 0$ für Φ die Differentialgleichung

$$\nabla^2\Phi = 4\pi\operatorname{div}\boldsymbol{M}\,.$$

Da $\boldsymbol{M}$ überall, außer bei $r = R$, konstant ist, wird innen und außen $\nabla^2\Phi = 0$. Im Außenraum erhalten wir ein Dipolfeld, dessen Dipolmoment

$$m = \int d\tau\,M = \frac{4\pi}{3}R^3 M$$

ist. Daher haben wir für $r > R$ das Potential

$$\Phi_a = m\frac{\cos\vartheta}{r^2} = \frac{4\pi}{3}M\frac{R^3}{r^2}\cos\vartheta\,. \tag{42.1}$$

Im Innern der Kugel hat das homogene Magnetfeld $H_i \parallel z$ die gleiche Abhängigkeit von ϑ:

$$\Phi_i = -H_i z = -H_i r\cos\vartheta\,. \tag{42.2}$$

Hier können wir H_i entweder aus dem Sprung der Normalkomponente von $\boldsymbol{H}$ bei $r = R$,

$$\left(\frac{\partial\Phi_i}{\partial r} - \frac{\partial\Phi_a}{\partial r}\right)_{r=R} = 4\pi M_r \tag{42.3}$$

oder aus der Stetigkeit der Tangentialkomponenten von $\boldsymbol{H}$ bestimmen. Die letzte Methode führt auf Stetigkeit des Potentials,

$$\Phi_a(R,\vartheta) = \Phi_i(R,\vartheta)\,. \tag{42.4}$$

Auf diese Weise erhalten wir

$$H_i = -\frac{4\pi}{3}M\,, \tag{42.5}$$

womit das Potential vollständig bestimmt ist;

$$\Phi_i = \frac{4\pi}{3}Mr\cos\vartheta\,; \qquad \Phi_a = \frac{4\pi}{3}M\frac{R^3}{r^2}\cos\vartheta\,. \tag{42.6}$$

Im Innern der Kugel ist nach Gl. (42.5)

$$\boldsymbol{H}_i = -\frac{4\pi}{3}\boldsymbol{M} \tag{42.7}$$

entgegengerichtet zur Magnetisierung, während dort

$$\boldsymbol{B}_i = \boldsymbol{H}_i + 4\pi\boldsymbol{M} = +\frac{8\pi}{3}\boldsymbol{M} \tag{42.8}$$

gleichgerichtet und doppelt so groß wie $\boldsymbol{H}_i$ ist.

Im Außenraum wird $\boldsymbol{B} = \boldsymbol{H}$ und die Komponenten sind nach Gl. (42.1)

$$H_r = 2m\frac{\cos\vartheta}{r^3}\,; \qquad H_\vartheta = m\frac{\sin\vartheta}{r^3}\,. \tag{42.9}$$

43. Aufgabe. Feld zwischen Polschuhen

Ein langer Stab der Länge $2l$ von Kreisquerschnitt mit Radius a ist gleichförmig magnetisiert und sodann zu einem Ring zusammengebogen, so daß ein schmaler

Luftspalt der Breite $d \ll a$ zwischen seinen Enden frei bleibt. Die Felder $\boldsymbol{H}$ und $\boldsymbol{B}$ im Luftspalt und im Stab sollen genähert berechnet werden.

Lösung. Auch in diesem Fall ist $\operatorname{rot}\boldsymbol{H} = 0$, so daß sowohl

$$\oint \boldsymbol{H} \cdot d\boldsymbol{s} = 0 \tag{43.1}$$

als auch

$$\boldsymbol{H} = -\operatorname{grad} \Phi \tag{43.2}$$

gilt. Wählen wir in Gl. (43.1) den Integrationsweg längs des Ringes, so entsteht $2l\bar{H}_\mathrm{i} + d \cdot H_\mathrm{a} = 0$ oder

$$\bar{H}_\mathrm{i} = -\frac{d}{2l} H_\mathrm{a}\,, \tag{43.3}$$

wobei $\bar{H}_\mathrm{i}$ den Mittelwert der ziemlich konstanten Feldstärke im Innern des Stabes und H_a die Feldstärke im Spalt bedeutet. $\bar{H}_\mathrm{i}$ ist also klein gegen und umgekehrt gerichtet wie H_a.

Das Feld H_a können wir nach Gl. (43.2) aus dem Potential Φ ableiten, das der Differentialgleichung

$$\nabla^2 \Phi = 4\pi \operatorname{div}\boldsymbol{M}$$

genügt, deren Lösung

$$\Phi(\boldsymbol{r}) = -\int \frac{d\tau'}{|\boldsymbol{r}-\boldsymbol{r}'|} \operatorname{div}' \boldsymbol{M}(\boldsymbol{r}')$$

ist. Führen wir nun eine Koordinate x längs des Ringes und quer durch den Spalt ein, so ist überall $\operatorname{div}\boldsymbol{M} = 0$ außer auf den Oberflächen der Polschuhe bei $x = 0$ und $x = d$ (Abb. 14), wo die Magnetisierung um $\pm M$ springt. Daher reduziert sich das Volumenintegral auf zwei Oberflächenbeiträge, nämlich

$$\Phi(x) = M \int df \left(\frac{1}{r_1} - \frac{1}{r_2}\right),$$

wobei r_1 und r_2 die Abstände des Aufpunktes P vom Flächenelement df in der Abb. 14 sind. Der Einfachheit halber beschränken wir uns dabei auf einen Punkt auf der Achse. An der Abb. 14 liest man ab:

$$\int \frac{df}{r_1} = 2\pi \int_0^a \frac{dr\, r}{\sqrt{r^2 + a^2}} = 2\pi\left(\sqrt{a^2 + x^2} - x\right) \approx 2\pi(a - x)\,.$$

Ebenso folgt

$$\int \frac{df}{r_2} = 2\pi\,[a - (d - x)]\,,$$

also

$$\Phi(x) = 2\pi M(d - 2x)$$

und

$$H_\mathrm{a} = -\frac{\partial \Phi}{\partial x} = 4\pi M\,. \tag{43.4}$$

Das Feld zwischen den Polschuhen ist genähert homogen.

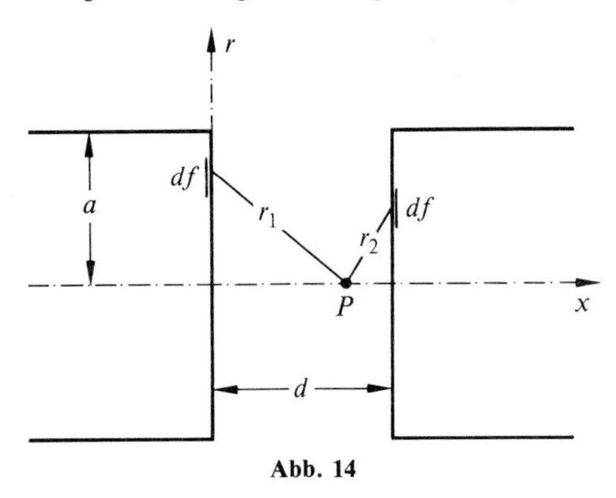

Abb. 14

Für die Induktion $\boldsymbol{B}$ gilt

$$B_\mathrm{i} = H_\mathrm{i} + 4\pi M\,; \qquad B_\mathrm{a} = H_\mathrm{a}\,,$$

also nach Gln. (43.3) und (43.4)

$$\bar{B}_\mathrm{i} = 4\pi M\left(1 - \frac{d}{2l}\right); \qquad B_\mathrm{a} = 4\pi M\,. \tag{43.5}$$

B_i weicht daher nur wenig von B_a ab. Wegen $\operatorname{div}\boldsymbol{B} = 0$ muß an der Oberfläche der Polschuhe sogar exakt $B_\mathrm{i} = B_\mathrm{a}$ werden.

44. Aufgabe. Paramagnetische Kugel im homogenen Feld

Eine paramagnetische Kugel der Suszeptibilität χ vom Radius R wird in ein homogenes Magnetfeld $\boldsymbol{H}_0 \parallel z$ gebracht. Man berechne $\boldsymbol{H}$ und $\boldsymbol{B}$ innerhalb und außerhalb der Kugel sowie die induzierte Magnetisierung.

Lösung. Wir können wieder $\boldsymbol{H} = -\operatorname{grad}\Phi$ aus einem Potential Φ ableiten, für das wir ansetzen

$$\Phi_\mathrm{i} = -H_\mathrm{i}\, r\cos\vartheta\,; \qquad \Phi_\mathrm{a} = -\left(H_0 r - \frac{m}{r^2}\right)\cos\vartheta\,. \tag{44.1}$$

Dann herrscht im Innern der Kugel ein homogenes Feld $\boldsymbol{H}_\mathrm{i} \parallel z$ und außen ist dem Feld $\boldsymbol{H}_0$ ein Dipolfeld überlagert. Wegen $\boldsymbol{M} = \chi\boldsymbol{H}$ wird das magnetische Moment der gleichmäßig magnetisierten Kugel

$$\boldsymbol{m} = \int d\tau\,\boldsymbol{M} = \frac{4\pi}{3} R^3 \chi \boldsymbol{H}_\mathrm{i}\,. \tag{44.2}$$

Der Betrag H_i folgt aus der Stetigkeit von Φ,

$$\Phi_\mathrm{i}(R,\vartheta) = \Phi_\mathrm{a}(R,\vartheta) \tag{44.3}$$

oder, nach Gl. (44.1),

$$H_{\mathrm{i}} = H_0 - \frac{m}{R^3} = H_0 - \frac{4\pi}{3}\chi H_{\mathrm{i}}\,.$$

Im Innern besteht also das Feld

$$\boldsymbol{H}_{\mathrm{i}} = \frac{1}{1+\frac{4\pi}{3}\chi}\boldsymbol{H}_0\,. \tag{44.4}$$

Es ist schwächer als das erregende Feld, $H_{\mathrm{i}} < H_0$, eine Erscheinung, die als Entmagnetisierung bezeichnet wird.

Die Magnetisierung der Kugel ist

$$\boldsymbol{M} = \frac{\chi}{1+\frac{4\pi}{3}\chi}\boldsymbol{H}_0\,, \tag{44.5}$$

ihr magnetisches Moment daher

$$\boldsymbol{m} = \frac{\frac{4\pi}{3}\chi}{1+\frac{4\pi}{3}\chi}R^3\boldsymbol{H}_0\,. \tag{44.6}$$

Die Normalkomponente der Feldstärke hat einen Sprung an der Oberfläche der Kugel (ihre Tangentialkomponenten sind wegen Gl. (44.3) stetig); da nach Gl. (44.1)

$$H_{\mathrm{i},r} = -\frac{\partial \Phi_{\mathrm{i}}}{\partial r} = H_{\mathrm{i}}\cos\vartheta\,; \qquad H_{\mathrm{a},r} = -\frac{\partial \Phi_{\mathrm{a}}}{\partial r} = \left(H_0 + \frac{2m}{r^3}\right)\cos\vartheta$$

wird, ist dieser Sprung

$$\begin{aligned}(H_{\mathrm{a},r} - H_{\mathrm{i},r})_{r=R} &= \left[\left(H_0 + \frac{2m}{R^3}\right) - \left(H_0 - \frac{m}{R^3}\right)\right]\cos\vartheta = \frac{3m}{R^3}\cos\vartheta \\ &= 4\pi\chi H_{\mathrm{i}}\cos\vartheta = 4\pi\chi H_{\mathrm{i},r}\,.\end{aligned}$$

Dies entspricht der Stetigkeit von $B_r = (1+4\pi\chi)H_r$ an der Oberfläche. Aus

$$\boldsymbol{B}_{\mathrm{a}} = \boldsymbol{H}_{\mathrm{a}}\,; \qquad \boldsymbol{B}_{\mathrm{i}} = (1+4\pi\chi)\boldsymbol{H}_{\mathrm{i}} \tag{44.7}$$

und Gl. (44.4) erhalten wir im Innern

$$\boldsymbol{B}_{\mathrm{i}} = \frac{1+4\pi\chi}{1+\frac{4\pi}{3}\chi}\boldsymbol{H}_0\,, \tag{44.8}$$

d.h. $B_{\mathrm{i}} > H_0$ zum Unterschied von $H_{\mathrm{i}} < H_0$.

Es sei noch angemerkt, daß für eine diamagnetische Kugel $\chi < 0$ ist und daher im Innern, umgekehrt, $H_{\mathrm{i}} > H_0$ und $B_{\mathrm{i}} < H_0$ wird.

45. Aufgabe. Paramagnetisches Ellipsoid im homogenen Feld

An ein gestrecktes bzw. abgeplattetes Rotationsellipsoid der Suszeptibilität χ wird ein homogenes Magnetfeld $\boldsymbol{H}_0$ in Richtung der Rotationsachse angelegt. Welches Feld $\boldsymbol{H}_\mathrm{i}$ entsteht im Innern und wie groß ist das induzierte Dipolmoment des Ellipsoids? Was ergibt sich insbesondere für ein extrem gestrecktes bzw. abgeplattetes Ellipsoid?

Lösung. *(a) Gestrecktes Ellipsoid.* Die zweckmäßigen Koordinaten sind in Aufgabe 12 beschrieben. Wir brauchen Lösungen der Potentialgleichung der Form $\Phi = f(\xi)\,g(\eta)$ für $g(\eta) = \eta$, da $z = c\xi\eta$ ist und die homogenen Felder $\boldsymbol{H}_0$ und $\boldsymbol{H}_\mathrm{i}$ zu Potentialen $-H_0 z$ und $-H_\mathrm{i} z$ gehören. Für $f(\xi)$ gilt die Differentialgleichung

$$\frac{d}{d\xi}\left[(\xi^2-1)\frac{df}{d\xi}\right] - 2f = 0\,, \tag{45.1}$$

die außer $f_1 = \xi$ die zweite Lösung

$$f_2(\xi) = Q_1(\xi) = \frac{1}{2}\,\xi \log\frac{\xi+1}{\xi-1} - 1 \rightarrow \frac{1}{3\xi^2} + \frac{1}{5\xi^4}\,\ldots \tag{45.2}$$

besitzt. Da asymptotisch $\xi \approx r/c$ und $\eta \approx \cos\vartheta$ wird, entsteht

$$C Q_1(\xi)\,\eta \rightarrow \frac{C}{3\xi^2}\,\eta \approx \frac{Cc^2}{3r^2}\cos\vartheta\,.$$

Das ist ein Dipolfeld zum magnetischen Moment $m = \frac{1}{3}Cc^2$. Wir können daher ansetzen

$$\Phi_\mathrm{a} = -cH_0\xi\eta + \frac{3m}{c^2}\,Q_1(\xi)\,\eta\,; \qquad \Phi_\mathrm{i} = -cH_\mathrm{i}\xi\eta\,. \tag{45.3}$$

Auf der Oberfläche $\xi = \xi_0$ des Ellipsoids soll nun $\Phi_\mathrm{a} = \Phi_\mathrm{i}$ werden, d. h.

$$H_\mathrm{i} = H_0 - \frac{3m}{c^3}\,\frac{Q_1(\xi_0)}{\xi_0}\,. \tag{45.4}$$

Zur Bestimmung von m benutzen wir die Relation $\boldsymbol{M} = \chi\boldsymbol{H}_\mathrm{i}$:

$$m = \chi\int d\tau\,H_\mathrm{i} = \frac{4\pi}{3}\,c^3\xi_0(\xi_0^2-1)\,\chi H_\mathrm{i}\,. \tag{45.5}$$

Setzen wir das für m in Gl. (45.4) ein und lösen nach H_i auf, so wird

$$H_\mathrm{i} = \frac{H_0}{1 + 4\pi\chi(\xi_0^2-1)\,Q_1(\xi_0)}\,. \tag{45.6}$$

Wir betrachten nun zwei Grenzfälle:

(1) Ist $\xi_0 \gg 1$ und $c \ll 1$, so daß $c\xi_0 = R$ endlich bleibt, so geht das Ellipsoid in eine Kugel vom Radius R über. Aus Gln. (45.6) und (45.2) folgt dann

$$H_{\mathrm{i}} = \frac{H_0}{1 + \frac{4\pi}{3}\chi}$$

in Übereinstimmung mit der vorstehenden Aufgabe.

(2) Ist $\xi_0 - 1 \ll 1$, etwa $\xi_0 = 1 + \varepsilon$, so werden die Halbachsen des Ellipsoids

$$a = c\sqrt{\xi_0^2 - 1} = c\sqrt{2\varepsilon}\ ; \qquad b = c\xi_0 = c\ ; \qquad a \ll b\ .$$

Das Ellipsoid wird eine Nadel in z-Richtung von der Länge $2c$. Nach Gl. (45.2) ist dann

$$Q_1(\xi_0) \approx \frac{1}{2}\log\frac{1}{\varepsilon}$$

und mit $\xi_0^2 - 1 \approx 2\varepsilon$ folgt $(\xi_0^2 - 1)\,Q_1(\xi_0) \to 0$, so daß Gl. (45.6) $H_{\mathrm{i}} = H_0$ ergibt.

(b) Abgeplattetes Ellipsoid. Hier benutzen wir die in Aufgabe 14 eingeführten Koordinaten. Wieder brauchen wir die zu η proportionale Lösung von $\nabla^2\Phi = 0$. Für

$$\frac{d}{d\xi}\left[(\xi^2 + 1)\frac{df}{d\xi}\right] - 2f = 0 \tag{45.7}$$

lautet die vollständige Lösung

$$f(\xi) = C_1\xi + C_2(\xi\arctan\xi + 1)\ . \tag{45.8}$$

Asymptotisch geht das für $\xi \gg 1$ über in

$$f(\xi) \to C_1\xi + C_2\left[\xi\left(\frac{\pi}{2} - \frac{1}{\xi} + \frac{1}{3\xi^3}\ \ldots\right) + 1\right],$$

was mit $C_1 = -\frac{\pi}{2}C_2$ einfach

$$f(\xi) \to \frac{C_2}{3\xi^2} \approx \frac{C_2c^2}{3r^2}$$

ergibt. Mit $m = \frac{1}{3}C_2c^2$ entsteht daher ein Dipolfeld zum Moment m:

$$\Phi_{\mathrm{d}} = \frac{3m}{c^2}\left[\xi\left(\arctan\xi - \frac{\pi}{2}\right) + 1\right]\eta\ . \tag{45.9}$$

Wir setzen daher an:

$$\Phi_{\mathrm{a}} = -H_0c\xi\eta + \Phi_{\mathrm{d}}\ ; \qquad \Phi_{\mathrm{i}} = -H_{\mathrm{i}}c\xi\eta \tag{45.10}$$

und finden aus der Randbedingung $\Phi_{\mathrm{a}} = \Phi_{\mathrm{i}}$ für $\xi = \xi_0$ zunächst

$$H_0 - \frac{3m}{c^3}\left[\arctan\xi_0 - \frac{\pi}{2} + \frac{1}{\xi_0}\right] = H_{\mathrm{i}}\ . \tag{45.11}$$

Wieder bestimmen wir aus

$$m = \int d\tau \boldsymbol{M} = \chi \frac{4\pi c^3}{3} (\xi_0^2 + 1)\, \xi_0 \boldsymbol{H}_{\mathrm{i}}$$

das magnetische Moment und setzen dies in Gl. (45.11) ein:

$$H_{\mathrm{i}} = \frac{H_0}{1 + 4\pi\chi(\xi_0^2 + 1)\, \xi_0(\arctan \xi_0 - \frac{\pi}{2} + 1/\xi_0)} . \tag{45.12}$$

Wieder betrachten wir zwei Grenzfälle.

(1) Ist $\xi_0 \gg 1$, so daß $\xi_0 c = R$ endlich bleibt, so geht das Ellipsoid in die Kugel vom Radius R über. Dann wird im Nenner von Gl. (45.12)

$$(\xi_0^2 + 1)\, \xi_0 \left(\arctan \xi_0 - \frac{\pi}{2} + \frac{1}{\xi_0} \right) \approx \frac{1}{3}$$

und wie in Aufgabe 44 und Abschnitt (a) dieser Aufgabe

$$H_{\mathrm{i}} = \frac{H_0}{1 + \dfrac{4\pi}{3} \chi} .$$

(2) Ist $\xi_0 \ll 1$, so erhalten wir mit

$$a = c\sqrt{\xi_0^2 + 1} \approx c\,; \qquad b = c\xi_0 \to 0$$

eine Scheibe vom Radius $a = c$, senkrecht zur z-Achse. Dann wird

$$H_{\mathrm{i}} = \frac{H_0}{1 + 4\pi\chi} .$$

Da im Innern $\boldsymbol{B}_{\mathrm{i}} = (1 + 4\pi\chi)\boldsymbol{H}_{\mathrm{i}}$ ist, wird dann $\boldsymbol{B}_{\mathrm{i}} = \boldsymbol{H}_0$, d.h. die Induktion wird gleich dem angelegten Feld.

Anm. Die gleichen Betrachtungen lassen sich für ein dielektrisches Ellipsoid im homogenen elektrischen Feld anstellen.

3. Magnetfeld eines Gleichstroms

46. Aufgabe. Magnetfeld eines geradlinigen Gleichstroms

Ein unendlich langer Leiter von kreisförmigem Querschnitt πa^2 erstreckt sich längs der z-Achse. Er wird von einem Gleichstrom I durchflossen. Das erzeugte Magnetfeld $\boldsymbol{H}$ ist zu berechnen.

Lösung. (a) Aus der Symmetrie des Problems kann man auf $H_z = 0$ und $H_r = 0$ (in Zylinderkoordinaten r, z, φ) schließen. Ferner kann die einzige Komponente

H_φ nur von r abhängen. Wir können dann die nach dem Stokesschen Satz aus $\operatorname{rot}\boldsymbol{H} = (4\pi/c)\boldsymbol{j}$ hervorgehende Beziehung

$$\oint \boldsymbol{H} \cdot d\boldsymbol{s} = \frac{4\pi}{c} J , \tag{46.1}$$

in der J den Strom durch den umschlossenen Querschnitt bedeutet, auf einen Kreis von festem Radius r anwenden. So ergibt sich

$$2\pi r H_\varphi = \frac{4\pi}{c} I ,$$

wenn $r > a$ und daher $J = I$ ist, und

$$2\pi r H_\varphi = \frac{4\pi}{c} I \frac{r^2}{a^2}$$

für $r < a$ mit $J = Ir^2/a^2$. Daher wird

$$H_\varphi = \begin{cases} \dfrac{2I}{c} \dfrac{r}{a^2} & \text{für} \quad r < a , \\[2ex] \dfrac{2I}{c} \dfrac{1}{r} & \text{für} \quad r > a . \end{cases} \tag{46.2}$$

(b) Ein mehr systematischer Weg zum Aufsuchen der Lösung geht aus von den Differentialgleichungen

$$\operatorname{rot}\boldsymbol{H} = \frac{4\pi}{c}\boldsymbol{j} \tag{46.3}$$

und

$$\operatorname{div}\boldsymbol{H} = 0 , \tag{46.4}$$

wobei die Divergenzbeziehung streng für $\boldsymbol{B}$ gilt, das wir hier mit $\boldsymbol{H}$ identifizieren. Da $\boldsymbol{j}$ nur eine Komponente in z-Richtung hat, wird

$$\operatorname{rot}_r \boldsymbol{H} = \frac{1}{r}\frac{\partial H_z}{\partial \varphi} - \frac{\partial H_\varphi}{\partial z} = 0 \tag{46.3a}$$

$$\operatorname{rot}_\varphi \boldsymbol{H} = \frac{\partial H_r}{\partial z} - \frac{\partial H_z}{\partial r} = 0 \tag{46.3b}$$

$$\operatorname{rot}_z \boldsymbol{H} = \frac{1}{r}\frac{\partial}{\partial r}(rH_\varphi) - \frac{1}{r}\frac{\partial H_r}{\partial \varphi} = \frac{4\pi}{c} j \tag{46.3c}$$

und

$$\operatorname{div}\boldsymbol{H} = \frac{1}{r}\frac{\partial}{\partial r}(rH_r) + \frac{1}{r}\frac{\partial H_\varphi}{\partial \varphi} + \frac{\partial H_z}{\partial z} = 0 . \tag{46.4}$$

Aus Symmetriegründen können die drei Komponenten des Magnetfeldes weder von z noch von φ abhängen. Gleichung (46.3a) verschwindet deshalb identisch, und Gl. (46.3b) reduziert sich auf $H_z = \text{const}$, unabhängig vom Strom. Dies ist einfach ein homogenes überlagertes Magnetfeld, das wir im folgenden weglassen können. Gleichung (46.4) führt auf $H_r = C/r$, ebenfalls unabhängig vom Strom. Zur Vermeidung der Singularität bei $r = 0$ müssen wir $C = 0$ wählen. Damit bleibt nur die Komponente H_φ, die durch Gl. (46.3c) mit dem Strom verknüpft ist:

$$\frac{1}{r}\,\frac{d}{dr}(rH_\varphi) = \frac{4\pi}{c}\,j\,. \tag{46.5}$$

Nun ist

$$j = \begin{cases} I/(\pi a^2) & \text{für} \quad r < a \\ 0 & \text{für} \quad r > a\,. \end{cases} \tag{46.6}$$

Die Integration von Gl. (46.5) führt dann zunächst auf

$$H_\varphi = \begin{cases} \dfrac{2I}{ca^2}\,r + \dfrac{C_1}{r} & \text{für} \quad r < a \\[2ex] \dfrac{C_2}{r} & \text{für} \quad r > a \end{cases}$$

mit zwei Integrationskonstanten C_1 und C_2. Hier muß $C_1 = 0$ sein, um die Singularität auf der z-Achse zu vermeiden. Ferner muß bei $r = a$ die Tangentialkomponente H_φ der Feldstärke stetig sein, woraus sich $C_2 = 2I/c$ ergibt. Damit entsteht auch auf diesem Wege wieder das Ergebnis von Gl. (46.2).

(c) Da $\operatorname{rot}\boldsymbol{H}$ für $r > a$ verschwindet, läßt sich das Magnetfeld außerhalb des Leiters aus einem Potential Φ ableiten. In der Tat erhalten wir aus

$$\Phi = -\frac{2I}{c}\,\varphi \tag{46.7}$$

die Feldkomponenten

$$H_r = -\frac{\partial\Phi}{\partial r} = 0\,; \qquad H_\varphi = -\frac{1}{r}\,\frac{\partial\Phi}{\partial\varphi} = \frac{2I}{cr}$$

in Übereinstimmung mit Gl. (46.2).

47. Aufgabe. Magnetfeld von vier parallelen Strömen (Quadrupolfeld)

Vier gerade, unendlich lange Leiter sind senkrecht zur x, y-Ebene so angeordnet, wie in Abb. 15 gezeigt. Sie werden von dem gleichen Strom durchflossen, und zwar 1 und 3 in $+z$-Richtung, 2 und 4 in $-z$-Richtung. Das entstehende Magnetfeld soll insbesondere für die Umgebung der z-Achse berechnet werden.

Lösung. In Aufgabe 46 wurde das Magnetfeld *eines* Leiters längs der z-Achse durch $H_\varphi = 2I/(cr)$ beschrieben, also durch

$$H_x = -\frac{2I}{c}\,y/r^2\,; \qquad H_y = +\frac{2I}{c}\,x/r^2\,; \qquad H_z = 0\,. \tag{47.1}$$

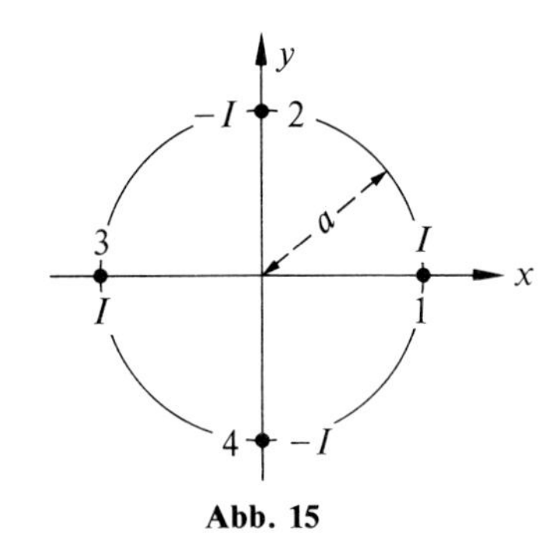

Abb. 15

Nun liegen die vier Leiter um $\pm a$ in x- und y-Richtung verschoben, so daß wir in Gl. (47.1) die Größen x, y, r^2 und I nach der Tabelle 2 zu ersetzen haben.

Tabelle 2

Leiter	statt x	statt y	statt r^2	Strom
1	$x-a$	y	$r_1^2=(x-a)^2+y^2$	I
2	x	$y-a$	$r_2^2=x^2+(y-a)^2$	$-I$
3	$x+a$	y	$r_3^2=(x+a)^2+y^2$	I
4	x	$y+a$	$r_4^2=x^2+(y+a)^2$	$-I$

(47.2)

Zusammen erzeugen daher die vier Leiter das Magnetfeld mit den Komponenten

$$\begin{aligned} H_x &= \frac{2I}{c}\left(-\frac{y}{r_1^2}+\frac{y-a}{r_2^2}-\frac{y}{r_3^2}+\frac{y+a}{r_4^2}\right); \\ H_y &= \frac{2I}{c}\left(\frac{x-a}{r_1^2}-\frac{x}{r_2^2}+\frac{x+a}{r_3^2}-\frac{x}{r_4^2}\right). \end{aligned} \tag{47.3}$$

Mit Hilfe der Identitäten

$$\begin{aligned} r_1^2+r_3^2 &= 2(r^2+a^2)\,; \qquad r_1^2-r_3^2=-4ax\,; \\ r_2^2+r_4^2 &= 2(r^2+a^2)\,; \qquad r_2^2-r_4^2=-4ay \end{aligned}$$

folgt dann aus Gl. (47.3)

$$\begin{aligned} H_x &= -\frac{4I}{c}y\left(\frac{r^2+a^2}{r_1^2r_3^2}-\frac{r^2-a^2}{r_2^2r_4^2}\right); \\ H_y &= +\frac{4I}{c}x\left(\frac{r^2-a^2}{r_1^2r_3^2}-\frac{r^2+a^2}{r_2^2r_4^2}\right). \end{aligned} \tag{47.4}$$

Diese Formeln enthalten keine Vernachlässigung.

In Achsennähe werden in erster Näherung alle vier $r_i \approx a$ und $r \to 0$. Die Klammern in Gl. (47.4) werden dann einfach $\pm 2/a^2$ und die Feldkomponenten

$$H_x = -\frac{8I}{ca^2}y\,; \qquad H_y = -\frac{8I}{ca^2}x\,. \tag{47.5}$$

Das ergibt ein besonders einfaches Kraftlinienbild. Längs einer Kraftlinie ist $dy/dx = H_y/H_x$, also nach Gl. (47.5) $dy/dx = x/y$, eine Differentialgleichung, die sich sofort zu

$$y^2 - x^2 = \pm C^2$$

integrieren läßt. In der Umgebung von $r = 0$ sind daher die Kraftlinien gleichseitige Hyperbeln mit den Linien $y = \pm x$ als Asymptoten.

Entwickelt man Gl. (47.5) etwas weiter nach steigenden Potenzen von r^2/a^2, so findet man

$$\begin{aligned} H_x &= -\frac{8I}{ca^2}y\left\{1 + \frac{1}{a^4}(5x^4 - 10x^2y^2 + y^4)\right\}; \\ H_y &= -\frac{8I}{ca^2}x\left\{1 + \frac{1}{a^4}(x^4 - 10x^2y^2 + 5y^4)\right\} \end{aligned} \tag{47.6a}$$

und in Polarkoordinaten

$$\begin{aligned} H_r &= \frac{8I}{ca^2}r\sin 2\varphi\left\{1 + \frac{r^4}{a^4}(1 + 2\cos 4\varphi)\right\}; \\ H_\varphi &= -\frac{8I}{ca^2}r\cos 2\varphi\left\{1 - \frac{r^4}{a^4}(1 - 2\cos 4\varphi)\right\} \end{aligned} \tag{47.6b}$$

oder

$$\begin{aligned} H_r &= -\frac{8I}{ca^2}r\left(\sin 2\varphi + \frac{r^4}{a^4}\sin 6\varphi\right); \\ H_\varphi &= -\frac{8I}{ca^2}r\left(\cos 2\varphi + \frac{r^4}{a^4}\cos 6\varphi\right). \end{aligned} \tag{47.6c}$$

Wesentlich hieran ist das Verschwinden des Entwicklungsgliedes mit r^2/a^2. Die einfache Näherung in Gl. (47.5) ist daher bereits enorm brauchbar für praktische Anwendungen.

Das Feld läßt sich aus einem Potential ableiten, das in der Näherung der Gln. (47.6a – c)

$$\Phi = \frac{4I}{ca^2}r^2\left(\sin 2\varphi + \frac{1}{3}\,\frac{r^4}{a^4}\sin 6\varphi\right) \tag{47.7a}$$

oder

$$\Phi = \frac{8I}{ca^2}xy\left\{1 + \frac{1}{a^4}\left(x^4 - \frac{10}{3}x^2y^2 + y^4\right)\right\} \tag{47.7b}$$

lautet. Gleichung (47.7a) zeigt am besten, daß wir das Feld als magnetischen Quadrupol bezeichnen können.

Ohne Beweis sei angefügt, daß für $r \gg a$ die Entwicklung nach steigenden Potenzen von a/r in erster Näherung

$$H_x = -\frac{8Ia^2}{c}\frac{y}{r^6}(3x^2-y^2)\,; \quad H_y = -\frac{8Ia^2}{c}\frac{x}{r^6}(3y^2-x^2)$$

oder

$$H_r = -\frac{8I}{ca}\frac{a^3}{r^3}\sin 2\varphi\,; \quad H_\varphi = +\frac{8I}{ca}\frac{a^3}{r^3}\cos 2\varphi$$

ergibt. Für das Potential erhält man dann

$$\Phi = -\frac{4I}{c}\frac{a^2}{r^2}\sin 2\varphi = -\frac{8Ia^2}{c}\frac{xy}{r^4}\,.$$

Das Feld fällt also nach außen wie $1/r^3$ ab, während das eines einzelnen Leiters sich wie $1/r$ verhält. Auch dies kann man als Quadrupolverhalten charakterisieren. Ein Leiterpaar mit entgegengesetzten Strömen würde sich asymptotisch wie ein "Dipolfeld" mit $1/r^2$ verhalten.

48. Aufgabe. Solenoid

Ein sehr langes Solenoid längs der z-Achse hat n Windungen pro Längeneinheit und wird von einem Gleichstrom I durchflossen. Das vom Strom erzeugte Magnetfeld soll berechnet werden.

Lösung. Aus Symmetriegründen kann das Magnetfeld nur von r allein abhängen. Die Stromdichte j hat nur eine φ-Komponente. Ein Blick auf die Gln. (46.3a – c) und (46.4) zeigt dann, daß wieder $\mathrm{rot}_r \boldsymbol{H}$ identisch verschwindet, während sich die drei anderen Gleichungen auf

$$-\frac{dH_z}{dr} = \frac{4\pi}{c} j(r)\,; \quad \frac{1}{r}\frac{d}{dr}(rH_\varphi) = 0\,; \quad \frac{1}{r}\frac{d}{dr}(rH_r) = 0 \qquad (48.1)$$

reduzieren. Die beiden letzten geben $H_\varphi = C_1/r$ und $H_r = C_2/r$ mit Integrationskonstanten C_1 und C_2. Sie müssen verschwinden, damit das Feld nicht auf der z-Achse singulär wird. Daher gibt es nur eine Komponente $H_z = H$, die aus der ersten Gl. (48.1) zu

$$H = -\frac{4\pi}{c}\int_\infty^r dr\, j(r) \qquad (48.2)$$

folgt. Dabei haben wir die untere Grenze des Integrals so gewählt, daß H für $r \to \infty$ verschwindet.

Nun fließt der Strom in einem Gebiet $a < r < b$ zwischen dem inneren und äußeren Radius der Wicklungen. Die Stromstärke ist insgesamt

$$I = \frac{j(b-a)}{n}\,. \qquad (48.3)$$

Ist $r > b$, so wird in Gl. (48.2) nur über die stromfreien Außengebiete integriert; außerhalb der Spule ist daher überall $H = 0$. Ist $r < a$, so ist

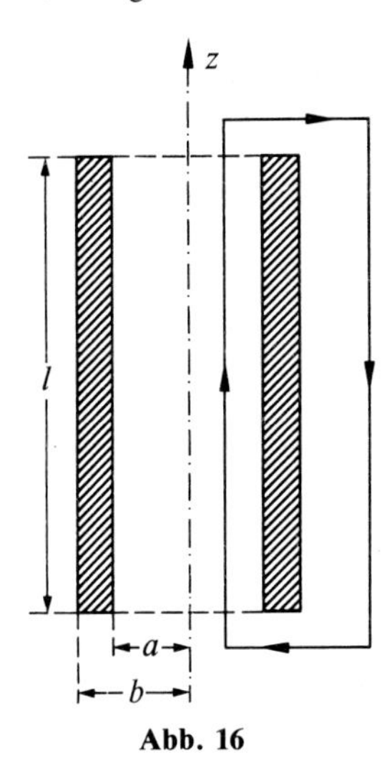

Abb. 16

$$H = -\frac{4\pi}{c}\int_b^a dr\, j(r) = \frac{4\pi}{c}(b-a)\, j = \frac{4\pi}{c} nI\,. \tag{48.4}$$

Das Feld hat daher im Innern der Spule einen konstanten Wert.

Hat das Solenoid die Länge l, so wird für den in Abb. 16 skizzierten Integrationsweg

$$\oint H\, ds = Hl = \frac{4\pi}{c} nI\,,$$

in Übereinstimmung mit dem vorher mehr systematisch abgeleiteten Ergebnis.

49. Aufgabe. Kreisstrom

Das Magnetfeld $\boldsymbol{H}$ eines Kreisstromes I vom Radius a in der x, y-Ebene läßt sich auf drei verschiedene Weisen berechnen, nämlich (a) aus dem Vektorpotential $\boldsymbol{A}$, (b) aus dem Biot-Savartschen Gesetz, (c) aus dem skalaren Potential Φ einer magnetischen Doppelschicht. Die drei Berechnungen sollen durchgeführt werden und die entstehenden Ausdrücke speziell für die Fernzone und für die z-Achse ausgewertet werden.

Lösung. (a) Das *Vektorpotential* berechnen wir aus der Formel

$$\boldsymbol{A} = \frac{I}{c}\oint \frac{d\boldsymbol{s}'}{|\boldsymbol{r}-\boldsymbol{r}'|}\,, \tag{49.1}$$

wobei im Falle des Kreisstroms die kartesischen Komponenten des Stromelements $I\, d\boldsymbol{s}'$ durch

$$d\boldsymbol{s}' = (-a\sin\varphi'\, d\varphi';\ a\cos\varphi'\, d\varphi';\ 0) \tag{49.2}$$

gegeben sind. Gehen wir sogleich zu Kugelkoordinaten über, so hat ds' nur eine Komponente $ds'_\varphi = a\,d\varphi'$. Für den Nenner von Gl. (49.1) benutzen wir

$$(r-r')^2 = (x-a\cos\varphi')^2+(y-a\sin\varphi')^2+z^2$$
$$= r^2+a^2-2ar\sin\vartheta\cos(\varphi-\varphi')\,. \tag{49.3}$$

Das Vektorpotential hat nur eine Komponente

$$A_\varphi = -A_x\sin\varphi + A_y\cos\varphi = \frac{I}{c}a\oint\frac{d\varphi'\cos(\varphi-\varphi')}{\sqrt{r^2+a^2-2ar\sin\vartheta\cos(\varphi-\varphi')}} \tag{49.4}$$

oder, mit den Abkürzungen $\psi = \varphi-\varphi'$ und

$$\lambda = \frac{2ar}{r^2+a^2}\sin\vartheta\,, \tag{49.5}$$

einfacher

$$A_\varphi = \frac{Ia}{c\sqrt{r^2+a^2}}\oint\frac{d\psi\cos\psi}{\sqrt{1-\lambda\cos\psi}}\,. \tag{49.6}$$

Für alle Werte von ϑ, r und a ist der Parameter $0\le\lambda\le 1$ außer, wenn gleichzeitig $r=a$ und $\vartheta=\frac{\pi}{2}$ ist, d.h. auf dem Stromfaden selbst. Das Integral in Gl. (49.6) läßt sich auf vollständige elliptische Integrale reduzieren*. Es ist jedoch einfacher, den Integranden in eine Potenzreihe nach $\lambda\cos\psi$ zu entwickeln und mit Hilfe der Formeln

$$\oint d\psi\cos^{2n}\psi = 2\pi\frac{(2n)!}{2^{2n}n!^2}\,;\qquad \oint d\psi\cos^{2n+1}\psi = 0$$

gliedweise zu integrieren:

$$\oint\frac{d\psi\cos\psi}{\sqrt{1-\lambda\cos\psi}}$$
$$= \oint d\psi\cos\psi\left[1+\frac{1}{2}\lambda\cos\psi+\frac{3}{8}\lambda^2\cos^2\psi+\frac{5}{16}\lambda^3\cos^3\psi+\dots\right]$$
$$= \frac{\pi}{2}\lambda\left(1+\frac{15}{32}\lambda^2+\dots\right).$$

Einsetzen in Gl. (49.6) unter Berücksichtigung von Gl. (49.5) gibt dann

$$A_\varphi = \frac{I}{c}\pi a^2\frac{r\sin\vartheta}{(r^2+a^2)^{3/2}}\left[1+\frac{15}{8}\,\frac{a^2r^2}{(r^2+a^2)^2}\sin^2\vartheta+\dots\right]. \tag{49.7}$$

Diese Entwicklung ist sowohl für $r\ll a$ als auch in der Fernzone $r\gg a$ brauchbar.

---

* Mit der Substitution $\cos\psi/2 = \sin\chi$ findet man mit $k^2 = 2\lambda/(1+\lambda)$ das exakte Ergebnis

$$\oint\frac{d\psi\cos\psi}{\sqrt{1-\lambda\cos\psi}} = 2k\sqrt{\frac{2}{\lambda}}\left[\frac{1}{\lambda}K(k)-\frac{2}{k^2}E(k)\right].$$

Aus Gl. (49.7) erhält man nun die Komponenten der Feldstärke, $\boldsymbol{H} = \operatorname{rot}\boldsymbol{A}$, d.h.

$$H_r = \frac{1}{r\sin\vartheta}\,\frac{\partial}{\partial\vartheta}(\sin\vartheta A_\varphi)\,; \quad H_\vartheta = -\frac{1}{r}\,\frac{\partial}{\partial r}(rA_\varphi)\,; \quad H_\varphi = 0\,. \tag{49.8}$$

Sie werden

$$\begin{aligned} H_r &= \frac{I}{c}\pi a^2 \frac{2\cos\vartheta}{(r^2+a^2)^{3/2}}\left[1 + \frac{15}{4}\,\frac{a^2r^2}{(r^2+a^2)^2}\sin^2\vartheta + \dots\right]; \\ H_\vartheta &= \frac{I}{c}\pi a^2 \frac{(r^2-2a^2)\sin\vartheta}{(r^2+a^2)^{5/2}}\left[1 + \frac{15}{8}\,\frac{a^2r^2}{(r^2+a^2)^2}\,\frac{3r^2-4a^2}{r^2-2a^2}\sin^2\vartheta + \dots\right]. \end{aligned} \tag{49.9}$$

Zur Diskussion dieser Ausdrücke begnügen wir uns mit dem ersten Entwicklungsglied für kleine λ,

$$H_r = \frac{I}{c}\pi a^2 \frac{2\cos\vartheta}{(r^2+a^2)^{3/2}}\,; \quad H_\vartheta = \frac{I}{c}\pi a^2 \frac{r^2-2a^2}{(r^2+a^2)^{5/2}}\sin\vartheta\,. \tag{49.10}$$

In der *Fernzone* $r \gg a$ geht das über in

$$H_r = \frac{I}{c}\,\pi a^2 \frac{2\cos\vartheta}{r^3}\,; \quad H_\vartheta = \frac{I}{c}\,\pi a^2 \frac{\sin\vartheta}{r^3}\,. \tag{49.11}$$

Das ist ein Dipolfeld zum magnetischen Moment $m = (I/c)\,\pi a^2$. Man kann daher den Kreisstrom durch eine *magnetische Doppelschicht* ersetzen, welche die Kreisfläche πa^2 mit der Dipoldichte I/c ausfüllt.

Für $r \ll a$, also in der Umgebung des Kreismittelpunktes wird

$$H_r = \frac{2\pi I}{ca}\cos\vartheta\,; \quad H_\vartheta = -\frac{2\pi I}{ca}\sin\vartheta\,,$$

woraus

$$\begin{aligned} H_z &= H_r\cos\vartheta - H_\vartheta\sin\vartheta = \frac{2\pi I}{ca}\,, \\ H_\varrho &= H_r\sin\vartheta + H_\vartheta\cos\vartheta = 0 \end{aligned}$$

folgt (für Zylinderkoordinaten ϱ, φ, z). Das Feld zeigt dort also in die positive z-Richtung.

Für alle Punkte auf der z-Achse ist $\sin\vartheta = 0$, so daß auch $H_\vartheta = 0$ und $\lambda = 0$ wird. Die Ausdrücke (49.10) sind dann exakt richtig. Dort wird $H_z = H_r\cos\vartheta$, so daß in H_z der Faktor $\cos^2\vartheta = 1$ auftritt und

$$H_z = \frac{I}{c}\,\pi a^2 \frac{2}{(z^2+a^2)^{3/2}}$$

für alle Punkte $z > 0$ ($\vartheta = 0$) und $z < 0$ ($\vartheta = \pi$) auf der z-Achse gilt.

(b) *Die Biot-Savartsche Formel*

$$\boldsymbol{H} = \frac{I}{c}\oint \frac{d\boldsymbol{s}' \times (\boldsymbol{r} - \boldsymbol{r}')}{|\boldsymbol{r} - \boldsymbol{r}'|^3} \tag{49.12}$$

gestattet die direkte Berechnung der Feldstärke. In kartesischen Koordinaten erhält man in Komponentenzerlegung

$$ds' \times (r - r') = \begin{cases} ar\cos\vartheta\cos\varphi'\,d\varphi' \\ ar\cos\vartheta\sin\varphi'\,d\varphi' \\ (a - r\sin\vartheta\cos(\varphi'-\varphi))\,a\,d\varphi' \end{cases},$$

woraus in Zylinderkoordinaten ϱ, φ, z mit

$$H_\varrho = H_x\cos\varphi + H_y\sin\varphi\,; \qquad H_\varphi = -H_x\sin\varphi + H_y\cos\varphi$$

sofort $H_\varphi = 0$ wegen des Faktors $\sin(\varphi - \varphi')$ im Zähler des Integranden folgt. Für die beiden anderen Komponenten berechnet man mit den oben benutzten Abkürzungen ψ und λ

$$\begin{aligned} H_\varrho &= \frac{I}{c}\,\frac{ar\cos\vartheta}{(r^2+a^2)^{3/2}} \oint \frac{d\psi\cos\psi}{(1-\lambda\cos\psi)^{3/2}}\,; \\ H_z &= \frac{I}{c}\,\frac{a}{(r^2+a^2)^{3/2}} \oint d\psi\,\frac{a - r\sin\vartheta\cos\psi}{(1-\cos\psi)^{3/2}}\,. \end{aligned} \tag{49.13}$$

Die hier auftretenden Integrale lassen sich wieder durch Reihenentwicklung nach Potenzen von λ auswerten. Es wird

$$\begin{aligned} A(\lambda) &= \oint \frac{d\psi\cos\psi}{(1-\lambda\cos\psi)^{3/2}} = \frac{3\pi}{2}\lambda + \frac{105\pi}{64}\lambda^3 + \dots\,; \\ B(\lambda) &= \oint \frac{d\psi}{(1-\lambda\cos\psi)^{3/2}} = 2\pi + \frac{15\pi}{8}\lambda^2 + \dots\,. \end{aligned} \tag{49.14}$$

Setzen wir das in Gl. (49.13) ein und kombinieren

$$H_r = H_z\cos\vartheta + H_\varrho\sin\vartheta\,; \qquad H_\vartheta = -H_z\sin\vartheta + H_\varrho\cos\vartheta\,,$$

so erhalten wir

$$\begin{aligned} H_r &= \frac{I}{c}\,\frac{a^2}{(r^2+a^2)^{3/2}}\,B(\lambda)\cos\vartheta\,; \\ H_\vartheta &= \frac{I}{c}\,\frac{a^2}{(r^2+a^2)^{3/2}} \left\{ -B(\lambda)\sin\vartheta + \frac{r}{a}A(\lambda) \right\}. \end{aligned} \tag{49.15}$$

Diese Formeln sind exakt. Setzen wir hierin aus Gl. (49.14) die Reihenentwicklungen von A und B ein, so erhalten wir nach einer Reihe einfacher Umformungen wieder die Ausdrücke (49.9) für die Feldstärke.

(c) Als *skalares Potential* der magnetischen Doppelschicht erhalten wir eine Überlagerung von Dipolfeldern, welche die vom Strom umschlossene Kreisfläche ausfüllen:

$$\Phi = \frac{I}{c}\int df'\,\frac{z}{|r-r'|^3}\,, \tag{49.16a}$$

ausführlich geschrieben:

$$\Phi = \frac{I}{c} z \int_0^a dr' r' \oint d\psi \frac{1}{(r^2 + r'^2)^{3/2}} (1 - \lambda' \cos\psi)^{-3/2} , \qquad (49.16\text{b})$$

wobei jetzt der Parameter

$$\lambda' = \frac{2 r r' \sin\vartheta}{r^2 + r'^2} \qquad (49.17)$$

an die Stelle von λ tritt. Wieder können wir die Reihenentwicklung mit Hilfe des Integrals $B(\lambda')$ nach Gl. (49.14) benutzen, die zunächst

$$\Phi = \frac{I}{c} z 2\pi \int_0^a \frac{dr' r'}{(r^2 + r'^2)^{3/2}} \left\{ 1 + \frac{15}{4} \frac{r^2 r'^2 \sin^2\vartheta}{(r^2 + r'^2)^2} \dots \right\} \qquad (49.18)$$

ergibt. Die Integration läßt sich elementar mit der Substitution $r^2 + r'^2 = u$ ausführen:

$$\begin{aligned} \int_0^a \frac{dr' r'}{(r^2 + r'^2)^{3/2}} &= \frac{1}{r} - \frac{1}{\sqrt{r^2 + a^2}} = \frac{1}{r} \left(\frac{1}{2} \frac{a^2}{r^2} - \frac{3}{8} \frac{a^4}{r^4} \dots \right); \\ \int_0^a \frac{dr' r'^3}{(r^2 + r'^2)^{7/2}} &= \frac{2}{15 r^3} - \frac{2r^2 + 5a^2}{15 (r^2 + a^2)^{5/2}} = \frac{1}{4} \frac{a^4}{r^4} \dots , \end{aligned} \qquad (49.19)$$

wobei die zuletzt angegebenen Ausdrücke die ersten Entwicklungsglieder für die Fernzone sind. Führen wir diese Ausdrücke in Gl. (49.18) ein und berücksichtigen, daß $z = r\cos\vartheta$ und daß

$$\cos\vartheta \, (1 - \tfrac{5}{2} \sin^2\vartheta) = \tfrac{5}{2} \cos^3\vartheta - \tfrac{3}{2} \cos\vartheta = P_3(\cos\vartheta)$$

ist, so erhalten wir schließlich für die Fernzone

$$\Phi = \frac{I}{c} \pi a^2 \frac{1}{r^2} \left[\cos\vartheta - \frac{3}{4} \frac{a^2}{r^2} P_3(\cos\vartheta) \dots \right]. \qquad (49.20)$$

Das ist das Potential eines magnetischen Dipols vom Moment $m = I\pi a^2/c$, korrigiert um das P_3-Glied eines Oktupols gemäß der Verteilung des Moments über die ganze, vom Kreisstrom umschlossene Fläche. Die Feldstärkekomponenten ergeben sich aus Gl. (49.20) mit $\boldsymbol{H} = -\operatorname{grad} \Phi$ zu

$$\begin{aligned} H_\vartheta &= -\frac{1}{r} \frac{\partial \Phi}{\partial \vartheta} = \frac{I}{c} \pi a^2 \frac{\sin\vartheta}{r^3} \left\{ 1 - \frac{3}{8} (15 \cos^2\vartheta - 3) \frac{a^2}{r^2} \right\}; \\ H_r &= -\frac{\partial \Phi}{\partial r} = \frac{I}{c} \pi a^2 \frac{2\cos\vartheta}{r^3} \left\{ 1 - \frac{3}{4} (15 \cos^2\vartheta - 3) \frac{a^2}{r^2} \right\}. \end{aligned} \qquad (49.21)$$

Man prüft leicht nach, daß diese Ausdrücke mit der Entwicklung von Gl. (49.9) für die Fernzone bis einschließlich der Korrekturen der Ordnung a^2/r^2 übereinstimmen.

50. Aufgabe. Helmholtz-Spulen

Zwei gleichsinnig vom gleichen Strom I durchflossene Kreisringe vom Radius a werden im Abstand $2h$ voneinander parallel übereinander angeordnet wie in Abb. 17 skizziert. Wie müssen a und h aufeinander abgestimmt werden, um das Magnetfeld um den Mittelpunkt der Anordnung herum möglichst homogen zu machen (Helmholtz-Spulen)? Der endliche Querschnitt der Ringe, wie er in der Abb. 17 gezeigt ist, soll dabei vernachlässigt werden.

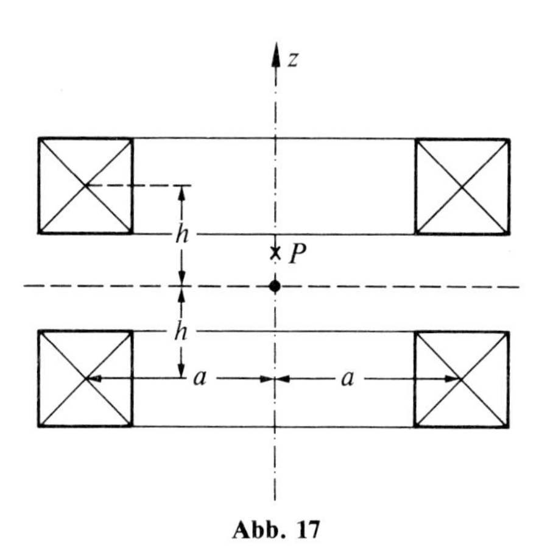

Abb. 17

Lösung. Wir gehen von dem Ergebnis der vorigen Aufgabe aus, daß das Magnetfeld eines Stromkreises um die z-Achse nur eine Komponente H_z auf dieser Achse besitzt, nämlich

$$H_z = \frac{I}{c} \pi a^2 \frac{2}{(a^2 + r^2)^{3/2}} ,$$

wenn r den Abstand vom Mittelpunkt des Stromkreises bezeichnet. An dem Punkt P der Abb. 17 ist dieser Abstand $r = h - z$ für den oberen und $r = h + z$ für den unteren Ring. Daher wird dort

$$H_z = \frac{2\pi I}{ca} \left\{ \left[1 + \left(\frac{h-z}{a} \right)^2 \right]^{-3/2} + \left[1 + \left(\frac{h+z}{a} \right)^2 \right]^{-3/2} \right\} . \tag{50.1}$$

Wir betrachten nun die Umgebung des Mittelpunktes und führen die folgenden Abkürzungen ein:

$$\frac{h}{a} = k ; \quad \frac{k}{1+k^2} = p ; \quad \frac{1}{1+k^2} = q ; \quad \frac{z}{a} = \varepsilon \ll 1 . \tag{50.2}$$

Dann wird

$$H_z = \frac{2\pi I}{ca} q^{3/2} [(1 - 2p\varepsilon + q\varepsilon^2)^{-3/2} + (1 + 2p\varepsilon + q\varepsilon^2)^{-3/2}] . \tag{50.3}$$

Entwicklung nach Potenzen von ε bis einschließlich ε^4 ergibt zunächst

$$(1-2p\varepsilon+q\varepsilon^2)^{-3/2} = 1 - \frac{3}{2}(-2p\varepsilon+q\varepsilon^2) + \frac{15}{8}(4p^2\varepsilon^2-4pq\varepsilon^3+q^2\varepsilon^4)$$

$$-\frac{35}{16}(-8p^3\varepsilon^3+12p^2q\varepsilon^4\ldots) + \frac{315}{128}(16p^4\varepsilon^4-\ldots)\ldots.$$

Fügt man den zweiten Term von Gl. (50.3) hinzu, so fallen die ungeraden Potenzen von ε heraus und die geraden treten zweimal auf. Das führt auf

$$H_z = \frac{4\pi I}{ca} q^{3/2} \left\{ 1 + \left(-\frac{3}{2}q + \frac{15}{2}p^2 \right) \varepsilon^2 + \left(\frac{15}{8}q^2 - \frac{105}{4}p^2 q + \frac{315}{8}p^4 \right) \varepsilon^4 \right\}. \tag{50.4}$$

Ein Optimum an Feldhomogenität in der Umgebung der Stelle $\varepsilon = 0$ erhalten wir offenbar, wenn der Faktor von ε^2 verschwindet, also für

$$q = 5p^2 \qquad \text{oder} \qquad k = \tfrac{1}{2}, \tag{50.5}$$

wenn also der Abstand der beiden Ringe voneinander ($2h$) gleich ihrem Radius a wird. Das ist die Helmholtzsche Bedingung. Der Faktor von ε^4 wird in diesem Falle

$$\frac{15}{8}q^2 - \frac{105}{4}p^2 q + \frac{315}{8}p^4 = -\frac{144}{125},$$

so daß wir aus Gl. (50.4) für die Feldstärke

$$H_z = \frac{4\pi I}{ca} \left(\frac{4}{5} \right)^{3/2} \left(1 - \frac{144}{125} z^4/a^4 \right) \tag{50.6}$$

erhalten.

Anm. Eine genauere Untersuchung des Feldes zeigt, daß die radiale Komponente senkrecht zur z-Achse proportional zur dritten Potenz des Abstandes wird. Für eine praktische Anwendung muß man auch über die endlichen Abmessungen der Spulenkörper integrieren.

51. Aufgabe. Rotierende Kugel („Spin")

Wir betrachten eine Kugel vom Radius R mit einer Ladungsdichte $\varrho_e(r)$ und Ladung q sowie einer Massendichte $\varrho_m(r)$ und Masse m. Die Kugel soll starr mit der Winkelgeschwindigkeit ω um eine Achse durch ihren Mittelpunkt rotieren. Das Verhältnis des magnetischen Moments M zum Drehimpuls L soll durch q und m ausgedrückt werden.

Anleitung. Man berechne zuerst L und M für eine Punktladung q, die auf einer Kreisbahn vom Radius a umläuft.

Lösung. Die umlaufende Punktladung entspricht einer Stromstärke

$$I = \frac{\text{Ladung}}{\text{Umlaufzeit}} = \frac{q}{2\pi a/v} = \frac{q\omega}{2\pi} \tag{51.1}$$

mit $v = a\omega$. Das von diesem Kreisstrom erzeugte magnetische Moment ist nach Gl. (49.11)

$$M = \frac{I}{c}\pi a^2 = \frac{q}{2c}\omega a^2 . \tag{51.2}$$

Der Drehimpuls ist

$$L = mva = m\omega a^2 \tag{51.3}$$

und daher das gesuchte Verhältnis

$$\frac{M}{L} = \frac{q}{2mc} \tag{51.4}$$

unabhängig von Radius und Winkelgeschwindigkeit.

Für die starr rotierende Kugel kann jedes Volumelement $d\tau$ wie eine Punktladung $dq = \varrho_e d\tau$ behandelt werden. Der Umlaufradius ist dann $a = r\sin\vartheta$. Nach Gl. (51.1) wird

$$dI = \varrho_e d\tau \frac{\omega}{2\pi}$$

der Anteil des Volumelements $d\tau$ am Strom. Durch Integration über die Kugel erhalten wir das magnetische Moment nach Gl. (51.2) und den Drehimpuls nach Gl. (51.3):

$$M = \frac{\omega}{2c}\int d\tau\, \varrho_e(r)\, r^2 \sin^2\vartheta = \frac{4\pi}{3}\frac{\omega}{c}\int_0^R dr\, r^4 \varrho_e(r) ; \tag{51.5}$$

$$L = \omega\int d\tau\, \varrho_m(r)\, r^2 \sin^2\vartheta = \frac{8\pi}{3}\omega\int_0^R dr\, r^4 \varrho_m(r) . \tag{51.6}$$

Haben Masse und Ladung die gleiche Verteilung über die Kugel, so ist das Verhältnis der beiden Integrale zueinander einfach gleich q/m, und wir erhalten auch für die Kugel Gl. (51.4).

Allgemeiner können wir schreiben

$$4\pi\int_0^R dr\, r^4 \varrho_e(r) = \int_0^R d\tau\, r^2 \varrho_e(r) = q\langle r^2\rangle_e ;$$

$$4\pi\int_0^R dr\, r^4 \varrho_m(r) = \int_0^R d\tau\, r^2 \varrho_m(r) = m\langle r^2\rangle_m ,$$

wobei $\langle r^2\rangle$ jeweils den Mittelwert von r^2 mit der Gewichtsfunktion $\varrho(r)$ bedeutet. Dann wird

$$\frac{M}{L} = \frac{q}{2mc}\frac{\langle r^2\rangle_e}{\langle r^2\rangle_m} . \tag{51.7}$$

Ist die Ladung mehr zur Oberfläche hin konzentriert als die Masse, so wird M/L also einen entsprechend größeren Wert annehmen.

Anm. Gleichung (51.4) wird oft als Beweis dafür angesehen, daß die starre Rotation nicht als klassisches Modell des Elektronenspins $L = \hbar/2$ dienen kann, da in diesem Fall mit $q = -e$ das Verhältnis (51.4) $M/L = -e/2mc$ entstünde, während es in Wirklichkeit wegen $M = -e\hbar/2mc$ doppelt so groß ist („gyromagnetischer Faktor" = 2). Dies Argument wird natürlich sofort hinfällig, wenn Gl. (51.7) anwendbar ist. Der eigentliche Grund, der gegen das klassische Modell spricht, ist die Unteilbarkeit des Elektrons, die den Dichtebegriff sinnlos macht.

52. Aufgabe. Stromblatt

Eine dünne Platte großer Länge ($l \to \infty$) und der Breite $2b$ wird von einem Strom I durchflossen („Stromblatt" oder current sheet). Das erzeugte Magnetfeld soll berechnet werden.

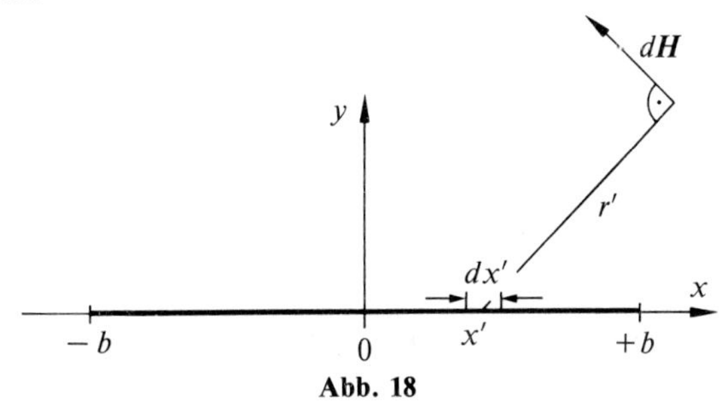

Abb. 18

Lösung. Der Strom möge in der zur Zeichenebene senkrechten z-Richtung fließen (Abb. 18). Durch das Linienelement dx' des Stromblatts an der Stelle x' fließt dann der Strom $dI = I\,dx'/2b$ und erzeugt im Punkt x, y ein Feld der Stärke

$$dH = \frac{2\,dI}{cr'} = \frac{I}{c}\,\frac{dx'}{br'}$$

mit den Komponenten

$$\begin{aligned} dH_x &= -dH\frac{y}{r'} = -\frac{I}{cb}dx'\,\frac{y}{(x-x')^2+y^2}\,; \\ dH_y &= +dH\frac{x-x'}{r'} = \frac{I}{cb}dx'\,\frac{x-x'}{(x-x')^2+y^2}\,. \end{aligned} \tag{52.1}$$

Beide Ausdrücke haben wir über $-b \le x' \le +b$ zu integrieren. Dazu führen wir statt x' die Integrationsvariable

$$t = \frac{x'-x}{y} \tag{52.2}$$

ein, mit der wir in den Grenzen $t_1 = -(b+x)/y$ und $t_2 = (b-x)/y$ erhalten:

$$H_x = -\frac{I}{cb}\int_{t_1}^{t_2}\frac{dt}{1+t^2} = -\frac{I}{cb}\left(\arctan\frac{b-x}{y} + \arctan\frac{b+x}{y}\right) \tag{52.3a}$$

und

$$H_y = -\frac{I}{cb}\int_{t_1}^{t_2}\frac{t\,dt}{1+t^2} = \frac{I}{2cb}\log\frac{y^2+(b+x)^2}{y^2+(b-x)^2}\,. \tag{52.3b}$$

Grenzfälle. (a) Für $b \to 0$ wird in Gl. (52.3a)

$$\lim_{b\to 0}\left(\arctan\frac{x+b}{y} - \arctan\frac{x-b}{y}\right) = \frac{1}{1+(x/y)^2}\,\frac{2b}{y} = \frac{2by}{r^2}$$

und in Gl. (52.3b)

$$\lim_{b\to 0}\log\frac{y^2+(x+b)^2}{y^2+(x-b)^2} = \lim_{b\to 0}\log\frac{r^2+2bx}{r^2-2bx} = \frac{4bx}{r^2}\,.$$

Daher werden die Komponenten

$$H_x = -\frac{2I}{c}\,\frac{y}{r^2}\,; \qquad H_y = \frac{2I}{c}\,\frac{x}{r^2} \tag{52.4}$$

in Übereinstimmung mit Aufgabe 46.

(b) Interessanter ist der Fall $b \to \infty$, für den beide arctan in Gl. (52.3a) gleich $\frac{\pi}{2}\,\mathrm{sig}\,y$ werden und der Logarithmus in Gl. (52.3b) gegen $4x/b$ geht, so daß

$$H_x = -\frac{\pi I}{cb}\,\mathrm{sig}\,y\,; \qquad H_y = \frac{2Ix}{cb^2} \tag{52.5}$$

entsteht. In diesem Fall muß der Strom selbst proportional zu b werden, damit die Stromdichte endlich bleibt. Wir erhalten daher $H_y = 0$, aber endliches konstantes H_x, das oberhalb und unterhalb des Stromblattes entgegengesetzt gerichtet ist.

Anm. Das Feld läßt sich auch aus dem Potential ableiten. Der durch das Element dx' bei x' fließende Strom $dI = I\,dx'/2b$ hat nach Gl. (46.7) das Potential

$$d\Phi = \frac{2}{c}\,dI\arctan\frac{x-x'}{y}\,,$$

woraus durch Integration über x'

$$\Phi = \frac{I}{cb}\int_{-b}^{+b}dx'\arctan\frac{x-x'}{y} = -\frac{Iy}{cb}\int_{t_1}^{t_2}dt\arctan t$$

folgt. Wegen

$$\int dt\arctan t = t\arctan t - \tfrac{1}{2}\log(1+t^2)$$

läßt sich das Integral elementar auswerten. Die Berechnung von $\boldsymbol{H}$ auf diesem Wege erfordert aber erheblich größeren Rechenaufwand.

4. Energie der Magnetfelder von Strömen
(Selbstinduktion, gegenseitige Induktion, Kräfte)

53. Aufgabe. Formeln für die Selbstinduktion eines Stromkreises

Die Selbstinduktion L eines Stromkreises ist durch den Ausdruck

$$W = \tfrac{1}{2} L I^2 \tag{53.1}$$

definiert, der die magnetische Energie W mit der Stromstärke I verknüpft. Eine Formel zur Berechnung von L soll angegeben werden.

Lösung. Wir gehen aus von dem Ausdruck (s. S. 78, Gl. (17))

$$W = \frac{1}{2c} \int d\tau (\boldsymbol{A} \cdot \boldsymbol{j}) , \tag{53.2}$$

wobei das Vektorpotential $\boldsymbol{A}$ der Differentialgleichung

$$\nabla^2 \boldsymbol{A} = -\frac{4\pi\mu}{c} \boldsymbol{j} \tag{53.3}$$

genügt, wenn überall $\boldsymbol{B} = \mu \boldsymbol{H}$ mit konstantem μ gilt. Gleichung (53.3) wird gelöst durch

$$\boldsymbol{A}(\boldsymbol{r}) = \frac{\mu}{c} \int \frac{d\tau' \boldsymbol{j}(\boldsymbol{r}')}{|\boldsymbol{r} - \boldsymbol{r}'|} . \tag{53.4}$$

Setzen wir Gl. (53.4) in (53.2) ein, so entsteht

$$W = \frac{\mu}{2c^2} \int d\tau \int d\tau' \frac{\boldsymbol{j}(\boldsymbol{r}) \cdot \boldsymbol{j}(\boldsymbol{r}')}{|\boldsymbol{r} - \boldsymbol{r}'|} . \tag{53.5}$$

Fließt der Strom I in einem Leiter vom Querschnitt q, so wird für ein Linienelement $d\boldsymbol{s}$ des Leiters

$$d\tau \boldsymbol{j}(\boldsymbol{r}) = q\, ds\, \boldsymbol{j}(\boldsymbol{r}) = I\, d\boldsymbol{s}$$

und daher

$$W = \frac{\mu}{2c^2} I^2 \int \int \frac{d\boldsymbol{s} \cdot d\boldsymbol{s}'}{|\boldsymbol{r} - \boldsymbol{r}'|} . \tag{53.6}$$

Aus dem Vergleich dieser Formel mit Gl. (53.1) ergibt sich daher die Selbstinduktion L zu

$$L = \frac{\mu}{c^2} \int \int \frac{d\boldsymbol{s} \cdot d\boldsymbol{s}'}{|\boldsymbol{r} - \boldsymbol{r}'|} . \tag{53.7}$$

Abgesehen von dem Faktor μ ist die Selbstinduktion also vollständig durch die Geometrie des Stromkreises bestimmt.

Anm. Analog zu S. 78, Gl. (14) können wir mit $d\tau \boldsymbol{j}(\boldsymbol{r}) = I\, d\boldsymbol{s}$ in Gl. (53.2) eingehen,

$$W = \frac{I}{2c} \oint ds \cdot A$$

und nach dem Stokesschen Satz

$$\oint ds \cdot A = \int df \cdot \operatorname{rot} A = \int df \cdot B = \Phi \tag{53.8}$$

den Induktionsfluß Φ durch die vom Stromkreis umschlossene Fläche einführen:

$$W = \frac{1}{2c} I \Phi \,. \tag{53.9}$$

Der Vergleich mit Gl. (53.1) gibt dann

$$\frac{1}{c} \Phi = L I \,, \tag{53.10}$$

woraus bei Kenntnis von L aus Gl. (53.7) der Induktionsfluß Φ folgt, oder umgekehrt.

54. Aufgabe. Selbstinduktion eines konzentrischen Doppelkabels

Die Selbstinduktion des in Abb. 19 abgebildeten Doppelkabels soll aus der magnetischen Energie bestimmt werden, wenn im inneren Leiter ($0 \le r \le r_1$) der Strom I fließt und im äußeren Leiter ($r_2 \le r \le r_3$) zurückfließt.

Lösung. Wir berechnen zunächst das Magnetfeld. Wegen der Zylindersymmetrie gibt es nur eine Komponente $H_\varphi(r)$, die wir jeweils aus

$$\oint H \cdot ds = 2\pi r H_\varphi = \frac{4\pi}{c} I_r \tag{54.1}$$

berechnen, wobei I_r den im Bereich von 0 bis r fließenden Stromanteil bedeutet. Das innere Kabel erzeugt nach Aufgabe 46 das Feld

$$H_\varphi^{(1)} = \begin{cases} \dfrac{2I}{c} r/r_1^2 & \text{für} \quad 0 \le r \le r_1 \\[2ex] \dfrac{2I}{c} 1/r & \text{für} \quad r > r_1 \,. \end{cases} \tag{54.2}$$

Das äußere Kabel läßt nach Gl. (54.1) den Raum $r < r_2$ feldfrei und gibt

$$H_\varphi^{(2)} = \begin{cases} 0 & \text{für} \quad r < r_2 \\[1ex] -\dfrac{2I}{cr} \dfrac{r^2 - r_2^2}{r_3^2 - r_2^2} & \text{für} \quad r_2 < r < r_3 \\[2ex] -\dfrac{2I}{cr} & \text{für} \quad r > r_3 \,. \end{cases} \tag{54.3}$$

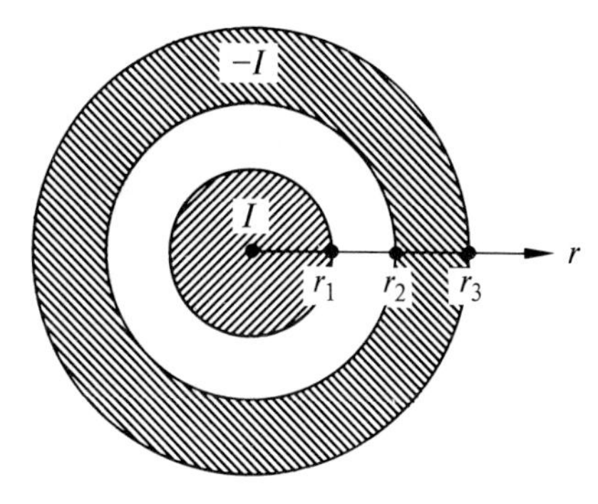

Abb. 19

Für $r > r_3$ heben sich also die beiden Feldanteile auf, in $r < r_2$ ist nur $H_\varphi^{(1)}$ und in $r_2 < r < r_3$ die Summe $H_\varphi^{(1)} + H_\varphi^{(2)}$ einzuführen. Die magnetische Energie W wird daher

$$W = \frac{1}{8\pi} \int d\tau [H_\varphi^{(1)} + H_\varphi^{(2)}]^2 = \frac{l}{4} \int_0^{r_3} dr\, r [H_\varphi^{(1)} + H_\varphi^{(2)}]^2 ,$$

wenn wir mit l die Länge des Doppelkabels bezeichnen. Mit Gln. (54.2) und (54.3) entsteht explicite

$$W = \frac{1}{4} l \left(\frac{2I}{c}\right)^2 \left\{ \int_0^{r_1} dr\, r (r/r_1^2)^2 + \int_{r_1}^{r_2} dr\, r/r^2 + \int_{r_2}^{r_3} dr\, r \frac{1}{r^2} \left(1 - \frac{r^2 - r_2^2}{r_3^2 - r_2^2}\right)^2 \right\} . \quad (54.4)$$

Bis jetzt haben wir überall $\boldsymbol{B} = \boldsymbol{H}$ gesetzt. Soll eine Permeabilität μ des Isolators im Zwischenraum $r_1 < r < r_2$ berücksichtigt werden, so muß der Faktor μ zum zweiten Term in Gl. (54.4) hinzugefügt werden.

Alle Integrale in Gl. (54.4) lassen sich elementar auswerten. Insgesamt erhält man schließlich

$$W = \tfrac{1}{2} L I^2 \quad (54.5)$$

mit

$$L = \frac{l}{c^2} \left\{ \mu \log (r_2^2/r_1^2) + \left(\frac{r_3^2}{r_3^2 - r_2^2}\right)^2 \log (r_3^2/r_2^2) - \frac{r_3^2}{r_3^2 - r_2^2} \right\} . \quad (54.6)$$

Die Selbstinduktion ist proportional der Kabellänge und die Selbstinduktion pro Längeneinheit eine bis auf den Faktor $1/c^2$ und die Permeabilität dimensionslose, von der Geometrie allein abhängige Größe.

Gibt man Hin- und Rückleitung den gleichen Querschnitt, macht man also $r_3^2 - r_2^2 = r_1^2$, so vereinfacht sich Gl. (54.6) zu

$$L = \frac{l}{c^2} \{\mu \log (r_2^2/r_1^2) + (r_3/r_1)^4 \log (r_3^2/r_2^2) - (r_3/r_1)^2\} .$$

Ist außerdem die isolierende Schicht zwischen den beiden Kabeln dünn, so wird $r_1 \approx r_2$ und $r_3^2 \approx 2 r_1^2$. Dann ergibt sich für die Selbstinduktion der von allen Radien unabhängige Ausdruck

$$L = \frac{l}{c^2} (4 \log 2 - 2) . \quad (54.7)$$

55. Aufgabe. Zwei konzentrische Solenoide

Zwei sehr lange Spulen der Länge l sind koaxial ineinander gesteckt (Abb. 20). In der inneren Spule fließt zwischen den Radien r_1 und r_2 der Strom I_1 in n_1 Windungen pro Längeneinheit, in der äußeren zwischen r_2 und r_3 der Strom I_2 in n_2 Windungen. Die innere Spule ist von einem Eisenkern der Permeabilität μ ausgefüllt. Die magnetische Energie dieses Systems soll als quadratische Form in den Stromstärken berechnet werden.

Lösung. Nach Aufgabe 48 sind im Bereich $r < r_1$ beide Ströme voll wirksam zur Erzeugung des homogenen, achsenparallelen Feldes

$$H_1 = \frac{4\pi}{c}(n_1 I_1 + n_2 I_2) , \tag{55.1a}$$

wobei in diesem, vom Eisenkern voll ausgefüllten Bereich $B_1 = \mu H_1$ gilt. Zur magnetischen Feldenergie trägt dies Feld daher

$$W_1 = \frac{2\pi l \mu}{8\pi} \int_0^{r_1} dr\, r H_1^2 = \frac{1}{4} l \mu \left(\frac{4\pi}{c}\right)^2 \int_0^{r_1} dr\, r (n_1 I_1 + n_2 I_2)^2 \tag{55.1b}$$

bei. Im Spulenkörper der inneren Spule, also im Bereich $r_1 < r < r_2$, ist der äußere Strom I_2 noch voll wirksam. Die felderzeugende Wirkung von I_1 sinkt dagegen nach außen wie der umhüllende Querschnitt $\pi(r_2^2 - r^2)$ auf Null ab. Daher ist dort

$$H_2 = \frac{4\pi}{c}\left(\frac{r_2^2 - r^2}{r_2^2 - r_1^2} n_1 I_1 + n_2 I_2\right) \tag{55.2a}$$

und der Beitrag dieses Bereichs zur Feldenergie

$$W_2 = \frac{1}{4} l \int_{r_1}^{r_2} dr\, r H_2^2 . \tag{55.2b}$$

Nach außen folgt nun die den Ring $r_2 < r < r_3$ ausfüllende äußere Spule, in der I_1 kein Feld erzeugt und das von I_2 erzeugte wie der Restquerschnitt $\pi(r_3^2 - r^2)$ abfällt. Daher wird die Feldstärke in diesem Bereich

$$H_3 = \frac{4\pi}{c} \frac{r_3^2 - r^2}{r_3^2 - r_2^2} n_2 I_2 \tag{55.3a}$$

und der Beitrag zur Feldenergie

$$W_3 = \frac{1}{4} l \int_{r_2}^{r_3} dr\, r H_3^2 . \tag{55.3b}$$

Für $r > r_3$ verschwindet das Magnetfeld und damit auch der Feldenergieanteil.

Die Ausrechnung der drei Energieanteile ist elementar. Wir erhalten mit der Abkürzung

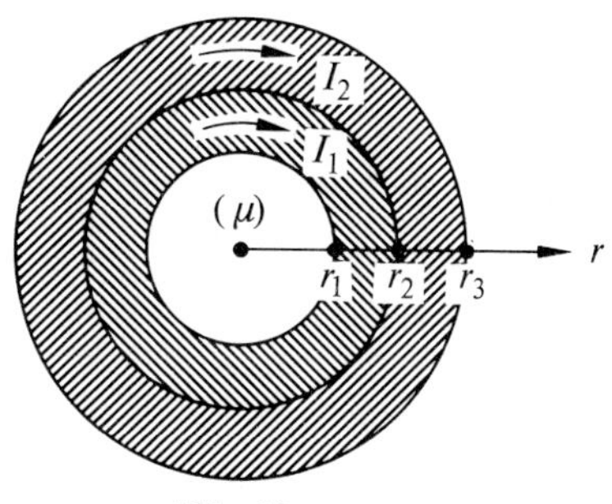

Abb. 20

$$W_i = \frac{1}{4} l \left(\frac{4\pi}{c}\right)^2 \varepsilon_i \tag{55.4}$$

für die drei Anteile der Feldenergie

$$\begin{aligned}
\varepsilon_1 &= \tfrac{1}{2}\mu r_1^2 (n_1^2 I_1^2 + 2 n_1 n_2 I_1 I_2 + n_2^2 I_2^2)\,; \\
\varepsilon_2 &= \tfrac{1}{2}(r_2^2 - r_1^2)(\tfrac{1}{3} n_1^2 I_1^2 + n_1 n_2 I_1 I_2 + n_2^2 I_2^2)\,; \\
\varepsilon_3 &= \tfrac{1}{2}(r_3^2 - r_2^2)(\tfrac{1}{3} n_2^2 I_2^2)\,.
\end{aligned} \tag{55.5}$$

Schreiben wir die gesamte Feldenergie als quadratische Form

$$W = \tfrac{1}{2}(L_{11} I_1^2 + 2 L_{12} I_1 I_2 + L_{22} I_2^2)\,, \tag{55.6}$$

so erhalten wir für die gesuchten Koeffizienten

$$\begin{aligned}
L_{11} &= \frac{4\pi^2 l}{c^2} n_1^2 \left[\mu r_1^2 + \frac{1}{3}(r_2^2 - r_1^2)\right]; \\
L_{12} &= \frac{4\pi^2 l}{c^2} n_1 n_2 \left[\mu r_1^2 + \frac{1}{2}(r_2^2 - r_1^2)\right]; \\
L_{22} &= \frac{4\pi^2 l}{c^2} n_2^2 \left[\mu r_1^2 + (r_2^2 - r_1^2) + \frac{1}{3}(r_3^2 - r_2^2)\right].
\end{aligned} \tag{55.7}$$

Wäre nur die innere Spule vorhanden ($I_2 = 0$), so würde L_{11} deren *Selbstinduktion.* Ebenso würde für $I_1 = 0$ der Koeffizient L_{22} die Selbstinduktion der äußeren Spule. Wäre $\mu = 1$, so nähme L_{22} analoge Form zu L_{11} an; so ist es etwas komplizierter, da der Eisenkern die äußere Spule nicht voll ausfüllt. Schließlich bedeutet L_{12} die *gegenseitige Induktion* der beiden Leiter.

56. Aufgabe. Induktion zwischen zwei Kreisströmen

Die gegenseitige Induktion zweier im Abstand $2h$ voneinander fließender Kreisströme des gleichen Radius a ist zu berechnen.

Lösung. Die Anordnung ist analog zu der der Helmholtz-Spulen von Aufgabe 50, aber mit variablem Abstand der beiden Kreise. Wir gehen aus von der in Gl. (53.7) begründeten Formel

$$L_{12} = \frac{\mu}{c^2} \oint \oint \frac{ds_1 \cdot ds_2}{r_{12}} . \tag{56.1}$$

Bei unserer Anordnung ist

$$\begin{aligned} r_{12}^2 &= a^2(\cos\varphi_1 - \cos\varphi_2)^2 + a^2(\sin\varphi_1 - \sin\varphi_2)^2 + 4h^2 \\ &= 4h^2 + 2a^2[1 - \cos(\varphi_1 - \varphi_2)] \end{aligned}$$

und

$$ds_1 \cdot ds_2 = a^2 \cos(\varphi_1 - \varphi_2)\, d\varphi_1\, d\varphi_2 .$$

Führen wir statt φ_1 die Variable $\varphi = \varphi_1 - \varphi_2$ ein, so entsteht bei der trivialen Integration über φ_2 aus Gl. (56.1) der Ausdruck

$$L_{12} = \frac{2\pi\mu a^2}{c^2} \oint \frac{d\varphi \cos\varphi}{\sqrt{4h^2 + 2a^2(1-\cos\varphi)}} . \tag{56.2}$$

Dies Integral läßt sich auf vollständige elliptische Integrale zurückführen. Dazu substituieren wir die Variable

$$\chi = \tfrac{1}{2}(\varphi - \pi) ;$$

dann wird

$$\cos\varphi = 2\sin^2\chi - 1 ; \qquad d\varphi = 2\,d\chi ; \qquad 4h^2 + 2a^2(1-\cos\varphi) = 4[h^2 + a^2(1-\sin^2\chi)]$$

und das Integrationsgebiet $0 \le \varphi \le 2\pi$ geht über in $-\frac{\pi}{2} \le \chi \le +\frac{\pi}{2}$. Da der Integrand eine gerade Funktion ist, können wir dafür zweimal das Integral über $0 \le \chi \le \frac{\pi}{2}$ setzen. Auf diese Weise erhalten wir

$$L_{12} = \frac{4\pi\mu a^2}{c^2} \int_0^{\pi/2} d\chi \frac{2\sin^2\chi - 1}{\sqrt{(h^2+a^2) - a^2\sin^2\chi}} . \tag{56.3}$$

Führen wir die Abkürzung

$$k^2 = a^2/(h^2+a^2) \tag{56.4}$$

ein und formen den Zähler um,

$$2\sin^2\chi - 1 = \frac{1}{k^2}\{(2-k^2) - 2(1-k^2\sin^2\chi)\} ,$$

so geht Gl. (56.3) über in

$$L_{12} = \frac{4\pi\mu a}{c^2 k}\left\{(2-k^2)\int_0^{\pi/2} \frac{d\chi}{\sqrt{1-k^2\sin^2\chi}} - 2\int_0^{\pi/2} d\chi \sqrt{1-k^2\sin^2\chi}\right\}$$

oder kürzer, unter Verwendung der üblichen Symbole für die elliptische Integrale

$$L_{12} = \frac{4\pi\mu a}{c^2 k}\{(2-k^2)K(k) - 2E(k)\} . \tag{56.5}$$

Die hier auftretende Funktion

$$f(k) = \frac{1}{k}\{(2-k^2)K(k) - 2E(k)\}, \tag{56.6}$$

mit der wir

$$L_{12} = \frac{4\pi\mu a}{c^2} f(k) \tag{56.7}$$

schreiben können, ist im folgenden mit $k = \sin\alpha$ für einige Werte von k, bzw. nach Gl. (56.4) von h/a tabuliert (Tabelle 3).

Reihenentwicklung der elliptischen Integrale ergibt für $k \ll 1$, d.h. für $h \gg a$, die Näherungsformel

$$f(k) = \frac{\pi}{16} k^3,$$

die für $\alpha = 10°$ auf $f(k) = 0{,}001054$ führt, bei $\alpha = 20°$ aber mit $f(k) = 0{,}0786$ schon merklich abweicht. Ist umgekehrt $h \ll a$, so wird genähert

$$f(k) = \log 4 - 2 - \tfrac{1}{2}\log(1-k^2).$$

Das gibt für $\alpha = 80°$ den Näherungswert $f(k) = 1{,}1373$.

Tabelle 3

	$k = \sin\alpha$	$f(k)$	h/a
10°	0,173 648	0,001 063	5,672
20°	0,342 020	0,008 614	2,747
30°	0,5	0,030 278	1,7321
40°	0,642 788	0,076 243	1,1917
50°	0,766 044	0,162 179	0,8391
60°	0,866 025	0,315 848	0,5773
70°	0,939 693	0,596 583	0,3639
80°	0,984 808	1,186 264	0,1764

57. Aufgabe. Induktion zwischen zwei parallelen Drähten

Man berechne die gegenseitige Induktion L_{12} zweier im Abstand a voneinander parallel gespannter Drähte der Länge l, insbesondere im Grenzfall $l \gg a$.

Lösung. In der allgemeinen Formel

$$c^2 L_{12} = \int\int \frac{ds_1 \cdot ds_2}{r_{12}} \tag{57.1}$$

wird der Zähler einfach $ds_1\, ds_2$ und im Nenner $r_{12}^2 = a^2 + (s_2 - s_1)^2$, wobei die Variablen s_1 und s_2 von 0 bis l laufen:

$$c^2 L_{12} = \int_0^l ds_1 \int_0^l ds_2 \frac{1}{\sqrt{a^2 + (s_2 - s_1)^2}}. \tag{57.2}$$

Führen wir im inneren Integral statt s_2 die Variable $x=(s_2-s_1)/a$ ein, so wird dies

$$\int\limits_{-s_1/a}^{(l-s_1)/a} \frac{dx}{\sqrt{1+x^2}} = \sinh^{-1}\frac{l-s_1}{a} + \sinh^{-1}\frac{s_1}{a}.$$

Zur nochmaligen Integration substituieren wir für s_1 im ersten Gliede $x_1=(l-s_1)/a$, im zweiten $x_2=s_1/a$. Dann nehmen beide Glieder dieselbe Form an, und es entsteht

$$c^2 L_{12} = 2a\int\limits_0^{l/a} dx \sinh^{-1} x. \tag{57.3}$$

Nun ist aber

$$\int dx \sinh^{-1} x = x\sinh^{-1} x - \sqrt{1+x^2}$$

und

$$\sinh^{-1} x = \log(x+\sqrt{1+x^2}).$$

Damit geht Gl. (57.3) über in

$$c^2 L_{12} = 2a\left[\frac{l}{a}\log\left(\frac{l}{a}+\sqrt{1+(l/a)^2}\right) - \sqrt{1+(l/a)^2}+1\right]. \tag{57.4}$$

Da $l/a \gg 1$ vorausgesetzt wird, geht das genähert in

$$L_{12} = \frac{2l}{c^2}\left(\log\frac{2l}{a} - 1\right) \tag{57.5}$$

über. In der ganzen Betrachtung haben wir $\mu=1$ angenommen.

Gleichung (57.5) zeigt, daß es nicht möglich ist, eine gegenseitige Induktion pro Längeneinheit unabhängig von der Gesamtlänge der Leiter einzuführen. Die Ursache liegt darin, daß wir für ein sich bis ins Unendliche erstreckendes Gebilde nicht die Gl. (57.1) benutzen dürfen, die unter Weglassen des Integrals über die unendlich ferne Oberfläche entstanden ist (vgl. S. 78). Das Beispiel zeigt, daß man sehr vorsichtig sein muß, wenn sich die Ströme bis ins Unendliche erstrecken oder wenn es sich nicht um geschlossene Stromkreise handelt.

58. Aufgabe. Selbstinduktion eines Stromkreises aus zwei langen Drähten

Die Selbstinduktion eines Stromkreises aus zwei langen parallel gespannten geraden Leitern des kreisförmigen Querschnitts πa^2 und der Länge l soll bestimmt werden. Dabei ist zunächst mit Hilfe des Vektorpotentials ein Leiter allein zu untersuchen und zu zeigen, daß die Rückführung des Stroms in einem zweiten Leiter notwendig ist, um eine endliche magnetische Energie pro Längeneinheit der Leiter zu erhalten.

Lösung. Das Vektorpotential $\boldsymbol{A}$ eines geraden Leiters längs der z-Achse hat nur eine, von der Zylinderkoordinate r allein abhängige Komponente $A_z(r)$. Dann folgt aus $\boldsymbol{H}=\operatorname{rot}\boldsymbol{A}$, daß $\boldsymbol{H}$ nur eine Komponente

$$H_\varphi = -\frac{dA_z}{dr} \tag{58.1}$$

besitzt. Soll nun, wie dies in Aufgabe 46 gezeigt wurde,

$$H_\varphi = \frac{2I}{c}\begin{cases} r/a^2 & \text{für} \quad r < a \\ 1/r & \text{für} \quad r > a \end{cases} \tag{58.2}$$

werden, so folgt sofort durch Integration

$$A_z = -\frac{2I}{c}\begin{cases} r^2/2a^2 & \text{für} \quad r < a \\ \dfrac{1}{2} + \log\dfrac{r}{a} & \text{für} \quad r > a\,, \end{cases} \tag{58.3}$$

wobei für $r > a$ die Integrationskonstante so gewählt ist, daß A_z bei $r = a$ stetig bleibt.

Die magnetische Energie können wir entweder direkt aus

$$W = \frac{1}{8\pi}\int d\tau \boldsymbol{H}^2 = \frac{l}{4}\lim_{R\to\infty}\int_0^R dr\, r H_\varphi^2 \tag{58.4}$$

oder aus der mit Hilfe der Umformung

$$\boldsymbol{H}^2 = \boldsymbol{H}\cdot \operatorname{rot}\boldsymbol{A} = \boldsymbol{A}\cdot\operatorname{rot}\boldsymbol{H} + \operatorname{div}(\boldsymbol{A}\times\boldsymbol{H}) = \frac{4\pi}{c}\boldsymbol{A}\cdot\boldsymbol{j} + \operatorname{div}(\boldsymbol{A}\times\boldsymbol{H})$$

daraus folgenden Beziehung

$$W = \frac{1}{2c}\int d\tau \boldsymbol{A}\cdot\boldsymbol{j} + \frac{1}{8\pi}\oint d\boldsymbol{f}\cdot(\boldsymbol{A}\times\boldsymbol{H}) \tag{58.5}$$

entnehmen. In beiden Fällen divergiert das Resultat pro Längeneinheit für $R \to \infty$. Dies gilt insbesondere für die Integration über die unendlich ferne Zylinderfläche in Gl. (58.5),

$$\oint d\boldsymbol{f}\cdot(\boldsymbol{A}\times\boldsymbol{H}) = \lim_{R\to\infty} 2\pi l R\left\{-\frac{2I}{c}\left(\frac{1}{2} + \log\frac{R}{a}\right)\right\}\frac{2I}{cR}\,,$$

die logarithmisch divergiert.

Ursache dieser Divergenz ist das unphysikalische Modell, bei dem kein geschlossener Stromkreis vorliegt. Wir müssen daher den linearen Leiter durch eine Rückleitung ergänzen. Dafür wählen wir einen im Abstand d parallelen Leiter. Die Felder, die von den endlichen Verbindungsstücken der Länge d an den Enden der Leiter herrühren, können wir dabei vernachlässigen. Dann gilt für die beiden Leiter zusammen nach Gl. (58.3)

$$A_z = A_{z1} + A_{z2} = -\frac{2I}{c}(\log r_1/a - \log r_2/a) = -\frac{2I}{c}\log r_1/r_2$$

und nach Gl. (58.2)

$$H_\varphi = H_{\varphi 1} + H_{\varphi 2} = \frac{2I}{c}(1/r_1 - 1/r_2) .$$

Sind r_1 und r_2 beide sehr groß, so können wir schreiben*

$$A_z \approx \frac{2I}{c}(r_2 - r_1)/r_1 ; \qquad H_\varphi = \frac{2I}{c}(r_2 - r_1)/r_1 r_2 .$$

Da die Differenz $r_2 - r_1$ endlich bleibt, verhält sich das Produkt wie $1/R^3$, und das Oberflächenintegral in Gl. (58.5) geht wie $1/R^2$ gegen Null. Daher bleibt nur

$$W = \frac{1}{2c} \int d\tau (A_{z1} + A_{z2})(j_1 + j_2) . \qquad (58.6)$$

Wir haben hier nur mehr, außer über z, über die Querschnitte q_1 und q_2 der beiden Leiter zu integrieren,

$$W = \frac{l}{2c} \left\{ \int dq_1 \frac{I}{\pi a^2}(A_{z1} + A_{z2}) - \int dq_2 \frac{I}{\pi a^2}(A_{z1} + A_{z2}) \right\}$$

oder, wegen der Symmetrie des Problems in beiden Leitern,

$$W = \frac{l}{c} \frac{I}{\pi a^2} \int dq_1 (A_{z1} + A_{z2}) . \qquad (58.7)$$

In diesem ersten Leiter (dq_1) ist nun nach Gl. (58.3)

$$A_{z1} = -\frac{I}{c} r^2/a^2 ; \qquad A_{z2} = +\frac{I}{c}(1 + \log d^2/a^2) ,$$

wenn wir die geringe Variation von $\log r/a$ innerhalb des Leiters wegen $a \ll d$ vernachlässigen.

Das Ergebnis ist dann

$$W = \frac{I^2}{2c^2} l (1 + 2 \log d^2/a^2) . \qquad (58.8)$$

Es ist proportional zur Länge des Leiters, so daß wir mit $W = \frac{1}{2} L I^2$ die Selbstinduktion pro Längeneinheit des Systems zu

$$\frac{L}{l} = \frac{1}{c^2}\left(1 + 2 \log \frac{d^2}{a^2}\right) = \frac{4}{c^2}\left(\log \frac{d}{a} + \frac{1}{4}\right) \qquad (58.9)$$

erhalten.

---

* Da $|r_1 - r_2| \leq d$ ist, wird

$$\log \frac{r_2}{r_1} = \log \left[1 + \frac{r_2 - r_1}{r_1}\right] \approx \frac{r_2 - r_1}{r_1}$$

Anm. Man kann auch versuchen, von der Formel

$$\frac{1}{c}\Phi = LI \qquad (58.10)$$

auszugehen, bei der Φ den Induktionsfluß durch die vom Stromkreis umschlossene Fläche bedeutet. Diese Formel hat allerdings nur dann Sinn, wenn alle Stromleiter als unendlich dünn vorausgesetzt werden dürfen. Gehen wir bei endlicher Leiterdicke nur bis an deren Oberfläche heran, so gibt der entsprechende Fluß Φ_a nur die sogenannte „äußere" Selbstinduktion L_a. Mit Gl. (58.2) für das Magnetfeld wird

$$\Phi_a = \frac{2I}{c} l \int_a^{d-a} dx \left(\frac{1}{x} + \frac{1}{d-x}\right) = 4\frac{I}{c} l \log\frac{d-a}{a},$$

woraus

$$L_a - \frac{4l}{c^2}\log\frac{d-a}{a} \approx \frac{4l}{c^2}\log\frac{d}{a} \qquad (58.11)$$

folgt. Dies stimmt mit Gl. (58.9) bis auf die dort auftretende additive 1 überein, die aber klein gegen den Logarithmus ist.

59. Aufgabe. Selbstinduktion für zwei lange Drähte, andere Methode

Ein Stromkreis besteht aus zwei langen, geraden Leitern der Länge l im Abstand d voneinander, die an den Enden verbunden sind. Beide Leiter sollen den kreisförmigen Querschnitt πa^2 haben. Die Selbstinduktion L des Stromkreises ist so zu berechnen, daß nur Integrale über das durchströmte Innere der Leiter verwendet werden.

Lösung. Die Beiträge der Verbindungen an den Enden können wir für $d \ll l$ vernachlässigen. Bezeichnen wir die beiden Leiter mit α und β, und sind I_α und I_β die in ihnen fließenden Stromstärken, so kann die magnetische Energie des Systems

$$W = \tfrac{1}{2}(L_{\alpha\alpha}I_\alpha^2 + L_{\beta\beta}I_\beta^2 + 2L_{\alpha\beta}I_\alpha I_\beta) \qquad (59.1)$$

geschrieben werden. Dabei wurde $L_{\alpha\beta}$ bereits in Aufgabe 57 berechnet; es enthält ein Glied mit $l \log l$. Ein gleiches ist für $L_{\alpha\alpha} = L_{\beta\beta}$ zu erwarten. Da nun für den geschlossenen Stromkreis $I_\alpha = I$, $I_\beta = -I$ ist, wird

$$W = (L_{\alpha\alpha} - L_{\alpha\beta})I^2,$$

so daß wir für die Selbstinduktion des Stromkreises

$$L = 2(L_{\alpha\alpha} - L_{\alpha\beta}) \qquad (59.2)$$

erhalten. Es ist zu erwarten, daß sich aus dieser Differenz das Glied mit $l \log l$ heraushebt.

Unsere Aufgabe beschränkt sich numehr auf die Berechnung von $L_{\alpha\alpha}$. Dabei können wir nicht wie in Aufgabe 57 von unendlich dünnen Leitern ausgehen, da sonst eine Singularität bei $r_{12}=0$ die Konvergenz des Integrals zerstören würde. Deshalb ist es notwendig, die auf S. 107 aus Gln. (53.1) und (53.5) folgende Formel

$$c^2 L_{\alpha\alpha} I^2 = \int d\tau_1 \int d\tau_2 \frac{\boldsymbol{j}(\boldsymbol{r}_1)\cdot \boldsymbol{j}(\boldsymbol{r}_2)}{r_{12}} \tag{59.3}$$

zugrunde zu legen, bei der der endliche Leiterquerschnitt berücksichtigt ist. Wählen wir gleichzeitig die Achse des Leiters zur z-Achse und zerlegen den Querschnitt $q=\pi a^2$ in Stromfäden durch die Orte mit den Zylinderkoordinaten r_1, φ_1 und r_2, φ_2, dann ist der Abstand der Linienelemente dz_1 und dz_2 auf diesen Fäden

$$r_{12}=\sqrt{(z_1-z_2)^2+\varrho_{12}^2} \quad \text{mit} \quad \varrho_{12}^2 = r_1^2+r_2^2-2r_1r_2\cos(\varphi_1-\varphi_2)\,.$$

Für die Querschnitte der beiden Fäden schreiben wir

$$dq_1 = r_1\,dr_1\,d\varphi_1 \quad \text{und} \quad dq_2 = r_2\,dr_2\,d\varphi_2\,.$$

Der Betrag der Stromdichte $j=I/q$ ist konstant. Dann gibt Gl. (59.3)

$$c^2 L_{\alpha\alpha} = \frac{1}{q^2}\int dq_1 \int dq_2 \int_0^l dz_1 \int_0^l dz_2 \frac{1}{\sqrt{(z_1-z_2)^2+\varrho_{12}^2}}\,. \tag{59.4}$$

Die Integration über z_1 und z_2 kennen wir aus Aufgabe 57:

$$\int_0^l dz_1 \int_0^l dz_2 \frac{1}{\sqrt{(z_1-z_2)^2+\varrho_{12}^2}} = 2l\left(\log\frac{2l}{\varrho_{12}}-1\right); \tag{59.5}$$

eben hier tritt $\log l$ auf. Gleichung (59.4) geht über in

$$c^2 L_{\alpha\alpha} = 2l(\log 2l-1) - \frac{l}{q^2}Q \tag{59.6a}$$

mit

$$\begin{aligned} Q &= \int dq_1 \int dq_2 \log \varrho_{12}^2 \\ &= \oint d\varphi_1 \oint d\varphi_2 \int_0^a dr_1\,r_1 \int_0^a dr_2\,r_2 \log[r_1^2+r_2^2-2r_1r_2\cos(\varphi_1-\varphi_2)]\,. \end{aligned} \tag{59.6b}$$

Hier ist die eine Winkelintegration trivial (2π), die andere führen wir in der Variablen $\varphi_1-\varphi_2=\varphi$ aus. Zerlegen wir das Argument des Logarithmus in das Produkt zweier konjugiert komplexer Funktionen,

$$\begin{aligned} r_1^2+r_2^2-2r_1r_2\cos\varphi &= (r_1-r_2\mathrm{e}^{i\varphi})(r_1-r_2\mathrm{e}^{-i\varphi}) \\ &= (r_2-r_1\mathrm{e}^{i\varphi})(r_2-r_1\mathrm{e}^{-i\varphi})\,, \end{aligned}$$

so entsteht

$$Q = 4\pi \int_0^a dr_1\,r_1 \int_0^a dr_2\,r_2\,\mathrm{Re}\oint d\varphi \log(r_1-r_2\mathrm{e}^{i\varphi})\,, \tag{59.7a}$$

bzw.

$$Q = 4\pi \int_0^a dr_1\,r_1 \int_0^a dr_2\,r_2\,\mathrm{Re}\oint d\varphi \log(r_2-r_1\mathrm{e}^{i\varphi})\,. \tag{59.7b}$$

Den Logarithmus zerlegen wir nun für $r_2 < r_1$ in Gl. (59.7a)

$$\log(r_1 - r_2 e^{i\varphi}) = \log r_1 + \log\left(1 - \frac{r_2}{r_1} e^{i\varphi}\right)$$

und entwickeln in eine konvergente Reihe

$$\log\left(1 - \frac{r_2}{r_1} e^{i\varphi}\right) = -\sum_{n=1}^{\infty} \frac{1}{n} (r_2/r_1)^n e^{in\varphi} .$$

Das Integral über diese Reihe verschwindet aber wegen $\oint d\varphi\, e^{in\varphi} = 0$ für alle ganzen $n \geq 1$. Genauso verfahren wir für $r_2 > r_1$ mit Gl. (59.7b). Auf diese Weise vereinfacht sich Q zu

$$Q = 8\pi^2 \int_0^a dr_1 r_1 \left\{ \int_0^{r_1} dr_2 r_2 \log r_1 + \int_{r_1}^a dr_2 r_2 \log r_2 \right\} .$$

Die verbliebenen elementaren Integrale sind mit Hilfe der Formel

$$\int dx\, x \log x = \tfrac{1}{2} x^2 (\log x - \tfrac{1}{2})$$

leicht zu lösen. Das Ergebnis ist

$$Q = 2(\pi a^2)^2 (\log a - \tfrac{1}{4}) ,$$

und Gl. (59.5) gibt

$$c^2 L_{\alpha\alpha} = 2l \left(\log \frac{2l}{a} - \frac{3}{4} \right) . \tag{59.8}$$

Die einfachere Berechnung von $L_{\alpha\beta}$ in Gl. (59.2) haben wir bereits in Aufgabe 57 durchgeführt; sie ergab

$$c^2 L_{\alpha\beta} = 2l \left(\log \frac{2l}{d} - 1 \right) . \tag{59.9}$$

Einsetzen von Gln. (59.8) und (59.9) in Gl. (59.2) gibt die gesuchte Selbstinduktion des Stromkreises:

$$c^2 L = 4l \left(\log \frac{d}{a} + \frac{1}{4} \right) . \tag{59.10}$$

In der Tat fällt, wie erwartet, das in Gln. (59.8) und (59.9) enthaltene Glied mit $l \log l$ heraus.

60. Aufgabe. Selbstinduktion eines Stromblatts

Die Selbstinduktion L_s des in Aufgabe 52 behandelten Stromblatts soll bestimmt werden.

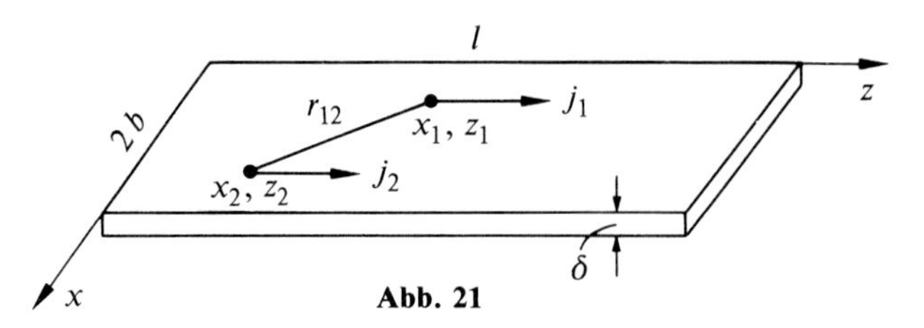

Abb. 21

Lösung. Wie in Aufgabe 59 erwarten wir auch hier ein Glied mit $\log l$, wenn wir wieder von der einfachen Formel

$$c^2 L I^2 = \int d\tau_1 \int d\tau_2 \frac{j_1 \cdot j_2}{r_{12}} \tag{60.1}$$

ausgehen. Für das in Abb. 21 abgebildete Stromblatt der Dicke δ wird

$$d\tau_i = \delta \cdot dx_i dz_i\,; \qquad j_i = \frac{I}{2b\delta} \qquad (i = 1, 2)$$

und daher

$$c^2 L_s = \frac{1}{4b^2} \int_0^{2b} dx_1 \int_0^{2b} dx_2 \int_0^{l} dz_1 \int_0^{l} dz_2 \frac{1}{\sqrt{(x_2 - x_1)^2 + (z_2 - z_1)^2}}\,. \tag{60.2}$$

Das Integral über z_1 und z_2 wurde bereits in Aufgabe 57 ausgerechnet. Es genügt, den dort in Gl. (57.5) angegebenen Ausdruck für $l \gg b$ zu verwenden, der mit der Abkürzung $x = x_2 - x_1$ lautet

$$\int_0^l dz_1 \int_0^l dz_2 \frac{1}{\sqrt{x^2 + (z_2 - z_1)^2}} = 2l \left(\log \frac{2l}{|x|} - 1 \right). \tag{60.3}$$

Damit folgt

$$c^2 L_s = \frac{l}{2b^2} \int_0^{2b} dx_1 \int_0^{2b} dx_2 (\log 2l - 1 - \log |x_2 - x_1|)$$

oder

$$c^2 L_s = \frac{l}{2b^2} \left\{ 4b^2 (\log 2l - 1) - \int_0^{2b} dx_1 F(x_1) \right\} \tag{60.4a}$$

mit

$$F(x_1) = \int_0^{x_1} dx_2 \log(x_1 - x_2) + \int_{x_1}^{2b} dx_2 \log(x_2 - x_1)\,. \tag{60.4b}$$

Setzen wir im ersten Integral von Gl. (60.4b) $x_1 - x_2 = t$ (Grenzen $x_1 \geq t \geq 0$) und im zweiten $x_2 - x_1 = t$ (Grenzen $0 \leq t \leq 2b - x_1$), so wird

$$F(x_1) = x_1 (\log x_1 - 1) + (2b - x_1) [\log (2b - x_1) - 1]\,.$$

Nach Gl. (60.4a) haben wir das noch über das Intervall $0 \leq x_1 \leq 2b$ zu integrieren. Dabei können wir im zweiten Gliede von $F(x_1)$ die neue Variable $2b - x_1$ substituieren. Beide Integrale werden dann einander gleich und

$$\int_0^{2b} dx_1 F(x_1) = 2 \int_0^{2b} dx_1 x_1 (\log x_1 - 1) = 4b^2 \left(\log 2b - \frac{3}{2} \right),$$

so daß nach Gl. (60.4a)

$$c^2 L_s = \frac{l}{2b^2}\left\{4b^2(\log 2l - 1) - 4b^2\left(\log 2b - \frac{3}{2}\right)\right\}$$

oder kurz

$$c^2 L_s = 2l\left(\log\frac{l}{b} + \frac{1}{2}\right) \tag{60.5}$$

entsteht.

61. Aufgabe. Gegenseitige Induktion zweier Stromblätter

Man bestimme die gegenseitige Induktion L_{12} zweier im Abstand d voneinander eine Doppelleitung bildender Stromblätter. Man führe insbesondere den Grenzfall $d \ll b$ (d. h. Abstand klein gegen Breite) durch.

Lösung. Wir verfahren wie in der vorstehenden Aufgabe, nur daß jetzt r_{12} den Abstand zweier Stromelemente in den beiden Leitern bedeutet,

$$r_{12}^2 = d^2 + (x_2 - x_1)^2 + (z_2 - z_1)^2 .$$

Daher wird mit Gl. (60.3) der vorigen Aufgabe

$$c^2 L_{12} = \frac{2l}{4b^2}\int_0^{2b} dx_1 \int_0^{2b} dx_2 \left\{\log 2l - \frac{1}{2}\log[(x_1 - x_2)^2 + d^2] - 1\right\}$$

oder

$$c^2 L_{12} = 2l(\log 2l - 1) - \frac{l}{4b^2}\int_0^{2b} dx_1 \int_0^{2b} dx_2 \log[(x_1 - x_2)^2 + d^2] . \tag{61.1}$$

Hier führen wir anstelle von x_2 als Integrationsvariable

$$t = \frac{x_2 - x_1}{d}$$

mit den Grenzen $-x_1/d \le t \le (2b - x_1)/d$ ein. Dann wird das innere Integral

$$F(x_1) = \int_0^{2b} dx_2 \log[(x_1 - x_2)^2 + d^2] = d \int_{-x_1/d}^{(2b - x_1)/d} dt\,[\log(l + t^2) + 2\log d] . \tag{61.2}$$

Nun ist

$$\int dt \log(l + t^2) = t\log(l + t^2) + 2\arctan t - 2t ,$$

so daß

$$F(x_1) = (2b - x_1)\log[1 + (2b - x_1/d)^2] + 2d\arctan(2b - x_1/d)$$
$$+ x_1\log(1 + x_1^2/d^2) + 2d\arctan(x_1/d) - 4b + 4b\log d \tag{61.3}$$

entsteht. Diesen Ausdruck haben wir in

$$c^2 L_{12} = 2l(\log 2l - 1) - \frac{l}{4b^2}\int_0^{2b} dx_1 F(x_1) \tag{61.4}$$

einzusetzen. Bei dieser Integration geben die Glieder der ersten Zeile von Gl. (61.3) den gleichen Beitrag wie die der zweiten Zeile ohne die zwei letzten Glieder, welche den trivialen Beitrag $2l(1-\log d)$ liefern. Führen wir statt x_1 noch $x_1/d = s$ als Integrationsvariable ein, so folgt

$$c^2 L_{12} = 2l \log\frac{2l}{d} - \frac{d^2}{2b^2}\int_0^{2b/d} ds\,[s\log(1+s^2) + 2\arctan s] \,. \qquad (61.5)$$

Hier benutzen wir die Integralformeln

$$\int ds\, s\log(1+s^2) = \tfrac{1}{2}(1+s^2)\log(1+s^2) - \tfrac{1}{2}s^2\,;$$
$$\int ds \arctan s = s\arctan s - \tfrac{1}{2}\log(1+s^2)$$

und erhalten mit der Abkürzung

$$\lambda = \frac{d}{2b} \qquad (61.6)$$

für die gegenseitige Induktion

$$c^2 L_{12} = 2l\left(\log\frac{2l}{d} + \frac{1}{2}\right) - l\left[(1-\lambda^2)\log\left(1+\frac{1}{\lambda^2}\right) + 4\lambda\arctan\frac{1}{\lambda}\right]. \qquad (61.7)$$

Wir betrachten nun zwei Grenzfälle:

(1) Ist $\lambda \gg 1$, also der Abstand der Leiter voneinander groß gegen ihre Breite, so wird die eckige Klammer in Gl. (61.7) genähert

$$\frac{1-\lambda^2}{\lambda^2} + 4 \approx 3\,.$$

Das entspricht den Verhältnissen von Aufgabe 57, deren Gl. (57.5) dabei entsteht.

(2) Ist $\lambda \ll 1$, so erhalten wir für die eckige Klammer in Gl. (61.7) genähert

$$2\log\frac{1}{\lambda} + 2\pi\lambda\,,$$

so daß bei geringem Abstand der Stromblätter voneinander

$$c^2 L_{12} = 2l\left[\log\frac{l}{b} + \frac{1}{2} - \frac{\pi}{2}\frac{d}{b}\right] \qquad (61.8)$$

entsteht.

62. Aufgabe. Selbstinduktion einer Doppelleitung aus zwei Stromblättern

Man bestimme die Selbstinduktion einer Doppelleitung aus zwei Stromblättern, deren Abstand d voneinander klein gegen ihre Breite ist.

Lösung. Analog zu Aufgabe 59 haben wir

$$L = 2(L_s - L_{12}) \tag{62.1}$$

zu bilden, wobei L_s die in Aufgabe 60 berechnete Selbstinduktion eines einzelnen Stromblatts und L_{12} die gegenseitige Induktion der beiden Blätter nach Aufgabe 61 ist.

Wir haben die beiden Ausdrücke

$$c^2 L_s = 2l\left(\log\frac{l}{b} + \frac{1}{2}\right) \tag{62.2a}$$

und

$$c^2 L_{12} = 2l\left(\log\frac{l}{b} + \frac{1}{2} - \frac{\pi}{2}\frac{d}{b}\right), \tag{62.2b}$$

so daß nach Gl. (62.1) sofort

$$c^2 L = 2\pi l\frac{d}{b} \tag{62.3}$$

für kleinen Abstand der beiden Stromblätter folgt.

Wir können statt dessen auch auf Aufgabe 52 zurückgreifen, wobei wir insbesondere den Grenzfall (b) benutzen können, wonach das Feld der einzelnen Blätter eine x-Komponente

$$H_x = -\frac{\pi}{cb} I \operatorname{sig}\left(y \mp \frac{d}{2}\right) \tag{62.4}$$

besitzt, gegen welche H_y vernachlässigt werden kann. Fließt nun im oberen Blatt der Strom $+I$, im unteren $-I$ (Abb. 22), so zeigen zwischen den beiden Blättern beide Felder in die positive x-Richtung. Außerhalb der Stromblätter heben sich die beiden Felder gegenseitig auf, so daß der vom Magnetfeld erfüllte Bereich auf das Volumen $V = 2b \cdot d \cdot l$ beschränkt ist. Die magnetische Feldenergie wird daher

$$W = \frac{1}{8\pi} H_x^2 V = \frac{1}{8\pi}\left(\frac{2\pi I}{cb}\right)^2 2bd \cdot l = \pi\frac{d \cdot l}{b} I^2/c^2 .$$

Setzen wir das gleich $\frac{1}{2}LI^2$, so folgt die Selbstinduktion der Doppelleitung wie in der obigen Gl. (62.3).

Anm. Die Formel $LI = \Phi/c$ gestattet ebenfalls die Bestimmung von L. In $\Phi = HF$ ist $H = 2\pi I/cb$ und $F = ld$; das Ergebnis stimmt mit Gl. (62.3) überein.

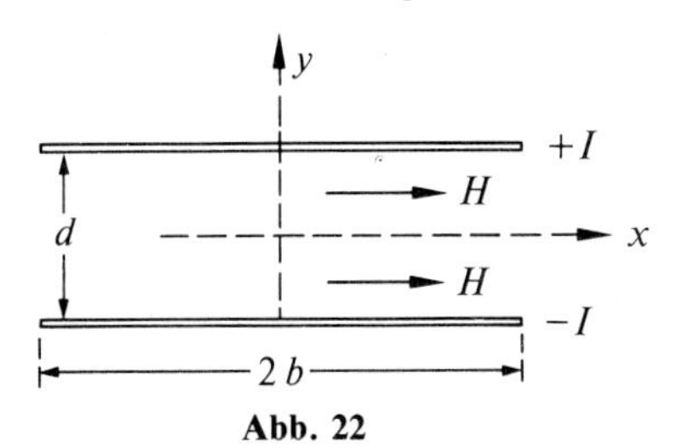

Abb. 22

63. Aufgabe. Kraft zwischen zwei Stromkreisen

Die Kraft, die ein Stromkreis (I_2) auf einen anderen (I_1) ausübt, läßt sich aus der mit einer virtuellen Verschiebung verbundenen Änderung der magnetischen Energie des Systems berechnen. Auf diese Weise soll eine allgemeine Formel für die Kraft zwischen zwei Stromkreisen angegeben werden.

Lösung. Ist der Stromkreis 1 starr beweglich, so daß er auf Kosten der Feldenergie W eine Verschiebung $\delta \boldsymbol{r}$ erfährt, so folgt die ihn verschiebende Kraft $\boldsymbol{K}$ aus dem Energiesatz:

$$\delta W + \boldsymbol{K} \cdot \delta \boldsymbol{r} = 0 \,. \tag{63.1}$$

Nun ist nach den Ausführungen von S. 78

$$\delta W = \frac{1}{c} I_1 \, \delta \Phi_1 \,, \tag{63.2}$$

wobei

$$\Phi_1 = \oint d\boldsymbol{f}_1 \cdot \boldsymbol{B}_2(\boldsymbol{r}_1) \tag{63.3}$$

der vom Stromkreis 2 erzeugte Induktionsfluß durch die vom Stromkreis 1 umschlossene Fläche ist. Bei der Verschiebung $\delta \boldsymbol{r}$ wird bei jedem $d\boldsymbol{s}_1$ der Umrandung ein differentielles Flächenstück $d\boldsymbol{s}_1 \times \delta \boldsymbol{r}$ hinzugefügt, so daß

$$\delta \Phi_1 = \oint (d\boldsymbol{s}_1 \times \delta \boldsymbol{r}) \cdot \boldsymbol{B}_2(\boldsymbol{r}_1) = \delta \boldsymbol{r} \cdot \oint \boldsymbol{B}_2(\boldsymbol{r}_1) \times d\boldsymbol{s}_1$$

und daher nach Gln. (63.1) und (63.2)

$$\frac{1}{c} I_1 \, \delta \boldsymbol{r} \cdot \oint \boldsymbol{B}_2(\boldsymbol{r}_1) \times d\boldsymbol{s}_1 + \boldsymbol{K} \cdot \delta \boldsymbol{r} = 0$$

wird. Wir erhalten also

$$\boldsymbol{K} = -\frac{1}{c} I_1 \oint \boldsymbol{B}_2(\boldsymbol{r}_1) \times d\boldsymbol{s}_1 \,. \tag{63.4}$$

Nun ist nach Gl. (15), S. 78,

$$\boldsymbol{B}_2(\boldsymbol{r}_1) = \frac{\mu}{c} I_2 \oint \frac{d\boldsymbol{s}_2 \times (\boldsymbol{r}_1 - \boldsymbol{r}_2)}{r_{12}^3} \,; \tag{63.5}$$

Gl. (63.4) kann daher in

$$\boldsymbol{K} = \frac{\mu}{c^2} I_1 I_2 \oint \oint d\boldsymbol{s}_1 \times \frac{d\boldsymbol{s}_2 \times (\boldsymbol{r}_1 - \boldsymbol{r}_2)}{r_{12}^3} \tag{63.6}$$

umgeschrieben werden.

64. Aufgabe. Kraft zwischen zwei parallelen Strömen

Zwei sehr lange Leiter ($-\frac{1}{2} l \leq z \leq +\frac{1}{2} l$) liegen parallel zueinander im Abstand a. Sie werden von Strömen I_1 und I_2 durchflossen. Welche Kraft üben sie aufeinander aus?

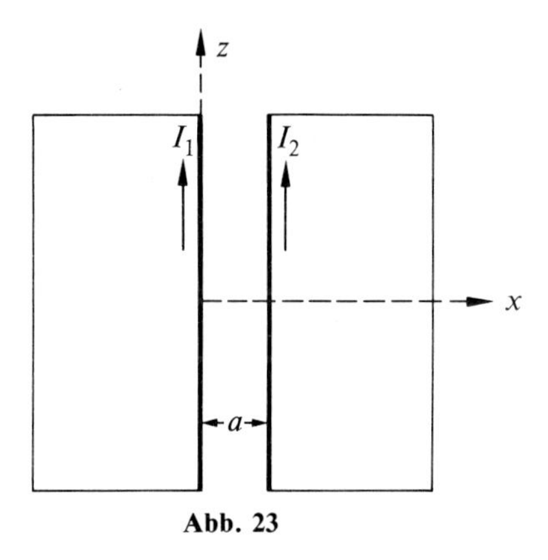

Abb. 23

Lösung. Wegen $l \gg a$ können wir die Beiträge der in Abb. 23 schwach ausgezogenen fernen Leiterteile, die I_1 und I_2 zu geschlossenen Stromkreisen ergänzen, vernachlässigen. In den angegebenen kartesischen Koordinaten haben wir dann die Vektorkomponenten

$$d\boldsymbol{s}_1 = (0, 0, dz_1) \; ; \qquad d\boldsymbol{s}_2 = (0, 0, dz_2) \; ; \qquad \boldsymbol{r}_1 - \boldsymbol{r}_2 = (a, 0, z_1 - z_2) \; .$$

Das führt auf

$$d\boldsymbol{s}_1 \times (d\boldsymbol{s}_2 \times \boldsymbol{r}_{12}) = (a\, dz_1\, dz_2, 0, 0) \; . \tag{64.1}$$

Nach der allgemeinen Formel der vorstehenden Aufgabe ist die Kraft auf den Leiter 1

$$\boldsymbol{K} = \frac{\mu}{c^2} I_1 I_2 \int\int d\boldsymbol{s}_1 \times \frac{(d\boldsymbol{s}_2 \times \boldsymbol{r}_{12})}{r_{12}^3} \; . \tag{64.2}$$

Wegen Gl. (64.1) fällt dieser Vektor in die x-Richtung; es ist

$$K_x = \frac{\mu}{c^2} I_1 I_2 a \int\int dz_1\, dz_2 \frac{1}{[a^2 + (z_1 - z_2)^2]^{3/2}} \; . \tag{64.3}$$

Die Integration kann elementar mit Hilfe der Formeln

$$a^2 \int \frac{dt}{(a^2 + t^2)^{3/2}} = \frac{t}{\sqrt{a^2 + t^2}} \; ; \qquad \int \frac{t\, dt}{\sqrt{a^2 + t^2}} = \sqrt{a^2 + t^2}$$

ausgeführt werden. Man findet mit den Integrationsgrenzen $\pm \frac{1}{2} l$

$$K_x = \frac{\mu}{c^2} I_1 I_2 \frac{2}{a} (\sqrt{a^2 + l^2} - a) \; ,$$

also wegen $l \gg a$,

$$K_x = \frac{\mu}{c^2} I_1 I_2 \frac{2l}{a} \; . \tag{64.4}$$

Haben die Ströme in den beiden Leitern die gleiche Richtung, ist also $I_1 I_2 > 0$, so weist die Kraft auf den Leiter 1 nach positiven x, d. h. zum Leiter 2 hin: Gleichgerichtete Ströme ziehen sich an (Ampèresches Gesetz).

Anm. Wir hätten ebenso vorgehen können wie in Aufgabe 63 mit einer Verschiebung von 1 um δx. Dann würde die Fläche $-l\delta x$ überstrichen, an welcher der zweite Leiter die Induktion $B_y = \mu(2I_2/ca)$ erzeugt. Wir hätten daher

$$\delta\Phi_1 = -B_y l\delta x = -\frac{\mu}{c} I_2 \frac{2l}{a}\delta x\,; \qquad \delta W = \frac{1}{c} I_1 \delta\Phi_1\,,$$

und die Beziehung $\delta W + K_x \delta x = 0$ würde

$$K_x = \frac{\mu}{c^2} I_1 I_2 \frac{2l}{a}$$

ergeben, in Übereinstimmung mit Gl. (64.4).

65. Aufgabe. Kraft zwischen zwei Kreisströmen

Welche Kraft wirkt zwischen zwei im Abstand $2h$ voneinander fließenden Kreisströmen des gleichen Radius a (Abb. 24)?

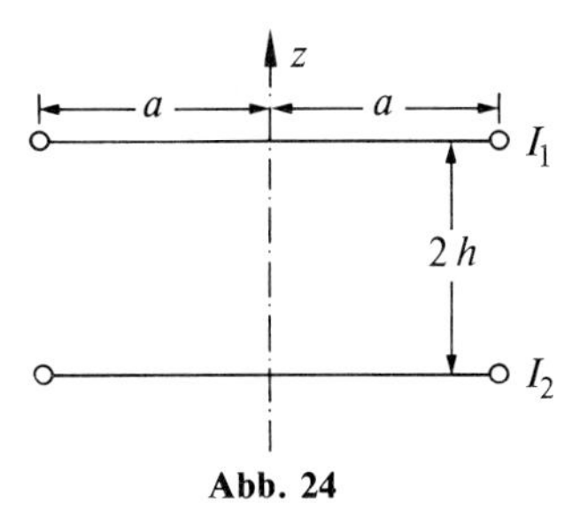

Abb. 24

Lösung. Die Anordnung ist die gleiche wie in Aufgabe 56. Die auf den Stromkreis I_1 ausgeübte Kraft ist

$$\boldsymbol{K} = \frac{\mu}{c} I_1 I_2 \int\int d\boldsymbol{s}_1 \times \frac{d\boldsymbol{s}_2 \times (\boldsymbol{r}_1 - \boldsymbol{r}_2)}{r_{12}^3}\,. \tag{65.1}$$

Die kartesischen Komponenten der vier Vektoren sind

$$\begin{aligned} d\boldsymbol{s}_1 &= a\,d\varphi_1(-\sin\varphi_1;\ \cos\varphi_1;\ 0)\\ d\boldsymbol{s}_2 &= a\,d\varphi_2(-\sin\varphi_2;\ \cos\varphi_2;\ 0)\\ \boldsymbol{r}_1 &= (a\cos\varphi_1;\ a\sin\varphi_1;\ 2h)\\ \boldsymbol{r}_2 &= (a\cos\varphi_2;\ a\sin\varphi_2;\ 0)\,. \end{aligned}$$

Das ergibt mit der Abkürzung $\varphi_2 - \varphi_1 = \varphi$

$$r_{12}^2 = 4h^2 + 2a^2(1-\cos\varphi) = 4\left(h^2 + a^2\sin^2\frac{\varphi}{2}\right) \tag{65.2}$$

und für das doppelte Vektorprodukt im Zähler von Gl. (65.1) die Komponenten

$$d\boldsymbol{s}_1 \times (d\boldsymbol{s}_2 \times \boldsymbol{r}_{12}) = \begin{cases} -a^3 \cos\varphi_1 (1-\cos\varphi)\, d\varphi_1\, d\varphi_2 \\ -a^3 \sin\varphi_1 (1-\cos\varphi)\, d\varphi_1\, d\varphi_2 \\ -2ha^2 \cos\varphi\, d\varphi_1\, d\varphi_2\,. \end{cases} \tag{65.3}$$

Für die Integration können wir φ_2 durch φ ersetzen; man sieht sofort, daß dann die Integration über φ_1 in Gl. (65.3) die x- und y-Komponenten verschwinden läßt. Die Kraft auf den Stromkreis I_1 hat daher nur eine z-Komponente

$$K_z = -2\pi \frac{\mu}{c^2} I_1 I_2 \frac{2ha^2}{8} \int_{-\pi}^{+\pi} \frac{\cos\varphi\, d\varphi}{(h^2 + a^2 \sin^2\varphi/2)^{3/2}}\,. \tag{65.4}$$

Das Integral in Gl. (65.4) läßt sich ähnlich wie das etwas einfachere in Aufgabe 56 berechnen. Wir führen den Parameter

$$k^2 = \frac{a^2}{h^2 + a^2} \tag{65.5}$$

und die Variable $\chi = \frac{1}{2}\varphi$ ein; dann können wir die Integration über $-\frac{\pi}{2} \leq \chi \leq +\frac{\pi}{2}$ auch durch das Doppelte des Integrals über $0 \leq \chi \leq \frac{\pi}{2}$ ersetzen. Das führt nach einfachen Umformungen auf

$$\begin{aligned} J &= \int_{-\pi}^{+\pi} \frac{\cos\varphi\, d\varphi}{(h^2 + a^2 \sin^2\varphi/2)^{3/2}} = \frac{4}{(h^2+a^2)^{3/2}} \int_0^{\pi/2} \frac{d\chi\,(2\sin^2\chi - 1)}{(1-k^2\sin^2\chi)^{3/2}} \\ &= \frac{4k^3}{a^3} \int_0^{\pi/2} \frac{d\chi}{(1-k^2\sin^2\chi)^{3/2}} \left\{ \left(\frac{2}{k^2} - 1\right) - \frac{2}{k^2}(1-k^2\sin^2\chi) \right\}. \end{aligned}$$

Der zweite Term führt auf das elliptische Integral $K(k)$. Das erste Glied läßt sich mit Hilfe der Identität

$$\int_0^{\chi} \frac{d\chi}{(1-k^2\sin^2\chi)^{3/2}} = -\frac{k^2}{1-k^2} \frac{\sin\chi\cos\chi}{\sqrt{1-k^2\sin^2\chi}} + \frac{1}{1-k^2} \int_0^{\chi} d\chi \sqrt{1-k^2\sin^2\chi}$$

in

$$\int_0^{\pi/2} \frac{d\chi}{(1-k^2\sin^2\chi)^{3/2}} = \frac{1}{1-k^2} E(k)$$

umformen. (Für die Definition der elliptischen Integrale vgl. Aufgabe 56). Auf diese Weise entsteht

$$J = \frac{4k}{a^3} \left\{ \frac{2-k^2}{1-k^2} E(k) - 2K(k) \right\}$$

und

$$K_z = -2\pi \frac{\mu}{c^2} I_1 I_2 \sqrt{1-k^2} \left\{ \frac{2-k^2}{1-k^2} E(k) - 2K(k) \right\}. \tag{65.6}$$

Sind beide Ströme gleichgerichtet, so ist K_z negativ; dann besteht also Anziehung zwischen den beiden Stromkreisen. In Gl. (65.6) geht außer den Stromstärken nur mehr der Parameter k, d.h. das Verhältnis h/a, nicht aber die absolute Größe der Anordnung ein. Stellen die Kreisströme eine Idealisierung für zwei Spulen mit n_1 und n_2 Windungen dar, so sind in Gl. (65.6) $n_1 I_1$ und $n_2 I_2$ als Ströme einzuführen.

Schreiben wir Gl. (65.6) kurz

$$K_z = -\frac{\mu}{c^2} I_1 I_2 f(k) , \tag{65.7}$$

so können wir die Funktion $f(k)$ numerisch ausrechnen. In Tabelle 4 stellen wir ein paar Zahlen zusammen.

Tabelle 4

k^2	$h/2a$	$K(k)$	$E(k)$	$f(k)$
0,70	0,6547	2,0754	1,2417	4,2326
0,75	0,5773	2,1565	1,2111	5,4742
0,80	0,5	2,2572	1,1785	7,1838
0,85	0,4219	2,3890	1,1434	9,7050
0,90	0,3333	2,5781	1,1048	13,9018

Zahlenbeispiel. Nach Aufgabe 50 wird das Magnetfeld zwischen den beiden Spulen am homogensten, wenn $2h/a = 1$ oder $k^2 = \frac{4}{5}$ ist und in beiden Spulen der gleiche Strom fließt (Helmholtz-Spulen). Dann gibt Gl. (65.7), kombiniert mit Tabelle 4,

$$K_z = -7{,}1838 \left(\frac{I}{c}\right)^2 .$$

Läßt man durch die Spulen einen Strom von 25 A jeweils in 200 Windungen umlaufen, so wird $I = 5 \times 10^3$ A und $I/c = 500$ cgs-Einh., so daß $K_z = -1{,}80 \times 10^6$ dyn $= -1{,}83$ kp entsteht (1 A $= 3 \times 10^9$ stat.Einh.; 1 kp $= 0{,}98 \times 10^9$ dyn). Das Magnetfeld wird in diesem Fall nach Aufgabe 50

$$H = \frac{4\pi}{a} \cdot \frac{I}{c} \cdot \left(\frac{4}{5}\right)^{3/2} = \frac{8{,}992}{a} \cdot \frac{I}{c} ;$$

mit $I/c = 500$ und $a = 20$ cm führt das auf $H = 224{,}8$ Gauß.

In diesem Beispiel haben wir die endliche Dicke und Höhe der Spulen gegen ihren Radius und Abstand vernachlässigt. Die Rechnung gibt aber einen Begriff davon, daß u.U. recht beachtliche Kräfte zwischen den Spulen entstehen, gegen deren Wirkung man sich durch stabile Montage schützen muß.

Wollen wir das Magnetfeld etwa benutzen, um in einer Wilsonschen Nebelkammer die Geschwindigkeit der Elektronen eines radioaktiven β-Strahlers zu messen, so können wir unter Vorgriff auf Gl. (121.9), den Bahnradius dieser Teilchen zu

$$R = \frac{mvc}{eH} = 2{,}53 \times 10^{-10} v$$

bestimmen, wobei wir außer dem obigen Wert von H für ein Elektron $m = 9{,}1 \times 10^{-28}\,g$ und $e = 4{,}80 \times 10^{-10}$ st.Einh. eingesetzt haben. Die gesuchte Geschwindigkeit v des Elektrons wird

$$v\,[\mathrm{cm/s}] = 3{,}95 \times 10^{9}\,R\,[\mathrm{cm}] \ .$$

(Diese Formel gilt nur in unrelativistischer Näherung, da sonst die Ruhmasse m durch $m/\sqrt{1-(v/c)^2}$ zu ersetzen wäre.)

C. Zeitabhängige Felder

Die Gleichungen für rot$\boldsymbol{E}$ und rot$\boldsymbol{H}$ sind durch Zeitableitungen zu ergänzen:

$$\operatorname{rot}\boldsymbol{E} = -\frac{1}{c}\frac{\partial \boldsymbol{B}}{\partial t}\,; \tag{1}$$

$$\operatorname{rot}\boldsymbol{H} = \frac{4\pi}{c}\boldsymbol{j} + \frac{1}{c}\frac{\partial \boldsymbol{D}}{\partial t} \tag{2}$$

Die beiden Divergenzgleichungen bleiben auch jetzt ungeändert,

$$\operatorname{div}\boldsymbol{D} = 4\pi\varrho\,; \tag{3}$$

$$\operatorname{div}\boldsymbol{B} = 0\,. \tag{4}$$

Die Gln. (1) bis (4) sind das vollständige System der *Maxwellschen Gleichungen.*

Gleichung (1) ist das *Induktionsgesetz.* Bei Integration über eine Fläche und Anwendung des Stokesschen Satzes auf die linke Seite folgt aus Gl. (1)

$$\oint \boldsymbol{E}\cdot d\boldsymbol{s} = -\frac{1}{c}\frac{\partial \Phi}{\partial t}\,,$$

wobei $\Phi = \int \boldsymbol{B}\cdot d\boldsymbol{f}$ der Induktionsfluß durch diese Fläche ist. Die linke Seite ist eine Ringspannung. Ist der Rand der Fläche ein Stromkreis, so können wir $\frac{1}{c}\Phi = LI$ schreiben, wobei L die Selbstinduktion des Kreises ist. Sie ruft daher eine Gegenspannung

$$U = -L\frac{dI}{dt} \tag{5}$$

hervor.

Das in Gl. (2) zu $\boldsymbol{j}$ hinzugefügte Glied $(1/4\pi)\dot{\boldsymbol{D}}$ heißt der *Verschiebungsstrom.* Die Notwendigkeit dieses Gliedes sieht man, wenn man von Gl. (2) die Divergenz bildet, so daß die linke Seite verschwindet. Eliminiert man dann noch $\boldsymbol{D}$ mit Hilfe von Gl. (3), so entsteht

$$\operatorname{div}\boldsymbol{j} + \frac{\partial \varrho}{\partial t} = 0\,. \tag{6}$$

Diese Kontinuitätsgleichung beschreibt die *Erhaltung der Ladung,* wie man bei Integration über ein festes Volumen und Anwendung des Gaußschen Satzes sofort sieht:

$$\oint \boldsymbol{j}\cdot d\boldsymbol{f} = -\frac{d}{dt}\int \varrho\, d\tau\,.$$

Links steht die pro Zeiteinheit aus dem Volumen herausströmende Ladung, rechts die Abnahme der im Volumen enthaltenen Ladung.

Energiesatz: Aus Gln. (1) und (2) bilden wir

$$\boldsymbol{H}\cdot\operatorname{rot}\boldsymbol{E}-\boldsymbol{E}\cdot\operatorname{rot}\boldsymbol{H}=-\frac{1}{c}(\boldsymbol{H}\dot{\boldsymbol{B}}+\boldsymbol{E}\dot{\boldsymbol{D}})-\frac{4\pi}{c}(\boldsymbol{j}\cdot\boldsymbol{E})\,.$$

Die linke Seite kann in $\operatorname{div}(\boldsymbol{E}\times\boldsymbol{H})$ umgeschrieben werden:

$$\frac{c}{4\pi}\operatorname{div}(\boldsymbol{E}\times\boldsymbol{H})+\frac{1}{4\pi}(\boldsymbol{E}\dot{\boldsymbol{D}}+\boldsymbol{H}\dot{\boldsymbol{B}})=-\boldsymbol{j}\boldsymbol{E}\,.$$

Ist $\boldsymbol{D}=\varepsilon\boldsymbol{E}$ und $\boldsymbol{B}=\mu\boldsymbol{H}$, wobei ε und μ vom Ort, aber nicht von der Zeit abhängen dürfen, so ist diese Gleichung zu

$$\operatorname{div}\boldsymbol{S}+\frac{\partial\eta}{\partial t}=-\boldsymbol{j}\boldsymbol{E} \tag{7}$$

integrabel, wobei

$$\boldsymbol{S}=\frac{c}{4\pi}(\boldsymbol{E}\times\boldsymbol{H}) \tag{8}$$

und

$$\eta=\frac{1}{8\pi}(\boldsymbol{E}\boldsymbol{D}+\boldsymbol{H}\boldsymbol{B}) \tag{9}$$

ist. Diese Gleichungen beschreiben den Energiesatz: Der *Poyntingvektor* $\boldsymbol{S}$ ist die Energiestromdichte (erg $\mathrm{cm}^{-2}\,\mathrm{s}^{-1}$), η ist die Energiedichte (erg cm^{-3}) und Gl. (7) unterscheidet sich von einer Kontinuitätsgleichung nur durch die rechte Seite, die den Verlust durch Joulesche Wärme beschreibt.

Grenzbedingungen: Aus den homogenen Gln. (1) und (4) leitet man Stetigkeit der Normalkomponente von $\boldsymbol{B}$ und der Tangentialkomponenten von $\boldsymbol{E}$ an der Grenzfläche zweier Medien ab. Befindet sich in der Grenzfläche keine Flächenladung und fließen in ihr keine Oberflächenströme, so führen die inhomogenen Gln. (2) und (3) außerdem auf Stetigkeit der Normalkomponente von $\boldsymbol{D}$ und der Tangentialkomponenten von $\boldsymbol{H}$.

1. Wechelstromkreise

Im folgenden behandeln wir Stromkreise aus linearen Leitern, deren charakteristische Größen ohmscher Widerstand R, Kapazität C und Selbstinduktion L, sowie gegenseitige Induktion zweier Kreise, L_{12}, bereits in den vorhergehenden Kapiteln eingeführt worden sind.

66. Aufgabe. Plattenkondensator: Verschiebungsstrom

Ein Plattenkondensator der Kapazität C wird über einen ohmschen Widerstand R entladen (Abb. 25). Man berechne den zeitlichen Ablauf des Entladungsstro-

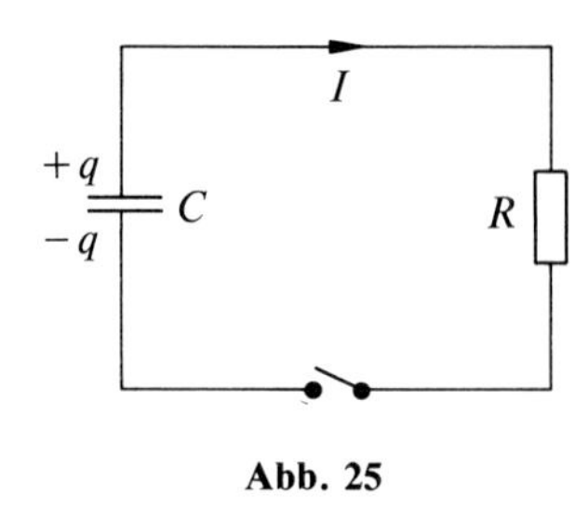

Abb. 25

mes I und zeige, daß im Innern des Kondensators der Verschiebungsstrom I_v den Leitungsstrom kontinuierlich fortsetzt.

Lösung. Die Stromstärke I ist durch die Abnahme der Ladung $q(t)$ auf dem Kondensator bestimmt,

$$I = -\frac{dq}{dt}. \tag{66.1}$$

Die Spannung (Potentialdifferenz) am Kondensator, U, hängt mit Ladung und Kapazität C wie

$$U = \frac{1}{C} q \tag{66.2}$$

zusammen. Im äußeren Kreis, in dem ein Leitungsstrom fließt, gilt für den rein ohmschen Widerstand R das Ohmsche Gesetz in der einfachsten Form,

$$U = R \cdot I. \tag{66.3}$$

Setzt man hier I aus Gl. (66.1) und U aus Gl. (66.2) ein, so entsteht die Differentialgleichung für $q(t)$

$$\frac{dq}{dt} = -\frac{1}{RC} q, \tag{66.4}$$

deren Lösung

$$q(t) = q_0 e^{-t/\tau} \tag{66.5a}$$

mit der Zeitkonstanten

$$\tau = RC \tag{66.5b}$$

ist, wenn zur Zeit $t = 0$ beim Einschalten des Stromes $q = q_0$ war.

Der Leitungsstrom I entspringt auf der positiv geladenen Platte des Kondensators und endet auf der negativen: er ist also nicht divergenzfrei. Im Innern des Kondensators wird er aber divergenzfrei fortgesetzt durch den Verschiebungsstrom im Dielectricum

$$I_v = -\frac{F}{4\pi} \frac{dD}{dt}, \tag{66.6}$$

wenn F die Plattenfläche und $D = \varepsilon E$ die dielektrische Verschiebung ist. Nun sind (vgl. Aufgabe 36) die Kapazität C und die Feldstärke E durch

$$C = \frac{\varepsilon F}{4\pi d} \quad \text{und} \quad E = \frac{U}{d}$$

bestimmt, so daß

$$\frac{F}{4\pi} D = C U$$

wird. Setzen wir das in Gl. (66.6) ein, so folgt

$$I_v = -C \frac{dU}{dt}$$

und mit Gl. (66.2)

$$I_v = -\frac{dq}{dt} = I\,,$$

wie behauptet.

Anm. In Gln. (66.1) und (66.6) sind die Vorzeichen so gewählt, daß alle Stromstärken positiv sind. Der Gesamtstrom $S = I + I_v$ fließt im äußeren Kreis als Leitungsstrom ($S = I$) und im Dielectricum als Verschiebungsstrom ($S = I_v$).

67. Aufgabe. Verschiebungsstrom für zwei konzentrische Zylinder

Der ebene Plattenkondensator der vorigen Aufgabe sei durch einen Kondensator aus zwei konzentrischen Zylindern der Radien $R_1 < R_2$ ersetzt. Man zeige, daß auch hier der Verschiebungsstrom den Leitungsstrom kontinuierlich im Dielectricum fortsetzt.

Lösung. Nach Aufgabe 23 gilt für diesen Kondensator

$$C = \frac{\varepsilon l}{2 \log(R_2/R_1)}\,; \qquad E(r) = \frac{U}{r \log(R_2/R_1)}\,.$$

Die radial gerichtete Feldstärke E hat also bei verschiedenen Radien verschiedene Werte. Durch jede Zylinderfläche $F = 2\pi r l$ vom Radius r tritt ein Verschiebungsstrom

$$I_v = -\frac{F}{4\pi} \frac{\partial D}{\partial t} = -\frac{rl}{2} \varepsilon \frac{dU/dt}{r \log(R_2/R_1)} = -C \frac{dU}{dt}$$

unabhängig vom Radius r. Wegen $U = q/C$ gilt dann auch hier

$$I_v = -\frac{dq}{dt} = I$$

wie behauptet.

68. Aufgabe. Wechselspannung an unbelastetem *RC*-Kreis

An einem *RC*-Vierpol (1, 2, 3, 4 in der Abb. 26) wird am Eingang, zwischen 1 und 2, eine Wechselspannung $V(t)$ angelegt. Welche Spannung $V'(t)$ entsteht am Ausgang, zwischen 3 und 4, ohne Belastung?

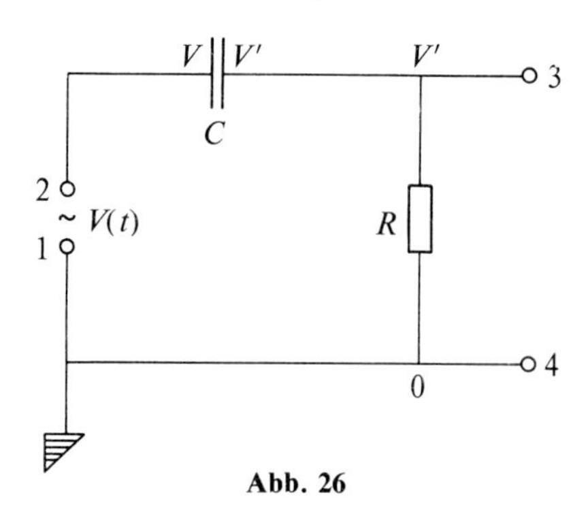

Abb. 26

Lösung. Da ohne Belastung des Vierpols zwischen 3 und 4 kein Strom abgezweigt wird, fließt überall der gleiche Strom $I(t)$. Dann besteht zwischen der Kondensatorladung q und der Potentialdifferenz am Kondensator die Beziehung

$$V - V' = \frac{q}{C} ,$$

also

$$C \frac{d}{dt}(V - V') = I . \tag{68.1}$$

Für V' erhält man mit dem ohmschen Widerstand R

$$V' = RI . \tag{68.2}$$

Gleichsetzen von I in Gln. (1) und (2) gibt für V' die Differentialgleichung

$$C \frac{d}{dt}(V - V') = \frac{1}{R} V' .$$

Hier tritt wieder die Zeitkonstante $\tau = RC$ auf, mit der wir die inhomogene Differentialgleichung

$$\frac{dV'}{dt} + \frac{1}{\tau} V' = \frac{dV}{dt} \tag{68.3}$$

schreiben können. Für eine einfache sinoidale Wechselspannung

$$V(t) = V_0 \cos \omega t \tag{68.4}$$

lautet die vollständige Lösung von Gl. (68.3)

$$V'(t) = \frac{\omega \tau}{1 + \omega^2 \tau^2} V_0 (\omega \tau \cos \omega t - \sin \omega t) + v_0 \mathrm{e}^{-t/\tau} \tag{68.5}$$

mit einer Integrationskonstanten v_0. Das letzte Glied ist die vollständige Lösung der homogenen Gleichung; wenn es überhaupt auftritt, stellt es den Einschalteffekt dar und klingt nach einer Zeit der Größenordnung τ ab. Die ersten Glieder in Gl. (68.5) zeigen das Auftreten einer Phasenverschiebung zwischen Eingangs- und Ausgangsspannung. Dies wird noch deutlicher, wenn wir Gl. (68.5) in

$$V'(t) = \frac{\omega\tau}{\sqrt{1+\omega^2\tau^2}} V_0 [\cos(\omega t + \delta) - \cos\delta\, e^{-t/\tau}] \tag{68.6}$$

mit

$$\tan\delta = \frac{1}{\omega\tau} = \frac{1}{\omega C \cdot R} \tag{68.7}$$

umschreiben. Dabei haben wir gleichzeitig die Integrationskonstante v_0 so festgelegt, daß der Stromkreis zur Zeit $t = 0$ eingeschaltet wird, also $V'(0) = 0$ ist. Die Spannungsamplitude ist um den Faktor

$$\frac{\omega\tau}{\sqrt{1+\omega^2\tau^2}} = \frac{\omega C \cdot R}{\sqrt{1+(\omega C \cdot R)^2}} \tag{68.8}$$

verkleinert. Die Stromstärke $I(t)$ folgt unmittelbar aus Gln. (68.2) und (68.6). Der Reziprokwert ihrer Amplitude kann als effektiver Widerstand

$$R_{\text{eff}} = \sqrt{R^2 + \frac{1}{(\omega C)^2}} \tag{68.9}$$

geschrieben werden. Die Anwesenheit einer Kapazität vergrößert den Widerstand gegenüber seinem ohmschen Wert R; im Fall der Gleichspannung ($\omega = 0$) wird er sogar unendlich groß: Gleichstrom kann nicht durch einen Kondensator fließen.

69. Aufgabe. Unbelasteter *RC*-Kreis, komplexe Schreibweise

Die Zusammenhänge der vorstehenden Aufgabe werden mathematisch einfacher, wenn wir die komplexe Schreibweise

$$V(t) = V_0 e^{i\omega t} \tag{69.1}$$

benutzen. Dann ist jeweils der Realteil physikalisch zu interpretieren. Auf diese Weise soll $V'(t)$ berechnet werden. Wie lassen sich die Ergebnisse anschaulich in der komplexen Zahlenebene darstellen?

Lösung. Die komplexe Schreibweise eignet sich nicht zur Berücksichtigung des Einschalteffekts, den wir deshalb jetzt außer acht lassen. Dann können wir die Differentialgleichung

$$\frac{dV'}{dt} + \frac{1}{\tau} V' = \frac{dV}{dt} \tag{69.2}$$

durch den Ansatz

$$V'(t) = V'_0 e^{i\omega t} \tag{69.3}$$

in eine algebraische Gleichung

$$\left(i\omega + \frac{1}{\tau}\right) V' = i\omega V$$

umwandeln, aus der

$$V' = \frac{i\omega\tau}{1+i\omega\tau} V \tag{69.4}$$

folgt. Die komplexe Amplitude läßt sich in

$$\frac{\omega\tau}{\sqrt{1+\omega^2\tau^2}} e^{i\delta} \quad \text{mit} \quad \tan\delta = \frac{1}{\omega\tau} \tag{69.5}$$

umschreiben. So entsteht

$$V'(t) = \frac{\omega\tau}{\sqrt{1+\omega^2\tau^2}} V_0 e^{i(\omega t+\delta)} . \tag{69.6}$$

Der Realteil hiervon ist identisch mit Gl. (68.6), wenn wir dort den Einschaltanteil weglassen. Der Amplitudenfaktor ist derselbe wie in Gl. (68.8). Die Stromstärke folgt wieder aus $V' = RI$. Führen wir durch

$$V = R_{\sim} I \tag{69.7}$$

den Wechselstromwiderstand $R_{\sim}$ ein, so wird dieser nach Gl. (69.4)

$$R_{\sim} = R\frac{V}{V'} = R\left(1 - \frac{i}{\omega\tau}\right) = R - \frac{i}{\omega C} \tag{69.8}$$

komplex: Die Kapazität besitzt einen rein imaginären Widerstand der Größe $1/(\omega C)$. Der Betrag des Wechselstromwiderstandes $R_{\sim}$ ist

$$R_{\text{eff}} = \sqrt{R^2 + \frac{1}{(\omega C)^2}} \tag{69.9}$$

wie in der vorstehenden Aufgabe.

Eine anschauliche Darstellung gibt das in Abb. 27 abgebildete Zeigerdiagramm in der komplexen Zahlenebene. Hier sind die beiden Spannungsanteile von $V = R_{\sim} I$ zum Zeitpunkt $t_0 = -\delta/\omega$ gezeigt, zu dem I reell wird. Der Realteil

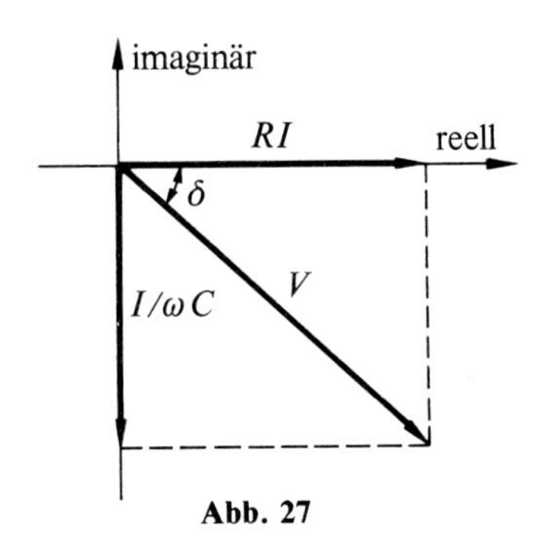

Abb. 27

von V ist RI, bedingt durch den reellen ohmschen Widerstand. Der Imaginärteil $-iI/(\omega C)$ rührt von dem kapazitiven Widerstand her. Der Phasenwinkel δ zeigt, wie die resultierende Spannung V hinter dem Strom I zurückbleibt. Im Laufe der Zeit rotiert das ganze Diagramm starr mit der Winkelgeschwindigkeit ω um den Nullpunkt. Die Spannung $V' = RI$ ist kleiner als die Eingangsspannung V, nämlich $V' = V\cos\delta$.

70. Aufgabe. Kette aus mehreren RC-Gliedern

Eine Anzahl gleicher RC-Glieder sind in Serie an eine Wechselspannung $V_0 \sim e^{i\omega t}$ gelegt wie in Abb. 28 gezeichnet. Man leite eine Rekursionsformel für die am Ende einer Serie von n Gliedern entstehende Austrittsspannung V_n ab, wenn die Belastung über einen ohmschen Widerstand R_a erfolgt.

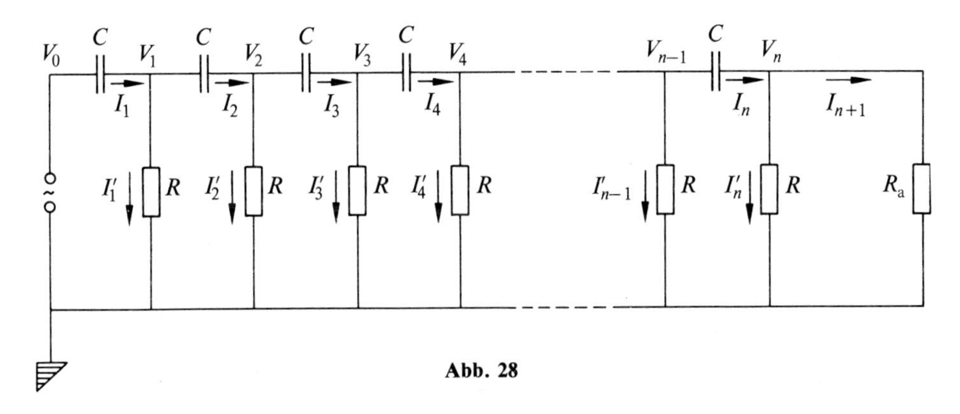

Abb. 28

Lösung. Innerhalb jedes Kettengliedes können wir eine Relation für den Kondensator C, eine für den ohmschen Widerstand R bzw. R_a und eine für die Stromverzweigung aufschreiben. Damit erhalten wir die folgende Übersicht:

$$i\omega(V_0 - V_1) = \frac{1}{C} I_1 \qquad V_1 = RI'_1 \qquad I'_1 = I_1 - I_2$$

$$i\omega(V_1 - V_2) = \frac{1}{C} I_2 \qquad V_2 = RI'_2 \qquad I'_2 = I_2 - I_3$$

$$\ldots \qquad \ldots \qquad \ldots$$

$$i\omega(V_{n-1} - V_n) = \frac{1}{C} I_n \qquad V_n = RI'_n \qquad I'_n = I_n - I_{n+1}$$

$$V_n = R_a \mathrm{I}_{n+1}$$

Hier eliminieren wir zunächst mit Hilfe der letzten Spalte alle I'_ν und schreiben die mittlere Spalte um in

$$V_1 = R(I_1 - I_2)\,; \qquad V_2 = R(I_2 - I_3)\,; \qquad \ldots \qquad V_n = R(I_n - I_{n+1}) = R_a I_{n+1}\,.$$

Dann ersetzen wir in diesen Ausdrücken die L_ν gemäß der ersten Spalte:

$$\begin{aligned}
V_1 &= i\omega CR(V_0 - 2V_1 + V_2)\\
V_2 &= i\omega CR(V_1 - 2V_2 + V_3)\\
&\cdots\cdots\\
V_{n-1} &= i\omega CR(V_{n-2} - 2V_{n-1} + V_n)\\
V_n &= i\omega CR(V_{n-1} - V_n) - (R/R_a)V_n\,.
\end{aligned}$$

Es ist bequem, in diesem Gleichungssystem die Abkürzungen

$$x = 1 - \frac{i}{2\omega CR} \quad \text{und} \quad y = 1 - \frac{i}{\omega C}\left(\frac{1}{R} + \frac{1}{R_a}\right) \tag{70.1}$$

einzuführen. Dann erhalten wir einfach

$$V_{\nu-1} - 2xV_\nu + V_{\nu+1} = 0 \quad \text{für} \quad \nu = 1, 2, \ldots, n-1 \tag{70.2}$$

und

$$yV_n = V_{n-1}\,. \tag{70.3}$$

Die Rekursionsformel Gl. (70.2) ist diejenige der Tschebyscheffschen Polynome* zweiter Art,

$$Q_0 = 1\,; \quad Q_1(x) = 2x\,; \quad Q_2(x) = 4x^2 - 1\,; \quad Q_3(x) = 8x^3 - 4x\,;$$
$$Q_4(x) = 16x^4 - 12x^2 + 1\,; \ \ldots \tag{70.4}$$

Da die Rekursion dreigliedrig, nur das letzte Glied zweigliedrig ist, rollen wir sie vom Ende her auf:

$$\begin{aligned}
V_{n-1} &= yV_n\\
V_{n-2} &= 2xV_{n-1} - V_n = (2xy - 1)V_n = (yQ_1 - Q_0)V_n\\
V_{n-3} &= 2xV_{n-2} - V_{n-1} = [(4x^2 - 1)y - 2x]V_n = (yQ_2 - Q_1)V_n
\end{aligned}$$

usw., allgemein

$$V_{n-\nu} = (yQ_{\nu-1} - Q_{\nu-2})V_n \tag{70.5}$$

und schließlich für $\nu = n$,

$$V_0 = (yQ_{n-1} - Q_{n-2})V_n\,. \tag{70.6}$$

Die gesuchte Austrittspannung V_n wird daher

$$V_n = \frac{V_0}{yQ_{n-1}(x) - Q_{n-2}(x)}\,. \tag{70.7}$$

---

* Vgl. z. B. S. Flügge: *Math. Methoden der Physik*, Bd. I (Springer, Berlin, Heidelberg, New York 1979), S. 251, Gl. (40b). Dieselbe Gleichung, die dort für die $T_n(x)$ hergeleitet ist, gilt auch für die $U_n(x) = \sqrt{1-x^2}\,Q_n(x)$. Vgl. auch l.c., S. 250 unten.

Ein Beispiel sei angefügt. Für drei Glieder ($n = 3$) entsteht

$$V_3 = \frac{V_0}{y(4x^2 - 1) - 2x} \, .$$

Ist die Belastung entfernt, als R_a unendlich groß, und schreiben wir

$$p = \frac{1}{\omega CR} = \frac{1}{\omega\tau} \, ; \qquad x = 1 - i\frac{p}{2} \, ; \qquad y = 1 - ip \, ,$$

so wird der Nenner von V_3

$$y(4x^2 - 1) - 2x = (1 - 5p^2) - i(6p - p^3) \, .$$

Die Austrittsspannung ist dann

$$V_3 = f \cdot V_0 e^{i\delta}$$

mit

$$\begin{aligned} f^2 &= [(1 - 5p^2)^2 + (6p - p^3)^2]^{-1} \\ &= [p^6 + 13p^4 + 26p^2 + 1]^{-1} \, , \end{aligned}$$

d.h. die Amplitude von V_3 ist kleiner als $|V_0|$ und um so kleiner, je größer p ist. Die Phase der Austrittsspannung wird durch

$$\tan\delta = -\frac{6p - p^3}{1 - 5p^2}$$

bestimmt. Für $p^2 = 6$ tritt insbesondere keine Phasenverschiebung zwischen Eingangs- und Austrittsspannung auf. In diesem Fall ist $f = 1/29$, die Amplitude also stark verkleinert.

71. Aufgabe. Rechteckiger Spannungsstoß am RC-Kreis

Dem offenen RC-Vierpol von Aufgabe 68 wird statt einer Wechselspannung ein rechteckiger Spannungsstoß $V(t)$ zugeführt. Man berechne den zeitlichen Ablauf der Austrittsspannung $V'(t)$.

Lösung. Aus Aufgabe 69, Gl. (69.4), entnehmen wir für die einfache periodische Grundlösung der Frequenz ω

$$V' = \frac{\omega}{\omega - \dfrac{i}{\tau}} V \tag{71.1}$$

mit $\tau = RC$. Wegen der Linearität dieser Beziehung zwischen V und V' können wir für eine nichtperiodische Eingangsspannung beide durch Fourierintegrale darstellen. Zu der Darstellung

$$V(t) = \frac{1}{\sqrt{2\pi}} \int_{-\infty}^{+\infty} d\omega \, f(\omega) \, e^{i\omega t} \tag{71.2a}$$

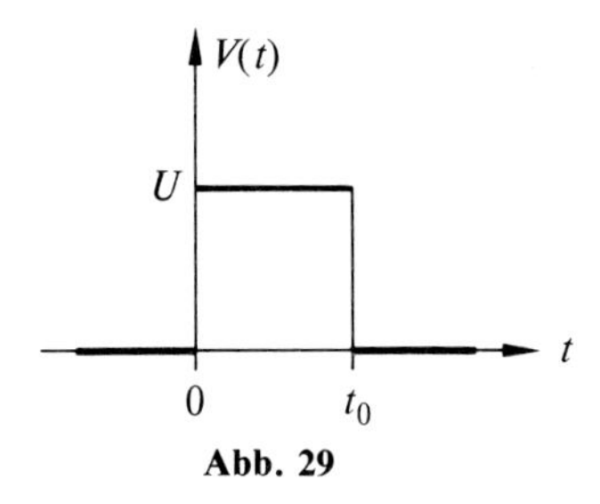

Abb. 29

gehört dann die Spektralfunktion

$$f(\omega) = \frac{1}{\sqrt{2\pi}} \int_{-\infty}^{+\infty} dt\, V(t)\, \mathrm{e}^{-i\omega t} . \tag{71.2b}$$

Die Spektralfunktion von $V'(t)$ unterscheidet sich von $f(\omega)$ durch den Faktor in Gl. (71.1).

Benutzen wir für $V(t)$ insbesondere den in Abb. 29 skizzierten Rechteckimpuls

$$V = U \quad \text{für} \quad 0 \leq t \leq t_0 ; \quad \text{sonst} \quad V = 0 ,$$

so geht Gl. (71.2b) über in

$$f(\omega) = \frac{U}{\sqrt{2\pi}} \int_0^{t_0} dt\, \mathrm{e}^{-i\omega t} = \frac{U}{\sqrt{2\pi}} \, \frac{1 - \mathrm{e}^{-i\omega t_0}}{i\omega} . \tag{71.3}$$

Damit kennen wir auch nach Gl. (71.1) die Spektralfunktion von $V'(t)$, für das wir analog zu Gl. (71.2a)

$$V'(t) = \frac{U}{2\pi i} \int_{-\infty}^{+\infty} \frac{d\omega}{\omega - \frac{i}{\tau}} \left(\mathrm{e}^{i\omega t} - \mathrm{e}^{i\omega(t-t_0)}\right) \tag{71.4}$$

erhalten.

Diese Integrale lassen sich leicht in der komplexen ω-Ebene berechnen. Solange im ersten Summanden $t > 0$, im zweiten $t > t_0$ ist, können wir den Integrationsweg von der reellen Achse ins positiv imaginär Unendliche verlegen, wobei nur das Schleifenintegral um den Pol bei $\omega = i/\tau$ übrig bleibt. Ist dagegen $t < 0$ bzw. $t < t_0$, so läßt sich der Integrationsweg ins negativ imaginär Unendliche wegziehen, ohne einen Pol zu überstreichen. Daher liefert kein Term für $t < 0$, nur der erste Term für $0 < t < t_0$, und liefern beide Terme für $t > t_0$ einen Beitrag des Pols bei $\omega = i/\tau$:

$$V(t) = \begin{cases} 0 & \text{für} \quad t < 0 \\ U \mathrm{e}^{-t/\tau} & \text{für} \quad 0 < t < t_0 \\ U(\mathrm{e}^{-t/\tau} - \mathrm{e}^{-(t-t_0)/\tau}) & \text{für} \quad t_0 < t . \end{cases} \tag{71.5}$$

Sowohl beim Einschalten ($t = 0$) als auch beim Abschalten ($t = t_0$) springt daher die Austrittsspannung, bei $t = 0$ um $+U$, bei $t = t_0$ um $-U$. Danach nimmt V' jeweils exponentiell mit der Zeitkonstante $\tau = RC$ ab.

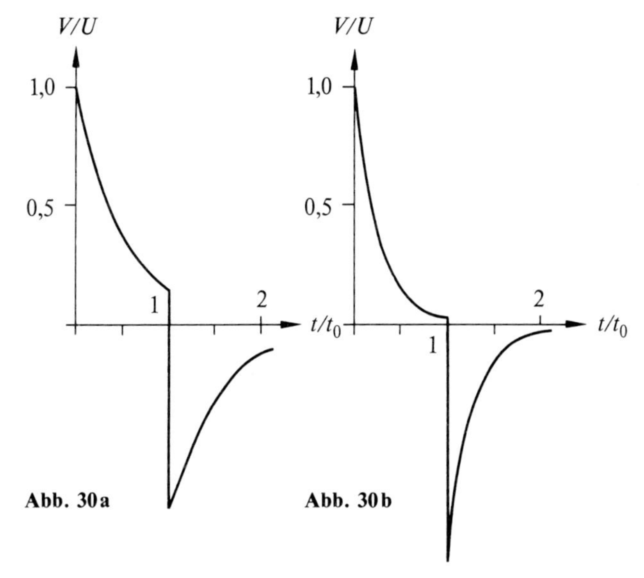

Abb. 30a **Abb. 30b**

In Abb. 30 ist $V'(t)$ dargestellt, und zwar in Abb. 30a für $\tau = \frac{1}{2}t_0$, in Abb. 30b für $\tau = \frac{1}{4}t_0$. Je kleiner τ im Vergleich zur Impulsdauer t_0 ist, um so mehr ähnelt die Kurve in ihrem Verhalten der Ableitung von $V(t)$ nach der Zeit, weshalb in der Radiotechnik auch etwas lose davon gesprochen wird, daß ein RC-Glied den Spannungsstoß „differenziert".

Lassen wir $t_0 \to \infty$ gehen, so haben wir das Verhalten für eine Zeit $t = 0$ eingeschaltete Gleichspannung. Dann ist zu Beginn nach Gl. (71.5) $V'(0) = U$ und klingt exponentiell gegen Null hin ab, entsprechend der Tatsache, daß ein Kondensator für Gleichstrom gesperrt ist.

72. Aufgabe. Unsymmetrischer Spannungsstoß am RC-Kreis (Sägezahn)

Der Spannungsstoß von Aufgabe 71 sei durch den in Abb. 31 abgebildeten ersetzt. Die Austrittsspannung $V'(t)$ soll auch hier berechnet werden. Sodann soll das Ergebnis auf die „Sägezahn"-Impulse

$$\text{(a)} \quad V_1 = 0\,; \quad V_2 = U\,, \quad \text{(b)} \quad V_1 = U\,; \quad V_2 = 0$$

spezialisiert werden.

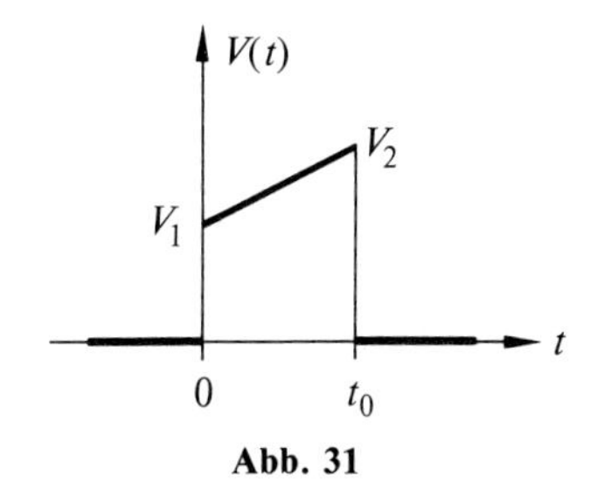

Abb. 31

Lösung. Mit der Abkürzung

$$v = (V_2 - V_1)/V_1 \tag{72.1a}$$

können wir im Impulsintervall $0 < t < t_0$

$$V(t) = V_1\left(1 + v\frac{t}{t_0}\right) \tag{72.1b}$$

schreiben. Benutzen wir noch die Abkürzungen

$$t/t_0 = x\,; \quad \omega t_0 = p\,; \quad \omega t = px\,; \quad t_0/\tau = t_0/(RC) = q\,, \tag{72.2}$$

so erhalten wir analog zu Aufgabe 71 für die Spektralfunktion von $V(t)$

$$f(\omega) = \frac{V_1}{\sqrt{2\pi}}\int_0^{t_0} dt\left(1 + v\frac{t}{t_0}\right)\mathrm{e}^{-i\omega t} = \frac{V_1 t_0}{\sqrt{2\pi}}\int_0^1 dx(1 + vx)\,\mathrm{e}^{-ipx},$$

was elementar zu

$$f(\omega) = \frac{V_1 t_0}{\sqrt{2\pi}}\left\{-\left(\frac{i}{p} + \frac{v}{p^2}\right) + \mathrm{e}^{-ip}\left(\frac{i}{p} + \frac{v}{p^2} + \frac{iv}{p}\right)\right\}, \tag{72.3}$$

ausgerechnet werden kann. Das setzen wir in

$$V'(t) = \frac{1}{\sqrt{2\pi}}\int_{-\infty}^{+\infty} d\omega\frac{\omega}{\omega - i/\tau}f(\omega)\,\mathrm{e}^{i\omega t}$$

ein und erhalten so mit den Abkürzungen aus Gl. (72.2)

$$V'(t) = \frac{V_1}{2\pi}\int_{-\infty}^{+\infty}\frac{dp}{p - iq}\left\{-\left(i + \frac{v}{p}\right)\mathrm{e}^{ipx} + \left(i + \frac{v}{p} + iv\right)\mathrm{e}^{ip(x-1)}\right\}. \tag{72.4}$$

Bei der Auswertung dieses Integrals müssen wir das Impulsintervall $0 < x < 1$ und die Nachwirkung für $x > 1$ getrennt behandeln.

$0 < x < 1$. Hier strebt $\mathrm{e}^{ipx} \to 0$ für $p \to +i\infty$. Daher muß im ersten Term von Gl. (72.4) der Pol des Integranden bei $p = iq$ berücksichtigt werden. Zu diesem Term trägt außerdem die Hälfte des Hauptwertes vom Integral $\int dp/p$ den Anteil $i\pi$ bei, so daß der erste Term von Gl. (72.4)

$$\frac{V_1}{2\pi}\left\{2\pi i\left[-\left(i + \frac{v}{iq}\right)\mathrm{e}^{-qx}\right] - \frac{v}{-iq}\,i\pi\right\} = V_1\left\{\left(1 - \frac{v}{q}\right)\mathrm{e}^{-qx} + \frac{v}{2q}\right\}$$

beiträgt. Im zweiten Term von Gl. (72.4) ist $x - 1$ negativ, so daß $\mathrm{e}^{ip(x-1)} \to 0$ strebt für $p \to -i\infty$. Der Pol bei $p = iq$ trägt also nichts bei, wohl aber derjenige bei $p = 0$, diesmal mit dem Beitrag $-i\pi$ für $\int dp/p$, so daß der zweite Term insgesamt

$$\frac{V_1}{2\pi}(-i\pi)\frac{v}{-iq} = V_1\frac{v}{2q}$$

zu Gl. (72.4) beiträgt. Insgesamt wird daher, wenn wir nach Gl. (72.1a) wieder $V_1 v = V_2 - V_1$ setzen,

$$V'(t) = V_1 e^{-qx} + (V_2 - V_1)\frac{1 - e^{-qx}}{q} \tag{72.5a}$$

oder

$$V'(t) = V_1 e^{-t/\tau} + (V_2 - V_1)\frac{\tau}{t_0}(1 - e^{-t/\tau}) . \tag{72.5b}$$

$x > 1$. Hier sind x und $x - 1$ beide positiv, so daß beide Terme von Gl. (72.4) für $p \to +i\infty$ verschwinden. Beide tragen daher zum Pol bei $p = iq$ bei. Das gibt

$$\frac{V_1}{2\pi} 2\pi i \left\{ -\left(i + \frac{v}{iq}\right) e^{-qx} + \left(i + \frac{v}{iq} + iv\right) e^{-q(x-1)} \right\}$$
$$= V_1 (e^{qx} - e^{-q(x-1)}) + (V_2 - V_1)\left[-\frac{1}{q} e^{-qx} + \left(\frac{1}{q} - 1\right) e^{-q(x-1)} \right].$$

Die Beiträge des ersten und zweiten Terms, die vom Pol bei $x = 0$ herrühren, heben sich jetzt gerade auf. Daher bleibt einfach das vorstehende Resultat oder

$$V'(t) = \left\{ -V_1 (1 - e^{-q}) + (V_2 - V_1)\frac{1 - q - e^{-q}}{q} \right\} e^{-q(x-1)} \tag{72.6a}$$

oder

$$V'(t) = \left\{ -V_1 (1 - e^{-t_0/\tau}) + (V_2 - V_1)\left[\frac{\tau}{t_0}(1 - e^{-t_0/\tau}) - 1\right]\right\} e^{-(t-t_0)/\tau} . \tag{72.6b}$$

Setzt der Impuls zur Zeit $t = 0$ ein, so wird nach Gl. (72.5) $V'(0) = V_1$. Dieser Anfangswert klingt exponentiell ab. Infolge des stetigen Anwachsens der Eingangsspannung von V_1 auf V_2 wächst V' zugleich entsprechend dem zweiten Gliede in Gl. (72.5) bis $t = t_0$ auf

$$V'(t_0) = V_1 e^{-q} + (V_2 - V_1)\frac{1 - e^{-q}}{q} \tag{72.7}$$

am Ende des Impulses.

Das plötzliche Absinken der Eingangsspannung auf Null zur Zeit t_0 spiegelt sich in Gl. (72.6) wider, die

$$V'(t_0) = -V_1 (1 - e^{-q}) + (V_2 - V_1)\frac{1 - q - e^{-q}}{q} \tag{72.8}$$

ergibt. Die Differenz aus Gln. (72.7) und (72.8) wird

$$V'(t_0 - \varepsilon) - V'(t_0 + \varepsilon) = V_2 .$$

Analog zu Aufgabe 71 springt deshalb V' zur Zeit t_0 um den gleichen Betrag wie V nach unten. Danach klingt V' gemäß Gl. (72.6) exponentiell mit der Zeitkonstanten $\tau = RC$ gegen Null ab.

Setzen wir $V_1 = V_2$, so erhalten wir den Rechteckimpuls der vorigen Aufgabe mit den gleichen Ergebnissen. Für die beiden Sägezähne finden wir:

(a) $V_1 = 0$, $V_2 = U$, ansteigender Sägezahn.

$$V'(t) = \begin{cases} \dfrac{U}{q}(1 - \mathrm{e}^{-qx}) & \text{für} \quad 0 < x < 1 \\ \dfrac{U}{q}(1 - q - \mathrm{e}^{-q})\,\mathrm{e}^{-q(x-1)} & \text{für} \quad x > 1\,. \end{cases}$$

Die Spannung V' setzt ebenso wie V mit Null zu Beginn des Impulses ein und springt an dessen Ende um U nach unten.

(b) $V_1 = U$, $V_2 = 0$, fallender Sägezahn.

$$V'(t) = \begin{cases} U\left(\mathrm{e}^{-qx} - \dfrac{1 - \mathrm{e}^{-qx}}{q}\right) & \text{für} \quad 0 < x < 1 \\ U\left(\mathrm{e}^{-qx} - \dfrac{1 - \mathrm{e}^{-q}}{q}\,\mathrm{e}^{-q(x-1)}\right) & \text{für} \quad x > 1\,. \end{cases}$$

Hier setzen V und V' mit derselben Spannung U ein. Während aber im Fall (a) V' während des Impulsintervalls stetig ansteigt, tritt bei (b) zum exponentiellen Abklingen noch ein zunehmender negativer Term als Folge des schwächer werdenden Impulses. An dessen Ende wird $V = 0$ und

$$V'(t_0) = U\left(\mathrm{e}^{-q} - \frac{1 - \mathrm{e}^{-q}}{q}\right)$$

erreicht. Ohne Sprung schließt sich das exponentiell abklingende V' für $t > t_0$ an.

73. Aufgabe. Exponentieller Spannungsstoß am *RC*-Kreis

Die Eingangsspannung eines *RC*-Kreises sei

$$V(t) = \begin{cases} U\mathrm{e}^{t/t_0} & \text{für} \quad t < 0 \\ U\mathrm{e}^{-\alpha t/t_0} & \text{für} \quad t > 0\,. \end{cases} \tag{73.1}$$

Die Austrittsspannung soll für folgende vier Werte von α berechnet werden:

(a) $\alpha = 0$: Einschalten einer Gleichspannung U,
(b) $\alpha = 1$: Symmetrischer Impuls,
(c) $\alpha = t_0/\tau$, $\tau = RC$: Unsymmetrischer spezieller Impuls,
(d) $\alpha \to \infty$: Sägezahnartiger Impuls.

Lösung. Wie in Aufgabe 72 benutzen wir die Abkürzungen

$$x = t/t_0\,; \qquad p = \omega t_0\,; \qquad px = \omega t\,; \qquad q = t_0/\tau \tag{73.2}$$

und verwenden x und p statt t und ω für die Fourierintegrale:

$$\begin{aligned} V(x) &= \frac{1}{\sqrt{2\pi}} \int_{-\infty}^{+\infty} dp\, e^{ipx} f(p)\,; \\ f(p) &= \frac{1}{\sqrt{2\pi}} \int_{-\infty}^{+\infty} dx\, e^{-ipx} V(x) \end{aligned} \tag{73.3}$$

und

$$V'(x) = \frac{1}{\sqrt{2\pi}} \int_{-\infty}^{+\infty} dp\, e^{ipx} \frac{p}{p-iq} f(p)\,. \tag{73.4}$$

Mit Gl. (73.1) ergibt sich dann zunächst elementar

$$f(p) = \frac{U}{\sqrt{2\pi}}\, i \left(\frac{1}{p+i} - \frac{1}{p-i\alpha} \right), \tag{73.5}$$

so daß Gl. (73.4) auf

$$V'(x) = \frac{U}{2\pi}\, i \int_{-\infty}^{+\infty} dp\, e^{ipx} \frac{p}{p-iq} \left(\frac{1}{p+i} - \frac{1}{p-i\alpha} \right) \tag{73.6}$$

führt.

Wir unterscheiden nun die beiden Fälle $x<0$ und $x>0$: Für $x<0$ können wir den Integrationsweg ins negativ imaginär Unendliche verlegen; dann bleibt ein Beitrag $-2\pi i$ von dem Pol des Integranden bei $p=-i$:

$$V'(x) = \frac{U}{2\pi}\, i(-2\pi i)\, e^{x} \frac{-i}{-i-iq} = \frac{U}{1+q}\, e^{x} \quad \text{für} \quad x<0\,. \tag{73.7}$$

Für $x>0$ ergibt umgekehrt Verschiebung des Integrationsweges ins positiv imaginär Unendliche Beiträge $+2\pi i$ von den beiden Polen bei $p=iq$ und $p=i\alpha$:

$$\begin{aligned} V'(x) &= \frac{U}{2\pi}\, i(2\pi i) \left[e^{-qx} q \left(\frac{1}{q+1} - \frac{1}{q-\alpha} \right) - e^{-\alpha x} \frac{\alpha}{\alpha - q} \right] \\ &= U \left[\left(\frac{q}{q-\alpha} - \frac{q}{q+1} \right) e^{-qx} + \frac{\alpha}{\alpha - q}\, e^{-\alpha x} \right]. \end{aligned} \tag{73.8}$$

Für die Diskussion der vier verschiedenen Fälle gehen wir zu den Größen t, t_0 und τ gemäß Gl. (73.2) zurück:

$$V'(t) = \begin{cases} U \dfrac{\tau}{\tau + t_0}\, e^{t/t_0} & \text{für} \quad t<0 \\ U \left[\left(\dfrac{t_0}{t_0 - \alpha\tau} - \dfrac{t_0}{t_0+\tau} \right) e^{-t/\tau} + \dfrac{\alpha\tau}{\alpha\tau - t_0}\, e^{-\alpha t/t_0} \right] & \text{für} \quad t>0\,. \end{cases} \tag{73.9}$$

In allen vier Fällen haben wir für $t<0$ den exponentiellen Anstieg mit der gleichen Zeitkonstante t_0 wie die Eingangsspannung bis auf den Wert

$$V'(0) = U \frac{\tau}{\tau + t_0}\,. \tag{73.10}$$

Für $t>0$ müssen wir unterteilen:

(a) $\alpha=0$ führt für den Einschaltstoß auf

$$V(t) = U\frac{\tau}{\tau+t_0}\,\mathrm{e}^{-t/\tau}\,. \tag{73.11a}$$

Bei $t=0$ entsteht kein Sprung in V'; der Abfall auf Null erfolgt danach mit der Zeitkonstanten $\tau = RC$.

(b) $\alpha = 1$. Der symmetrische Impuls führt auf

$$V'(t) = U\frac{\tau}{\tau-t_0}\left[\mathrm{e}^{-t/t_0} - \frac{2t_0}{\tau+t_0}\,\mathrm{e}^{-t/\tau}\right]. \tag{73.11b}$$

Auch hier tritt bei $t=0$ kein Sprung in $V'(0)$ auf, doch ergeben sich für $t_0>\tau$ und $t_0<\tau$ verschiedene Kurven. In beiden Fällen erhält man asymptotisch für $t\to\infty$ negative Werte von $V'(t)$.

(c) $\alpha = t_0/\tau$. In diesem Fall fällt der primäre Impuls mit der Zeitkonstanten des RC-Kreises ab, so daß ein einheitlicher Abfall wie $\mathrm{e}^{-t/\tau}$ entsteht. Da in zwei Gliedern der Gl. (73.9) die Nenner verschwinden, ist ein Grenzübergang

$$\alpha = \frac{t_0}{\tau} - \varepsilon\,, \qquad \lim\varepsilon = 0$$

notwendig, der zu

$$V'(t) = U\left(\frac{\tau}{\tau+t_0} - \frac{t}{\tau}\right)\mathrm{e}^{-t/\tau} \tag{73.11c}$$

führt. Auch hier ist für $t=0$ Gl. (73.10) erfüllt, so daß kein Sprung auftritt.

(d) $\alpha\to\infty$ ergibt

$$V'(t) = -U\frac{t_0}{\tau+t_0}\,\mathrm{e}^{-t/\tau}\,. \tag{73.11d}$$

Bricht der Impuls bei $t=0$ plötzlich ab, so springt $V'(0)$ um $-U$, ebenso wie in Aufgabe 71 am Ende des Rechteckimpulses. Danach geht die Spannung mit der Zeitkonstanten $\tau = RC$ gegen Null.

74. Aufgabe. *RCL*-Kreis mit beliebigem Spannungsverlauf

Für den in Abb. 32 abgebildeten, unbelasteten und geerdeten Vierpol, dem die zeitlich veränderliche Spannung $V(t)$ zugeführt wird, sollen die Spannungen V' und V'' auf der Austrittsseite berechnet werden.

Lösung. Am Kondensator C gilt

$$\frac{d}{dt}(V-V') = \frac{1}{C}I\,, \tag{74.1}$$

am ohmschen Widerstand R_1

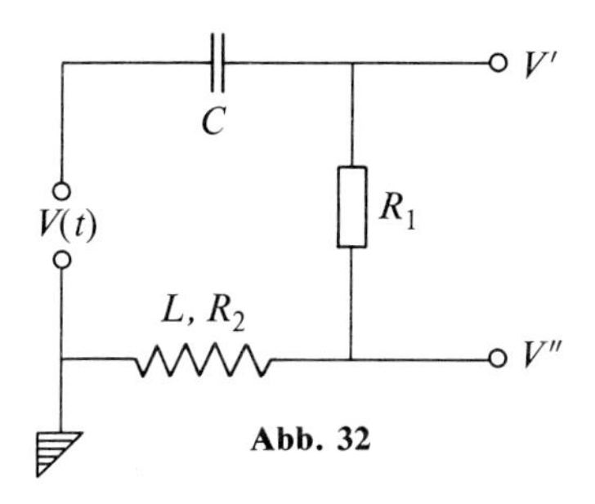

Abb. 32

$$V' - V'' = R_1 I\,. \tag{74.2}$$

Die Spannung V'' am ohmschen Widerstand R_2 wird durch die Selbstinduktion L vermindert, so daß

$$V'' - L\frac{dI}{dt} = R_2 I \tag{74.3}$$

entsteht. Eliminieren wir aus diesen Gleichungen V' und V'', so erhalten wir für die Stromstärke I die inhomogene Differentialgleichung

$$L\frac{d^2I}{dt^2} + R\frac{dI}{dt} + \frac{1}{C}I = \frac{dV}{dt} \tag{74.4}$$

mit der Abkürzung $R = R_1 + R_2$. Hat man aus dieser Gleichung $I(t)$ bestimmt, so folgen die Austrittsspannungen zu

$$V' = RI + L\frac{dI}{dt}\,; \qquad V'' = R_2 I + L\frac{dI}{dt}\,. \tag{74.5}$$

Zur Lösung von Gl. (74.4) beschreiben wir die gegebene Eingangsspannung $V(t)$ durch ein Fourier-Integral

$$V(t) = \int_{-\infty}^{+\infty} d\omega\, v(\omega)\, \mathrm{e}^{i\omega t} \tag{74.6}$$

und entsprechend den Strom durch

$$I(t) = \int_{-\infty}^{+\infty} d\omega\, j(\omega)\, \mathrm{e}^{i\omega t}\,. \tag{74.7}$$

Dann geht die Differentialgleichung (74.4) in die algebraische Gleichung

$$\left[-L\omega^2 + Ri\omega + \frac{1}{C}\right] j(\omega) = i\omega v(\omega)$$

zwischen den Spektralfunktionen über. Mit

$$j(\omega) = \frac{v(\omega)}{R + i(\omega L - 1/\omega C)} \tag{74.8}$$

ergeben dann die Gln. (74.5) für die gesuchten Austrittsspannungen

$$V'(t) = \int_{-\infty}^{+\infty} d\omega (R + i\omega L)\, j(\omega)\, \mathrm{e}^{i\omega t} ;$$

$$V''(t) = \int_{-\infty}^{+\infty} d\omega (R_2 + i\omega L)\, j(\omega)\, \mathrm{e}^{i\omega t} .$$

Der ohmsche Widerstand im Nenner von Gl. (74.8) verhindert, daß dieser Nenner für die Frequenz

$$\omega_0 = \frac{1}{\sqrt{LC}} \tag{74.9}$$

verschwindet, die sonst die Eigenfrequenz einer freien, ungedämpften Schwingung würde. Der Nenner in Gl. (74.8) ordnet jeder Frequenz einen komplexen Widerstand zu, dessen Realteil der ohmsche Widerstand ist und dessen Imaginärteil durch die gegeneinander wirkenden Größen L und C bestimmt wird. Dieser Imaginärteil ruft eine Phasenverschiebung δ mit

$$\tan\delta = \frac{1}{R}\left(\omega L - \frac{1}{\omega C}\right) \tag{74.10}$$

zwischen Spannung und Strom hervor ($j \propto \mathrm{e}^{-i\delta} v$), die für die Eigenfrequenz ω_0 verschwindet.

75. Aufgabe. *RCL*-Kreis, freie Schwingung

Der unbelastete *RCL*-Kreis der vorigen Aufgabe sei durch einen kurzen Spannungsstoß der Dauer τ zur Zeit $t = 0$ zum Schwingen angeregt. Wie verläuft die Stromstärke I als Funktion der Zeit?

Lösung. Wir idealisieren den Spannungsstoß durch eine δ-Funktion,

$$V(t) = U\tau\delta(t) ; \tag{75.1}$$

dann ist $\int dt\, V(t) = U\tau$, so daß τ die kurze Zeitdauer der Spannung U bedeutet. Nach Aufgabe 74 setzen wir nun für die Stromstärke

$$I(t) = \int_{-\infty}^{+\infty} d\omega\, j(\omega)\, \mathrm{e}^{i\omega t} \tag{75.2}$$

an. Um diese Formel anzuwenden, schreiben wir auch Gl. (75.1) als Fourier-Integral

$$V(t) = \frac{U\tau}{2\pi} \int_{-\infty}^{+\infty} d\omega\, \mathrm{e}^{i\omega t} = \int_{-\infty}^{+\infty} d\omega\, v(\omega)\, \mathrm{e}^{i\omega t}$$

mit der (konstanten) Spektralfunktion

$$v(\omega)=\frac{U\tau}{2\pi}\,. \tag{75.3}$$

Nunmehr können wir Gl. (74.8) für $j(\omega)$ anwenden:

$$I(t)=\frac{U\tau}{2\pi}\int_{-\infty}^{+\infty}d\omega\,\mathrm{e}^{i\omega t}\frac{1}{R+i(\omega L-1/\omega C)}\,. \tag{75.4}$$

Um dies Integral auszurechnen, erweitern wir den Bruch mit $-i\omega/L$; dann entsteht im Nenner eine quadratische Form in ω:

$$I(t)=\frac{U\tau}{2\pi iL}\int_{-\infty}^{+\infty}d\omega\,\mathrm{e}^{i\omega t}\frac{\omega}{\omega^2-i\frac{R}{L}\omega-\frac{1}{LC}}\,. \tag{75.5}$$

Der Nenner läßt sich zerlegen,

$$\omega^2-i\frac{R}{L}\omega-\frac{L}{C}=(\omega-\omega_1)(\omega-\omega_2) \tag{75.6a}$$

mit

$$\omega_{1,2}=i\frac{R}{2L}\pm\sqrt{\frac{1}{LC}-\left(\frac{R}{2L}\right)^2}\,. \tag{75.6b}$$

Die hier gewählte Schreibweise der Wurzel ist für geringen ohmschen Widerstand,

$$R<2\sqrt{\frac{L}{C}} \tag{75.7}$$

angepaßt. Wir benutzen noch die Abkürzungen

$$\frac{R}{2L}=\varrho\,;\qquad \frac{1}{LC}-\frac{R^2}{4L^2}=\omega_0^2\,;\qquad \omega_{1,2}=i\varrho\pm\omega_0\,; \tag{75.8}$$

dann geht Gl. (75.5) schließlich in

$$I(t)=\frac{U\tau}{2\pi iL}\int_{-\infty}^{+\infty}d\omega\,\mathrm{e}^{i\omega t}\frac{\omega}{(\omega-i\varrho-\omega_0)(\omega-i\varrho+\omega_0)} \tag{75.9}$$

über. Der Integrand hat zwei Pole bei $i\varrho\pm\omega_0$, beide mit positivem Imaginärteil. Deformiert man den Integrationsweg derart ins imaginär Unendliche, daß $\mathrm{e}^{i\omega t}$ verschwindet, so muß man für $t<0$ zu $\omega\to-i\infty$ gehen, so daß die Pole nichts beitragen und $I=0$ wird. Anders für $t>0$, also nach dem Spannungsstoß. Wir müssen dann den Integrationsweg nach $\omega\to+i\infty$ verschieben, wobei zwei Schleifenintegrale um die Pole übrig bleiben:

$$I(t)=\frac{U\tau}{L}\left\{\mathrm{e}^{i\omega_1 t}\frac{\omega_1}{\omega_1-\omega_2}+\mathrm{e}^{i\omega_2 t}\frac{\omega_2}{\omega_2-\omega_1}\right\}$$

oder

$$I(t)=\frac{U\tau}{L}\mathrm{e}^{-\varrho t}\left\{\frac{i\varrho+\omega_0}{2\omega_0}\mathrm{e}^{i\omega_0 t}-\frac{i\varrho-\omega_0}{2\omega_0}\mathrm{e}^{-i\omega_0 t}\right\}.$$

Das läßt sich besser reell schreiben:

$$I(t) = \frac{U\tau}{L} e^{-\varrho t} \left\{ \cos \omega_0 t - \frac{\varrho}{\omega_0} \sin \omega_0 t \right\}, \tag{75.10}$$

oder

$$I(t) = \frac{U\tau\omega_0}{\sqrt{(L\omega_0)^2 + \frac{1}{4}R^2}} \exp\left(-\frac{R}{2L}t\right) \cos(\omega_0 t + \delta) \tag{75.11a}$$

mit

$$\tan\delta = \frac{R}{2L\omega_0}. \tag{75.11b}$$

Der Spannungsstoß $U\tau$ regt also den Kreis zu einer gedämpften freien Schwingung mit der Eigenfrequenz

$$\omega_0 = \sqrt{\frac{1}{LC} - \left(\frac{R}{2L}\right)^2} \tag{75.12}$$

an, deren Dämpfung durch den ohmschen Widerstand bedingt ist. Diese wirkt sich nach Gl. (75.12) etwas vermindernd auf die Eigenfrequenz aus und erzeugt eine durch Gl. (75.11b) bestimmte Phase im Strom. Solange $R^2 \ll LC$ vernachlässigt werden kann, gehen die Gln. (75.11a) und (75.12) in

$$I(t) = \frac{U\tau}{L} \cos \omega_0 t\,; \qquad \omega_0 = 1/\sqrt{LC}$$

über. Setzen wir ω_0 aus Gl. (75.12) in Gl. (75.11a) ein, so wird

$$I(t) = \frac{U\tau}{L} \sqrt{1 - \frac{1}{4}\frac{C}{L}R^2} \exp\left(-\frac{R}{2L}t\right) \cos(\omega_0 t + \delta)\,.$$

76. Aufgabe. *RCL*-Kreis mit Wechselspannung

Für den in Abb. 33 abgebildeten *RCL*-Kreis, an den eine Wechselspannung $V \sim e^{i\omega t}$ angelegt ist, soll die Austrittsspannung V_1 bestimmt werden.

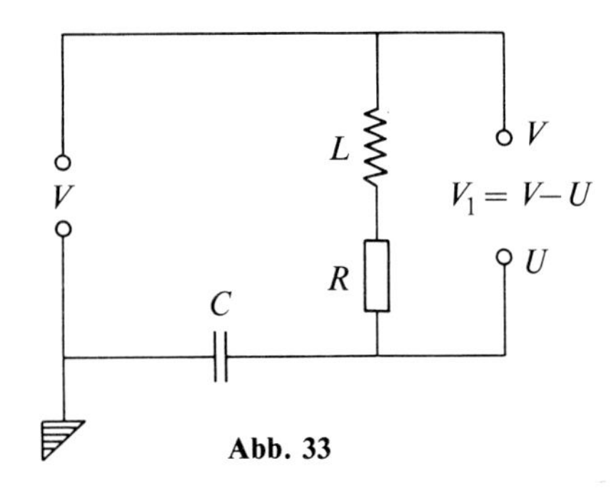

Abb. 33

Lösung. Mit den in Abb. 33 angegebenen Symbolen gilt

$$I = C\frac{dU}{dt}; \qquad V_1 = V - U = RI + L\frac{dI}{dt} \tag{76.1}$$

und daher

$$L\frac{d^2I}{dt^2} + R\frac{dI}{dt} + \frac{1}{C}I = \frac{dV}{dt}. \tag{76.2}$$

Mit V und I proportional zu $e^{i\omega t}$ folgt daraus das Ohmsche Gesetz

$$I = \frac{V}{R + i(L\omega - 1/C\omega)} \tag{76.3}$$

mit dem komplexen Wechselstromwiderstand

$$R_\sim = R + i\left(L\omega - \frac{1}{C\omega}\right) = \sqrt{R^2 + \left(L\omega - \frac{1}{C\omega}\right)^2}\, e^{i\varphi} \tag{76.4a}$$

und dem Phasenwinkel φ gemäß

$$\tan\varphi = \frac{1}{R}\left(L\omega - \frac{1}{C\omega}\right). \tag{76.4b}$$

Der Strom bleibt also um den Winkel φ hinter der Spannung zurück. Die Beiträge von L und C zum Widerstand wirken entgegengesetzt. Ist insbesondere die Frequenz $\omega = \omega_0$, so daß

$$L\omega_0 = \frac{1}{C\omega_0} \quad \text{oder} \quad \omega_0 = \frac{1}{\sqrt{LC}}, \tag{76.5}$$

so ist R der einzige wirksame Widerstand und die Phasenverschiebung wird nach Gl. (76.4b) Null.

Betrachten wir den Stromkreis als unbelasteten Vierpol mit der Eingangsspannung V und der Austrittsspannung V_1, so können wir die letztere aus Gl. (76.1) entnehmen, wenn wir dort I aus Gl. (76.3) einsetzen:

$$V_1 = (R + iL\omega)I = \frac{R + iL\omega}{R + i(L\omega - 1/C\omega)} V. \tag{76.6}$$

Der Vierpol erhöht die Eingangsspannung also um den Faktor

$$f = |V_1/V| = \sqrt{\frac{R^2 + (L\omega)^2}{R^2 + (L\omega - 1/C\omega)^2}}. \tag{76.7}$$

Der Ausdruck zeigt, daß die Erhöhung der Spannung für einen *RC*-Kreis nicht möglich ist, sondern eine Selbstinduktion L eingebaut werden muß: Für $L = 0$ würde $|V_1/V| < 1$. (Auch bei Aufgabe 74 wird $|V' - V''| < V$.)

In der Umgebung der Frequenz ω_0 von Gl. (76.5) tritt Resonanz für die im Kreis erzwungene Schwingung ein. Für eine benachbarte Frequenz $\omega = \omega_0 + \nu$ mit $|\nu| \ll \omega_0$ erhält man insbesondere

$$f \approx \sqrt{\frac{1+\omega_0^2\tau^2}{1+4\nu^2\tau^2}} \quad \text{mit} \quad \tau = L/R\,. \tag{76.8}$$

Wählt man L und C so, daß für die angelegte Frequenz $\omega = \omega_0$ ist, so erhält man maximale Spannungsverstärkung, wenn man zugleich

$$\omega_0\tau = \frac{1}{R}\sqrt{\frac{L}{C}} \tag{76.9}$$

möglichst groß macht. Die Frequenzbreite dieser Resonanz ist von der Ordnung $1/\tau = R/L$. Je kleiner die Dämpfung infolge des ohmschen Widerstandes, um so schärfer wird die Resonanz.

77. Aufgabe. Kette aus 2 bzw. 3 *RCL*-Kreisen

An den Schwingungskreis der vorigen Aufgabe seien weitere gleiche Kreise angekoppelt wie in Abb. 34 skizziert. Für welche Frequenzen tritt bei kleinem ohmschen Widerstand Resonanz auf, wenn die Schaltung aus zwei bzw. drei gleichen Kreisen besteht?

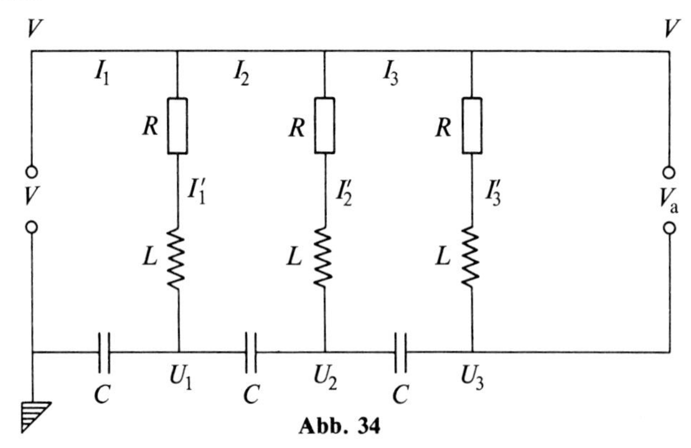

Abb. 34

Lösung. Für *einen* Kreis haben wir bereits in Aufgabe 76 die Austrittsspannung berechnet. Mit der Abkürzung

$$i\omega C(R+i\omega L) = \lambda \tag{77.1}$$

läßt sich Gl. (76.6)

$$V_a = \frac{\lambda}{\lambda+1}V \tag{77.2}$$

schreiben. Ist $R \ll L\omega$, so ist

$$\lambda \approx -\omega^2 LC\,,$$

so daß wir mit

$$\omega_0 = \frac{1}{\sqrt{LC}}$$

erhalten

$$\lambda = -\omega^2/\omega_0^2: \quad V_a = \frac{\omega^2}{\omega^2 - \omega_0^2} V. \tag{77.3}$$

Wir erhalten also *eine* Resonanzstelle bei $\omega = \omega_0$, wie schon in Aufgabe 76 gezeigt wurde.

Für *zwei* Kreise ist $I_1' = I_1 - I_0$, und es gelten die vier Beziehungen

$$I_1 = i\omega C U_1 \tag{77.4a}$$

$$I_2 = i\omega C(U_2 - U_1) \tag{77.4b}$$

$$V - U_1 = (R + i\omega L)(I_1 - I_2) \tag{77.4c}$$

$$V - U_2 = (R + i\omega L) I_2 \tag{77.4d}$$

Die gesuchte Austrittsspannung ist

$$V_a = V - U_2 . \tag{77.4e}$$

Wir drücken U_1 und U_2 mit Hilfe von Gln. (77.4a, b) durch I_1 und I_2 aus,

$$i\omega C U_1 = I_1 ; \quad i\omega C U_2 = I_1 + I_2 \tag{77.5}$$

und setzen das in Gln. (77.4c, d) ein:

$$i\omega C V = I_1 + \lambda(I_1 - I_2) ;$$
$$i\omega C V = I_1 + I_2 + \lambda I_2 .$$

Dies sind zwei lineare Gleichungen, die wir nach I_1 und I_2 auflösen:

$$I_1 = \frac{2\lambda + 1}{\lambda^2 + 3\lambda + 1} i\omega C V ; \quad I_2 = \frac{\lambda}{\lambda^2 + 3\lambda + 1} i\omega C V . \tag{77.6}$$

Aus Gln. (77.4d, e) erhalten wir dann die gesuchte Austrittsspannung

$$V_a = \frac{\lambda^2}{\lambda^2 + 3\lambda + 1} V . \tag{77.7}$$

Vernachlässigen wir wieder die Dämpfung der Resonanz durch $R \ll L\omega$, so wird $\lambda \approx -\omega^2/\omega_0^2$ reell und negativ. Die quadratische Gleichung

$$\lambda^2 + 3\lambda + 1 = 0$$

hat zwei Lösungen

$$\begin{aligned} \lambda_1 &= -\tfrac{3}{2} + \tfrac{1}{2}\sqrt{5} = -0{,}38197 \\ \lambda_2 &= -\tfrac{3}{2} - \tfrac{1}{2}\sqrt{5} = -2{,}61804 \end{aligned} \tag{77.8a}$$

zu den Resonanzfrequenzen

$$\begin{aligned} \omega_1 &= 0{,}61803\, \omega_0 \\ \omega_2 &= 1{,}61803\, \omega_0 . \end{aligned} \tag{77.8b}$$

Für *drei* Kreise müssen wir die Gln. (77.4a – e) erweitern. Mit $I_1' = I_1 - I_2$ und $I_2' = I_2 - I_3$ erhalten wir

$$I_1 = i\omega C\, U_1 \tag{77.9a}$$

$$I_2 = i\omega C(U_2 - U_1) \tag{77.9b}$$

$$I_3 = i\omega C(U_3 - U_2) \tag{77.9c}$$

$$V - U_1 = (R + i\omega L)(I_1 - I_2) \tag{77.9d}$$

$$V - U_2 = (R + i\omega L)(I_2 - I_3) \tag{77.9e}$$

$$V - U_3 = (R + i\omega L)\, I_3 \tag{77.9f}$$

und für die Austrittsspannung

$$V_{\mathrm{a}} = V - U_3 \,. \tag{77.9g}$$

Wieder drücken wir zunächst die U_i mit Hilfe der Gln. (77.9a – c) durch die I_i aus,

$$i\omega C\, U_1 = I_1 \,; \qquad i\omega C\, U_2 = I_1 + I_2 \,; \qquad i\omega C\, U_3 = I_1 + I_2 + I_3$$

und setzen das in die Gln. (77.9d – f) ein:

$$i\omega C\, V = I_1 + \lambda (I_1 - I_2)$$
$$i\omega C\, V = I_1 + I_2 + \lambda (I_2 - I_3)$$
$$i\omega C\, V = I_1 + I_2 + I_3 + \lambda I_3 \,.$$

Diese drei linearen Gleichungen können wir nach den drei Stromstärken auflösen. Wir brauchen nur

$$I_3 = i\omega C\, V \frac{\lambda^2}{\lambda^3 + 6\lambda^2 + 5\lambda + 1} \,,$$

um aus Gln. (77.9f) und (77.9g) die Austrittsspannung

$$V_{\mathrm{a}} = \frac{\lambda^3}{\lambda^3 + 6\lambda^2 + 5\lambda + 1}\, V \tag{77.10}$$

zu entnehmen.

Wieder vernachlässigen wir jetzt $R \ll L\omega$, so daß $\lambda \approx -\omega^2/\omega_0^2$ reell und negativ wird. Um die Resonanzstellen zu finden, müssen wir jetzt die Gleichung dritten Grades

$$\lambda^3 + 6\lambda^2 + 5\lambda + 1 = 0 \tag{77.11}$$

lösen. Sie hat drei reelle negative Wurzeln

$$\lambda_1 = -5{,}049 \qquad \lambda_2 = -0{,}643 \qquad \lambda_3 = -0{,}308$$

zu den Frequenzen

$$\omega_1 = 2{,}247\, \omega_0 \qquad \omega_2 = 0{,}802\, \omega_0 \qquad \omega_3 = 0{,}555\, \omega_0 \,. \tag{77.12}$$

Die Anzahl der Resonanzen ist also gleich der Zahl der hintereinander geschalteten Stromkreise.

78. Aufgabe. Energiebilanz eines *RCL*-Kreises

An einen Leiterkreis, der Glieder mit R, L und C enthält, wird eine Wechselspannung

$$V = V_0 \cos \omega t$$

angelegt. Welcher Strom fließt in dem Kreis und welche Leistung ist zur Aufrechterhaltung des Stromes erforderlich?

Lösung. Wir behandeln das Problem nacheinander in zwei mathematisch etwas verschiedenen Formen.

a) Reelle Behandlung. Nach Aufgabe 74 gilt die Differentialgleichung

$$\frac{dV}{dt} = L\frac{d^2 I}{dt^2} + R\frac{dI}{dt} + \frac{1}{C} I\,. \tag{78.1}$$

Schreiben wir ihre Lösung in der Form

$$I = I_0 \cos(\omega t - \varphi) \tag{78.2}$$

und setzen das in Gl. (78.1) ein, so folgt nach einfacher Rechnung

$$I_0 = \frac{V_0}{\sqrt{R^2 + (L\omega - 1/C\omega)^2}} \tag{78.3}$$

und

$$\tan\varphi = \frac{1}{R}\left(L\omega - \frac{1}{C\omega}\right). \tag{78.4}$$

Damit ist die Stromstärke vollständig bestimmt.

Die gesuchte Leistung ist gleich der vom Strom entwickelten Jouleschen Wärme (s. Gl. (7) auf S. 131). Bei einem Querschnitt q und der Länge l eines Leiterstücks wird darin pro Zeiteinheit die Wärme

$$\int d\tau E \cdot j = ql \cdot \frac{V}{l} \cdot \frac{I}{q} = VI$$

entwickelt, wenn auf die Länge l die Spannung V und der Strom I bestehen. Auf den ganzen Kreis kommt also pro Zeiteinheit ein Energieverbrauch

$$\Lambda = V \cdot I \tag{78.5}$$

oder

$$\Lambda = V_0 I_0 \cos\omega t \cos(\omega t - \varphi)\,. \tag{78.6}$$

Von Interesse ist das Zeitmittel über eine (oder mehrere) Perioden. Wegen

$$\overline{\cos\omega t \cos(\omega t - \varphi)} = \overline{\cos^2 \omega t} \cos\varphi + \overline{\cos\omega t \sin\omega t} \sin\varphi = \tfrac{1}{2}\cos\varphi$$

wird

$$\bar{\Lambda} = \tfrac{1}{2} V_0 I_0 \cos\varphi \tag{78.7a}$$

oder

$$\bar{\Lambda} = \frac{1}{2} \frac{V_0^2}{\sqrt{R^2+S^2}} \cos\varphi = \frac{1}{\sqrt{R^2+S^2}} \overline{V^2} \cos\varphi \tag{78.7b}$$

mit der Abkürzung

$$S = L\omega - \frac{1}{C\omega} . \tag{78.8}$$

b) Komplexe Behandlung. Wir gehen aus von

$$V = V_0 \mathrm{e}^{i\omega t} : \quad I = I_0 \mathrm{e}^{i\omega t} . \tag{78.9}$$

Einsetzen in die Differentialgleichung (78.1) führt dann unter Verwendung der Symbole φ und S auf

$$I_0 = \frac{V_0}{R+iS} = \frac{V_0}{\sqrt{R^2+S^2}} \mathrm{e}^{-i\varphi} . \tag{78.10}$$

Die Realteile von Gln. (78.9) und (78.10) sind dann jeweils die Ausdrücke, die wir unter (a) erhalten haben, nämlich bei reellem V_0

$$V = V_0 \cos\omega t ; \quad I = \frac{V_0}{\sqrt{R^2+S^2}} \cos(\omega t - \varphi) .$$

Nach Gl. (78.5) ist die Leistung das Produkt dieser Größen, bei Benutzung der komplexen Schreibweise in Gl. (78.9) also

$$\Lambda = \mathrm{Re}\, V \cdot \mathrm{Re} I = \tfrac{1}{2}(V + V^*) \cdot \tfrac{1}{2}(I + I^*) \tag{78.11a}$$

oder

$$\Lambda = \tfrac{1}{4}(VI + VI^* + V^*I + V^*I^*) . \tag{78.11b}$$

Hier wird das erste Glied nach Gl. (78.9) proportional zu $\mathrm{e}^{2i\omega t}$, das letzte zu $\mathrm{e}^{-2i\omega t}$, so daß sie bei Zeitmittelung wegfallen. Dagegen hängen die beiden mittleren Glieder nicht von t ab. Daher wird

$$\bar{\Lambda} = \tfrac{1}{4}(V_0 I_0^* + V_0^* I_0) . \tag{78.11c}$$

Gehen wir speziell von reellem V_0 aus, so wird das einfach

$$\bar{\Lambda} = \frac{1}{4} V_0 (I_0 + I_0^*) = \frac{1}{2} V_0^2 \frac{1}{\sqrt{R^2+S^2}} \cos\varphi$$

wie oben in Gl. (78.7b).

79. Aufgabe. Transformator: Ströme und Spannungen

Der in Abb. 35 skizzierte Transformator liegt primär an der Wechselspannung $V_1 \propto \mathrm{e}^{i\omega t}$. Welche Spannung V_2 wird im Sekundärkreis an dem belastenden ohmschen Widerstand R hervorgerufen?

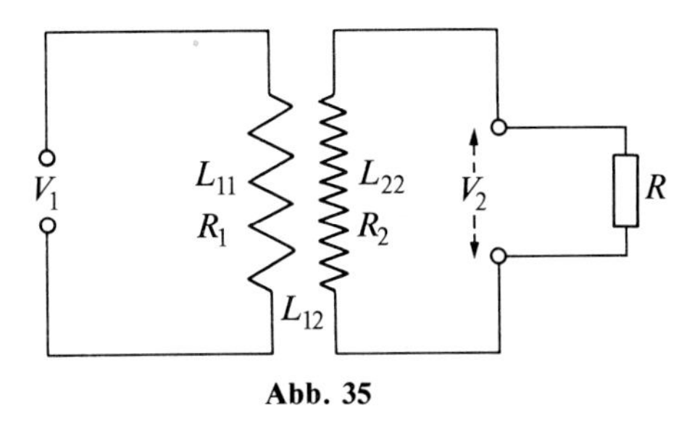

Abb. 35

Lösung. In den beiden Stromkreisen gelten die Beziehungen

$$\left.\begin{aligned}(R_{11}+i\omega L_{11})I_1+i\omega L_{12}I_2&=V_1\\ i\omega L_{12}I_1+(R_2+R+i\omega L_{22})I_2&=0\,.\end{aligned}\right\}\tag{79.1}$$

Wir eliminieren aus den beiden Gleichungen I_1 und erhalten mit der Abkürzung

$$R_2'=R_2+R$$

für den Sekundärkreis

$$I_2=\frac{-i\omega L_{12}}{R_1R_2'+i\omega(L_{11}R_2'+L_{22}R_1)+\omega^2(L_{12}^2-L_{11}L_{22})}\,V_1\,.\tag{79.2}$$

Dieser Strom fließt durch den ohmschen Widerstand R. Die an dieser Belastung wirksame Wechselspannung V_2 ist daher

$$V_2=RI_2\,.\tag{79.3}$$

Ist der äußere Widerstand R sehr groß, also insbesondere bei offenem Sekundärkreis ($R\to\infty$, $R_2'\to\infty$), so folgt zwar $I_2=0$, aber

$$V_2=\frac{-i\omega L_{12}}{R_1+i\omega L_{11}}\,V_1\,,\tag{79.4}$$

was für $\omega L_{11}\gg R_1$ in die Formel $V_2/V_1=-L_{12}/L_{11}$ übergeht. Mit den in Aufgabe 55 berechneten Induktionskoeffizienten wird das genähert (für großes μ des Eisenkerns) $=-n_2/n_1$ entsprechend der bekannten elementaren Transformatorformel.

80. Aufgabe. Transformator, Nutzeffekt

Mit welchem Nutzeffekt arbeitet der in Aufgabe 79 beschriebene Transformator? Was ergibt sich insbesondere, wenn die ohmschen Widerstände R_1 und R_2 der Spulen gegen ihre induktiven Widerstände und die ohmsche Belastung R vernachlässigt werden können?

Lösung. Die Grundgleichungen (79.1) haben die Lösungen

$$I_1=\frac{R_2'+i\omega L_{22}}{D}\,V_1\,;\qquad I_2=\frac{-i\omega L_{12}}{D}\,V_1\,,\tag{80.1}$$

wobei

$$D = [R_1 R_2' + \omega^2 (L_{12}^2 - L_{11} L_{22})] + i\omega [L_{11} R_2' + L_{22} R_1] \tag{80.2}$$

die Determinante des Gleichungssystems ist. Setzen wir V_1 reell an, so wird die Leistung im Primärkreis nach Aufgabe 78

$$\begin{aligned} \Lambda_1 &= \frac{1}{4} V_1 (I_1 + I_1^*) \\ &= \frac{1}{4} V_1^2 \frac{(R_2' + i\omega L_{22}) D^* + (R_2' - i\omega L_{22}) D}{DD^*} . \end{aligned}$$

Der Zähler ist gleich

$$2 \operatorname{Re} (R_2' + i\omega L_{22}) D^* = 2 \{ R_1 R_2'^2 + R_1 \omega^2 L_{22}^2 + R_2' \omega^2 L_{12}^2 \} ,$$

so daß wir erhalten

$$\Lambda_1 = \frac{V_1^2}{2DD^*} (R_1 R_2'^2 + R_1 \omega^2 L_{22}^2 + R_2' \omega^2 L_{12}^2) . \tag{80.3}$$

Im Sekundärkreis wird die Leistung einfach

$$\Lambda_2 = \tfrac{1}{4} (V_2^* I_2 + V_2 I_2^*) = \tfrac{1}{2} R \, |I_2|^2 ,$$

weil $V_2 = R I_2$ ist. Mit Gl. (80.1) für I_2 haben wir daher

$$\Lambda_2 = \frac{V_1^2}{2DD^*} R \omega^2 L_{12}^2 . \tag{80.4}$$

Aus Gln. (80.3) und (80.4) folgt der Nutzeffekt des Transformators

$$\eta = \frac{\Lambda_2}{\Lambda_1} = \frac{R \omega^2 L_{12}^2}{R_1 [(R + R_2)^2 + \omega^2 L_{22}^2] + (R + R_2) \omega^2 L_{12}^2} . \tag{80.5}$$

Dies ist stets kleiner als 1, da der Zähler als einer der positiven Summanden auch im Nenner auftritt.

Können R_1 und R_2 als klein gegen alle anderen Widerstände behandelt werden, so folgt aus Gl. (80.5) in erster Näherung

$$\eta \approx 1 - \left(\frac{R_2}{R} + \frac{R_1}{R} \frac{(R^2 + L_{22}^2 \omega^2)}{L_{12}^2 \omega^2} \right) .$$

81. Aufgabe. Telegraphengleichung

Die beiden Leiter eines Doppelkabels mögen gegeneinander die Kapazität C pro Längeneinheit haben. Das isolierende Dielectricum zwischen ihnen besitze eine geringe Leitfähigkeit mit dem ohmschen Widerstand G pro Längeneinheit, der sogenannten „Ableitung“. Es sollen Differentialgleichungen für den Strom $I(x, t)$ in, und die Spannung $V(x, t)$ zwischen den beiden Leitern aufgestellt werden (Telegraphengleichung).

Lösung. An der Stelle x möge im Leiter 1 der Strom I_1 fließen und das Potential V_1 bestehen, analog im Leiter 2 an der gleichen Stelle I_2 und V_2. Der durch das Dielectricum im Abschnitt dx von 1 nach 2 fließende Strom ist dann

$$dI' = (V_1 - V_2)\,G\,dx\,. \tag{81.1}$$

Die zeitlichen Veränderungen der Spannung $V = V_1 - V_2$ an dem von den beiden Leitern gebildeten Kondensator erzeugen außerdem im Abschnitt dx den von 1 nach 2 fließenden Verschiebungsstrom

$$dI'' = C\,dx\,\frac{\partial V}{\partial t}\,. \tag{81.2}$$

Um diese Ströme wird nach den Kirchhoffschen Regeln die Stromstärke I_1 längs des Abschnitts dx vermindert, I_2 vermehrt, d.h.

$$\frac{\partial I_1}{\partial x}dx = -dI' - dI''\,; \qquad \frac{\partial I_2}{\partial x}dx = +dI' + dI''\,. \tag{81.3}$$

Hieraus folgt sofort

$$\frac{\partial}{\partial x}(I_1 + I_2) = 0\,.$$

Da es mindestens am Ende des Doppelkabels eine Stelle gibt, wo $I_1 + I_2 = 0$ ist, muß dies für alle x längs der Doppelleitung zutreffen. Wir können daher fortan $I_1 = I$ und $I_2 = -I$ setzen. Mit $V = V_1 - V_2$ nimmt Gl. (81.3) dann bei Verwendung von Gln. (81.1) und (81.2) die Form an

$$\frac{\partial I}{\partial x} = -GV - C\frac{\partial V}{\partial t}\,. \tag{81.4}$$

Als zweites betrachten wir die Zusammenhänge zwischen I und V längs der beiden Leiter. Sind R_1 und R_2 ihre ohmschen Widerstände pro Längeneinheit, und ordnen wir den Leiterabschnitten der Länge 1 die Selbstinduktionen L_{11} und L_{22} und die gegenseitige Induktion L_{12} zu, so muß offenbar

$$\frac{\partial V_1}{\partial x} = -R_1 I_1 - L_{11}\frac{\partial I_1}{\partial t} - L_{12}\frac{\partial I_2}{\partial t} = -R_1 I - (L_{11} - L_{12})\frac{\partial I}{\partial t}\,;$$

$$\frac{\partial V_2}{\partial x} = -R_2 I_2 - L_{12}\frac{\partial I_1}{\partial t} - L_{22}\frac{\partial I_2}{\partial t} = R_2 I + (L_{22} - L_{12})\frac{\partial I}{\partial t}$$

werden. Die hier auftretenden Differenzen $L_{11} - L_{12}$ und $L_{22} - L_{12}$ enthalten keine von der Gesamtlänge der Leitung logarithmisch abhängenden Glieder (vgl. z.B. Aufgabe 59) und sind daher als Induktionskoeffizienten pro Längeneinheit definierbar. Mit den Abkürzungen

$$R = R_1 + R_2\,; \qquad L = L_{11} + L_{22} - 2L_{12} \tag{81.5}$$

gibt die Differenz der beiden letzten Gleichungen einfach

$$\frac{\partial V}{\partial x} = -RI - L\frac{\partial I}{\partial t} . \tag{81.6}$$

Diese Gleichung bildet zusammen mit Gl. (81.4) die Grundlage für die Theorie der Doppelleitung.

Durch Kombination von Gln. (81.4) und (81.6) läßt sich nun je eine Differentialgleichung zweiter Ordnung für jede der beiden Variablen $I(x, t)$ und $V(x, t)$ allein herstellen. Differenzieren wir etwa Gl. (81.4) nach t und Gl. (81.6) nach x, so können wir zunächst $\partial^2/I/\partial x\, \partial t$ aus

$$\frac{\partial^2 I}{\partial x\, \partial t} = -G\frac{\partial V}{\partial t} - C\frac{\partial^2 V}{\partial t^2} = -\frac{1}{L}\left(R\frac{\partial I}{\partial x} + \frac{\partial^2 V}{\partial x^2}\right)$$

eliminieren und dann in der verbliebenen Beziehung $\partial I/\partial x$ nach Gl. (81.4) ersetzen:

$$\frac{\partial^2 V}{\partial x^2} = LC\frac{\partial^2 V}{\partial t^2} + (LG+RC)\frac{\partial V}{\partial t} + RG\,V . \tag{81.7}$$

Differenzieren wir umgekehrt Gl. (81.4) nach x und Gl. (81.6) nach t, so können wir $\partial^2 V/\partial x\, \partial t$ eliminieren und erhalten bei Ersetzen von $\partial V/\partial t$ mit Hilfe von Gl. (81.4)

$$\frac{\partial^2 I}{\partial x^2} = LC\frac{\partial^2 I}{\partial t^2} + (LG+RC)\frac{\partial I}{\partial t} + RGI , \tag{81.8}$$

also für $I(x, t)$ diesselbe Differentialgleichung wie für $V(x, t)$. Dies ist die gesuchte *Telegraphengleichung*. Die gekoppelten Gln. (81.4) und (81.6) haben größere Aussagekraft, da sie zugleich die Beziehung zwischen I und V für alle x und t festlegen.

82. Aufgabe. Verzerrungsfreies Kabel

Welcher Bedingung müssen die Konstanten G, R, C und L eines Doppelkabels genügen, damit Signale unverzerrt über das Kabel geleitet werden?

Lösung. Wir müssen die in der vorigen Aufgabe hergeleiteten Grundgleichungen

$$\frac{\partial I}{\partial x} + GV + C\frac{\partial V}{\partial t} = 0 ; \quad \frac{\partial V}{\partial x} + RI + L\frac{\partial I}{\partial t} = 0 \tag{82.1}$$

für ein Signal lösen, das wir als Wellenpaket schreiben können:

$$\begin{aligned} I(x, t) &= \int d\omega\, j(\omega)\, e^{i(kx-\omega t)} ; \\ V(x, t) &= \int d\omega\, v(\omega)\, e^{i(kx-\omega t)} . \end{aligned} \tag{82.2}$$

Einsetzen von Gl. (82.2) in Gl. (82.1) ergibt das Gleichungssystem

$$ikj + (G - i\omega C)v = 0 ; \quad ikv + (R - i\omega L)j = 0 , \tag{82.3a}$$

dessen Determinante verschwinden muß:

$$\begin{vmatrix} ik\,; & G-i\omega C \\ R-i\omega L\,; & ik \end{vmatrix} = 0$$

oder

$$k^2 = (LC\omega^2 - GR) + i(RC+GL)\,\omega = 0\,. \tag{82.3b}$$

Die ohmschen Widerstände R und G verursachen das Auftreten eines Imaginärteils und rufen eine Dämpfung der laufenden Wellen durch Energieverlust in Form von Joulescher Wärme hervor. Damit das Signal nicht verzerrt wird, muß die Dämpfung für alle ω die gleiche sein, d. h. der Imaginärteil β von

$$k = \alpha + i\beta \tag{82.4}$$

darf nicht von ω abhängen. Aus Gl. (82.4) folgt

$$k^2 = (\alpha^2 - \beta^2) + 2i\alpha\beta\,,$$

im Vergleich mit Gl. (82.3b) also zunächst die Proportionalität von α mit ω und somit

$$\alpha^2 = LC\omega^2\,; \qquad \beta^2 = GR\,; \qquad 2\alpha\beta = (RC+GL)\,\omega\,. \tag{82.5}$$

Die drei Beziehungen aus Gl. (82.5) sind nur dann miteinander verträglich, wenn

$$2\alpha\beta = 2\sqrt{LC}\,\omega \cdot \sqrt{GR} = (RC+GL)\,\omega$$

wird, was sofort auf

$$(\sqrt{RC} - \sqrt{GL})^2 = 0$$

oder, da alle vier Größen positiv sind, auf

$$RC = GL \tag{82.6}$$

führt. Dies ist also die notwendige und hinreichende Bedingung für verzerrungsfreie Übertragung von Signalen.

Der Exponent in Gl. (82.2) lautet nun

$$\begin{aligned} i(kx - \omega t) &= i(\alpha x - \omega t) - \beta x \\ &= i\omega(\sqrt{LC}\,x - t) - \sqrt{GR}\,x\,. \end{aligned}$$

Die Laufgeschwindigkeit des Signals hat für alle Frequenzen den festen Wert

$$c_1 = \frac{1}{\sqrt{LC}}\,, \tag{82.7}$$

und wir finden

$$I(x,t) = f(x - c_1 t)\,\mathrm{e}^{-\sqrt{GR}\,x}\,, \tag{82.8a}$$

wobei

$$f(x) = \int d\omega\, j(\omega)\,\mathrm{e}^{i\omega x/c_1} \tag{82.8b}$$

nur von *einer* Variablen abhängt. Entsprechendes gilt für $V(x,t)$. Beide Größen sind über ihre Spektralfunktionen $j(\omega)$ und $v(\omega)$ gekoppelt, für die nach Gln. (82.3a) und (82.5) gilt

$$\frac{v}{j} = -\frac{ik}{G - i\omega C} = \frac{\beta - i\alpha}{G - i\omega C} = \sqrt{\frac{L}{C}}\,\frac{\sqrt{GR/L} - i\omega\sqrt{C}}{G/\sqrt{C} - i\omega\sqrt{C}}\,.$$

Ist die Bedingung in Gl. (82.6) erfüllt, so wird $GR/L = G^2/C$ und daher

$$\frac{v}{j} = \sqrt{\frac{L}{C}}\,, \tag{82.9}$$

unabhängig von der Frequenz. Daher muß auch

$$V(x,t) = \sqrt{\frac{L}{C}}\,I(x,t) \tag{82.10}$$

sein, d. h. es gilt eine dem einfachen Ohmschen Gesetz analoge Beziehung, in der die Größe

$$Z = \sqrt{\frac{L}{C}} = \sqrt{\frac{R}{G}}$$

die Rolle des Widerstandes spielt. Z heißt deshalb der *Wellenwiderstand.*

83. Aufgabe. Wellenwiderstand einer Doppelleitung

Der Wellenwiderstand einer Doppelleitung soll bestimmt werden
(a) für zwei konzentrische Leiter wie in Aufgabe 54,
(b) für zwei Stromblätter wie in Aufgabe 62.

Lösung. Wir entnehmen aus früheren Aufgaben jeweils L und C, aus denen wir den Wellenwiderstand

$$Z = \sqrt{\frac{L}{C}} \tag{83.1}$$

bilden.

(a) Die Selbstinduktion des Kabels pro Längeneinheit ist in Gl. (54.6) angegeben. Es ist vernünftig, auf gleichen Querschnitt von Hin- und Rückleitung zu spezialisieren, so daß

$$r_3^2 - r_2^2 = r_1^2$$

gilt. Nach Aufgabe 54 wird dann

$$c^2 L/l = \mu \log(r_2^2/r_1^2) + (r_3/r_1)^4 \log(r_3^2/r_2^2) - (r_3^2/r_1^2)\,.$$

Setzen wir auch noch kurz

$$r_2^2/r_1^2 = p\,, \tag{83.2}$$

so entsteht

$$c^2 L/l = \mu \log p + (1+p)^2 \log\left(1 + \frac{1}{p}\right) - (1+p)\,. \tag{83.3}$$

Ist $\mu \gg 1$, so genügt es, das erste Glied allein zu berücksichtigen.

Die Kapazität wurde in Gl. (23.5) angegeben. Hat das isolierende Medium zwischen den Leitern die Dielektrizitätskonstante ε, so wird

$$C/l = \frac{\varepsilon}{\log p} \,. \tag{83.4}$$

Für $\mu \gg 1$ wird daher nach Gl. (83.1)

$$Z = \frac{1}{c} \sqrt{\frac{\mu}{\varepsilon}} \log(r_2^2/r_1^2) \,. \tag{83.5}$$

(b) Für zwei eng benachbarte Stromblätter ($d \ll 2b$) haben wir in Aufgabe 62

$$c^2 L = 2\pi\mu \frac{d}{b} l \tag{83.6}$$

berechnet. Die Kapazität ist diejenige eines Plattenkondensators der Fläche $F = 2bl$,

$$C = \varepsilon \frac{F}{4\pi d} = \varepsilon \frac{bl}{2\pi d} \,. \tag{83.7}$$

Das ergibt für den Wellenwiderstand

$$Z = \frac{1}{c} \sqrt{\frac{\mu}{\varepsilon}} \frac{2\pi d}{b} \,. \tag{83.8}$$

2. Wirbelströme, Skineffekt

84. Aufgabe. Wirbelströme in Solenoid mit Metallkern

Ein Metallzylinder vom Radius R steckt in einem Solenoid von n Windungen pro Längeneinheit, das von einem Wechselstrom $I \sim \mathrm{e}^{i\omega t}$ durchflossen wird. Welche Wirbelströme werden in dem Zylinder induziert?

Lösung. Der Strom erzeugt ein Magnetfeld in Richtung der Achse (z), vgl. Aufgabe 48. Dies erzeugt nach dem Induktionsgesetz seinerseits ein elektrisches Ringfeld E_φ und damit eine Stromdichte $j_\varphi(r) = \sigma E_\varphi$ in dem Zylindermetall der Leitfähigkeit σ. Dieser Vorgang wird beschrieben durch die Maxwell-Gleichungen

$$\operatorname{rot} \boldsymbol{H} = \frac{4\pi}{c} \boldsymbol{j} \tag{84.1}$$

und

$$\operatorname{rot} \boldsymbol{E} = -\frac{\mu}{c} \frac{\partial \boldsymbol{H}}{\partial t} \,. \tag{84.2}$$

In Gl. (84.1) haben wir den Verschiebungsstrom $\frac{1}{r}\dot{\boldsymbol{D}}$ vernachlässigt. Das ist erlaubt, solange

$$\frac{\omega}{c}\,\varepsilon E \ll \frac{4\pi}{c}\,\sigma E$$

oder aber $\omega \ll \sigma$ bleibt. Da die metallische Leitfähigkeit σ von der Größenordnung $10^{16}\,\mathrm{s}^{-1}$ ist, wird diese Bedingung gut erfüllt, solange ω weit unterhalb von Röntgenfrequenzen bleibt.

Mit $\boldsymbol{j} = \sigma \boldsymbol{E}$ können wir in Gl. (84.2) $\boldsymbol{E}$ durch $\boldsymbol{j}$ ersetzen:

$$\mathrm{rot}\,\boldsymbol{j} = -i\omega\frac{\sigma\mu}{c}\boldsymbol{H}\,. \tag{84.3}$$

Mit Hilfe von Gl. (84.1) folgt daraus durch Rotationsbildung

$$\mathrm{rot}\,\mathrm{rot}\,\boldsymbol{j} = \alpha^2 \boldsymbol{j} \tag{84.4}$$

mit der Abkürzung

$$\alpha^2 = -i\frac{4\pi\sigma\mu\omega}{c^2}\,. \tag{84.5}$$

Nach Lösung der Differentialgleichung (84.4) können wir dann aus Gl. (84.3) das Magnetfeld

$$\boldsymbol{H} = \frac{4\pi}{c\alpha^2}\,\mathrm{rot}\,\boldsymbol{j} \tag{84.6}$$

entnehmen. Da $\boldsymbol{j}$ nur eine Komponente $j_\varphi(r)$ besitzt, hat $\boldsymbol{H}$ nur eine Komponente $H_z(r)$. Daher reduzieren sich die Gln. (84.4) und (84.6) auf

$$-\frac{d}{dr}\left[\frac{1}{r}\frac{d}{dr}(rj_\varphi)\right] = \alpha^2 j_\varphi \tag{84.7}$$

und

$$H_z = \frac{4\pi}{c\alpha^2}\,\frac{1}{r}\,\frac{d}{dr}(rj_\varphi)\,. \tag{84.8}$$

In ausführlicher Schreibweise lautet Gl. (84.7)

$$j_\varphi'' + \frac{1}{r}j_\varphi' + \left(\alpha^2 - \frac{1}{r^2}\right)j_\varphi = 0\,. \tag{84.9}$$

Das ist eine Besselsche Differentialgleichung, deren bei $r = 0$ reguläre Lösung

$$j_\varphi(r) = j_0\,\mathrm{J}_1(\alpha r) \tag{84.10}$$

ist. Daraus leiten wir mit Hilfe von Gl. (84.8)* für das Magnetfeld

$$H_z = \frac{4\pi}{c\alpha}\,j_0\,\mathrm{J}_0(\alpha r) \tag{84.11}$$

---

* Vgl. S. Flügge: *Math. Methoden d. Physik*, Bd. I, S. 209. Zum folgenden l.c., S. 202, Gl. (17b).

ab. Die Konstante j_0 bestimmen wir aus der Forderung, daß an der Oberfläche $r = R$ des Metallzylinders das Magnetfeld den Wert

$$H_0 = \frac{4\pi}{c} nI \tag{84.12}$$

haben muß. Vergleich von Gl. (84.11) bei $r = R$ und Gl. (84.12) ergibt daher

$$j_0 = \alpha \frac{nI}{\mathrm{J}_0(\alpha R)} \tag{84.13}$$

und daher die Endformeln

$$j_\varphi(r) = nI\alpha \frac{\mathrm{J}_1(\alpha r)}{\mathrm{J}_0(\alpha R)} \tag{84.14}$$

und

$$H_z(r) = \frac{4\pi}{c} nI \frac{\mathrm{J}_0(\alpha r)}{\mathrm{J}_0(\alpha R)} . \tag{84.15}$$

Die Besselfunktionen haben nach Gl. (84.5) komplexes Argument,

$$\alpha = \frac{1-i}{\lambda} \tag{84.16a}$$

mit der charakteristischen Länge

$$\lambda = \frac{c}{\sqrt{2\pi\sigma\mu\omega}} , \tag{84.16b}$$

die ähnlich auch in der Theorie des Skineffekts auftritt (vgl. Aufgabe 87). Für $r \gg \lambda$ können wir asymptotische Darstellungen verwenden. Entsprechende Rechnung ergibt für den Wirbelstrom

$$j_\varphi(r) = \frac{nI}{\lambda} \sqrt{2}\, \mathrm{e}^{(r-R)/\lambda} \exp\left(\frac{i\pi}{4} + i\frac{R-r}{\lambda}\right) \tag{84.17}$$

und für das Magnetfeld

$$H_z(r) = \frac{4\pi}{c} nI \mathrm{e}^{(r-R)/\lambda} \mathrm{e}^{i(R-r)/\lambda} . \tag{84.18}$$

Die Gln. (84.17) und (84.18) besagen, daß die Wirbelströme vorwiegend in einer Oberflächenschicht der Dicke λ fließen und das Magnetfeld aus dem Innern in diese Oberflächenschicht verdrängen. Der Phasenfaktor $\exp[i(R-r)/\lambda]$ gekoppelt mit der Zeitabhängigkeit von I wie $\mathrm{e}^{i\omega t}$ bedeutet, daß j_φ und H_z mit der Geschwindigkeit

$$\frac{dr}{dt} = \omega\lambda = \sqrt{\frac{\omega}{2\pi\mu\sigma}}\, c \ll c \tag{84.19}$$

ins Innere des Zylinders eindringen. Bei $r = 0$ ist nach Gl. (84.14) $j_\varphi(0) = 0$, aber das Magnetfeld behält einen endlichen, wenn auch kleinen Wert.

85. Aufgabe. Wirbelströme in Metall zwischen zwei Stromblättern

Durch die zwei Stromblätter der Aufgabe 62 soll ein Wechselstrom $I \sim e^{i\omega t}$ geschickt werden. Beim Einschieben eines Metallblocks, der praktisch das Volumen zwischen den beiden Blättern ausfüllt, werden Wirbelströme erzeugt, die das vorher homogene Magnetfeld weitgehend verdrängen. Beide sollen berechnet werden.

Lösung. Wie in Aufgabe 84 können wir die Differentialgleichung

$$\operatorname{rot}\operatorname{rot}\boldsymbol{j} = \alpha^2\boldsymbol{j} \tag{85.1}$$

mit

$$\alpha = \frac{1-i}{\lambda}; \qquad \lambda = \frac{c}{\sqrt{2\pi\sigma\mu\omega}} \tag{85.2}$$

für die Wirbelstromdichte $\boldsymbol{j}$ und die Formel

$$\boldsymbol{H} = \frac{4\pi}{c\alpha^2}\operatorname{rot}\boldsymbol{j} \tag{85.3}$$

für das magnetische Feld zugrundelegen.

Bei dieser Anordnung der beiden Leiter erzeugen nach Aufgabe 62 die in z-Richtung fließenden Ströme $\pm I$ ohne Metallblock das homogene Magnetfeld

$$H_0 = \frac{2\pi}{b}\,\frac{I}{c} \tag{85.4}$$

in x-Richtung in dem Bereich $-d/2 < y < +d/2$ zwischen den beiden Blättern der Breite $2b$. Dies magnetische Wechselfeld erzeugt nach dem Induktionsgesetz ein elektrisches Feld $\boldsymbol{E}$, das den Wirbelstrom der Dichte $\boldsymbol{j} = \sigma\boldsymbol{E}$ hervorruft. Wie in der vorigen Aufgabe hat $\boldsymbol{j}$ die Richtung der primären Ströme (dort φ, hier z) und sowohl $\boldsymbol{j}$ als $\boldsymbol{H}$ hängen vom Abstand von den Leitern ab (dort r, hier y). Wir erhalten daher ein Magnetfeld $H_x(y)$ und eine Stromdichte $j_z(y)$. Dann vereinfacht sich Gl. (85.3) zu

$$H_x = \frac{4\pi}{c\alpha^2}\,\frac{dj_z}{dy} \tag{85.5}$$

und Gl. (85.1) zu

$$\frac{d^2j_z}{dy^2} + \alpha^2 j_z = 0\,. \tag{85.6}$$

Die Lösung

$$j_z(y) = j_0 \sin\alpha y$$

führt auf

$$H_x(y) = \frac{4\pi}{c\alpha}\,j_0\cos\alpha y\,.$$

Sie erfüllt die Randbedingungen $H_x(\pm d/2) = H_0$, wenn

$$j_0 = \frac{c\alpha}{4\pi}\,\frac{H_0}{\cos\alpha d/2}$$

gesetzt wird. Damit können wir die Lösung in der Form

$$j_z(y) = \frac{c}{4\pi} H_0 \alpha \frac{\sin \alpha y}{\cos \alpha d/2} \tag{85.7}$$

und

$$H_x(y) = H_0 \frac{\cos \alpha y}{\cos \alpha d/2} \tag{85.8}$$

aufschreiben. Hier ist noch der komplexe Parameter α von Gl. (85.2) verwendet. Zerlegen wir ihn in Real- und Imaginärteil, so wird

$$\sin \alpha y = \sin \frac{y}{\lambda} \cosh \frac{y}{\lambda} - i \cos \frac{y}{\lambda} \sinh \frac{y}{\lambda},$$

$$\cos \alpha y = \cos \frac{y}{\lambda} \cosh \frac{y}{\lambda} + i \sin \frac{y}{\lambda} \sinh \frac{y}{\lambda}.$$

Setzen wir wie in Aufgabe 84 wieder $\lambda \ll d$ voraus, so fließen die Wirbelströme vorwiegend in einer dünnen Oberflächenschicht der Dicke λ, in der auf der Seite positiver y

$$\sinh \frac{y}{\lambda} \approx \cosh \frac{y}{\lambda} \approx \frac{1}{2} e^{y/\lambda}$$

wird. Die Gln. (85.7) und (85.8) können daher für $y > 0$ genähert

$$j_z(y) = \frac{c}{4\pi} H_0 \frac{\sqrt{2}}{\lambda} e^{(y-d/2)/\lambda} e^{i(y-d/2)/\lambda} e^{-3\pi i/4} \tag{85.9}$$

und

$$H_x(y) = H_0 e^{(y-d/2)/\lambda} e^{i(y-d/2)\lambda} \tag{85.10}$$

geschrieben werden. Entsprechendes gilt für negative y: Nach Gl. (85.7) hat j_z dort das entgegengesetzte, und nach Gl. (85.8) H_x das gleiche Vorzeichen.

Beachten wir, daß H_0 wie I proportional zu $e^{i\omega t}$ ist, so enthalten beide Formeln einen Phasenfaktor

$$\exp i \left[\frac{1}{\lambda} \left(y - \frac{d}{2} \right) + \omega t \right].$$

Das bedeutet eine Eindringgeschwindigkeit der Felder ins Innere des Metallblocks, die $dy/dt = -\omega\lambda$ ist, wie in Gl. (84.19).

86. Aufgabe. Energieverlust durch Wirbelströme

In dem Metallblock zwischen zwei Stromblättern, der in der vorigen Aufgabe beschrieben wurde, geht elektrische Energie durch Joulesche Wärme verloren. Welche zusätzliche Energie ist daher pro Zeiteinheit aufzubringen, um den Primärstrom I konstant zu halten?

Lösung. Der Energieverlust wird durch die allgemeine Formel

$$-\frac{dW}{dt} = \int d\tau (jE)$$

beschrieben. Mit $E = \frac{1}{\sigma} j$ können wir dafür schreiben

$$-\frac{dW}{dt} = \frac{1}{\sigma} \int d\tau j^2 .$$

Für periodisch veränderliches j gilt daher im Zeitmittel einer Periode

$$-\overline{\frac{dW}{dt}} = \frac{1}{\sigma} \int d\tau \overline{j^2} . \tag{86.1}$$

Nach Gl. (85.9) ist nun

$$|j|^2 = \left(\frac{c}{4\pi}\right)^2 |H_0|^2 \frac{2}{\lambda^2} \mathrm{e}^{(2y-d)/\lambda} = \frac{|I|^2}{2b^2\lambda^2} \mathrm{e}^{(2y-d)/\lambda} . \tag{86.2}$$

Mit

$$\overline{j^2} = \tfrac{1}{2} |j|^2 ; \quad \overline{I^2} = \tfrac{1}{2} |I|^2$$

und

$$d\tau = 2b \cdot l \cdot dy \tag{86.3}$$

wird also der mittlere Energieverlust im Gebiet $0 \leq y \leq d/2$

$$\frac{2b \cdot l}{\sigma} \int_0^{d/2} dy \frac{\overline{I^2}}{2b^2\lambda^2} \mathrm{e}^{(2y-d)/\lambda} = \frac{l}{2\sigma b\lambda} \overline{I^2} (1 - \mathrm{e}^{-d/\lambda}) . \tag{86.4}$$

Da in Gl. (86.2) bereits vorausgesetzt wurde, daß $d \gg \lambda$ ist, können wir die Klammer in gleicher Näherung durch 1 ersetzen.

Für den ganzen Metallblock $-d/2 \leq y \leq +d/2$ ergibt sich das Doppelte von Gl. (86.4). Unser Ergebnis ist daher

$$\overline{\frac{dW}{dt}} = \frac{l}{\sigma b \lambda} \overline{I^2} . \tag{86.5}$$

87. Aufgabe. Wirbelströme, reelle Schreibweise

Der in der vorigen Aufgabe berechnete Verlust durch Wirbelströme soll ohne Verwendung der komplexen Schreibweise bestimmt werden.

Lösung. Die in Aufgabe 84 entwickelten Grundgleichungen lassen sich allgemein in der Form

$$\operatorname{rot}\operatorname{rot} j + \frac{4\pi\sigma\mu}{c^2} \frac{\partial j}{\partial t} = 0 ; \qquad \frac{\partial H}{\partial t} = -\frac{c}{\sigma\mu} \operatorname{rot} j \tag{87.1a, b}$$

schreiben. In unserem Fall gibt es nur je eine Komponente $j_z(y, t)$ und $H_x(y, t)$, für die wir im folgenden kurz j und H schreiben. Die Gln. (87.1a, b) vereinfachen sich dann zu

$$-\frac{\partial^2 j}{\partial y^2}+\frac{4\pi\sigma\mu}{c^2}\frac{\partial j}{\partial t}=0\,;\qquad \frac{\partial H}{\partial t}=-\frac{c}{\sigma\mu}\frac{\partial j}{\partial y}\,. \tag{87.2a, b}$$

Der Strom I in den beiden Leitern soll sinoidal sein,

$$I(t)=I_0\sin\omega t\,. \tag{87.3}$$

Dann besteht für das Magnetfeld die Randbedingung

$$H\left(\frac{d}{2},t\right)=\frac{2\pi}{bc}I_0\sin\omega t\,. \tag{87.4}$$

Außerdem wissen wir, daß H eine gerade und j eine ungerade Funktion von y sein muß, so daß wir uns in der Folge auf das Intervall $0\le y\le d/2$ beschränken können.

Damit $j(y,t)$ ebenfalls sinoidal mit der Frequenz ω wird, setzen wir an

$$j=j_1(y)\sin\omega t+j_2(y)\cos\omega t\,. \tag{87.5}$$

Einsetzen in Gl. (87.2a) gibt dann mit der in Aufgabe 84 eingeführten Abkürzung

$$\lambda^2=c^2/(2\pi\sigma\mu\omega) \tag{87.6}$$

die Beziehungen

$$j_1''=-(2/\lambda^2)j_2\,;\qquad j_2''=+(2/\lambda^2)j_1\,.$$

Dies Gleichungspaar hat die allgemeinste, in y ungerade Lösung

$$\begin{aligned} j_1(y)&=A\sin\frac{y}{\lambda}\cosh\frac{y}{\lambda}+B\cos\frac{y}{\lambda}\sinh\frac{y}{\lambda}\,;\\ j_2(y)&=B\sin\frac{y}{\lambda}\cosh\frac{y}{\lambda}-A\cos\frac{y}{\lambda}\sinh\frac{y}{\lambda}\,. \end{aligned} \tag{87.7}$$

Zur Bestimmung der Integrationskonstanten A und B steht uns die Randbedingung Gl. (87.4) in Verbindung mit Gl. (87.2b) zur Verfügung:

$$\frac{\partial j}{\partial y}=-\frac{I_0}{b\lambda^2}\cos\omega t\qquad \text{für}\qquad y=\frac{d}{2}\,. \tag{87.8}$$

Daraus folgt mit der Abkürzung

$$d/2\lambda=p \tag{87.9}$$

das Gleichungssystem

$$\begin{aligned} &A(\cos p\cosh p+\sin p\sinh p)-B(\sin p\sinh p-\cos p\cosh p)=0\,;\\ &B(\cos p\cosh p+\sin p\sinh p)+A(\sin p\sinh p-\cos p\cosh p)=-I_0/(b\lambda)\,. \end{aligned} \tag{87.10}$$

Für $\lambda\ll d$ können wir angenähert

$$\cosh p=\sinh p=\tfrac{1}{2}e^p$$

setzen. Dann folgt aus Gl. (87.10)

$$
\begin{aligned}
A &= -\frac{I_0}{b\lambda}\,\mathrm{e}^{-p}(\sin p - \cos p)\,; \\
B &= -\frac{I_0}{b\lambda}\,\mathrm{e}^{-p}(\sin p + \cos p)\,.
\end{aligned} \tag{87.11}
$$

Einsetzen dieser Konstanten in Gl. (87.7) mit der Näherung $y \gg \lambda$ führt nach einer Reihe einfacher Umformungen auf

$$
j(y,t) = \frac{I_0}{b\lambda\sqrt{2}}\exp\left(\frac{y-d/2}{\lambda}\right)\sin\left(\frac{d/2-y}{\lambda} - \omega t - \frac{\pi}{4}\right). \tag{87.12}
$$

Mit der in Aufgabe 86 angegebenen Beziehung

$$
-\frac{dW}{dt} = \frac{4bl}{\sigma}\int_0^{d/2} dy\, j^2 \tag{87.13}
$$

und der aus Gl. (87.12) folgenden Relation

$$
\overline{j^2} = \frac{I_0^2}{4b^2\lambda^2}\exp\left(\frac{2y-d}{\lambda}\right) = \frac{\overline{I^2}}{2b^2\lambda^2}\exp\left(\frac{2y-d}{\lambda}\right)
$$

folgt dann sofort

$$
-\overline{\frac{dW}{dt}} = \frac{l}{\sigma b\lambda}\overline{I^2} \tag{87.14}
$$

in Übereinstimmung mit dem in der vorigen Aufgabe gewonnenen Ergebnis.

Der Vergleich der beiden Aufgaben demonstriert deutlich, wie groß die rechnerischen Vorteile der komplexen Schreibweise sind.

88. Aufgabe. Hochfrequenzfeld in Metallzylinder (TM- und TE-Lösung)

Ein hochfrequentes Wechselfeld wird in einem metallischen Leiter von kreisförmigem Querschnitt (πa^2) erzeugt, so daß außer der Richtung z der Zylinderachse keine Vorzugsrichtung besteht. Man zeige, daß sich das elektromagnetische Feld in zwei unabhängige Teile zerlegen läßt, nämlich in ein transversal magnetisches Feld (TM), in dem $\boldsymbol{H}$ nur eine Komponente H_φ hat, und ein transversal elektrisches Feld (TE), in dem $\boldsymbol{E}$ nur eine Komponente E_φ besitzt („Drahtwellen").

Lösung. Wir setzen $\boldsymbol{H}$ und $\boldsymbol{E}$ proportional zu $\mathrm{e}^{i\omega t}$ an; dann lauten die beiden Ausgangsgleichungen (mit $\boldsymbol{j} = \sigma\boldsymbol{E}$, $\boldsymbol{D} = \varepsilon\boldsymbol{E}$ und $\boldsymbol{B} = \mu\boldsymbol{H}$)

$$
\operatorname{rot}\boldsymbol{H} = \frac{4\pi\sigma}{c}\boldsymbol{E} + i\omega\frac{\varepsilon}{c}\boldsymbol{E}\,; \qquad \operatorname{rot}\boldsymbol{E} = -i\omega\frac{\mu}{c}\boldsymbol{H}\,. \tag{88.1}
$$

Wir führen die Abkürzungen

$$
\frac{4\pi\sigma}{\omega} = \xi\,; \qquad \frac{\omega}{c} = k \tag{88.2}
$$

ein; dann ist $\xi \gg 1$ im Innern und $\xi = 0$ außerhalb des Leiters. Für $r > a$ sind außerdem $\varepsilon = \mu = 1$.

Nach Voraussetzung dürfen die Feldgrößen nicht vom Winkel φ um die z-Achse abhängen. Dann nehmen die Gln. (88.1) bei Komponentenschreibweise in Zylinderkoordinaten die Form an

$$-\partial_z H_\varphi = k(\xi + i\varepsilon) E_r \tag{88.3a}$$

$$\partial_z H_r - \partial_r H_z = k(\xi + i\varepsilon) E_\varphi \tag{88.3b}$$

$$\frac{1}{r}\,\partial_r (r H_\varphi) = k(\xi + i\varepsilon) E_z \tag{88.3c}$$

und

$$-\partial_z E_\varphi = -i\mu k\, H_r \tag{88.4a}$$

$$\partial_z E_r - \partial_r E_z = -i\mu k\, H_\varphi \tag{88.4b}$$

$$\frac{1}{r}\,\partial_r (r E_\varphi) = -i\mu k\, H_z\,. \tag{88.4c}$$

Die Gln. (88.3a), (88.3c) und (88.4b) enthalten nur die Komponenten

$$H_\varphi\,, \quad E_r\,, \quad E_z\,,$$

die das TM-Feld bilden. Davon unabhängig sind die Gln. (88.4a), (88.4c) und (88.3b), die nur die Komponenten

$$E_\varphi\,, \quad H_r\,, \quad H_z$$

enthalten und das TE-Feld bilden.

Für das TM-System können wir nach Gln. (88.3a) und (88.3c) die elektrischen Feldstärkekomponenten durch H_φ ausdrücken:

$$E_r = -\frac{1}{k(\xi + i\varepsilon)}\,\partial_z H_\varphi\,; \quad E_z = \frac{1}{k(\xi + i\varepsilon)}\,\frac{1}{r}\,\partial_r (r H_\varphi)\,. \tag{88.5a}$$

Für H_φ entnimmt man dann aus Gl. (88.4b) die Differentialgleichung

$$\frac{\partial^2 H_\varphi}{\partial z^2} + \frac{\partial}{\partial r}\left[\frac{1}{r}\,\frac{\partial}{\partial r}(r H_\varphi)\right] - i\mu k^2 (\xi + i\varepsilon) H_\varphi = 0\,. \tag{88.6a}$$

Außerhalb des Leiters, für $r > a$, gehen diese Gleichungen über in

$$E_r = \frac{i}{k}\,\partial_z H_\varphi\,; \quad E_z = -\frac{i}{k}\,\frac{1}{r}\,\frac{\partial}{\partial r}(r H_\varphi) \tag{88.5b}$$

und

$$\frac{\partial^2 H_\varphi}{\partial z^2} + \frac{\partial}{\partial r}\left[\frac{1}{r}\,\frac{\partial}{\partial r}(r H_\varphi)\right] + k^2 H_\varphi = 0\,. \tag{88.6b}$$

Bei $r = a$ müssen die Tangentialkomponenten H_φ und E_z stetig sein.

Für das TE-System folgen aus Gln. (88.4a) und (88.4c) die Komponenten

$$H_r = -\frac{i}{\mu k}\,\partial_z E_\varphi\,; \qquad H_z = \frac{i}{\mu k}\,\frac{1}{r}\,\frac{\partial}{\partial r}(rE_\varphi)\,, \tag{88.7}$$

während wir aus Gl. (88.3b) für E_φ bei $r < a$ die Differentialgleichung

$$\frac{\partial^2 E_\varphi}{\partial z^2} + \frac{\partial}{\partial r}\left[\frac{1}{r}\,\frac{\partial}{\partial r}(rE_\varphi)\right] - i\mu k^2(\xi + i\varepsilon)E_\varphi = 0 \tag{88.8}$$

erhalten. Für $r > a$ haben wir nur in Gl. (88.7) $\mu = 1$ zu setzen, während Gl. (88.8) die gleiche Form wie Gl. (88.6b) annimmt. Bei $r = a$ müssen E_φ und H_z sowie $B_r = \mu H_r$ stetig sein.

89. Aufgabe. Skineffekt für TM-Lösung im Metallzylinder

Für das TM-System der vorigen Aufgabe sollen die Feldkomponenten bestimmt werden. Wie dick ist die Oberflächenschicht im Metall, in der die Felder konzentriert sind und wie groß wird der ohmsche Widerstand des Leiters für den hochfrequenten Strom (Formel von Rayleigh)?

Lösung. Wir legen die Gln. (88.5a, b) und (88.6a, b) der vorigen Aufgabe zugrunde und setzen Proportionalität von $\boldsymbol{H}$ und $\boldsymbol{E}$ mit e^{-ipz} an, so daß mit $\mathrm{Re}\,p > 0$ und $\mathrm{Im}\,p < 0$ der Faktor $e^{i(\omega t - pz)}$ eine in z-Richtung fortschreitende gedämpfte Welle bedeutet. Führen wir noch die Abkürzung

$$K = -i\mu k(\xi + i\varepsilon) = k(\varepsilon\mu - i\mu\xi) \tag{89.1}$$

ein, so wird die Differentialgleichung (88.6a, b) gelöst durch

$$H_\varphi(r,z,t) = \begin{cases} C\,e^{i(\omega t - pz)}\,J_1(\sqrt{Kk - p^2}\,r) & \text{für} \quad r < a \\ C'\,e^{i(\omega t - pz)}\,H_1^{(1)}(\sqrt{k^2 - p^2}\,r) & \text{für} \quad r > a\,. \end{cases} \tag{89.2}$$

Die ausgewählte Hankelfunktion erster Art enthält für große r den Faktor $\exp(i\sqrt{k^2 - p^2}\,r)$; fordern wir

$$\mathrm{Im}\sqrt{k^2 - p^2} > 0\,,$$

so fällt sie daher für $r \to \infty$ exponentiell auf Null ab.

Die Beziehungen Gl. (88.5a, b) ergeben wegen

$$\frac{1}{x}\,\frac{d}{dx}\,[x\,J_1(x)] = J_0(x)$$

für die Besselfunktion und wegen der entsprechenden Relation für die Hankelfunktion die Ausdrücke

$$E_z(r,z,t) = \begin{cases} -C\mathrm{e}^{i(\omega t - pz)} \dfrac{i\mu}{K} \sqrt{Kk-p^2}\, \mathrm{J}_0(\sqrt{Kk-p^2}\,r) & \text{für} \quad r<a \\ -C'\,\mathrm{e}^{I(\omega t - pz)} \dfrac{i}{k} \sqrt{k^2-p^2}\, \mathrm{H}_0^{(1)}(\sqrt{k^2-p^2}\,r) & \text{für} \quad r>a\,. \end{cases} \tag{89.3}$$

Wir fügen noch die Ausdrücke für das radiale elektrische Feld an:

$$E_r(r,z,t) = \begin{cases} \dfrac{ip}{k(\xi+i\varepsilon)} H_\varphi(r,z,t) & \text{für} \quad r<a \\ \dfrac{p}{k} H_\varphi(r,z,t) & \text{für} \quad r>a\,. \end{cases} \tag{89.4}$$

Es fällt auf, daß die notwendige Stetigkeit von H_φ bei $r=a$ keine Stetigkeit von $D_r = \varepsilon E_r$ gestattet. Vielmehr ist für die Normale zur Oberfläche des Leiters nicht diese, sondern die Stetigkeit des radialen Gesamtstroms,

$$j_r + \frac{1}{4\pi}\dot{D}_r = \left(\sigma + \frac{i\omega\varepsilon}{4\pi}\right) E_r = \frac{\omega}{4\pi}(\xi + i\varepsilon)\, E_r$$

zu fordern. In der Tat ergibt Gl. (89.4) innen und außen für diese Größe übereinstimmend

$$i\frac{p}{k}\;\frac{\omega}{4\pi} H_\varphi(a,z,t)\,.$$

Innerhalb des Leiters fließt der Strom vorwiegend als Leitungsstrom ($\xi \gg \varepsilon$), außerhalb als reiner Verschiebungsstrom.

Die Stetigkeit von H_φ und E_z ergibt zwei Beziehungen:

$$\begin{aligned} C\,\mathrm{J}_1(\sqrt{Kk-p^2}\,a) &= C'\,\mathrm{H}_1^{(1)}(\sqrt{k^2-p^2}\,a)\,; \\ C\frac{\mu}{K}\sqrt{Kk-p^2}\,\mathrm{J}_0(\sqrt{Kk-p^2}\,a) &= C'\frac{1}{k}\sqrt{k^2-p^2}\,\mathrm{H}_0^{(1)}(\sqrt{k^2-p^2}\,a)\,. \end{aligned} \tag{89.5}$$

Division der beiden Gleichungen gestattet die Elimination von C und C':

$$\begin{aligned} &\frac{1}{k}\sqrt{k^2-p^2}\,\mathrm{H}_0^{(1)}(\sqrt{k^2-p^2}\,a)\,\mathrm{J}_1(\sqrt{Kk-p^2}\,a) \\ &\quad = \frac{\mu}{K}\sqrt{Kk-p^2}\,\mathrm{J}_0(\sqrt{Kk-p^2}\,a)\,\mathrm{H}_1^{(1)}(\sqrt{k^2-p^2}\,a)\,. \end{aligned} \tag{89.6}$$

Dies ist eine Bestimmungsgleichung für den zu Beginn der Aufgabe eingeführten, noch unbekannten Parameter p.

Die Auflösung von Gl. (89.6) nach p ist nur genähert möglich. Diese Näherung bauen wir auf dem von den Wirbelströmen bekannten Resultat auf, daß die Felder aus dem Innern des Leiters in eine Oberflächenschicht um $r=a$ herum verdrängt werden. Dies ist der Fall, wenn die Argumente der Funktionen in Gl. (89.6) groß gegen 1 sind. Mit den Abkürzungen

$$\sqrt{k^2-p^2} = \lambda_a ; \qquad \sqrt{kK-p^2} = \lambda_i \tag{89.7}$$

nehmen wir an, daß $|\lambda_i a| \gg 1$ und $|\lambda_a a| \gg 1$ sind. Dann können wir die asymptotischen Ausdrücke

$$\begin{aligned} J_0(\lambda_i a) &= \sqrt{\frac{2}{\pi \lambda_i a}} \sin\left(\lambda_i a + \frac{\pi}{4}\right) \\ J_1(\lambda_i a) &= -\sqrt{\frac{2}{\pi \lambda_i a}} \cos\left(\lambda_i a + \frac{\pi}{4}\right) \end{aligned} \tag{89.8a}$$

und

$$\begin{aligned} H_0^{(1)}(\lambda_a a) &= \sqrt{\frac{2}{\pi \lambda_a a}} \exp\left[i\left(\lambda_a a - \frac{\pi}{4}\right)\right]; \\ H_1^{(1)}(\lambda_a a) &= \sqrt{\frac{2}{\pi \lambda_a a}} \exp\left[i\left(\lambda_a a - 3\frac{\pi}{4}\right)\right] \end{aligned} \tag{89.8b}$$

benutzen, erhalten also die Quotienten

$$\frac{J_0(\lambda_i a)}{J_1(\lambda_i a)} = -\tan\left(\lambda_i a + \frac{\pi}{4}\right);$$

$$\frac{H_0^{(1)}(\lambda_a a)}{H_1^{(1)}(\lambda_a a)} = i .$$

Nun ist

$$\lambda_i^2 = \varepsilon\mu k^2 - p^2 - i\mu\xi k^2 .$$

Für großen negativen Imaginärteil von $\lambda_i a$ strebt der Tangens gegen $-i$, so daß sich Gl. (89.6) auf die einfache Relation

$$\frac{\sqrt{k^2-p^2}}{k} = \mu \frac{\sqrt{Kk-p^2}}{K}$$

reduziert, die nach p^2 aufgelöst

$$p^2 = k^2 \frac{K(\mu^2 k - K)}{\mu^2 k^2 - K^2} \tag{89.9}$$

ergibt. Setzen wie hier K aus Gl. (89.1) ein und beachten, daß $\xi \gg 1$ ist, so folgt genähert

$$\frac{k^2}{p^2} \approx 1 + \frac{i\mu}{\xi}$$

und

$$p = k\left(1 - \frac{i\mu}{2\xi}\right). \tag{89.10}$$

Daraus folgt mit den Definitionen von Gl. (89.7) genähert

$$\lambda_a^2 = i\frac{k^2\mu}{\xi}; \qquad \lambda_i^2 = -ik^2\mu\xi . \tag{89.11}$$

Die Voraussetzung Im $\lambda_i < 0$ ist also erfüllt; ebenso ist auch Im $\lambda_a > 0$, so daß die Felder für $r \to \infty$ asymptotisch gegen Null hin abklingen

Im Außenraum $r > a$ ist das Argument der Hankelfunktion bei $r = a$ durch

$$(\lambda_a a)^2 = \frac{i}{4\pi} \frac{\mu\omega}{\sigma} \left(\frac{\omega a}{c}\right)^2 \tag{89.12}$$

gegeben. Die Forderung $|\lambda_a a| \gg 1$, die der Näherung in Gl. (89.8b) zugrundeliegt, ist um so besser erfüllt, je höher die Frequenz ist. Wir werden sie unten an einem Zahlenbeispiel überprüfen.

Besser ist nach Gl. (89.11) die Forderung $|\lambda_i a| \gg 1$ erfüllt. Die in Gl. (89.3) angegebene elektrische Feldstärkekomponente E_z kann aus Gln. (89.8a) und (89.11) zu

$$E_z \propto \exp i \left[\omega t - kz + k \sqrt{\frac{\mu\xi}{2}}\, r\right] \exp\left(-\frac{\mu k z}{2\xi} + k\sqrt{\frac{\mu\xi}{2}}\, r\right) \tag{89.13}$$

berechnet werden. In dieser Formel sind zwei charakteristische Längen enthalten. Mit

$$l = \frac{2\xi}{\mu k} = \frac{2\xi c}{\mu\omega} = \frac{8\pi\sigma c}{\mu\omega^2} \tag{89.14}$$

und

$$d = \sqrt{\frac{2}{\mu\xi}}\, \frac{1}{k} = \frac{c}{\sqrt{2\pi\mu\sigma\omega}} \tag{89.15}$$

können wir Gl. (89.13) übersichtlicher

$$E_z \propto e^{i(\omega t - kz + r/d)}\, e^{-z/l}\, e^{r/d} \tag{89.16}$$

schreiben. Der erste Faktor stellt eine in z-Richtung mit der Geschwindigkeit $c = \omega/k$ fortschreitende und in radialer Richtung mit der Geschwindigkeit $c' = \omega d \ll c$ eindringende Welle dar. Die Wellenamplitude ist in z-Richtung gemäß $e^{-z/l}$ gedämpft. Die Amplitude der Radialwelle nimmt von der Oberfläche nach innen wie $e^{r/d}$ ab, beschränkt also das Feld und damit den Strom auf eine Oberflächenschicht der Dicke d (Skineffekt). Beide Längen wachsen mit sinkender Frequenz an, so daß für niederfrequenten Strom (und Gleichstrom) sowohl die Längsdämpfung als auch der Skineffekt verschwinden. (Unsere Näherung aus Gln. (89.8a, b) gilt dann freilich nicht mehr.)

Die Beschränkung der Felder auf eine Oberflächenschicht der Dicke d beschränkt auch den Strom auf den Anteil $2\pi a d$ des Querschnitts πa^2 und erhöht dadurch den ohmschen Widerstand bei hohen Frequenzen um den Faktor $a/(2d)$. Dies ist die Rayleighsche Widerstandsformel.

Zahlenbeispiel. Mit $\mu\sigma = 10^{16}\,\mathrm{s}^{-1}$ wird

$$|\lambda_a|^2 = \frac{k^3}{4{,}189} \times 10^{-6} \quad \text{und} \quad |\lambda_i|^2 = 4{,}189 k \times 10^6$$

in cm^{-2}. Für verschiedene Wellenlängen λ im Mikrowellengebiet gibt das die in der Tabelle angegebenen Werte von $|\lambda_i|^2$ und $|\lambda_a|^2$. Man sieht, daß $|\lambda_i|^2$ groß

Tabelle 5

λ cm	$\lvert\lambda_i\rvert^2$ $10^6\,\mathrm{cm}^{-2}$	$\lvert\lambda_a\rvert^2$ $10^6\,\mathrm{cm}^{-2}$	a_{krit} cm	l cm	d 10^{-5} cm
0,05	526,41	0,4737	1,453	530,6	6,16
0,1	263,20	0,05921	4,11	2122	8,71
0,2	131,60	0,00740	11,63	8490	12,33
0,5	52,64	0,000474	46,0	53060	19,55
1,0	26,32	0,000059	130,0	212200	27,57

genug ist, um für jedes normale a die Bedingung $|\lambda_i a| \gg 1$ zu erfüllen. Dagegen ergeben sich für $|\lambda_a|^2$ eher Schwierigkeiten: In der Tabelle 5 sind diejenigen Werte a_{krit} von a in cm angegeben, für die $|\lambda_a a| = 1$ wird, d.h. die kleinsten Radien, für die unsere Näherungsformeln, Gl. (89.8b), gerade noch tolerabel sind.

Die für die Dämpfung der Welle in z-Richtung charakteristische Länge l ist so groß, daß sie für viele Anwendungen unwesentlich wird. Die Dicke d der stromdurchflossenen Haut ist für normale Leitungen in diesem Wellenlängenbereich stets klein gegen ihren Durchmesser.

90. Aufgabe. Skineffekt für sehr dicken Leiter

Der Skineffekt soll für ein als unendlich dick idealisiertes Kabel in $0 \leq x < \infty$ untersucht werden. (Diese Aufgabe gibt physikalisch die gleichen Informationen wie Aufgaben 88 und 89 mit geringerem mathematischen Aufwand.)

Lösung. Das Kabel, dessen Oberfläche die y, z-Ebene ist, soll in der z-Richtung von einem hochfrequenten Wechselstrom durchflossen werden. Wie in Aufgabe 88 zerfällt das Feld in ein TM-System mit E_z, E_x, H_y und ein TE-System mit H_z, H_x, E_y. Die Ausgangsgleichungen lauten in kartesischen Komponenten

$$\partial_y H_z - \partial_z H_y = k(\xi + i\varepsilon) E_x \tag{90.1a}$$

$$\partial_z H_x - \partial_x H_z = k(\xi + i\varepsilon) E_y \tag{90.1b}$$

$$\partial_x H_y - \partial_y H_x = k(\xi + i\varepsilon) E_z \tag{90.1c}$$

und

$$\partial_y E_z - \partial_z E_y = -i\mu k H_x \tag{90.2a}$$

$$\partial_z E_x - \partial_x E_z = -i\mu k H_y \tag{90.2b}$$

$$\partial_x E_y - \partial_y E_x = -i\mu k H_z\,. \tag{90.2c}$$

Wegen des Verschwindens aller Ableitungen nach y zerfallen diese Gleichungen in das TM-System aus Gln. (90.1a, c) und (90.2b),

$$-\partial_z H_y = k(\xi + i\varepsilon) E_x \tag{90.3a}$$

$$\partial_x H_y = k(\xi + i\varepsilon) E_z \tag{90.3b}$$

$$\partial_z E_x - \partial_x E_z = -i\mu k H_y \tag{90.3c}$$

und das TE-System aus Gln. (90.2a, c) und (90.1b),

$$\partial_z H_x - \partial_x H_z = k(\xi + i\varepsilon) E_y \tag{90.4a}$$

$$-\partial_z E_y = -i\mu k H_x \tag{90.4b}$$

$$\partial_x E_y = -i\mu k H_z . \tag{90.4c}$$

Wir verfolgen nur das TM-System weiter. Hier gestatten die Gln. (90.3a, b) die Berechnung der elektrischen Feldkomponenten aus H_y. Setzt man sie in Gl. (90.3c) ein, so entsteht für H_y die Differentialgleichung

$$\frac{\partial^2 H_y}{\partial x^2} + \frac{\partial^2 H_y}{\partial z^2} + Kk H_y = 0 , \tag{90.5}$$

in der wieder

$$-i\mu k(\xi + i\varepsilon) = K ; \qquad \xi = \frac{4\pi\sigma}{\omega} \tag{90.6}$$

bedeuten. Gleichung (90.5) gilt in dieser Form für $x > 0$, also im Innern des Leiters. Außerhalb, für $x < 0$, ist K in Gl. (90.5) durch k zu ersetzen.

Wir suchen nun Lösungen von Gl. (90.5), die für $|x| \to \infty$ verschwinden und bei $x = 0$ stetig sind. Diese Lösungen lauten

$$H_y = C \mathrm{e}^{i(\omega t - pz)} \begin{cases} \mathrm{e}^{-\lambda_\mathrm{i} x} & \text{für} \quad x > 0 \\ \mathrm{e}^{\lambda_\mathrm{a} x} & \text{für} \quad x < 0 \end{cases} \tag{90.7}$$

mit

$$\begin{aligned} \lambda_\mathrm{i} &= \sqrt{p^2 - kK} ; \qquad \mathrm{Re}\, \lambda_\mathrm{i} > 0 \\ \lambda_\mathrm{a} &= \sqrt{p^2 - k^2} ; \qquad \mathrm{Re}\, \lambda_\mathrm{a} > 0 . \end{aligned} \tag{90.8}$$

Damit die in z-Richtung fortschreitende Welle gedämpft ist, muß außerdem

$$\mathrm{Im}\, p < 0 \tag{90.9}$$

werden.

Die aus Gln. (90.3a) und (90.3c) folgenden Komponenten der elektrischen Feldstärke werden jetzt

$$E_x = -\frac{1}{k(\xi + i\varepsilon)} \partial_z H_y = \begin{cases} \dfrac{p\mu}{K} H_y & \text{für} \quad x > 0 \\[2ex] \dfrac{p}{k} H_y & \text{für} \quad x < 0 \end{cases} \tag{90.10}$$

und

$$E_z = \begin{cases} +\dfrac{i\mu}{K} \lambda_\mathrm{i} H_y & \text{für} \quad x > 0 \\[2ex] -\dfrac{i}{k} \lambda_\mathrm{a} H_y & \text{für} \quad x < 0 . \end{cases} \tag{90.11}$$

Die Stromdichte senkrecht zur Oberfläche ist

$$s_x = \left(\sigma + \varepsilon \frac{i\omega}{4\pi}\right) E_x = \frac{i\omega K}{4\pi\mu k} E_x$$

im Innern, während außerhalb nur der Verschiebungsstrom $s_x = i\omega E_x/4\pi$ existiert. Mit den Werten von Gl. (90.10) mit stetigem H_y bei $x = 0$ sieht man sofort, daß dort beide Größen übereinstimmen, der Strom also stetig durch die Oberfläche hindurchtritt.

Die Stetigkeit der Tangentialkomponente E_z führt nach Gl. (90.11) auf

$$\frac{\mu}{K} \lambda_{\mathrm{i}} = -\frac{1}{k} \lambda_{\mathrm{a}} ,$$

woraus mit den Definitionen aus Gl. (90.8)

$$p^2 = k^2 \frac{K(\mu^2 k - K)}{\mu^2 k^2 - K^2}$$

wie in Gl. (89.9) folgt. Die Berechnung von λ_{i} und λ_{a} wie von l und d, die dort bereits ausgeführt wurden, bleiben auch hier genau die gleichen.

3. Wellenleiter

Vertauscht man Innen und Außen bei den Drahtwellen, so entsteht das eng verwandte Problem der Wellenleiter (wave guides). Wegen des Skineffekts dringt die Welle nur in eine dünne Oberflächenschicht auf der Innenseite des umgebenden Metallrohrs ein. Solange $\sigma \gg \omega$, können wir daher die endliche Dicke dieser Schicht vernachlässigen. Das bedeutet nicht nur, daß praktisch keine Joulesche Wärme erzeugt wird, so daß eine ungedämpfte Welle ermöglicht wird, sondern auch die Vereinfachung der Randbedingung für die elektrische Feldstärke, deren Tangentialkomponente an der Oberfläche verschwinden muß.

91. Aufgabe. TM-Welle in zylindrischem Rohr

In ein längs der z-Achse verlaufendes zylindrisches Rohr vom Radius a wird eine elektromagnetische Welle eingespeist. Sie soll vom TM-Typ sein, d.h. $H_z = 0$. Welche Feldstärken ergeben sich? Welche Mindestfrequenz ist erforderlich, damit eine Welle ungedämpft das Rohr durchlaufen kann?

Lösung. Bei Proportionalität aller Felder zu $e^{i\omega t}$ lauten die Grundgleichungen im Innern des Rohrs

$$\operatorname{rot} \boldsymbol{H} = ik\boldsymbol{E} ; \quad \operatorname{rot} \boldsymbol{E} = -ik\boldsymbol{H} ; \quad k = \frac{\omega}{c} , \tag{91.1}$$

woraus durch Divergenzbildung automatisch $\operatorname{div} \boldsymbol{H} = 0$ und $\operatorname{div} \boldsymbol{E} = 0$ folgt. In Zylinderkoordinaten haben diese Gleichungen für $H_z = 0$ die Komponenten

$$-\partial_z H_\varphi = ik\,E_r \tag{91.3a}$$

$$\partial_z H_r = ik\,E_\varphi \tag{91.3b}$$

$$\frac{1}{r}\,\partial_r(rH_\varphi) - \frac{1}{r}\,\partial_\varphi H_r = ik\,E_z \tag{91.3c}$$

und

$$\frac{1}{r}\,\partial_\varphi E_z - \partial_z E_\varphi = -ik\,H_r \tag{91.4a}$$

$$\partial_z E_r - \partial_r E_z = -ik\,H_\varphi \tag{91.4b}$$

$$\frac{1}{r}\,\partial_r(rE_\varphi) - \frac{1}{r}\,\partial_\varphi E_r = 0\,. \tag{91.4c}$$

Dic Gln. (91.3a – c) können wir benutzen, um die drei elektrischen Feldstärkekomponenten durch H_φ und H_r auszudrücken. Für eine Rohrwelle, die ungedämpft ist, müssen alle Feldstärken wie e^{-ipz} mit reellem p von z abhängen, so daß aus Gln. (91.3a, b) insbesondere

$$E_r = \frac{p}{k}\,H_\varphi\,; \qquad E_\varphi = -\frac{p}{k}\,H_r \tag{91.5}$$

folgt.

Die Lösungen können von φ abhängen wie $\sin(m\varphi - \alpha)$ mit ganzzahligem m. Man sieht aus den Gln. (91.3a – c) und (91.4a – c) sofort, daß die Komponenten H_φ und H_r um 90° gegeneinander phasenverschoben sind, so daß wir

$$H_\varphi = \Phi(r)\,\sin(m\varphi - \alpha)\,\mathrm{e}^{i(\omega t - pz)} \tag{91.6a}$$

$$H_r = R(r)\cos(m\varphi - \alpha)\,\mathrm{e}^{i(\omega t - pz)} \tag{91.6b}$$

ansetzen können. Substituieren wir nun aus Gln. (91.5) und (91.3c) für die elektrischen Feldstärkekomponenten in den Gln. (91.4a – c) die magnetischen, so gehen diese in drei Differentialgleichungen für H_r und H_φ über. Führen wir in diesen noch den Ansatz in Gln. (91.6a, b) durch, so entstehen daraus gewöhnliche Differentialgleichungen für $R(r)$ und $\Phi(r)$, nämlich

$$-\frac{1}{r^2}\left[m\frac{d}{dr}(r\Phi) + m^2 R\right] + (k^2 - p^2)R = 0\,; \tag{91.7a}$$

$$\frac{d}{dr}\left[\frac{1}{r}\,\frac{d}{dr}(r\Phi) + \frac{m}{r}R\right] + (k^2 - p^2)\,\Phi = 0\,; \tag{91.7b}$$

$$\frac{d}{dr}(rR) + m\,\Phi = 0\,. \tag{91.7c}$$

Die letzte, aus Gl. (91.4c) entstandene Gleichung entspricht $\operatorname{div} \boldsymbol{H} = 0$; sie gestattet

$$\Phi = -\frac{1}{m}\,\frac{d}{dr}(rR) \tag{91.8}$$

zu eliminieren. Setzen wir Gl. (91.8) in Gl. (91.7a) ein, so entsteht nach elementaren Umformungen

$$R'' + \frac{3}{r} R' + \left[(k^2 - p^2) - \frac{m^2 - 1}{r^2}\right] R = 0 , \tag{91.9}$$

während Einsetzen in Gl. (91.7b) auf

$$\frac{d}{dr}\left\{r\left[R'' + \frac{3}{r} R' + (k^2 - p^2) R - \frac{m^2 - 1}{r^2} R\right]\right\} = 0$$

führt, was wegen Gl. (91.9) automatisch erfüllt wird.

Die Differentialgleichung (91.9) hat die bei $r = 0$ reguläre Lösung

$$R(r) = \frac{C}{r} \mathrm{J}_m(\sqrt{k^2 - p^2}\, r) ; \tag{91.10}$$

Gl. (91.8) ergibt daher

$$\Phi(r) = -\frac{C}{m} \frac{d}{dr} \mathrm{J}_m(\sqrt{k^2 - p^2}\, r) . \tag{91.11}$$

Schreiben wir kurz

$$\sqrt{k^2 - p^2} = \lambda , \tag{91.12}$$

so ergibt Einsetzen von Gln. (91.10) und (91.11) in Gln. (91.6a, b) und (91.5) für die transversalen Komponenten

$$H_r = \frac{C}{r} \mathrm{J}_m(\lambda r)\, \mathrm{e}^{i(\omega t - pz)} \cos(m\varphi - \alpha) ; \qquad E_\varphi = -\frac{p}{k} H_r \tag{91.13}$$

$$H_\varphi = -\frac{C}{m} \frac{d}{dr} \mathrm{J}_m(\lambda r)\, \mathrm{e}^{i(\omega t - pz)} \sin(m\varphi - \alpha) ; \qquad E_r = \frac{p}{k} H_\varphi . \tag{91.14}$$

Aus Gl. (91.3c) folgt schließlich nach einfachen Umformungen

$$E_z = -i \frac{C\lambda^2}{mk} \mathrm{J}_m(\lambda r)\, \mathrm{e}^{i(\omega t - pz)} \sin(m\varphi - \alpha) . \tag{91.15}$$

Bei $r = a$ sind nun die Randbedingungen $E_\varphi = 0$ und $E_z = 0$ zu erfüllen, die automatisch $H_r = 0$ nach sich ziehen. Dazu muß

$$\mathrm{J}_m(\lambda a) = 0 \tag{91.16}$$

sein. Die Komponenten E_r und H_φ dagegen verschwinden nicht bei $r = a$. Der Vorfaktor i in Gl. (91.15) bedeutet, daß E_z in z-Richtung um 90° gegen die Transversalkomponenten phasenverschoben ist.

Die Eigenwertbedingung aus Gl. (91.16) kann nur für reelle λ erfüllt werden. Die niedrigste Nullstelle der Besselfunktionen wird für $m = 0$ bei $a = 2{,}405$ erreicht. Es ist zweckmäßig in diesem Fall in den Ausdrücken der Gln. (91.13) bis (91.15) $\alpha = \frac{\pi}{2}$ zu setzen und $C/m = A$ einzuführen. Die so entstehende von φ unabhängige spezielle TM-Lösung enthält nur noch die drei Komponenten H_φ, E_r

und E_z; H_r und E_φ verschwinden. Dies entspricht genau den Ergebnissen der Aufgabe 88 für Drahtwellen. Das Resultat können wir wegen $J_0' = -J_1$ auch

$$H_\varphi = -A\,J_1(\lambda r)\,e^{i(\omega t - pz)}\,; \qquad E_r = \frac{p}{k} H_\varphi \tag{91.17a}$$

$$E_z = iA\,\frac{\lambda^2}{k}\,J_0(\lambda r)\,e^{i(\omega t - pz)} \tag{91.17b}$$

schreiben.

Die für $m = 0$ gültige Beziehung $\lambda a = 2{,}405$ führt auf

$$p^2 = \frac{\omega^2}{c^2} - \frac{2{,}405^2}{a^2}\,.$$

Da diese Größe für das Zustandekommen einer ungedämpften Welle positiv sein muß, sind solche Wellen nur für Frequenzen

$$\omega > 2{,}405\,\frac{c}{a} \tag{91.18}$$

möglich. Für von φ abhängige Wellen mit $m = 1, 2, \ldots$ ergeben sich entsprechend der ersten Nullstelle von $J_m(\lambda a)$ höhere Grenzfrequenzen. Gleichung (91.18) ergibt Grenzfrequenzen der Größenordnung $10^9\,s^{-1}$, d.h. Rohrwellen sind nur im Hochfrequenzbereich möglich.

92. Aufgabe. TE-Welle in zylindrischem Rohr

Für das zylindrische Rohr der vorigen Aufgabe sollen die Feldstärken in einer transversal-elektrischen (TE) Welle mit Hilfe einer Fitzgerald-Transformation aus den Feldstärken der TM-Welle entnommen werden.

Lösung. Die grundlegenden Differentialgleichungen

$$\mathrm{rot}\boldsymbol{H} = ik\boldsymbol{E}\,; \qquad \mathrm{rot}\boldsymbol{E} = -ik\boldsymbol{H}$$

sind invariant gegen die Transformation

$$\boldsymbol{E} = \bar{\boldsymbol{H}}\,; \qquad \boldsymbol{H} = -\bar{\boldsymbol{E}}\,. \tag{92.1}$$

Daher sind auch die bei $r = 0$ regulären Lösungen $\boldsymbol{E}$ und $\boldsymbol{H}$ von Aufgabe 91 nach Gl. (92.1) transformierbar. Die Gln. (91.13–15) führen so unmittelbar auf die Lösung

$$\bar{E}_r = -\frac{C}{r}\,J_m(\lambda r)\,e^{i(\omega t - pz)}\cos(m\varphi - \alpha)\,; \qquad \bar{H}_\varphi = \frac{p}{k}\bar{E}_r \tag{92.2}$$

$$\bar{E}_\varphi = \frac{C}{m}\,\frac{d}{dr}\,J_m(\lambda r)\,e^{i(\omega t - pz)}\sin(m\varphi - \alpha)\,; \qquad \bar{H}_r = -\frac{p}{k}\bar{E}_\varphi \tag{92.3}$$

$$\bar{E}_z = 0\,; \qquad \bar{H}_z = -i\,\frac{C\lambda^2}{mk}\,J_m(\lambda r)\,e^{i(\omega t - pz)}\sin(m\varphi - \alpha)\,. \tag{92.4}$$

Da jetzt $\bar{E}_z = 0$ wird, ist diese Lösung wie erwartet eine TE-Welle.

Die Randbedingung bei $r = a$ wird jedoch nicht mittransformiert; nach wie vor müssen auch hier die Tangentialkomponenten der elektrischen Feldstärke verschwinden, d.h.

$$\bar{E}_\varphi = 0 \quad \text{für} \quad r = a\,. \tag{92.5}$$

Nach Gl. (92.3) wird dann automatisch auch $\bar{H}_r = 0$ bei $r = a$, während die Tangentialkomponenten von $\bar{H}$ ebenso wie $\bar{E}_r$ endlich bleiben. Aus Gl. (92.5) entnehmen wir die Eigenwertbedingung, die für die TE-Welle

$$\frac{d}{dr} \mathrm{J}_m(\lambda r) = 0 \quad \text{für} \quad r = a \tag{92.6}$$

lautet.

Den Sonderfall $m = 0$ können wir wieder mit $\alpha = \frac{\pi}{2}$ und $C/m = A$ aus den Gln. (92.2–4) entnehmen. Mit $d\mathrm{J}_0(\lambda r)/dr = -\lambda \mathrm{J}_1(\lambda r)$ finden wir

$$\bar{E}_r = 0\,; \qquad \bar{H}_\varphi = 0 \tag{92.2'}$$

$$\bar{E}_\varphi = -A\lambda \mathrm{J}_1(\lambda r)\,\mathrm{e}^{i(\omega t - pz)}\,; \qquad \bar{H}_r = -\frac{p}{k}\bar{E}_\varphi \tag{92.3'}$$

$$\bar{E}_z = 0\,; \qquad \bar{H}_z = -i\frac{A\lambda^2}{k}\mathrm{J}_0(\lambda r)\,\mathrm{e}^{i(\omega t - pz)}\,. \tag{92.4'}$$

Die Grenzfrequenz folgt aus der tiefsten Nullstelle $\mathrm{J}_1(\lambda a) = 0$; mit $\lambda a = 3{,}832$ ergibt sich $\omega > 3{,}832\, c/a$.

93. Aufgabe. Gruppengeschwindigkeit der Wellen

Man gebe die zu einer bestimmten Frequenz ω gehörige Phasengeschwindigkeit v und Gruppengeschwindigkeit u einer Rohrwelle an.

Lösung. Wird eine Wellenamplitude durch

$$\mathrm{e}^{i(\omega t - pz)} \tag{93.1}$$

beschrieben, so gilt für die Phasengeschwindigkeit in z-Richtung

$$v = \frac{\omega}{p} \tag{93.2a}$$

und für die Geschwindigkeit einer Wellengruppe

$$u = \frac{d\omega}{dp}\,. \tag{93.2b}$$

Zur Berechnung dieser Ausdrücke brauchen wir das Dispersionsgesetz, das ω mit p (oder der Wellenlänge $2\pi/p$) verbindet. Führen wir in diese Beziehung sogleich die Grenzfrequenz ω_g des betreffenden Schwingungstyps ein, so lautet sie

$$p^2 = \left(\frac{\omega}{c}\right)^2 - \left(\frac{\omega_g}{c}\right)^2 . \tag{93.3}$$

Daher wird die Phasengeschwindigkeit in Gl. (93.2a)

$$v = \frac{c\,\omega}{\sqrt{\omega^2 - \omega_g^2}} \tag{93.4}$$

größer als die Lichtgeschwindigkeit. Da es sich dabei nicht um eine Signalgeschwindigkeit handelt, steht dies Ergebnis nicht in Widerspruch zur Relativitätstheorie. Ein Signal ist stets eine Wellengruppe, die nach Gl. (93.2b) mit der Geschwindigkeit

$$u = c\sqrt{1 - \omega_g^2/\omega^2} < c \tag{93.5}$$

fortschreitet.

94. Aufgabe. Wellenleiter von rechteckigem Querschnitt

In einem Wellenleiter von rechteckigem Querschnitt ($0 \leq x \leq a$; $0 \leq y \leq b$) sollen die Feldstärken (a) für eine TE-Welle, (b) für eine TM-Welle berechnet werden. Welche Grenzfrequenzen ergeben sich für die verschiedenen Wellentypen?

Lösung. Aus den Grundgleichungen

$$\mathrm{rot}\boldsymbol{H} = ik\boldsymbol{E}\ ; \qquad \mathrm{rot}\boldsymbol{E} = -ik\boldsymbol{H} \tag{94.1}$$

für Felder, die proportional zu $\mathrm{e}^{i\omega t}$ sind, folgen die Beziehungen

$$\mathrm{div}\boldsymbol{E} = 0\ ; \qquad \mathrm{div}\boldsymbol{H} = 0\ . \tag{94.2}$$

Bildet man von Gl. (94.1) die Rotationen und berücksichtigt Gl. (94.2), so entstehen die separierten Wellengleichungen

$$\nabla^2\boldsymbol{E} + k^2\boldsymbol{E} = 0\ ; \qquad \nabla^2\boldsymbol{H} + k^2\boldsymbol{H} = 0\ . \tag{94.3}$$

Die längs des Rohrs laufenden Wellen hängen von z wie e^{-ipz} ab. Dann lauten die Gln. (94.3) in kartesischen Koordinaten

$$\left\{\frac{\partial^2}{\partial x^2} + \frac{\partial^2}{\partial y^2} + (k^2 - p^2)\right\}\boldsymbol{E} = 0\ ; \tag{94.4a}$$

$$\left\{\frac{\partial^2}{\partial x^2} + \frac{\partial^2}{\partial y^2} + (k^2 - p^2)\right\}\boldsymbol{H} = 0\ . \tag{94.4b}$$

(a) In der *TE-Welle* ist $E_z = 0$. Gleichung (94.2) gibt dann einfach

$$\frac{\partial E_x}{\partial x} + \frac{\partial E_y}{\partial y} = 0\ . \tag{94.5}$$

Die Lösung von Gl. (94.4a) für E_x und E_y, welche die Randbedingungen $E_{\mathrm{tang}} = 0$ oder

$$\begin{aligned} E_x &= 0 \quad \text{für} \quad y = 0 \quad \text{und} \quad y = b\,; \\ E_y &= 0 \quad \text{für} \quad x = 0 \quad \text{und} \quad x = a \end{aligned} \tag{94.6}$$

sowie die Nebenbedingung aus Gl. (94.5) erfüllt, lautet

$$\begin{aligned} E_x &= C\frac{a}{n}\cos\frac{n\pi x}{a}\sin\frac{m\pi y}{b}\,\mathrm{e}^{i(\omega t - pz)}\,, \\ E_y &= -C\frac{b}{m}\sin\frac{n\pi x}{a}\cos\frac{m\pi y}{b}\,\mathrm{e}^{i(\omega t - pz)}\,, \qquad E_z = 0\,, \end{aligned} \tag{94.7}$$

wobei

$$k^2 - p^2 = \left(\frac{n\pi}{a}\right)^2 + \left(\frac{m\pi}{b}\right)^2 \tag{94.8}$$

sein muß. Zu jeder vorgegebenen Frequenz $\omega = kc$ sind daher nur bestimmte, zu ganzzahligen Paaren (m, n) gehörige Werte von p oder Wellenlängen $\lambda = 2\pi/p$ möglich. Damit der Ausdruck, Gl. (94.8), positiv wird, muß ω größer als die zu

$$\omega_{\mathrm{g}}(m,n) = c\sqrt{\left(\frac{n\pi}{a}\right)^2 + \left(\frac{m\pi}{b}\right)^2} \tag{94.9}$$

gehörige Grenzfrequenz sein. Dabei dürfen nicht gleichzeitig $m = 0$ *und* $n = 0$ sein. Ist z.B. $m = 0$, so folgt (mit endlichem C/m) aus Gl. (94.7)

$$E_x = 0\,; \qquad E_y = A\sin\frac{n\pi x}{a}\,\mathrm{e}^{i(\omega t - pz)}\,,$$

was nur für $n > 0$ zu einer nicht identisch verschwindenden Lösung führt. Die kleinste Grenzfrequenz wird daher entweder $\omega_{\mathrm{g}}(0,1) = c\pi/a$ oder $\omega_{\mathrm{g}}(1,0) = c\pi/b$, je nachdem ob $a > b$ oder $b > a$ ist.

Die magnetische Feldstärke folgt nunmehr aus Gl. (94.1) in der Form

$$\boldsymbol{H} = \frac{i}{k}\,\mathrm{rot}\boldsymbol{E} \tag{94.10}$$

in Komponentenzerlegung:

$$\begin{aligned} H_x &= -\frac{i}{k}\,\partial_z E_y = -\frac{p}{k}E_y\,; \qquad H_y = \frac{i}{k}\,\partial_z E_x = \frac{p}{k}E_x\,; \\ H_z &= \frac{i}{k}(\partial_x E_y - \partial_y E_x)\,, \end{aligned} \tag{94.11}$$

explicite bei Verwendung von Gl. (94.7) also

$$H_x = C\frac{b}{m}\,\frac{p}{k}\sin\frac{n\pi x}{a}\cos\frac{m\pi y}{b}\,\mathrm{e}^{i(\omega t - pz)}\,; \tag{94.12a}$$

$$H_y = C\frac{a}{n}\,\frac{p}{k}\cos\frac{n\pi x}{a}\sin\frac{m\pi y}{b}\,\mathrm{e}^{i(\omega t - pz)}\,; \tag{94.12b}$$

$$H_z = -\frac{i\pi C}{k}\left(\frac{nb}{ma}+\frac{ma}{nb}\right)\cos\frac{n\pi x}{a}\cos\frac{m\pi y}{b}\,\mathrm{e}^{i(\omega t-pz)}\,. \tag{94.12c}$$

Das Magnetfeld erfüllt die Randbedingung $\boldsymbol{H}_{\text{normal}}=0$ oder

$$\begin{aligned} H_x &= 0 \quad \text{für} \quad x=0 \quad \text{und} \quad x=a\,; \\ H_y &= 0 \quad \text{für} \quad y=0 \quad \text{und} \quad y=b\,. \end{aligned} \tag{94.13}$$

Die Felder $\boldsymbol{E}$ und $\boldsymbol{H}$ stehen überall, nicht nur an der Oberfläche, senkrecht aufeinander,

$$\boldsymbol{E}\cdot\boldsymbol{H}=0\,, \tag{94.14}$$

wie man sofort aus Gl. (94.11) ableitet.

(b) In der *TM-Welle* ist $H_z=0$. Wir beginnen die Rechnung daher mit $\boldsymbol{H}$. Aus Gl. (94.4b) und $\operatorname{div}\boldsymbol{H}=0$ erhält man die Lösung, welche die Randbedingungen, Gl. (94.13) erfüllt, in der Form

$$\begin{aligned} H_x &= \quad C\frac{a}{n}\sin\frac{n\pi x}{a}\cos\frac{m\pi y}{b}\,\mathrm{e}^{i(\omega t-pz)}\,; \\ H_y &= -C\frac{b}{m}\cos\frac{n\pi x}{a}\sin\frac{m\pi y}{b}\,\mathrm{e}^{i(\omega t-pz)}\,, \qquad H_z=0\,. \end{aligned} \tag{94.15}$$

Aus Gl. (94.1) entnehmen wir dann die elektrische Feldstärke

$$\boldsymbol{E} = -\frac{i}{k}\operatorname{rot}\boldsymbol{H}$$

oder in Komponenten

$$\begin{aligned} E_x &= \frac{p}{k}H_y\,; \qquad E_y = -\frac{p}{k}H_x\,; \\ E_z &= -\frac{i}{k}\left(\partial_x H_y - \partial_y H_x\right)\,. \end{aligned} \tag{94.16}$$

Mit den magnetischen Komponenten aus Gl. (94.15) folgt daraus explicite

$$\begin{aligned} E_x &= -C\frac{b}{m}\,\frac{p}{k}\cos\frac{n\pi x}{a}\sin\frac{m\pi y}{b}\,\mathrm{e}^{i(\omega t-pz)}\,; \\ E_y &= -C\frac{a}{n}\,\frac{p}{k}\sin\frac{n\pi x}{a}\cos\frac{m\pi y}{b}\,\mathrm{e}^{i(\omega t-pz)}\,; \\ E_z &= -i\pi\frac{C}{k}\left(\frac{nb}{ma}+\frac{ma}{nb}\right)\sin\frac{n\pi x}{a}\sin\frac{m\pi y}{b}\,\mathrm{e}^{i(\omega t-pz)}\,. \end{aligned} \tag{94.17}$$

Diese Lösung erfüllt automatisch die Randbedingungen Gl. (94.6). Das war nicht anders zu erwarten, da aus Gl. (94.16) wieder folgt, daß $\boldsymbol{E}$ und $\boldsymbol{H}$ überall aufeinander senkrecht stehen.

95. Aufgabe. Energietransport in einer TE-Welle

Welcher Energietransport erfolgt in einer TE-Welle im Wellenleiter von rechteckigem Querschnitt?

Lösung. Wir legen die in den Gln. (94.7) und (94.12) der vorigen Aufgabe beschriebenen Feldstärkekomponenten zugrunde, nehmen aber für die Energieberechnung nur den Realteil mit, ersetzen also

$$e^{i(\omega t - pz)} \quad \text{durch} \quad \cos(pz - \omega t)\,,$$
$$i e^{i(\omega t - pz)} \quad \text{durch} \quad \sin(pz - \omega t)\,.$$

Dann haben wir

$$\begin{aligned} E_x &= C\frac{a}{n}\cos\frac{n\pi x}{a}\sin\frac{m\pi y}{b}\cos(pz-\omega t)\,; \quad H_x = -\frac{p}{k}E_y\,;\\ E_y &= -C\frac{b}{m}\sin\frac{n\pi x}{a}\cos\frac{m\pi y}{b}\cos(pz-\omega t)\,; \quad H_y = \frac{p}{k}E_x \\ E_z &= 0\,; \quad H_z = -\frac{\pi C}{k}\left(\frac{nb}{ma}+\frac{ma}{nb}\right)\cos\frac{n\pi x}{a}\cos\frac{m\pi y}{b}\sin(pz-\omega t)\,. \end{aligned} \tag{95.1}$$

Wir bilden hieraus den Poyntingvektor

$$\boldsymbol{S} = \frac{c}{4\pi}\boldsymbol{E}\times\boldsymbol{H} \tag{95.2}$$

mit den Komponenten

$$\begin{aligned} S_x &= \frac{c}{4\pi}E_yH_z\,; \quad S_y = -\frac{c}{4\pi}E_xH_z\,;\\ S_z &= \frac{c}{4\pi}(E_xH_y - E_yH_x) = \frac{c}{4\pi}\frac{p}{k}(E_x^2+E_y^2)\,. \end{aligned} \tag{95.3}$$

Setzen wir hier die Ausdrücke aus Gl. (95.1) ein, so erhalten wir

$$\begin{aligned} S_x &= \frac{cC^2}{4k}\frac{b}{m}\left(\frac{nb}{ma}+\frac{ma}{nb}\right)\sin\frac{n\pi x}{a}\cos\frac{n\pi x}{a}\cos^2\frac{m\pi y}{b}\\ &\quad\cdot\sin(pz-\omega t)\cos(pz-\omega t)\,;\\ S_y &= \frac{cC^2}{4b}\frac{a}{n}\left(\frac{nb}{ma}+\frac{ma}{nb}\right)\cos^2\frac{n\pi x}{a}\sin\frac{m\pi y}{b}\cos\frac{m\pi y}{b}\\ &\quad\cdot\sin(pz-\omega t)\cos(pz-\omega t)\,;\\ S_z &= \frac{cC^2p}{4\pi k}\left\{\frac{a^2}{n^2}\cos^2\frac{n\pi x}{a}\sin^2\frac{m\pi y}{b}+\frac{b^2}{m^2}\sin^2\frac{n\pi x}{a}\cos^2\frac{m\pi y}{b}\right\}\\ &\quad\cdot\cos^2(pz-\omega t)\,. \end{aligned} \tag{95.4}$$

Die Mittelwerte von S_x und S_y über eine Wellenlänge in z-Richtung, oder über die Zeit, verschwinden also. Ebenso würde das Integral dieser Komponenten über den Querschnitt des Wellenleiters verschwinden. Es findet also im Mittel kein Energietransport in der Querrichtung statt. Anders für S_z, bei dem wir für das Wellenlängen- oder Zeitmittel

$$\bar{S}_z = \frac{cC^2p}{8\pi k}\left\{\frac{a^2}{n^2}\cos^2\frac{n\pi x}{a}\sin^2\frac{m\pi y}{b} + \frac{b^2}{m^2}\sin^2\frac{n\pi x}{a}\cos^2\frac{m\pi y}{b}\right\} \tag{95.5}$$

erhalten. Integrieren wir das über den Querschnitt,

$$\int df\,\bar{S}_z = \int_0^a dx \int_0^b dy\,\bar{S}_z\,,$$

so finden wir

$$\int df\,\bar{S}_z = \frac{cC^2p}{32\pi k}ab\left(\frac{a^2}{n^2} + \frac{b^2}{m^2}\right). \tag{95.6}$$

Diese, in der Zeiteinheit im Mittel durch den gesamten Querschnitt strömende Energie ist also eine Konstante, aus der wir die Normierungsamplitude C bestimmen können.

96. Aufgabe. Berechnung der Wellen aus Vektorpotential

Man berechne mit Hilfe des Vektorpotentials die Felder im rechteckigen Wellenleiter von Aufgabe 94.

Lösung. Aus den Grundgleichungen

$$\mathrm{rot}\boldsymbol{H} = ik\boldsymbol{E}\,; \quad \mathrm{rot}\boldsymbol{E} = -ik\boldsymbol{H} \tag{96.1}$$

folgt zunächst

$$\mathrm{div}\boldsymbol{E} = 0\,; \quad \mathrm{div}\boldsymbol{H} = 0\,. \tag{96.2}$$

Führen wir durch den Ansatz

$$\boldsymbol{H} = \mathrm{rot}\boldsymbol{A} \tag{96.3}$$

das Vektorpotential $\boldsymbol{A}$ in Gl. (96.1) ein, so entsteht zunächst

$$\mathrm{grad}\,\mathrm{div}\boldsymbol{A} - \nabla^2\boldsymbol{A} = ik\boldsymbol{E}\,; \quad \mathrm{rot}\boldsymbol{E} = -ik\,\mathrm{rot}\boldsymbol{A}\,. \tag{96.4}$$

Kombinieren wir die letzte dieser Beziehungen mit Gl. (96.2), so erhalten wir

$$\boldsymbol{E} = -ik\boldsymbol{A} \tag{96.5}$$

und

$$\mathrm{div}\boldsymbol{A} = 0\,. \tag{96.6}$$

Gehen wir nun mit den Gln. (96.5) und (96.6) in die erste Gleichung (96.4) ein, so gibt diese die Differentialgleichung für das Vektorpotential

$$\nabla^2\boldsymbol{A} + k^2\boldsymbol{A} = 0\,. \tag{96.7}$$

Wegen Gl. (96.5) muß $\boldsymbol{A}$ derselben Randbedingung wie $\boldsymbol{E}$ genügen:

$$\boldsymbol{A}_{\mathrm{tang}} = 0\,. \tag{96.8}$$

Die Gln. (96.6 – 8) genügen zur Berechnung von $\boldsymbol{A}$. Ist dies bekannt, so können wir $\boldsymbol{E}$ aus Gl. (96.5) und $\boldsymbol{H}$ aus Gl. (96.3) entnehmen.

TE-Welle. Nach Gl. (96.5) ist für diesen Fall $A_z = 0$. Sind alle Felder proportional zu $e^{i(\omega t - pz)}$, so genügen die beiden anderen Komponenten wegen Gl. (96.7) der gleichen Differentialgleichung,

$$[\partial_x^2 + \partial_y^2 + (k^2 - p^2)]\,A_x = 0\,; \qquad [\partial_x^2 + \partial_y^2 + (k^2 - p^2)]\,A_y = 0\,.$$

Mit den Randbedingungen von Gl. (96.8) folgt daraus

$$A_x = C_1 \sin(\alpha x + \beta)\,\sin\frac{m\pi y}{b}\,e^{i(\omega t - pz)}\,;$$
$$A_y = C_2 \sin\frac{n\pi x}{a}\,\sin(\gamma y + \delta)\,e^{i(\omega t - pz)} \tag{96.9a}$$

mit

$$-\alpha^2 - \left(\frac{m\pi}{b}\right)^2 + k^2 - p^2 = 0\,; \qquad -\left(\frac{n\pi}{a}\right)^2 - \gamma^2 + k^2 - p^2 = 0\,. \tag{96.9b}$$

Die Bedingung in Gl. (96.6) führt weiter zu

$$C_1\,\alpha\cos(\alpha x + \beta)\,\sin\frac{m\pi y}{b} + C_2\,\gamma\sin\frac{n\pi x}{a}\cos(\gamma y + \delta) = 0\,,$$

was nur dann für alle x und y erfüllbar ist, wenn

$$\alpha = \frac{n\pi}{a}\,; \qquad \beta = -\frac{\pi}{2}\,; \qquad \gamma = \frac{m\pi}{b}\,; \qquad \delta = -\frac{\pi}{2}$$

und

$$C_1\frac{n}{a} + C_2\frac{m}{b} = 0\,. \tag{96.10}$$

Gleichung (96.9b) geht damit in die Eigenwertbedingung

$$k^2 - p^2 = \left(\frac{n\pi}{a}\right)^2 + \left(\frac{m\pi}{b}\right)^2 \tag{96.11}$$

über, während aus Gl. (96.10)

$$C_1 = B\frac{a}{n}\,; \qquad C_2 = -B\frac{b}{m} \tag{96.12}$$

mit einer gemeinsamen Konstanten B hervorgeht. Unser Ergebnis ist daher

$$A_x = \quad B\frac{a}{n}\cos\frac{n\pi x}{a}\sin\frac{m\pi y}{b}\,e^{i(\omega t - pz)}\,;$$
$$A_y = -B\frac{b}{m}\sin\frac{n\pi x}{a}\cos\frac{m\pi y}{b}\,e^{i(\omega t - pz)}\,; \qquad A_z = 0\,. \tag{96.13}$$

Bilden wir hieraus gemäß Gl. (96.5) $\boldsymbol{E}$ und nach Gl. (96.3) $\boldsymbol{H}$, so finden wir

$$E_x = -ik A_x\,; \qquad H_x = -\partial_z A_y = ip A_y = -\frac{p}{k} E_y\,;$$
$$E_y = -ik A_y\,; \qquad H_y = \partial_z A_x = -ip A_x = +\frac{p}{k} E_x\,; \tag{96.14}$$
$$E_z = 0\,; \qquad H_z = \partial_x A_y - \partial_y A_x = \frac{i}{k}(\partial_x E_y - \partial_y E_x)\,.$$

Diese Formeln stimmen mit Gl. (94.11) überein und führen mit $B = (i/k)C$ für E auf die Ausdrücke in Gl. (94.7) jener Aufgabe.

TM-Welle. Hier soll $H_z = 0$ oder

$$\partial_x A_y = \partial_y A_x \tag{96.15}$$

werden. Da jetzt A_z nicht mehr verschwindet, müssen wir es mit Hilfe von Gl. (96.6) aus A_x und A_y konstruieren:

$$A_z = -\frac{i}{p}(\partial_x A_x + \partial_y A_y)\,. \tag{96.16}$$

Damit A_x und A_y die Differentialgleichungen (96.7) und die Randbedingungen in Gl. (96.8) erfüllen, werden wir wieder auf die Gln. (96.9a) und (96.9b) geführt. Für die Amplituden ergibt sich jetzt aber aus Gl. (96.15)

$$C_1 = B\frac{n}{a}\,; \qquad C_2 = B\frac{m}{b} \tag{96.17}$$

mit einer gemeinsamen Konstanten B, so daß jetzt

$$A_x = B\frac{n}{a}\cos\frac{n\pi x}{a}\sin\frac{m\pi y}{b}\,\mathrm{e}^{i(\omega t - pz)}\,;$$
$$A_y = B\frac{m}{b}\sin\frac{n\pi x}{a}\cos\frac{m\pi y}{b}\,\mathrm{e}^{i(\omega t - pz)} \tag{96.18a}$$

wird. Schließlich erhalten wir aus Gl. (96.16)

$$A_z = B\frac{i\pi}{p}\left[\left(\frac{n}{a}\right)^2 + \left(\frac{m}{b}\right)^2\right]\sin\frac{n\pi x}{a}\sin\frac{m\pi y}{b}\,\mathrm{e}^{i(\omega t - pz)}\,. \tag{96.18b}$$

Führen wir hier statt B die Konstante

$$C = iB\frac{k^2}{p}\,\frac{mn}{ba}$$

ein, so erhalten wir für die Komponenten von $E = -ikA$ gerade die Ausdrücke in Gln. (94.17). Ebenso folgen die Komponenten der magnetischen Feldstärke, Gl. (94.15), aus

$$H_x = ip A_y\,; \qquad H_y = -ip A_x\,; \qquad H_z = \partial_x A_y - \partial_y A_x\,,$$

wie man leicht nachrechnet.

4. Ausbreitung elektromagnetischer Wellen

Im folgenden werden elektromagnetische Wellen, ihre Erzeugung durch Antennen und ihre Ausbreitung im Raum behandelt.

Wenn wir von den Maxwellschen Gleichungen für konstantes ε und μ

$$\operatorname{rot}\boldsymbol{H} = \frac{4\pi}{c}\boldsymbol{j} + \frac{\varepsilon}{c}\dot{\boldsymbol{E}}\,; \qquad \operatorname{rot}\boldsymbol{E} = -\frac{\mu}{c}\dot{\boldsymbol{H}} \tag{1}$$

die Rotation bilden, die Vektoridentität

$$\operatorname{rot}\operatorname{rot}\boldsymbol{v} = \operatorname{grad}\operatorname{div}\boldsymbol{v} - \nabla^2\boldsymbol{v}$$

und die Beziehungen

$$\operatorname{div}\boldsymbol{H} = 0\,; \qquad \varepsilon\operatorname{div}\boldsymbol{E} = 4\pi\varrho \tag{2}$$

berücksichtigen, so erhalten wir mit dem Wellenoperator

$$\Box^2 = \nabla^2 - \frac{\varepsilon\mu}{c^2}\frac{\partial^2}{\partial t^2} \tag{3}$$

die inhomogenen Wellengleichungen der Feldstärken

$$\Box^2\boldsymbol{H} = -\frac{4\pi}{c}\operatorname{rot}\boldsymbol{j}\,; \qquad \Box^2\boldsymbol{E} = \frac{4\pi\mu}{c^2}\frac{\partial\boldsymbol{j}}{\partial t} + \frac{4\pi}{\varepsilon}\operatorname{grad}\varrho\,, \tag{4}$$

in denen die Feldvektoren $\boldsymbol{H}$ und $\boldsymbol{E}$ separiert sind. In Gebieten ohne Raumladungen und ohne Ströme verschwinden die rechten Seiten, so daß die homogenen Wellengleichungen

$$\Box^2\boldsymbol{H} = 0\,; \qquad \Box^2\boldsymbol{E} = 0$$

die Ausbreitung elektromagnetischer Wellen im leeren Raum beschreiben.

Führen wir nun das Vektorpotential $\boldsymbol{A}$ und das skalare Potential Φ durch die Gleichungen

$$\boldsymbol{B} = \operatorname{rot}\boldsymbol{A}\,; \qquad \boldsymbol{E} = -\operatorname{grad}\Phi - \frac{1}{c}\frac{\partial\boldsymbol{A}}{\partial t} \tag{5}$$

ein, so werden die homogenen Maxwellschen Gleichungen

$$\operatorname{rot}\boldsymbol{E} = -\frac{1}{c}\dot{\boldsymbol{B}}\,; \qquad \operatorname{div}\boldsymbol{B} = 0$$

identisch erfüllt. Die inhomogenen Maxwellschen Gleichungen

$$\operatorname{rot}\boldsymbol{H} = \frac{4\pi}{c}\boldsymbol{j} + \frac{\varepsilon}{c}\dot{\boldsymbol{E}}\,; \qquad \varepsilon\operatorname{div}\boldsymbol{E} = 4\pi\varrho$$

gehen in

$$\Box^2\boldsymbol{A} = \operatorname{grad}\left(\operatorname{div}\boldsymbol{A} + \frac{\varepsilon\mu}{c}\frac{\partial\Phi}{\partial t}\right) - \frac{4\pi\mu}{c}\boldsymbol{j}\,; \tag{6a}$$

$$\Box^2 \Phi = -\frac{1}{c}\frac{\partial}{\partial t}\left(\operatorname{div}\boldsymbol{A} + \frac{\varepsilon\mu}{c}\frac{\partial \Phi}{\partial t}\right) - \frac{4\pi}{\varepsilon}\varrho \tag{6b}$$

über.

Die Einführung der Potentiale ist nicht eindeutig. Unterwerfen wir $\boldsymbol{A}$ und Φ gemeinsam einer Eichtransformation

$$\boldsymbol{A} \to \boldsymbol{A}' = \boldsymbol{A} + \operatorname{grad} f\,; \qquad \Phi \to \Phi' = \Phi - \frac{1}{c}\frac{\partial f}{\partial t} \tag{7}$$

mit einer willkürlichen Funktion f, so bleiben nach Gl. (5) die Felder ungeändert. Man kann diese Eichinvarianz der Theorie benutzen, um in Gln. (6a, b) die Größe

$$\operatorname{div}\boldsymbol{A} + \frac{\varepsilon\mu}{c}\frac{\partial \Phi}{\partial t} = 0 \tag{8}$$

zu machen (Lorentzkonvention), so daß die Potentiale die inhomogenen Wellengleichungen

$$\Box^2 \boldsymbol{A} = -\frac{4\pi\mu}{c}\boldsymbol{j}\,; \qquad \Box^2 \Phi = -\frac{4\pi}{\varepsilon}\varrho \tag{9}$$

erfüllen. Im leeren Raum gehen sie wieder in homogene Wellengleichungen über.

Da die Potentiale $\boldsymbol{A}$ und Φ wegen der Lorentzkonvention nicht voneinander unabhängig sind, können wir an ihrer Stelle den Hertzschen Vektor $\boldsymbol{Z}$ gemäß

$$\boldsymbol{A} = \frac{\mu}{c}\frac{\partial \boldsymbol{Z}}{\partial t}\,; \qquad \Phi = -\frac{1}{\varepsilon}\operatorname{div}\boldsymbol{Z} \tag{10}$$

einführen. Ebenso sind die rechten Seiten der Gln. (9) nicht voneinander unabhängig, da sie durch die Kontinuitätsgleichung

$$\operatorname{div}\boldsymbol{j} + \frac{\partial \varrho}{\partial t} = 0 \tag{11}$$

verbunden sind. Wir können sie daher aus einem Quellvektor $\boldsymbol{q}$ gemäß

$$\boldsymbol{j} = \frac{\partial \boldsymbol{q}}{\partial t}\,; \qquad \varrho = -\operatorname{div}\boldsymbol{q} \tag{12}$$

herleiten. An die Stelle der Gln. (9) tritt dann einfach

$$\Box^2 \boldsymbol{Z} = -4\pi\boldsymbol{q}\,. \tag{13}$$

Hat man diese Differentialgleichung gelöst, so folgen aus ihr mit Hilfe von Gln. (10) und (5) die Felder

$$\boldsymbol{B} = \frac{\mu}{c}\operatorname{rot}\dot{\boldsymbol{Z}}\,; \qquad \boldsymbol{E} = \frac{1}{\varepsilon}\operatorname{grad}\operatorname{div}\boldsymbol{Z} - \frac{\mu}{c^2}\ddot{\boldsymbol{Z}}\,. \tag{14}$$

97. Aufgabe. Retardierung, elementar

Man beweise in Anlehnung an die Elektrostatik (Aufgabe 5), daß die inhomogene Wellengleichung

$$\Box^2 u = \nabla^2 u - \frac{1}{c^2}\frac{\partial^2 u}{\partial t^2} = -4\pi f(\boldsymbol{r}, t) \tag{97.1}$$

durch

$$u(\boldsymbol{r}, t) = \int \frac{d\tau'}{|\boldsymbol{r}-\boldsymbol{r}'|} f\left(\boldsymbol{r}', t - \frac{|\boldsymbol{r}-\boldsymbol{r}'|}{c}\right) \tag{97.2}$$

gelöst wird.

Lösung. Wir legen um den Punkt $\boldsymbol{r}' = \boldsymbol{r}$ im $\boldsymbol{r}'$-Raum eine infinitesimale Kugel vom Radius $\varepsilon(\to 0)$ und teilen das Integral über $\boldsymbol{r}'$ in die Beiträge des Innern und Äußern der Kugel auf,

$$u = u_\mathrm{i} + u_\mathrm{a}\,. \tag{97.3}$$

Für das *Innere* $|\boldsymbol{r}' - \boldsymbol{r}| \le \varepsilon$ können wir f als Konstante behandeln und vor das Integral ziehen,

$$u_\mathrm{i}(\boldsymbol{r}, t) = f(\boldsymbol{r}, t) \int \frac{d\tau'}{|\boldsymbol{r}-\boldsymbol{r}'|}\,.$$

Wir entnehmen aus Aufgabe 5, daß

$$\nabla^2 u_\mathrm{i} = \int d\tau' f(\boldsymbol{r}', t)\, \nabla^2 \frac{1}{|\boldsymbol{r}-\boldsymbol{r}'|} = -4\pi f(\boldsymbol{r}, t)$$

ist. Ferner wird

$$\frac{\partial^2 u_\mathrm{i}}{\partial t^2} = \frac{\partial^2 f}{\partial t^2} \int \frac{d\tau'}{|\boldsymbol{r}-\boldsymbol{r}'|}\,,$$

und dies Integral ist mit $\boldsymbol{r}' - \boldsymbol{r} = \boldsymbol{r}_1$

$$\int \frac{d\tau'}{|\boldsymbol{r}-\boldsymbol{r}'|} = 4\pi \int_0^\varepsilon dr_1\, r_1^2 (1/r_1) = 2\pi\varepsilon^2 \to 0\,,$$

so daß wir

$$\Box^2 u_\mathrm{i} = -4\pi f(\boldsymbol{r}, t) \tag{97.4}$$

erhalten.

Die Behandlung des *Äußeren* der Kugel, $|\boldsymbol{r}' - \boldsymbol{r}| > \varepsilon$, wird hier infolge der Retardierung etwas komplizierter als im statischen Fall. Wir führen die Abkürzungen

$$x - x' = \xi\,; \quad y - y' = \eta\,; \quad z - z' = \zeta\,; \quad |\boldsymbol{r}-\boldsymbol{r}'| = r_1$$

und

$$t - r_1/c = \tau$$

ein. Dann werden die ersten Ableitungen von $f(\boldsymbol{r}', \tau)$ nach den ungestrichenen Variablen

$$\frac{\partial f}{\partial x} = \frac{\partial f}{\partial \tau}\frac{\partial \tau}{\partial x} = -\frac{1}{c}\frac{\xi}{r_1}\frac{\partial f}{\partial \tau}\,; \quad \frac{\partial f}{\partial t} = \frac{\partial f}{\partial \tau}$$

und daher

$$\frac{\partial u_a}{\partial x} = \int\limits_{(a)} d\tau' \frac{\partial}{\partial x}\left(\frac{1}{r_1} f(\boldsymbol{r}', \tau)\right) = \int\limits_{(a)} d\tau' \left\{ -\frac{\xi}{r_1^3} f - \frac{1}{c}\frac{\xi}{r_1^2}\frac{\partial f}{\partial \tau}\right\}$$

$$= -\int\limits_{(a)} d\tau' \frac{\xi}{r_1^3}\left(f + \frac{r_1}{c}\frac{\partial f}{\partial \tau}\right).$$

Die zweite Ableitung nach x wird

$$\frac{\partial^2 u_a}{\partial x^2} = -\int\limits_{(a)} d\tau' \left\{\left(\frac{1}{r_1^3} - \frac{3\xi^2}{r_1^5}\right)\left(f + \frac{r_1}{c}\frac{\partial f}{\partial \tau}\right) + \frac{\xi}{r_1^3}\left(\underline{-\frac{1}{c}\frac{\xi}{r_1}\frac{\partial f}{\partial \tau} + \frac{1}{c}\frac{\xi}{r_1}\frac{\partial f}{\partial \tau}} - \frac{\xi}{c^2}\frac{\partial^2 f}{\partial \tau^2}\right)\right\}.$$

Die beiden unterstrichenen Glieder heben sich weg. Fügen wir die zweiten Ableitungen nach y und z hinzu, so verschwindet auch die Summe der ersten Glieder, weil

$$\frac{3}{r_1^3} - \frac{3}{r_1^5}(\xi^2 + \eta^2 + \zeta^2) = 0$$

ist im Außenraum, wo r_1 nicht verschwindet. Es verbleibt dann nur das letzte Glied,

$$\nabla^2 u_a = \frac{1}{c^2}\int\limits_{(a)} d\tau' \frac{1}{r_1}\frac{\partial^2 f}{\partial \tau^2} = \frac{1}{c^2}\frac{\partial^2}{\partial t^2}\int\limits_{(a)} d\tau' \frac{f}{r_1} = \frac{1}{c^2}\frac{\partial^2 u_a}{\partial t^2}.$$

Daher ist

$$\Box^2 u_a = 0\,, \tag{97.5}$$

und die Summe von Gln. (97.4) und (97.5) ergibt gerade die Differentialgleichung (97.1), deren Lösung Gl. (97.2) ist.

Die Lösung in Gl. (97.2) ist völlig analog zu der im statischen Fall gebildeten Lösung von Aufgabe 5, bei der u am Ort $\boldsymbol{r}$ aus den Beiträgen aller Quellen $f(\boldsymbol{r}')d\tau'$ an den Orten $\boldsymbol{r}'$ aufgebaut wird. Bei dem hier vorliegenden zeitabhängigen Problem ist jedoch die endliche Ausbreitungsgeschwindigkeit c zu berücksichtigen, die sich im Auftreten der retardierten Zeit τ anstelle von t im Integranden äußert.

98. Aufgabe. Retardierung, Greensche Funktion

Man löse die inhomogene Wellengleichung

$$\Box^2 u = -4\pi f(\boldsymbol{r}, t) \tag{98.1}$$

analog zu Aufgabe 6 mit Hilfe einer vierdimensionalen Greenschen Funktion, die als Fourierintegral über vier Dimensionen aufgebaut werden soll.

Lösung. Die Greenschen Funktionen zu Gl. (98.1) sind definiert als Lösungen der speziellen Differentialgleichung

$$\Box^2 G(\boldsymbol{r}, x_0) = \delta^3(\boldsymbol{r})\,\delta(x_0) \tag{98.2}$$

mit $x_0 = ct$. Wir stellen sowohl $G(\boldsymbol{r}, x_0)$ als auch die Inhomogenität als Fourier-Integral dar:

$$G(\boldsymbol{r}, x_0) = \frac{1}{(2\pi)^4}\int d^3k \int_{-\infty}^{+\infty} dk_0\, \Gamma(\boldsymbol{k}, k_0)\, \mathrm{e}^{i(\boldsymbol{k}\boldsymbol{r} - k_0 x_0)} \tag{98.3}$$

und

$$\delta^3(\boldsymbol{r})\,\delta(x_0) = \frac{1}{(2\pi)^4}\int d^3k \int_{-\infty}^{+\infty} dk_0\, \mathrm{e}^{i(\boldsymbol{k}\boldsymbol{r} - k_0 x_0)}\,. \tag{98.4}$$

Einsetzen in Gl. (98.2) und Vergleichen der Integranden ergibt für den Propagator

$$\Gamma = \frac{1}{k_0^2 - k^2}\,. \tag{98.5}$$

Wir können dann mit $d^3k = dk\,k^2\,d\Omega_k$ die Integration in Gl. (98.3) in drei Schritten vornehmen, indem wir

$$G(\boldsymbol{r}, x_0) = \frac{1}{(2\pi)^4}\int_0^{\infty} dk\,k^2 \oint d\Omega_k\, \mathrm{e}^{i\boldsymbol{k}\boldsymbol{r}} \int_{-\infty}^{+\infty} dk_0 \frac{\mathrm{e}^{-ik_0x_0}}{k_0^2 - k^2} \tag{98.6}$$

schreiben und zuerst über k_0, dann über alle Richtungen und zuletzt auch über den Betrag k integrieren.

Das Integral über k_0 wird am besten in der komplexen k_0-Ebene berechnet. Sein Wert hängt von der Wahl des Integrationsweges ab, da der Integrand auf der reellen k_0-Achse Pole bei $k_0 = \pm k$ besitzt. Legen wir den Weg wie in Abb. 36 angedeutet etwas oberhalb der Pole, so wird

$$\int_{-\infty}^{+\infty} dk_0 \frac{\mathrm{e}^{-ik_0x_0}}{k_0^2 - k^2} = \begin{cases} 0\,, & \text{wenn} \quad x_0 < 0 \\ -2\pi i\left(\dfrac{\mathrm{e}^{ikx_0}}{-2k} + \dfrac{\mathrm{e}^{-ikx_0}}{2k}\right) = -\dfrac{2\pi}{k}\sin kx_0\,, & \text{wenn} \quad x_0 > 0\,. \end{cases} \tag{98.7}$$

Hätten wir den Weg unterhalb der reellen Achse gelegt, so hätten sich die Rollen von $x_0 < 0$ und $x_0 > 0$ vertauscht. Daß Gl. (98.7) einen so tief gehenden Unterschied zwischen $x_0 < 0$ und $x_0 > 0$ zeigt, ist eine Folge der Wahl dieses Integrationsweges; die Differentialgleichung (98.2) ist invariant gegen Zeitumkehr.

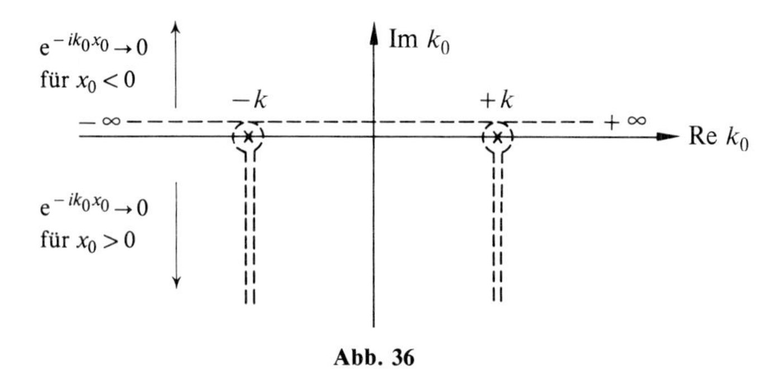

Abb. 36

Der zweite Schritt besteht darin, das Integral über alle Richtungen von $\boldsymbol{k}$ in Gl. (98.6) auszuführen. In Aufgabe 6 wurde bereits gezeigt, daß

$$\int d\Omega_k \, e^{ikr} = 4\pi \frac{\sin kr}{kr} \tag{98.8}$$

ist. Führen wir die Gln. (98.7) und (98.8) in Gl. (98.6) ein, so folgt

$$G(\boldsymbol{r}, x_0) = \begin{cases} 0 & \text{für} \quad x_0 < 0 \\ -D(\boldsymbol{r}, x_0) & \text{für} \quad x_0 > 0 \end{cases} \tag{98.9a}$$

mit

$$D(\boldsymbol{r}, x_0) = \frac{1}{4\pi^2 r} \int_{-\infty}^{+\infty} dk \sin kr \sin kx_0 \,. \tag{98.9b}$$

In dem Ausdruck für D haben wir dabei die Integration auch formal über negative k erstreckt.

In einem dritten Integrationsschritt läßt sich nun dies Integral über k wegen

$$\delta(s) = \frac{1}{2\pi} \int_{-\infty}^{+\infty} dt \, e^{\pm ist}$$

auf δ-Funktionen zurückführen:

$$\int_{-\infty}^{+\infty} dk \sin kr \sin kx_0 = \pi[\delta(r - x_0) - \delta(r + x_0)] \,.$$

Damit erhalten wir also

$$D(\boldsymbol{r}, x_0) = \frac{1}{4\pi r} [\delta(r - x_0) - \delta(r + x_0)] \,. \tag{98.10}$$

Der zweite Summand wird nur für $x_0 < 0$ singulär, wo die Greensche Funktion verschwindet, so daß wir uns für die Anwendung auf den ersten Summanden beschränken können.

Wir gehen nun von der speziellen Differentialgleichung (98.2) zu der vollständigen inhomogenen Gleichung (98.1) über. Dabei denken wir uns die rechte Seite mit Hilfe der Identität

$$f(\boldsymbol{r}, x_0) = \int d\tau' \int dx_0' f(\boldsymbol{r}', x_0') \, \delta^3(\boldsymbol{r}' - \boldsymbol{r}) \, \delta(x_0' - x_0)$$

umgeformt. Auf diese lineare Zerlegung wenden wir das Superpositionsprinzip an,

$$u(\boldsymbol{r}, x_0) = -4\pi \int d\tau' \int_{-\infty}^{+\infty} dx_0' f(\boldsymbol{r}', x_0') \, G(\boldsymbol{r} - \boldsymbol{r}', x_0 - x_0') \,. \tag{98.11}$$

Nach Gl. (98.9a) verschwindet der Integrand für $x_0 - x_0' < 0$, so daß die Integration nur über $x_0' < x_0$, d.h. über $t' < t$, also über die Vergangenheit von t zu erstrecken ist. So entsteht

$$u(\boldsymbol{r}, x_0) = 4\pi \int d\tau' \int_{-\infty}^{x_0} dx_0' f(\boldsymbol{r}', x_0') \, D(|\boldsymbol{r} - \boldsymbol{r}'|, x_0 - x_0') \,,$$

was mit dem ersten Glied allein von Gl. (98.10)

$$u(\boldsymbol{r}, x_0) = \int \frac{d\tau'}{|\boldsymbol{r}' - \boldsymbol{r}|} f(\boldsymbol{r}', x_0 - |\boldsymbol{r} - \boldsymbol{r}'|) \tag{98.12}$$

ergibt. Gehen wir von $x_0 = ct$ wieder zu t selbst über, so steht als zweites Argument in f die Zeit

$$t_1 = t - \frac{|\boldsymbol{r} - \boldsymbol{r}'|}{c},$$

d. h. wie erhalten wie in der vorhergehenden Aufgabe eine Retardierung um die Laufzeit infolge der endlichen Ausbreitungsgeschwindigkeit c.

Anm. Der vollständige Ausdruck für die D-Funktion, Gl. (98.10), läßt sich auch schreiben

$$D(\boldsymbol{r}, x_0) = \frac{1}{2\pi} \delta(x_0^2 - r^2) .$$

Diese Form zeigt, daß die Lösung D der Differentialgleichung (98.2) ebenso wie diese selbst lorentzinvariant geschrieben werden kann. Für unsere Anwendungen ist dies aber ohne Bedeutung.

Die Auswahl der retardierten Lösung ist auf das Kausalitätsprinzip gegründet. Mathematisch gleichberechtigt wäre auch eine avancierte Lösung, bei der die Rollen von Vergangenheit und Zukunft gerade vertauscht sind. Wir hätten sie erhalten, wenn wir in Gl. (98.7) den Integrationsweg nicht oberhalb, sondern unterhalb der reellen k_0-Achse verlegt hätten.

99. Aufgabe. Hertzscher Dipol: Feldstärken

Zur Beschreibung einer linearen Antenne sei der Hertzsche Quellvektor $\boldsymbol{q}(t)$ auf eine kleine Umgebung von $\boldsymbol{r} = 0$ beschränkt. Er möge eine feste Raumrichtung besitzen, die wir als z-Richtung wählen wollen (Hertzscher Dipol). Das von dieser Quelle erzeugte Feld soll berechnet werden ($\varepsilon = \mu = 1$).

Lösung. Die Differentialgleichung für den Hertzschen Vektor

$$\Box^2 \boldsymbol{Z} = -4\pi \boldsymbol{q}$$

wird nach Aufgaben 97 und 98 durch

$$\boldsymbol{Z}(\boldsymbol{r}, t) = \int \frac{d\tau'}{|\boldsymbol{r} - \boldsymbol{r}'|} \boldsymbol{q}\left(\boldsymbol{r}', t - \frac{|\boldsymbol{r} - \boldsymbol{r}'|}{c}\right)$$

gelöst, was sich für die bei $\boldsymbol{r} = 0$ lokalisierte Quelle

$$\boldsymbol{q}(\boldsymbol{r}', t) = \boldsymbol{p}(t)\, \delta^3(\boldsymbol{r}') \tag{99.1}$$

auf

$$Z(r,t) = \frac{1}{r}\,p\left(t - \frac{r}{c}\right) \tag{99.2}$$

reduziert, wobei $\boldsymbol{p} \parallel z$ vorausgesetzt wurde. Wir führen nun Kugelkoordinaten ein; dann hat $\boldsymbol{Z}$ die Komponenten

$$Z_r = Z\cos\vartheta\,; \qquad Z_\vartheta = -Z\sin\vartheta\,; \qquad Z_\varphi = 0\,, \tag{99.3}$$

wobei der Betrag Z nur von r und t, nicht aber von den Winkeln ϑ und φ abhängt. Schreiben wir noch kurz Z' für $\partial Z/\partial r$ und $\dot{Z}$ für $\partial Z/\partial t$, so wird

$$\operatorname{div}\boldsymbol{Z} = \left(\partial_r + \frac{2}{r}\right)Z_r + \frac{1}{r\sin\vartheta}\,\partial_\vartheta(Z\sin\vartheta) = Z'\cos\vartheta\,; \tag{99.4a}$$

$$\left.\begin{aligned}
(\operatorname{grad}\operatorname{div}\boldsymbol{Z})_r &= \partial_r(Z'\cos\vartheta) = Z''\cos\vartheta\,;\\
(\operatorname{grad}\operatorname{div}\boldsymbol{Z})_\vartheta &= \frac{1}{r}\,\partial_\vartheta(Z'\cos\vartheta) = -\frac{1}{r}\,Z'\sin\vartheta\,;\\
(\operatorname{grad}\operatorname{div}\boldsymbol{Z})_\varphi &= 0
\end{aligned}\right\} \tag{99.4b}$$

und

$$\left.\begin{aligned}
\operatorname{rot}_r\boldsymbol{Z} &= \frac{1}{r\sin\vartheta}\,[\partial_\vartheta(Z_\varphi\sin\vartheta) - \partial_\varphi Z_\vartheta] = 0\,;\\
\operatorname{rot}_\vartheta\boldsymbol{Z} &= \frac{1}{r}\left[\frac{1}{\sin\vartheta}\,\partial_\varphi Z_r - \partial_r(rZ_\varphi)\right] = 0\,;\\
\operatorname{rot}_\varphi\boldsymbol{Z} &= \frac{1}{r}\,[\partial_r(rZ_\vartheta) - \partial_\vartheta Z_r] = -Z'\sin\vartheta\,.
\end{aligned}\right\} \tag{99.4c}$$

Setzen wir aus diesen Ausdrücken gemäß

$$\boldsymbol{H} = \frac{1}{c}\operatorname{rot}\dot{\boldsymbol{Z}}\,; \qquad \boldsymbol{E} = \operatorname{grad}\operatorname{div}\boldsymbol{Z} - \frac{1}{c^2}\ddot{\boldsymbol{Z}} \tag{99.5}$$

die Feldstärken zusammen, so erhalten wir die Komponenten

$$\begin{aligned}
&H_r = 0\,; \quad H_\vartheta = 0\,; \quad H_\varphi = -\frac{1}{c}\dot{Z}'\sin\vartheta\,;\\
&E_r = \left(Z'' - \frac{1}{c^2}\ddot{Z}\right)\cos\vartheta\,; \quad E_\vartheta = \left(-\frac{1}{r}Z' + \frac{1}{c^2}\ddot{Z}\right)\sin\vartheta\,; \quad E_\varphi = 0\,.
\end{aligned} \tag{99.6}$$

Nach Gl. (99.2) ist aber

$$Z = \frac{1}{r}\,p\left(t - \frac{r}{c}\right); \qquad p' = -\frac{1}{c}\,\dot{p}$$

und daher die Ableitungen nach r

$$Z' = -\frac{1}{r^2}p - \frac{1}{cr}\dot{p}\,; \qquad Z'' = \frac{2}{r^3}p + \frac{2}{cr^2}\dot{p} + \frac{1}{c^2 r}\ddot{p}\,,$$

so daß schließlich die Feldkomponenten

$$H_r = 0\,; \qquad H_\vartheta = 0\,; \qquad H_\varphi = \frac{1}{cr}\sin\vartheta\left(\frac{1}{r}\dot{p} + \frac{1}{c}\ddot{p}\right) \tag{99.7a}$$

und

$$E_r = \frac{\cos\vartheta}{r^2}\left(\frac{2}{r}p + \frac{2}{c}\dot{p}\right); \qquad E_\vartheta = \frac{\sin\vartheta}{r}\left(\frac{1}{r^2}p + \frac{1}{cr}\dot{p} + \frac{1}{c^2}\ddot{p}\right);$$
$$E_\varphi = 0 \tag{99.7b}$$

entstehen.

Für statische Felder ($\dot{p} = 0$, $\ddot{p} = 0$) verschwindet $\boldsymbol{H}$, und es bleibt nur

$$E_r = \frac{2p}{r^3}\cos\vartheta\,; \qquad E_\vartheta = \frac{p}{r^3}\sin\vartheta\,; \qquad E_\varphi = 0\,,$$

d.h. das Feld des statischen Dipolmoments $\boldsymbol{p}$. Die Feldstärken fallen dann für große r wie $1/r^3$, bei zeitabhängigem Dipolmoment dagegen wie $1/r$ ab, wobei in großer Entfernung, für $r \gg pc/\dot{p}$, nur die Komponenten

$$E_\vartheta = H_\varphi = \frac{\sin\vartheta}{c^2 r}\ddot{p} \tag{99.8}$$

übrig bleiben. Ist r so groß, so sprechen wir von der *Fernzone*.

100. Aufgabe. Hertzscher Dipol: Abstrahlung

Welche Energie strahlt ein Hertzscher Dipol in der Zeiteinheit ab, und wie ist die Intensität über die Richtungen verteilt?

Lösung. Wir denken eine Kugel von sehr großem Radius r um die Quelle (den Sender) gelegt und berechnen den Poyntingvektor

$$\boldsymbol{S} = \frac{c}{4\pi}(\boldsymbol{E} \times \boldsymbol{H}) \tag{100.1}$$

auf dieser Kugel. Dabei wählen wir r so groß, daß Gl. (99.8) der vorigen Aufgabe anwendbar ist. Die Vektoren $\boldsymbol{E}$ (in der Meridianebene) und $\boldsymbol{H}$ (senkrecht dazu) haben gleiche Beträge und stehen aufeinander und auf dem Radius r senkrecht. Der Poyntingvektor, Gl. (100.1), besitzt daher nur eine radiale Komponente,

$$S_r = \frac{c}{4\pi}E_\vartheta H_\varphi = \frac{1}{4\pi c^3}\ddot{p}^2\frac{\sin^2\vartheta}{r^2}\,. \tag{100.2}$$

Die Richtungsverteilung der abgestrahlten Energie wird also proportional zu $\sin^2\vartheta$, d. h. maximal in der zum Dipol senkrechten Ebene.

Die insgesamt pro Zeiteinheit senkrecht durch die Kugel vom Radius r ausgestrahlte Energie wird

$$-\frac{dW}{dt} = \oint d\tau\, r^2 S_r = \frac{\ddot{p}^2}{4\pi c^3} \cdot \frac{8\pi}{3}$$

oder

$$-\frac{dW}{dt} = \frac{2}{3}\,\frac{\ddot{p}^2}{c^3}\,. \tag{100.3}$$

Hängen die Felder periodisch wie $e^{i\omega t}$ von der Zeit ab, so wird der Energieverlust proportional zu ω^2. Die hier verwendeten Formeln für die Fernzone gelten dann, sobald

$$\frac{1}{r} \ll \frac{\omega}{c} \quad \text{oder} \quad r \gg \lambda = \frac{2\pi c}{\omega} \tag{100.4}$$

wird, da dann die mit höheren Potenzen von $1/r$ abfallenden Glieder in den Feldstärkeausdrücken in den Gln. (99.7a, b) vernachlässigt werden dürfen.

101. Aufgabe. Hertzscher Dipol: Koordinatenfreie Beschreibung

Für den Hertzschen Vektor

$$\boldsymbol{Z}(\boldsymbol{r}, t) = \frac{1}{r}\,\boldsymbol{p}\left(t - \frac{r}{c}\right) \tag{101.1}$$

sollen das Strahlungsfeld und der Energieverlust pro Zeiteinheit koordinatenfrei beschrieben werden.

Lösung. Aus

$$\partial_r \boldsymbol{Z} = -\frac{1}{r^2}\,\boldsymbol{p} - \frac{1}{cr}\,\dot{\boldsymbol{p}}$$

erhalten wir die Ableitungen nach x, y, z mit $\partial r/\partial x = x/r$ usw. Das gibt z. B.

$$\partial_x Z_x = -\frac{x}{r}\left(\frac{1}{r^2}\,p_x + \frac{1}{cr}\,\dot{p}_x\right);$$

$$\operatorname{rot}_x \boldsymbol{Z} = \partial_y Z_z - \partial_z Z_y = -\frac{y}{r}\left(\frac{p_z}{r^2} + \frac{\dot{p}_z}{cr}\right) + \frac{z}{r}\left(\frac{p_y}{r^2} + \frac{\dot{p}_y}{cr}\right),$$

woraus wir sofort

$$\operatorname{div} \boldsymbol{Z} = -\left(\frac{\boldsymbol{r}\boldsymbol{p}}{r^3} + \frac{\boldsymbol{r}\dot{\boldsymbol{p}}}{cr^2}\right) \tag{101.2a}$$

und

$$\operatorname{rot} \boldsymbol{Z} = -\frac{\boldsymbol{r}\times\boldsymbol{p}}{r^3} - \frac{\boldsymbol{r}\times\dot{\boldsymbol{p}}}{cr^2} \tag{101.2b}$$

entnehmen können. Daraus folgen die Potentiale

$$\Phi = -\operatorname{div} \boldsymbol{Z} \; ; \qquad \boldsymbol{A} = \frac{1}{c} \dot{\boldsymbol{Z}} \tag{101.3}$$

in der vektoriellen Form

$$\Phi = \frac{\boldsymbol{r}\boldsymbol{p}}{r^3} + \frac{\boldsymbol{r}\dot{\boldsymbol{p}}}{c r^2} \; ; \qquad \boldsymbol{A} = \frac{\dot{\boldsymbol{p}}}{c r} \, . \tag{101.4}$$

Nun bilden wir die Feldstärken

$$\boldsymbol{E} = -\operatorname{grad} \Phi - \frac{1}{c} \dot{\boldsymbol{A}} \; ; \qquad \boldsymbol{H} = \operatorname{rot} \boldsymbol{A} \, . \tag{101.5}$$

Für den Gradienten brauchen wir

$$\partial_x \left(\frac{\boldsymbol{r}\boldsymbol{p}}{r^3} \right) = -\frac{3x}{r^5} (\boldsymbol{r}\boldsymbol{p}) + \frac{1}{r^3} \left(p_x - \frac{x}{cr} \boldsymbol{r}\dot{\boldsymbol{p}} \right) ;$$

$$\partial_x \left(\frac{\boldsymbol{r}\dot{\boldsymbol{p}}}{r^2} \right) = -\frac{2x}{r^4} (\boldsymbol{r}\dot{\boldsymbol{p}}) + \frac{1}{r^2} \left(\dot{p}_x - \frac{x}{cr} \boldsymbol{r}\ddot{\boldsymbol{p}} \right) .$$

Damit können wir die elektrische Feldstärke aus den Gln. (101.5) und (101.4) aufbauen:

$$\boldsymbol{E} = \left\{ \frac{3\boldsymbol{r}(\boldsymbol{r}\boldsymbol{p})}{r^5} - \frac{\boldsymbol{p}}{r^3} + \frac{\boldsymbol{r}(\boldsymbol{r}\dot{\boldsymbol{p}})}{c r^4} \right\} + \left\{ \frac{2\boldsymbol{r}(\boldsymbol{r}\dot{\boldsymbol{p}})}{c r^4} - \frac{\dot{\boldsymbol{p}}}{c r^2} + \frac{\boldsymbol{r}(\boldsymbol{r}\ddot{\boldsymbol{p}})}{c^2 r^3} \right\} - \frac{\ddot{\boldsymbol{p}}}{c^2 r} \, .$$

Das Magnetfeld folgt aus Gln. (101.5) und (101.3) zu

$$\boldsymbol{H} = \frac{1}{c} \operatorname{rot} \dot{\boldsymbol{Z}} \; ;$$

analog zu Gl. (101.2b) ergibt das

$$\boldsymbol{H} = -\frac{\boldsymbol{r} \times \dot{\boldsymbol{p}}}{c r^3} - \frac{\boldsymbol{r} \times \ddot{\boldsymbol{p}}}{c^2 r^2} \, .$$

Um die Größenordnung der verschiedenen Glieder besser zu übersehen, führen wir den radialen Einheitsvektor

$$\hat{\boldsymbol{r}} = \boldsymbol{r}/r \tag{101.6}$$

ein. Dann gehen die Gleichungen für die Feldstärken über in

$$\begin{aligned} \boldsymbol{E} &= \frac{1}{r^3} (3\hat{\boldsymbol{r}}(\hat{\boldsymbol{r}}\boldsymbol{p}) - \boldsymbol{p}) + \frac{1}{c r^2} (3\hat{\boldsymbol{r}}(\hat{\boldsymbol{r}}\dot{\boldsymbol{p}}) - \dot{\boldsymbol{p}}) + \frac{1}{c^2 r} (\hat{\boldsymbol{r}}(\hat{\boldsymbol{r}}\ddot{\boldsymbol{p}}) - \ddot{\boldsymbol{p}}) \; ; \\ \boldsymbol{H} &= -\frac{1}{c r^2} (\hat{\boldsymbol{r}} \times \dot{\boldsymbol{p}}) - \frac{1}{c^2 r} (\hat{\boldsymbol{r}} \times \ddot{\boldsymbol{p}}) \, , \end{aligned} \tag{101.7a, b}$$

wobei in der Fernzone nur das jeweils letzte Glied zu berücksichtigen ist. Das erste Glied von $\boldsymbol{E}$, proportional zu $1/r^3$ ist das statische Feld bei zeitlich konstantem $\boldsymbol{p}$; in $\boldsymbol{H}$ tritt kein analoges Glied auf. In allen diesen Ausdrücken ist $\boldsymbol{p}$ zur Zeit $t - r/c$ zu nehmen, um die Feldstärken zur Zeit t am Ort $\boldsymbol{r}$ zu erhalten.

In der Fernzone wird der Poyntingvektor

$$S = -\frac{c}{4\pi}\frac{1}{c^4 r^2}\{\hat{\boldsymbol{r}}(\hat{\boldsymbol{r}}\ddot{\boldsymbol{p}}) - \ddot{\boldsymbol{p}}\} \times (\hat{\boldsymbol{r}} \times \ddot{\boldsymbol{p}}) , \tag{101.8}$$

nach dem Entwicklungssatz umgewandelt:

$$S = -\frac{1}{4\pi c^3 r^2}\{(\hat{\boldsymbol{r}}\ddot{\boldsymbol{p}})[\hat{\boldsymbol{r}}(\hat{\boldsymbol{r}}\ddot{\boldsymbol{p}}) - \ddot{\boldsymbol{p}}] - [\hat{\boldsymbol{r}}\ddot{\boldsymbol{p}}^2 - \ddot{\boldsymbol{p}}(\hat{\boldsymbol{r}}\ddot{\boldsymbol{p}})]\},$$

kurz

$$S = \frac{1}{4\pi c^3 r^2}\{\ddot{\boldsymbol{p}}^2 - (\hat{\boldsymbol{r}}\ddot{\boldsymbol{p}})^2\}\hat{\boldsymbol{r}} . \tag{101.9}$$

Bezeichnen wir den Winkel zwischen $\ddot{\boldsymbol{p}}$ und $\boldsymbol{r}$ mit ϑ, so ist die Klammer gleich $\ddot{\boldsymbol{p}}^2 \sin^2\vartheta$, und das Integral des radial nach außen weisenden Stromes über eine große Kugel vom Radius r wird der Energieverlust pro Zeiteinheit:

$$-\frac{dW}{dt} = \oint d\Omega\, r^2 S_r = \frac{\ddot{\boldsymbol{p}}^2}{4\pi c^3}\oint d\Omega \sin^2\vartheta = \frac{2}{3}\frac{\ddot{\boldsymbol{p}}^2}{c^3}, \tag{101.10}$$

in Übereinstimmung mit dem Resultat von Aufgabe 100.

102. Aufgabe. Lineare Antenne als Hertzscher Dipol

Eine lineare Antenne ist in $-l/2 \le z \le +l/2$ längs der z-Achse ausgespannt. In ihr fließt ein Wechselstrom $I(z, t)$ in Gestalt einer stehenden Welle. Man berechne den Hertzschen Vektor und die Energieabstrahlung.

Lösung. Wir setzen für die stehende Welle an

$$I = I_0 \cos\frac{\pi z}{l} \sin\omega t ; \tag{102.1}$$

dann verschwindet der Strom an beiden Enden der Antenne. Ist F ihr Querschnitt, so folgt aus der Kontinuitätsgleichung

$$\frac{1}{F}\frac{\partial I}{\partial z} = -\frac{\partial \varrho}{\partial t}$$

die Ladungsdichte

$$\varrho(z, t) = \frac{I_0 \pi}{F\omega l} \sin\frac{\pi z}{l} \cos\omega t . \tag{102.2}$$

Zur Zeit $t = 0$ hat ϱ daher bei $z = +l/2$ ein Maximum und den umgekehrten Wert bei $z = -l/2$; für $t = \pi/2\,\omega$ ist überall $\varrho = 0$, und zur Zeit $t = \pi/\omega$ hat sich das Vorzeichen gegenüber $t = 0$ umgekehrt. Diese Antenne hat das Dipolmoment

$$p(t) = \int d\tau\, z\varrho = F \int_{-l/2}^{+l/2} dz\, z\varrho(z,t)\,,$$

woraus mit Gl. (102.2) für $\varrho(z,t)$

$$p(t) = I_0 \frac{2l}{\pi\omega} \cos\omega t \tag{102.3}$$

entsteht. Dies Dipolmoment liegt in z-Richtung.

Wir können nun den Betrag des Hertzschen Quellvektors $\boldsymbol{q} \parallel z$ entweder aus $I = F\partial q/\partial t$ oder aus $\varrho = -\partial q/\partial z$ bestimmen. In beiden Fällen ergibt sich

$$q(z,t) = I_0 \frac{1}{F\omega} \cos\frac{\pi z}{l} \cos\omega t\,. \tag{102.4}$$

Daraus folgt wie in Aufgabe 99 der Hertzsche Vektor $\boldsymbol{Z} \parallel z$ mit dem Betrag

$$Z(r,t) = \frac{1}{r} p\left(t - \frac{r}{c}\right), \tag{102.5}$$

sobald wir Entfernungen $r \gg l$ betrachten.

Die von der Antenne erzeugten Felder werden in der Fernzone nach Gl. (99.8)

$$H_\varphi(r,t) = E_\vartheta(r,t) = -\frac{2I_0 l\omega}{\pi c^2} \frac{\sin\vartheta}{r} \cos\omega\left(t - \frac{r}{c}\right). \tag{102.6}$$

Daraus folgt der radial nach außen gerichtete Poyntingvektor

$$S_r = \frac{c}{4\pi} E_\vartheta H_\varphi = \frac{I_0^2 l^2 \omega^2}{\pi^3 c^3} \frac{\sin^2\vartheta}{r^2} \cos^2\omega\left(t - \frac{r}{c}\right). \tag{102.7}$$

Im Zeitmittel strömt also in den Raumwinkel $d\Omega$ die Energie

$$\overline{dU} = \overline{S_r} r^2 d\Omega = I_0^2 \frac{l^2\omega^2}{2\pi^3 c^3} \sin^2\vartheta\, d\Omega \tag{102.8}$$

pro Zeiteinheit. Auf einen Empfänger der senkrecht zum Radius stehenden Fläche f fällt daher diese Energie mit $d\Omega = f/r^2$.

Der gesamte Energieverlust des Senders pro Zeiteinheit folgt aus Gl. (102.8) durch Integration über alle Richtungen im Zeitmittel zu

$$-\frac{\overline{dW}}{dt} = I_0^2 \frac{4 l^2 \omega^2}{3\pi^2 c^3}\,. \tag{102.9}$$

Die Gl. (102.6) zeigt deutlich, daß die Feldstärken durch Wellen beschrieben werden, die mit der Geschwindigkeit c laufen. Ihre Wellenlänge ist $\lambda = 2\pi c/\omega$. Die Bedingung für die Anwendung der vereinfachten Formeln für die Fernzone, $1/r \ll \omega/c$, kann daher auch als $r \gg \lambda$ geschrieben werden.

Es sei noch angemerkt, daß sich Gl. (102.9) mit Hilfe von Gl. (102.3) auch

$$-\overline{\frac{dW}{dt}} = \frac{2}{3}\,\overline{\ddot{p}^2}/c^3$$

schreiben läßt, in Übereinstimmung mit Gl. (101.10).

103. Aufgabe. Lineare Antenne: Potentiale

Die Strahlung der linearen Antenne von Aufgabe 102 soll mit Hilfe der Potentiale $\boldsymbol{A}$ und Φ ohne Verwendung des Hertzschen Vektors für die Fernzone berechnet werden.

Lösung. Bei Normierung mit Hilfe der Lorentzkonvention

$$\operatorname{div}\boldsymbol{A} + \frac{1}{c}\frac{\partial\Phi}{\partial t} = 0 \tag{103.1}$$

genügen die Potentiale den Differentialgleichungen

$$\Box^2\boldsymbol{A} = -\frac{4\pi}{c}\boldsymbol{j}\,; \qquad \Box^2\Phi = -4\pi\varrho\,. \tag{103.2}$$

Wegen $\boldsymbol{j} \parallel z$ hat $\boldsymbol{A}$ nur eine Komponente $A_z = A$. Innerhalb des Antennenquerschnitts F ist nach Aufgabe 102

$$j(z,t) = -\frac{I_0}{F}\cos\frac{\pi z}{l}\sin\omega t \tag{103.3}$$

und

$$\varrho(z,t) = \frac{I_0}{F}\,\frac{\pi}{\omega l}\sin\frac{\pi z}{l}\cos\omega t\,, \tag{103.4}$$

im Intervall $-\frac{l}{2} \le z \le +\frac{l}{2}$. Die Wellengleichungen (103.2) besitzen die retardierten Lösungen

$$A(\boldsymbol{r},t) = \frac{1}{c}\int\frac{d\tau'}{|\boldsymbol{r}-\boldsymbol{r}'|}\,j\left(\boldsymbol{r}',t-\frac{|\boldsymbol{r}-\boldsymbol{r}'|}{c}\right) \tag{103.5a}$$

und

$$\Phi(\boldsymbol{r},t) = \int\frac{d\tau'}{|\boldsymbol{r}-\boldsymbol{r}'|}\,\varrho\left(\boldsymbol{r}',t-\frac{|\boldsymbol{r}-\boldsymbol{r}'|}{c}\right). \tag{103.5b}$$

Hier ist $d\tau' = F\,dz'$, und die Integrationen reduzieren sich auf die einzige Variable z'. Ferner wird

$$|\boldsymbol{r}-\boldsymbol{r}'| = \sqrt{r^2 - 2z'r\cos\vartheta + z'^2}$$

und daher für $r \gg |z'|$ (d.h. für $r \gg l$) genähert

$$|\boldsymbol{r}-\boldsymbol{r}'| = r - z'\cos\vartheta\,; \qquad \frac{1}{|\boldsymbol{r}-\boldsymbol{r}'|} = \frac{1}{r}\left(1+\frac{z'}{r}\cos\vartheta\right). \tag{103.6}$$

Damit gehen die Gln. (103.5a, b) über in

$$A = -\frac{I_0}{cr}\int_{-l/2}^{+l/2} dz'\left(1+\frac{z'}{r}\cos\vartheta\right)\cos\frac{\pi z'}{l}\,\sin\left[\omega\left(t-\frac{r}{c}+\frac{z'}{c}\cos\vartheta\right)\right];$$

$$\Phi = \frac{\pi I_0}{\omega l r}\int_{-l/2}^{+l/2} dz'\left(1+\frac{z'}{r}\cos\vartheta\right)\sin\frac{\pi z'}{l}\,\cos\left[\omega\left(t-\frac{r}{c}+\frac{z'}{c}\cos\vartheta\right)\right].$$

Wir entwickeln jeweils den letzten Faktor und berücksichtigen beim Ausmultiplizieren nur die in z' geraden Glieder (doppelt), die allein zum Integral beitragen:

$$A = -\frac{2I_0}{cr}\int_0^{l/2} dz'\cos\frac{\pi z'}{l}\left\{\sin\omega\left(t-\frac{r}{c}\right)\cos\frac{\omega z'\cos\vartheta}{c}\right.$$
$$\left.+\frac{z'}{r}\cos\vartheta\cos\omega\left(t-\frac{r}{c}\right)\sin\frac{\omega z'\cos\vartheta}{c}\right\};$$

$$\Phi = \frac{2\pi I_0}{\omega l r}\int_0^{l/2} dz'\sin\frac{\pi z'}{l}\left\{\frac{z'}{r}\cos\vartheta\cos\omega\left(t-\frac{r}{c}\right)\cos\frac{\omega z'\cos\vartheta}{c}\right.$$
$$\left.-\sin\omega\left(t-\frac{r}{c}\right)\sin\frac{\omega z'\cos\vartheta}{c}\right\}.$$

Hier können wir jeweils das Glied mit z'/r für $|z'| \ll r$ vernachlässigen. Dagegen ist nicht notwendig $\omega z'/c$ klein, da die Antennenlänge l nicht klein gegen die Wellenlänge, $l \ll \lambda$, zu sein braucht. Mit den Abkürzungen

$$x = \frac{\pi z'}{l}\,; \qquad \omega\left(t-\frac{r}{c}\right) = \tau\,; \qquad \frac{l\omega}{\pi c}\cos\vartheta = \beta$$

wird dann

$$A = -\frac{2I_0 l}{\pi c r}\int_0^{\pi/2} dx\cos x\cos\beta x\sin\tau\,;$$

$$\Phi = -\frac{2I_0}{\omega r}\int_0^{\pi/2} dx\sin x\sin\beta x\sin\tau\,.$$

Die Integrale lassen sich elementar auswerten:

$$A = -\frac{2I_0 l}{\pi c r}\sin\omega\left(t-\frac{r}{c}\right)u(\vartheta)\,; \qquad \Phi = A\cos\vartheta\,, \tag{103.7}$$

wobei

$$u(\vartheta) = \frac{\cos\left(\frac{l\omega}{2c}\cos\vartheta\right)}{1-\left(\frac{l\omega}{\pi c}\cos\vartheta\right)^2} . \tag{103.8}$$

Die Funktion $u(\vartheta) \approx 1$, falls $l \ll \lambda$ ist. Dies entspricht der Voraussetzung von Aufgabe 102, bei der wir mit Einführung des Hertzschen Oszillators die räumliche Ausdehnung des Dipols vernachlässigt haben.

Die Lorentzkonvention, Gl. (103.1), wird von der Lösung aus Gl. (103.7) erfüllt, da

$$\partial A/\partial z = (\partial A/\partial r)\cos\vartheta$$

und

$$\partial \Phi/\partial t = (\partial A/\partial t)\cos\vartheta$$

ist, so daß Gl. (103.1) die Form

$$\cos\vartheta\left\{\frac{\partial A}{\partial r}+\frac{1}{c}\frac{\partial A}{\partial t}\right\}=0 \tag{103.9}$$

annimmt. Da abgesehen von dem gemeinsamen Faktor $1/r$ beide Variable nur in der Kombination $t-r/c$ auftreten, ist diese Beziehung für $r \gg \lambda$ erfüllt, d.h. in der gleichen Näherung, in der die Lösung aus Gl. (103.7) zutrifft.

Das magnetische Feld finden wir aus $\boldsymbol{H} = \mathrm{rot}\boldsymbol{A}$, und zwar wird

$$H_x = \frac{\partial A}{\partial y} = \sin\varphi\left(\sin\vartheta\frac{\partial A}{\partial r}+\frac{\cos\vartheta}{r}\frac{\partial A}{\partial\vartheta}\right);$$

$$H_y = -\frac{\partial A}{\partial x} = -\cos\varphi\left(\sin\vartheta\frac{\partial A}{\partial r}+\frac{\cos\vartheta}{r}\frac{\partial A}{\partial\vartheta}\right);$$

$$H_z = 0 .$$

Daher wird die Kombination

$$H_x\cos\varphi + H_y\sin\varphi = 0 , \tag{103.10}$$

so daß $H_r = 0$ und $H_\vartheta = 0$ folgt. Es bleibt allein die Komponente

$$H_\varphi = -\sin\varphi H_x + \cos\varphi H_y = -\left(\sin\vartheta\frac{\partial A}{\partial r}+\frac{\cos\vartheta}{r}\frac{\partial A}{\partial\vartheta}\right).$$

Hier können wir für $\omega/c \gg 1/r$ oder $r \gg \lambda$ den zweiten Term vernachlässigen und erhalten

$$H_\varphi = -\frac{2I_0 l\omega}{\pi c^2 r}u(\vartheta)\sin\vartheta\cos\omega\left(t-\frac{r}{c}\right), \tag{103.11}$$

was für $u(\vartheta) \approx 1$ mit Gl. (102.6) übereinstimmt.

Die elektrische Feldstärke folgt aus

$$\boldsymbol{E} = -\operatorname{grad}\Phi - \frac{1}{c}\dot{\boldsymbol{A}}\,,$$

in Komponenten

$$E_r = -\frac{\partial \Phi}{\partial r} - \frac{1}{c}\dot{A}\cos\vartheta\,;$$

$$E_\vartheta = -\frac{1}{r}\frac{\partial \Phi}{\partial \vartheta} + \frac{1}{c}\dot{A}\sin\vartheta\,;$$

$$E_\varphi = 0\,.$$

Wegen $\Phi = A\cos\vartheta$ können wir auch

$$E_r = -\cos\vartheta\left(\frac{\partial A}{\partial r} + \frac{1}{c}\frac{\partial A}{\partial t}\right)$$

schreiben, und das verschwindet nach Gl. (103.9). In E_ϑ können wir in der Fernzone wegen $1/r \ll \omega/c$ das erste Glied vernachlässigen. Dann bleibt für diese Komponente nur

$$E_\vartheta \approx \frac{1}{c}\dot{A}\sin\vartheta = -\frac{2I_0 l}{\pi c r}\frac{\omega}{c}\cos\omega\left(t - \frac{r}{c}\right)u(\vartheta)\sin\vartheta\,,$$

ebenso wie in Gl. (103.11), so daß $E_\vartheta = H_\varphi$ entsteht.

104. Aufgabe. Strahlungsfeld einer kreisförmigen Antenne

Ein Draht vom Querschnitt F ist längs des Kreises $x^2 + y^2 = a^2$ in der Ebene $z = 0$ ausgelegt. In ihm fließt ein Wechselstrom $I = I_0 \sin\omega t$. Er erzeugt ein Strahlungsfeld, dessen Wellenlänge $\lambda \gg a$ sein möge. Dies Feld soll mit Hilfe des Hertzschen Vektors für die Fernzone $r \gg \lambda$ berechnet und daraus der Energieverlust abgeleitet werden.

Lösung. Die Stromdichte $\boldsymbol{j}$ hat die Komponenten

$$j_x = -j\sin\varphi'\,;\quad j_y = j\cos\varphi'\,;\quad j_z = 0$$

mit

$$j = \frac{I_0}{F}\sin\omega t \tag{104.1}$$

in den Volumelementen

$$d\tau' = aF\,d\varphi' \tag{104.2}$$

auf dem Kreisring. Der Hertzsche Quellvektor $\boldsymbol{q}$ kann aus $\boldsymbol{j} = \partial\boldsymbol{q}/\partial t$ konstruiert werden:

$$q_x = q\sin\varphi'\,;\quad q_y = -q\cos\varphi'\,;\quad q_z = 0 \quad \text{mit} \quad q = \frac{I_0}{F}\frac{\cos\omega t}{\omega}\,. \tag{104.3}$$

Der Hertzsche Vektor $\boldsymbol{Z}$ ist dann

$$\boldsymbol{Z}(\boldsymbol{r}, t) = \int \frac{d\tau'}{|\boldsymbol{r}-\boldsymbol{r}'|}\, \boldsymbol{q}\left(\boldsymbol{r}', t - \frac{|\boldsymbol{r}-\boldsymbol{r}'|}{c}\right). \tag{104.4}$$

Beschränken wir uns auf Entfernungen $r \gg a$, so ist

$$|\boldsymbol{r}-\boldsymbol{r}'| = r - a\cos\Theta\,; \qquad \frac{1}{|\boldsymbol{r}-\boldsymbol{r}'|} = \frac{1}{r}\left(1 + \frac{a}{r}\cos\Theta\right) \tag{104.5}$$

mit

$$\cos\Theta = \sin\vartheta\cos(\varphi' - \varphi)\,. \tag{104.6}$$

Die retardierte Zeit in Gl. (104.4) wird also

$$t - \frac{|\boldsymbol{r}-\boldsymbol{r}'|}{c} = \left(t - \frac{r}{c}\right) + \frac{a}{c}\sin\vartheta\cos(\varphi' - \varphi) \tag{104.7}$$

und der in $\boldsymbol{q}$ auftretende $\cos\omega t$ kann bei Retardierung in

$$\cos\omega\left(t - \frac{r}{c}\right) - \frac{a\omega}{c}\sin\vartheta\cos(\varphi' - \varphi)\sin\omega\left(t - \frac{r}{c}\right) \tag{104.8}$$

entwickelt werden, solange wir $a\omega/c \ll 1$ oder $a \ll \lambda$ voraussetzen.

Setzen wir nun in Gl. (104.4) die Ausdrücke für $d\tau'$ aus Gl. (104.2), für $1/|\boldsymbol{r}-\boldsymbol{r}'|$ aus Gln. (104.5) und (104.6), für $\boldsymbol{q}$ aus Gln. (104.3) und (104.8) ein, so entsteht für die drei kartesischen Komponenten von

$$\begin{aligned}\boldsymbol{Z}(\boldsymbol{r}, t) = \frac{I_0 a}{\omega r}\oint d\varphi'\left[1 + \frac{a}{r}\sin\vartheta\cos(\varphi' - \varphi)\right]\Bigg\{\cos\omega\left(t - \frac{r}{c}\right) \\ - \frac{a\omega}{c}\sin\vartheta\cos(\varphi' - \varphi)\sin\omega\left(t - \frac{r}{c}\right)\Bigg\}\begin{cases}\sin\varphi' \\ -\cos\varphi' \\ 0\end{cases}\end{aligned} \tag{104.9}$$

Entwickeln wir in diesem Ausdruck

$$\cos(\varphi' - \varphi) = \cos\varphi'\cos\varphi + \sin\varphi'\sin\varphi\,,$$

so bleiben nur Integrale vom Typ

$$\oint d\varphi'\cos^2\varphi' = \oint d\varphi'\sin^2\varphi' = \pi$$

übrig; alle anderen verschwinden. Außerdem können wir für $a \ll r$ die eckige Klammer durch 1 ersetzen. Dann ist das Ergebnis

$$\boldsymbol{Z}(\boldsymbol{r}, t) = \frac{I_0}{c}\pi a^2\frac{\sin\vartheta}{r}\sin\omega\left(t - \frac{r}{c}\right)\begin{cases}-\sin\varphi \\ \cos\varphi\,. \\ 0\end{cases} \tag{104.10}$$

Das ist ein Ringfeld, das in Kugelkoordinaten nur eine von Null verschiedene Komponente

$$Z_\varphi(r,t)=\frac{I_0}{c}\,\pi a^2\,\frac{\sin\vartheta}{r}\,\sin\omega\left(t-\frac{r}{c}\right) \qquad (104.11)$$

besitzt.

Aus dem Hertzschen Vektor konstruieren wir die Potentiale $A=\dot{Z}/c$ und $\Phi=-\operatorname{div}Z$. An Gl. (104.11) sieht man sofort, daß $\operatorname{div}Z$ identisch verschwindet; also ist auch $\Phi=0$. Das Vektorpotential A hat nur eine Komponente,

$$A_\varphi(r,t)=\frac{I_0}{c}\,\pi a^2\,\frac{\omega}{cr}\,\sin\vartheta\cos\omega\left(t-\frac{r}{c}\right). \qquad (104.12)$$

Die Feldvektoren erhalten wir aus

$$E=-\frac{1}{c}\dot{A}\;;\qquad H=\operatorname{rot}A\;.$$

Auch E ist daher ein Ringfeld, das nur eine Komponente

$$E_\varphi(r,t)=\frac{I_0}{c}\,\pi a^2\left(\frac{\omega}{c}\right)^2\frac{\sin\vartheta}{r}\,\sin\omega\left(t-\frac{r}{c}\right) \qquad (104.13)$$

besitzt. Etwas komplizierter ist die Berechnung von H aus

$$\operatorname{rot}_r A=\frac{1}{r\sin\vartheta}\,\frac{\partial}{\partial\vartheta}(\sin\vartheta A_\varphi)\;;$$

$$\operatorname{rot}_\vartheta A=-\frac{1}{r}\,\frac{\partial}{\partial r}(rA_\varphi)\;;\qquad \operatorname{rot}_\varphi A=0\;.$$

Diese Formeln zeigen, daß sich H_r in der Fernzone $r\gg\lambda$ wie $1/r^2$ und H_ϑ wie $1/r$ verhält. Daher dürfen wir in der Fernzone H_r vernachlässigen und behalten lediglich

$$H_\vartheta(r,t)=-\frac{I_0}{c}\,\pi a^2\left(\frac{\omega}{c}\right)^2\frac{\sin\vartheta}{r}\,\sin\omega\left(t-\frac{r}{c}\right), \qquad (104.14)$$

also

$$-H_\vartheta=E_\varphi\,. \qquad (104.15)$$

Nach Aufgabe 49 dürfen wir die Größe

$$m=\frac{I_0}{c}\,\pi a^2\sin\omega t \qquad (104.16)$$

als das dem Kreisstrom zugehörige magnetische Dipolmoment bezeichnen. Das vorliegende Strahlungsfeld ist deshalb eine *magnetische Dipolstrahlung* im gleichen Sinne, wie die in Aufgabe 102 behandelte Strahlung der linearen Antenne als elektrische Dipolstrahlung bezeichnet werden kann.

Für magnetische Dipolstrahlung wird auch das Symbol $M1$, für elektrische $E1$ verwendet, wobei die Zahl 1 auf den Dipol bezogen ist. Elektrische Quadrupolstrahlung, wie wir sie weiter unten behandeln werden, heißt $E2$ usw.*

Aus E_φ und H_ϑ erhalten wir den radial gerichteten Poyntingvektor mit

$$S_r = -\frac{c}{4\pi} E_\varphi H_\vartheta = \frac{c}{4\pi} m^2 \left(\frac{\omega}{c}\right)^4 \frac{\sin^2\vartheta}{r^2},$$

wobei m, Gl. (104.16), retardiert zu nehmen ist. Für den gesamten Energieabfluß pro Zeiteinheit finden wir

$$-\frac{dW}{dt} = \oint d\Omega\, r^2 S_r = \frac{2}{3c^3} m^2 \omega^4 = \frac{2}{3c^3} \ddot{m}^2 \tag{104.17}$$

in voller Analogie zu Gl. (101.10) für die $E1$ Strahlung, wenn wir das elektrische Moment durch das magnetische ersetzen. Im Zeitmittel ist nach Gl. (104.16) explicite

$$-\left(\overline{\frac{dW}{dt}}\right) = \frac{c}{3}\left(\frac{I_0}{c}\pi a^2 \frac{\omega^2}{c^2}\right)^2. \tag{104.18}$$

Anm. Die Felder $E1$ von Aufgabe 99 und $M1$ dieser Aufgabe gehen auseinander durch eine Fitzgerald-Transformation hervor. Die Maxwell-Gleichungen für periodische Vorgänge im Vakuum sind invariant gegen die Transformation $\boldsymbol{H} \to \boldsymbol{E}$; $\boldsymbol{E} \to -\boldsymbol{H}$, durch die das Feld aus $E_\vartheta = H_\varphi$ des elektrischen Dipols in das entsprechende $H_\vartheta = -E_\varphi$ des magnetischen übergeht.

105. Aufgabe. Strahlungsfeld eines allgemeineren Ringstroms

Ein Ringstrom um die z-Achse innerhalb einer Kugel vom Radius R sei definiert durch

$$\boldsymbol{j} = f(r)(\boldsymbol{a} \times \boldsymbol{r})\, \mathrm{e}^{-i\omega t}, \tag{105.1}$$

wobei $\boldsymbol{a} \parallel z$ ein Einheitsvektor ist. Das erzeugte Strahlungsfeld soll für die Fernzone berechnet werden unter der Voraussetzung $\lambda \gg R$.

Lösung. Wegen $\boldsymbol{j} = \dot{\boldsymbol{q}} = -i\omega \boldsymbol{q}$ können wir den Quellvektor

$$\boldsymbol{q} = \frac{i}{\omega} f(r)(\boldsymbol{a} \times \boldsymbol{r})\, \mathrm{e}^{-i\omega t}$$

schreiben; die Forderung $\varrho = -\operatorname{div} \boldsymbol{q}$ ergibt $\varrho = 0$. Der Hertzsche Vektor wird damit

$$\boldsymbol{Z}(\boldsymbol{r}, t) = \frac{i}{\omega} \int \frac{d\tau'}{|\boldsymbol{r} - \boldsymbol{r}'|} f(r')(\boldsymbol{a} \times \boldsymbol{r}') \exp\left[-i\omega\left(t - \frac{|\boldsymbol{r} - \boldsymbol{r}'|}{c}\right)\right]. \tag{105.2}$$

* Siehe auch Aufgabe 110 für die allgemeine Erklärung dieser Symbole.

Wegen $|\boldsymbol{r}-\boldsymbol{r}'| = r - r' \cos\gamma$, wobei γ der Winkel zwischen $\boldsymbol{r}$ und $\boldsymbol{r}'$ ist, können wir für $r \gg R$ im Nenner von Gl. (105.2) $|\boldsymbol{r}-\boldsymbol{r}'|$ einfach durch r ersetzen. Im Exponenten erscheint dagegen mit $k = \omega/c$

$$i(kr - \omega t) - ikr' \cos\gamma \ldots ,$$

also in der Retardierung das Produkt kr', das nur dann klein ist, wenn $R \ll \lambda$ ist. Dies wird aber ausdrücklich vorausgesetzt. Unter dieser Annahme erhalten wir in der Fernzone

$$\boldsymbol{Z}(\boldsymbol{r}, t) = \frac{i}{\omega r} \mathrm{e}^{i(kr-\omega t)} \int d\tau' f(r')(\boldsymbol{a} \times \boldsymbol{r}')(1 - ikr' \cos\gamma) .$$

Hier verschwindet das Integral $\oint d\Omega'(\boldsymbol{a} \times \boldsymbol{r}')$; daher bleibt nur

$$\boldsymbol{Z}(\boldsymbol{r}, t) = \frac{1}{cr} \mathrm{e}^{i(kr-\omega t)} \int d\tau' r' f(r')(\boldsymbol{a} \times \boldsymbol{r}') \cos\gamma . \qquad (105.3)$$

Zerlegen wir $\boldsymbol{a} \times \boldsymbol{r}'$ in seine kartesischen Komponenten $(-y', x', 0)$ und berücksichtigen

$$\cos\gamma = \cos\vartheta \cos\vartheta' + \sin\vartheta \sin\vartheta' \cos(\varphi - \varphi') , \qquad (105.4)$$

so erhalten wir mit der Abkürzung

$$\frac{1}{c} \int_0^R dr' r'^4 f(r') = C \qquad (105.5)$$

die Komponenten

$$Z_x = -\frac{C}{r} \mathrm{e}^{i(kr-\omega t)} \oint d\Omega' \sin\vartheta' \sin\varphi' \cos\gamma ;$$

$$Z_y = +\frac{C}{r} \mathrm{e}^{i(kr-\omega t)} \oint d\Omega' \sin\vartheta' \cos\varphi' \cos\gamma ; \qquad Z_z = 0 . \qquad (105.6)$$

Mit Gl. (105.4) für $\cos\gamma$ verschwinden die Anteile des ersten Terms in Gl. (105.4), so daß die beiden Winkelintegrale in Gl. (105.6)

$$\sin\vartheta \oint d\Omega' \sin^2\vartheta' \sin\varphi' (\cos\varphi \cos\varphi' + \sin\varphi \sin\varphi') = \frac{4\pi}{3} \sin\vartheta \sin\varphi ;$$

$$\sin\vartheta \oint d\Omega' \sin^2\vartheta' \cos\varphi' (\cos\varphi \cos\varphi' + \sin\varphi \sin\varphi') = \frac{4\pi}{3} \sin\vartheta \cos\varphi$$

werden. Damit erhalten wir anstelle von Gl. (105.6)

$$Z_x(\boldsymbol{r}, t) = -\frac{4\pi C}{3r} \sin\vartheta \sin\varphi \, \mathrm{e}^{i(kr-\omega t)} ;$$

$$Z_y(\boldsymbol{r}, t) = +\frac{4\pi C}{3r} \sin\vartheta \cos\varphi \, \mathrm{e}^{i(kr-\omega t)} ; \qquad Z_z = 0 . \qquad (105.7)$$

In Kugelkoordinaten ausgedrückt besitzt dieser Vektor nur eine Ringkomponente

$$Z_\varphi(r,t) = \frac{4\pi C}{3} \frac{\sin\vartheta}{r} \mathrm{e}^{i(kr-\omega t)} . \tag{105.8}$$

Die Berechnung der Potentiale und Feldstärken verläuft genau wie in Aufgabe 104. Auch hier ist $\operatorname{div}\boldsymbol{Z} = 0$ und daher $\Phi = 0$. Das Vektorpotential $\boldsymbol{A} = \dot{\boldsymbol{Z}}/c$ ist ebenfalls ein Ringfeld mit nur einer Komponente

$$A_\varphi = -i\frac{4\pi C}{3} k \frac{\sin\vartheta}{r} \mathrm{e}^{i(kr-\omega t)} .$$

Die Feldvektoren folgen aus

$$\boldsymbol{E} = -\frac{1}{c}\dot{\boldsymbol{A}} = ik\boldsymbol{A} ; \qquad \boldsymbol{H} = \operatorname{rot}\boldsymbol{A} .$$

Daher ist auch $\boldsymbol{E}$ ein Ringfeld mit nur einer Komponente

$$E_\varphi = \frac{4\pi C}{3} k^2 \frac{\sin\vartheta}{r} \mathrm{e}^{i(kr-\omega t)} ,$$

während $\boldsymbol{H}$, analog zu Aufgabe 104, nur eine Komponente $H_\vartheta = -E_\varphi$ besitzt. Das Feld ist also wieder dasjenige eines magnetischen Dipols ($M1$) mit dem Moment

$$m = \frac{4\pi C}{3} \mathrm{e}^{-i\omega t} .$$

106. Aufgabe. Strahlungsfeld eines elektrischen Quadrupols

Zwei entgegengesetzt gerichtete Dipole liegen im Abstand a voneinander auf der z-Achse (Abb. 37) und schwingen im Gegentakt. Das Strahlungsfeld für die Fernzone soll mit Hilfe des Hertzschen Vektors berechnet werden. Voraussetzung ist $a \ll r$.

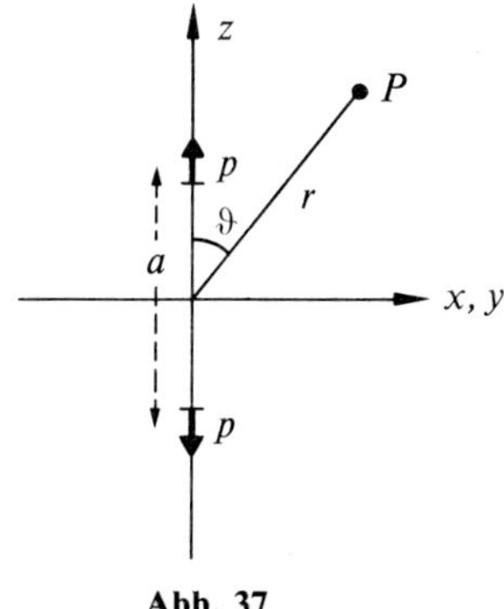

Abb. 37

Lösung. Die beiden Dipole bilden miteinander ein Quadrupolfeld; die Strahlung ist daher als $E2$-Strahlung zu klassifizieren. Für ein *statisches* Feld können wir das Potential Φ aus demjenigen eines Dipols Φ_d nach der Formel

$$\Phi = -a\,\partial\Phi_\mathrm{d}/\partial z$$

für $r \gg a$ berechnen. Wir haben dann einfach

$$\Phi_\mathrm{d} = \frac{pz}{r^3}\,; \qquad \Phi = pa\left(-\frac{1}{r^3} + 3\frac{z^2}{r^5}\right) = 2\frac{pa}{r^3}P_2(\cos\vartheta)\,.$$

Analog hierzu können wir für die im Gegentakt schwingenden Dipole den Hertzschen Quadrupolvektor $\boldsymbol{Z}$ aus

$$\boldsymbol{Z}_\mathrm{d}(\boldsymbol{r},t) = \frac{1}{r}\boldsymbol{p}\left(t-\frac{r}{c}\right)$$

herleiten:

$$\boldsymbol{Z}(\boldsymbol{r},t) = -a\frac{\partial}{\partial z}\left\{\frac{1}{r}\boldsymbol{p}\left(t-\frac{r}{c}\right)\right\}.$$

Explicite gibt das

$$\boldsymbol{Z}(\boldsymbol{r},t) = -\frac{az}{r}\left\{-\frac{1}{r^2}\boldsymbol{p} - \frac{1}{rc}\dot{\boldsymbol{p}}\right\},$$

in der Fernzone also einfach

$$\boldsymbol{Z}(\boldsymbol{r},t) = \frac{a}{c}\,\frac{z}{r^2}\,\dot{\boldsymbol{p}}\left(t-\frac{r}{c}\right), \tag{106.1}$$

wobei $\boldsymbol{j}\parallel z$ ist.

Hieraus erhalten wir nach den allgemeinen Formeln

$$\boldsymbol{E} = \operatorname{grad}\operatorname{div}\boldsymbol{Z} - \frac{1}{c^2}\ddot{\boldsymbol{Z}}\,; \qquad \boldsymbol{H} = \frac{1}{c}\operatorname{rot}\dot{\boldsymbol{Z}} \tag{106.2}$$

die Feldstärken. Wir bilden zunächst $\left(\text{mit } \partial_r = -\frac{1}{c}\,\partial_t\right)$

$$\operatorname{div}\boldsymbol{Z} = \partial_z Z = \frac{z}{r}\,\partial_r Z = -\frac{z}{cr}\dot{Z} = -\frac{az^2}{c^2r^3}\ddot{p}$$

und

$$E_r = \partial_r\operatorname{div}\boldsymbol{Z} - \frac{1}{c^2}\ddot{Z}\cos\vartheta\,; \qquad E_\vartheta = \frac{1}{r}\,\frac{\partial}{\partial\vartheta}\operatorname{div}\boldsymbol{Z} + \frac{1}{c^2}\ddot{Z}\sin\vartheta\,.$$

Das Ergebnis ist

$$E_r = 0\,; \quad E_\vartheta = \frac{a}{c^3}\,\frac{\cos\vartheta\sin\vartheta}{r}\,\dddot{p}\,; \quad E_\varphi = 0\,. \tag{106.3}$$

Bei der magnetischen Feldstärke ist es am einfachsten, zunächst ihre Komponenten in kartesischen Koordinaten nach Gl. (106.2) zu berechnen:

$$H_x = \frac{1}{c}\,\partial_y \dot{Z} = \frac{1}{c}\,\frac{y}{r}\,\partial_r \dot{Z} = -\frac{1}{c^2}\,\frac{y}{r}\,\ddot{Z} = -\frac{a}{c^3}\,\frac{yz}{r^3}\,\dddot{p}\,;$$

$$H_y = -\frac{1}{c}\,\partial_x \dot{Z} = -\frac{1}{c}\,\frac{x}{r}\,\partial_r \dot{Z} = \frac{1}{c^2}\,\frac{x}{r}\,\ddot{Z} = \frac{a}{c^3}\,\frac{xz}{r^3}\,\dddot{p}\,; \qquad H_z = 0\,.$$

In Kugelkoordinaten verschwinden dann wegen

$$H_x \cos\varphi + H_y \sin\varphi = 0$$

die Komponenten H_r und H_ϑ, und es bleibt nur die Komponente

$$H_\varphi = -H_x \sin\varphi + H_y \cos\varphi$$

übrig. Das Ergebnis ist

$$H_r = 0\,; \qquad H_\vartheta = 0\,; \qquad H_\varphi = \frac{a}{c^3}\,\frac{\cos\vartheta \sin\vartheta}{r}\,\dddot{p}\,. \tag{106.4}$$

Auch hier ist $E_\vartheta = H_\varphi$; die Lösung ist als $E2$-Strahlung zu klassifizieren.

Bei einfach periodischer Zeitabhängigkeit der beiden im Gegentakt schwingenden Dipole,

$$p(t) = p_0 \sin\omega t\,; \qquad \dddot{p} = -p_0\,\omega^3 \cos\omega t$$

wird

$$E_\vartheta = H_\varphi = -p_0\,a\left(\frac{\omega}{c}\right)^3 \frac{\cos\vartheta \sin\vartheta}{r}\,\cos\omega t\left(t - \frac{r}{c}\right).$$

Die Abhängigkeit der Feldstärken von der Frequenz wie ω^3 ist für den Quadrupol ebenso charakteristisch wie Proportionalität zu ω^2 für die Dipolstrahlung. Die Energieabstrahlung wird

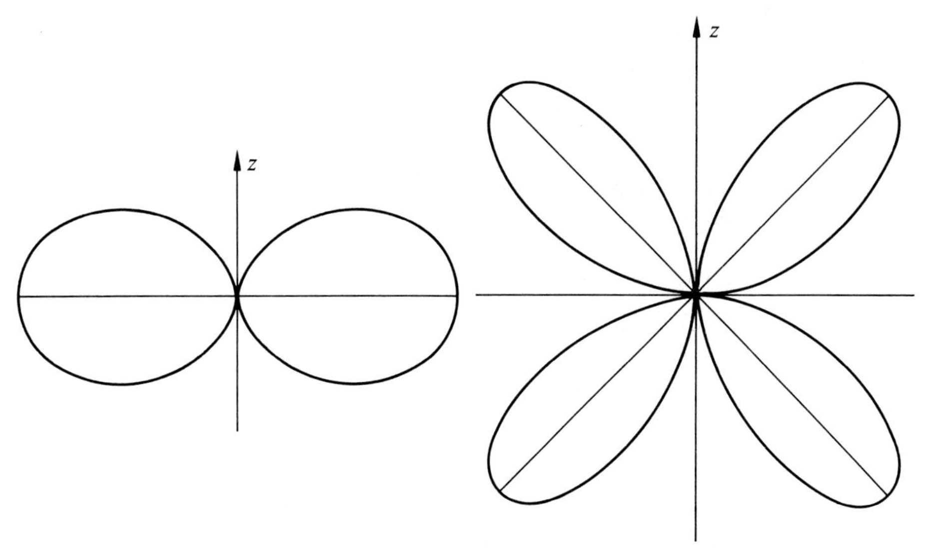

Abb. 38a Dipol **Abb. 38b** Quadrupol

$$\bar{S}_r r^2 d\Omega = \frac{c}{8\pi} (p_0 a)^2 \left(\frac{\omega}{c}\right)^6 \cos^2\vartheta \sin^2\vartheta \, d\Omega$$

und

$$-\left(\frac{\overline{dW}}{dt}\right) = \oint d\Omega \, r^2 \bar{S}_r = \frac{c}{15} (p_0 a)^2 \left(\frac{\omega}{c}\right)^6 .$$

Die Richtungsverteilung, verglichen mit der des einfachen Dipols in z-Richtung ist in Abb. 38 skizziert; Abb. 38a stellt $\bar{S}_r$ für den Dipol, Abb. 38b für den Quadrupol dar.

107. Aufgabe. Strahlungsfeld einer beliebigen Stromverteilung

Innerhalb einer Kugel $r < R$ soll eine beliebige Stromverteilung $\boldsymbol{j}(\boldsymbol{r}, t)$ von der Zeit wie $e^{-i\omega t}$ abhängen. Ihr Strahlungsfeld in der Fernzone soll mit Hilfe des Hertzschen Vektors berechnet werden.

Lösung. Aus $\boldsymbol{j} = \partial \boldsymbol{q}/\partial t$ folgt $\boldsymbol{q} = \frac{i}{\omega} \boldsymbol{j}$, so daß wir für den Hertzschen Vektor

$$\boldsymbol{Z}(\boldsymbol{r}, t) = \frac{i}{\omega} \int \frac{d\tau'}{|\boldsymbol{r} - \boldsymbol{r}'|} \boldsymbol{j}(\boldsymbol{r}') \exp\left[-i\omega\left(t - \frac{|\boldsymbol{r} - \boldsymbol{r}'|}{c}\right)\right] \tag{107.1}$$

erhalten. Der Integrand enthält die von $\boldsymbol{r}'$ ausgehenden Kugelwellen

$$f(\boldsymbol{r}, \boldsymbol{r}') = \frac{1}{|\boldsymbol{r} - \boldsymbol{r}'|} e^{ik|\boldsymbol{r} - \boldsymbol{r}'|}, \qquad k = \frac{\omega}{c},$$

die nach Kugelfunktionen des Winkels γ zwischen $\boldsymbol{r}$ und $\boldsymbol{r}'$ entwickelt werden können. Für $r > r'$ lautet diese Entwicklung*

$$f(\boldsymbol{r}, \boldsymbol{r}') = \frac{i}{krr'} \sum_{l=0}^{\infty} (2l+1) \, h_l^{(1)}(kr) \, j_l(kr) \, P_l(\cos\gamma) ,$$

wobei wir in der Fernzone die asymptotische Formel

$$h_l^{(1)}(kr) \to i^{-l-1} e^{ikr}$$

benutzen können. Einsetzen dieser Entwicklung in Gl. (107.1) ergibt also für $kr \gg 1$

$$\boldsymbol{Z}(\boldsymbol{r}, t) = -\frac{1}{k^2 cr} e^{i(kr - \omega t)} \sum_{l=0}^{\infty} (2l+1) \, i^{-l-1} \int \frac{d\tau'}{r'} \boldsymbol{j}(\boldsymbol{r}') \, j_l(kr) \, P_l(\cos\gamma) . \tag{107.2}$$

---

* Vgl. die Herleitung dieser Formel in S. Flügge: *Math. Methoden der Physik I*, S. 289. Die $h_l^{(1)}(kr)$ sind Kugel-Hankel-Funktionen, die $j_l(kr)$ Kugel-Bessel-Funktionen der Ordnung $l + \frac{1}{2}$,

$$h_l^{(1)}(kr) = \sqrt{\frac{\pi kr}{2}} \, H_{l+1/2}^{(1)}(kr) ; \qquad j_l(kr) = \sqrt{\frac{\pi kr}{2}} \, J_l(kr) .$$

Im Integranden können wir $P_l(\cos\gamma)$ nach dem Additionstheorem der Kugelfunktionen* zerlegen:

$$P_l(\cos\gamma) = \frac{4\pi}{2l+1} \sum_{m=-l}^{+l} Y^*_{l,m}(\vartheta', \varphi')\, Y_{l,m}(\vartheta, \varphi)\,,$$

so daß $\boldsymbol{Z}(r, t)$ als auslaufende Kugelwelle erscheint, deren richtungsabhängige Amplitude in eine Reihe von Kugelfunktionen entwickelt ist:

$$\boldsymbol{Z}(r, t) = \frac{1}{r}\, \mathrm{e}^{i(kr-\omega t)} \sum_{l=0}^{\infty} \sum_{m=-l}^{+l} \boldsymbol{U}_{l,m}\, Y_{l,m}(\vartheta, \varphi) \tag{107.3}$$

mit den konstanten Vektoren

$$\boldsymbol{U}_{l,m} = -\frac{4\pi}{k^2 c}\, i^{-l-1} \int \frac{d\tau'}{r'}\, \boldsymbol{j}(\boldsymbol{r}')\, j_l(kr)\, Y^*_{l,m}(\vartheta', \varphi')\,. \tag{107.4}$$

Um hieraus die Feldstärken nach den Formeln

$$\boldsymbol{E} = \operatorname{grad}\operatorname{div}\boldsymbol{Z} - \frac{1}{c^2}\ddot{\boldsymbol{Z}}\,; \qquad \boldsymbol{H} = \frac{1}{c}\operatorname{rot}\dot{\boldsymbol{Z}}$$

zu berechnen, beachten wir, daß $\dot{\boldsymbol{Z}} = -i\omega\boldsymbol{Z}$ ist und daß in der Fernzone nur Differentiationen des Faktors e^{ikr} beitragen. Daher wird

$$\operatorname{div}\boldsymbol{Z} = ik\, Z_r\,; \qquad \operatorname{rot}\boldsymbol{Z} = \frac{ik}{r}\boldsymbol{r}\times\boldsymbol{Z}$$

und in r, ϑ, φ-Komponenten

$$\operatorname{grad}\operatorname{div}\boldsymbol{Z} = (-k^2 Z_r, 0, 0)\,; \qquad \operatorname{rot}\boldsymbol{Z} = (0, -ikZ_\varphi, ikZ_\vartheta)\,.$$

Auf diese Weise entsteht das Ergebnis

$$E_r = 0\,; \qquad E_\vartheta = k^2 Z_\vartheta\,; \qquad E_\varphi = k^2 Z_\varphi \tag{107.5a}$$

und

$$H_r = 0\,; \qquad H_\vartheta = -k^2 Z_\varphi\,; \qquad H_\varphi = k^2 Z_\vartheta\,. \tag{107.5b}$$

Diese Gleichungen enthalten alle wichtigen Eigenschaften, die allen Strahlungsfeldern in der Fernzone gemeinsam sind, nämlich:

(1) Die Radialkomponenten der Feldstärken können vernachlässigt werden. Die Vektoren $\boldsymbol{E}$ und $\boldsymbol{H}$ stehen daher senkrecht auf dem Radius.
(2) Wegen $E_\vartheta H_\vartheta + E_\varphi H_\varphi = 0$ stehen $\boldsymbol{E}$ und $\boldsymbol{H}$ auch aufeinander senkrecht.
(3) Die Fortpflanzungsrichtung ist radial, die Welle transversal.
(4) Der Poyntingvektor hat nur eine radiale Komponente

$$S_r = \frac{c}{4\pi}(E_\vartheta H_\varphi - E_\varphi H_\vartheta) = \frac{c}{4\pi} k^4 (Z_\vartheta^2 + Z_\varphi^2) > 0\,.$$

Sie ist positiv; daher wird laufend Energie ausgestrahlt.

* S. Flügge: *Math. Methoden der Physik*, Bd. I, S. 282.

108. Aufgabe. Debye-Potentiale

Die homogenen Maxwellschen Gleichungen des leeren Raumes sollen für einfach periodische Wechselfelder durch den Ansatz

$$\boldsymbol{H} = \boldsymbol{r} \times \operatorname{grad} u \tag{108.1}$$

gelöst werden. Dabei sollen die Felder wie $e^{-i\omega t}$ von der Zeit abhängen.

Lösung. Wir gehen mit $\partial/\partial t = -i\omega$ und $k = \omega/c$ in die Maxwellschen Gleichungen ein. Sie lauten dann

$$\operatorname{rot}\boldsymbol{H} = -ik\boldsymbol{E}\;; \qquad \operatorname{div}\boldsymbol{E} = 0\;; \tag{108.2a}$$

$$\operatorname{rot}\boldsymbol{E} = +ik\boldsymbol{H}\;; \qquad \operatorname{div}\boldsymbol{H} = 0\;. \tag{108.2b}$$

Aus der ersten Gl. (108.2a) entnehmen wir

$$\boldsymbol{E} = \frac{i}{k}\operatorname{rot}\boldsymbol{H}\,, \tag{108.3}$$

wodurch $\operatorname{div}\boldsymbol{E} = 0$ automatisch erfüllt wird. Ebenso folgt aus der ersten Gl. (108.2b), daß $\operatorname{div}\boldsymbol{H} = 0$ sein muß. Die allgemeine Vektorformel

$$\operatorname{div}(\boldsymbol{a} \times \boldsymbol{b}) = \boldsymbol{b} \cdot \operatorname{rot}\boldsymbol{a} - \boldsymbol{a} \cdot \operatorname{rot}\boldsymbol{b}$$

zeigt bei Anwendung auf den Ansatz aus Gl. (108.1), daß auch dieser $\operatorname{div}\boldsymbol{H} = 0$ erfüllt.

Eliminieren wir $\boldsymbol{E}$ aus den Gln. (108.2a, b), so entsteht

$$\operatorname{rot}\operatorname{rot}\boldsymbol{H} = k^2\boldsymbol{H}$$

oder wegen $\operatorname{div}\boldsymbol{H} = 0$ die Wellengleichung

$$\Box^2\boldsymbol{H} = 0\,, \qquad \text{bzw.} \qquad \nabla^2\boldsymbol{H} + k^2\boldsymbol{H} = 0\,. \tag{108.4}$$

Gehen wir mit dem Ansatz aus Gl. (108.1) in Gl. (108.4) ein, so müssen wir

$$\nabla^2(\boldsymbol{r} \times \operatorname{grad} u)$$

nach Möglichkeit in die Form $\boldsymbol{r} \times Du$ bringen, wobei Du eine vektorielle dritte Ableitung von u ist.

Diese Umformung läßt sich am einfachsten in kartesischen Komponenten ausführen. Für die x-Komponente erhalten wir

$$\begin{aligned}\nabla^2(\boldsymbol{r} \times \operatorname{grad} u)_x = \nabla^2(y\,\partial_z u - z\,\partial_y u) &= y(\partial^3_{xxz}u + \partial^3_{zzz}u) + (y\,\partial^3_{yyz}u + 2\,\partial^2_{yz}u)\\ &\quad - z(\partial^3_{xxy}u + \partial^3_{yyy}u) - (z\,\partial^3_{zzy}u + 2\,\partial^2_{zy}u)\,.\end{aligned}$$

Da sich die letzten Glieder in den beiden Zeilen herausheben, läßt sich der Rest zu

$$y\,\partial_z\nabla^2 u - z\,\partial_y\nabla^2 u = (\boldsymbol{r} \times \operatorname{grad}\nabla^2 u)_x$$

zusammenziehen. Wir erhalten also

$$\nabla^2(\boldsymbol{r} \times \operatorname{grad} u) = \boldsymbol{r} \times \operatorname{grad} \nabla^2 u \,. \tag{108.5}$$

Gleichung (108.4) mit dem Ansatz aus Gl. (108.1) führt dann auf

$$\boldsymbol{r} \times \operatorname{grad}(\nabla^2 u + k^2 u) = 0 \,. \tag{108.6}$$

Wählen wir also die skalare Funktion u so, daß sie der Differentialgleichung

$$\nabla^2 u + k^2 u = 0 \tag{108.7}$$

genügt, so sind Gln. (108.1) und (108.3) Lösungen der Maxwellschen Gleichungen (108.2a, b).

Eine weitere Lösung erhält man sofort hieraus, wenn man die Rollen von $\boldsymbol{H}$ und $\boldsymbol{E}$ vertauscht. Die Transformation

$$\boldsymbol{H} \to \boldsymbol{E} \,; \qquad \boldsymbol{E} \to -\boldsymbol{H} \tag{108.8}$$

führt die Maxwellschen Gleichungen in sich selbst über, so daß

$$\boldsymbol{E} = \boldsymbol{r} \times \operatorname{grad} u \,; \qquad \boldsymbol{H} = -\frac{i}{k} \operatorname{rot}(\boldsymbol{r} \times \operatorname{grad} u) \tag{108.9}$$

mit Gl. (108.7) für u eine zweite, lineare unabhängige Lösung ist.

Aus beiden Lösungen können wir dann mit zwei Skalaren $u(\boldsymbol{r})$ und $v(\boldsymbol{r})$ zusammensetzen:

$$\begin{aligned} \boldsymbol{H} &= \boldsymbol{r} \times \operatorname{grad} u - \frac{i}{k} \operatorname{rot}(\boldsymbol{r} \times \operatorname{grad} v) \,; \\ \boldsymbol{E} &= \frac{i}{k} \operatorname{rot}(\boldsymbol{r} \times \operatorname{grad} u) + (\boldsymbol{r} \times \operatorname{grad} v) \,, \end{aligned} \tag{108.10}$$

wobei u und v zwei Lösungen von Gl. (108.7) sind.

Anm. Die Transformation, Gl. (108.8), heißt Fitzgerald-Transformation. Die beiden Funktionen u und v werden als Debye-Potentiale bezeichnet. Gleichung (108.10) vermittelt die vollständige Lösung der Maxwellschen Gleichungen (108.2a, b), wie W. Franz bewiesen hat (Z. Physik **127**, 363, 1949). Vgl. auch die Anmerkung am Ende von Aufgabe 104.

109. Aufgabe. Kugelfunktionen für das Strahlungsfeld

Nach dem Lösungsverfahren der vorstehenden Aufgabe sollen die Felder $\boldsymbol{E}$ und $\boldsymbol{H}$ für die Fernzone durch Separation in Kugelkoordinaten berechnet werden.

Lösung. Wir beschreiben die Felder zunächst nach den Formeln

$$\boldsymbol{H} = \boldsymbol{r} \times \operatorname{grad} u \,; \qquad \boldsymbol{E} = \frac{i}{k} \operatorname{rot} \boldsymbol{H} \,, \tag{109.1}$$

wobei das skalare Debyesche Potential u der Differentialgleichung

$$\nabla^2 u + k^2 u = 0 \tag{109.2}$$

genügt. Dabei ist $k = \omega/c$, und alle Feldgrößen hängen wie $e^{-i\omega t}$ von der Zeit ab.

Gleichung (109.2) läßt sich in Kugelkoordinaten separieren,

$$u = R_l(r)\, Y_{l,m}(\vartheta, \varphi)\, e^{-i\omega t}\,, \tag{109.3}$$

wobei $Y_{l,m}$ eine Kugelfunktion ist und der Radialteil in willkürlicher Normierung

$$R_l(r) = \frac{1}{r}\, i^{l+1} h_l^{(1)}(kr) \tag{109.4a}$$

wird. Die Kugel-Hankel-Funktion verhält sich für $kr \gg l + \frac{1}{2}$ asymptotisch wie

$$h_l^{(1)}(kr) \to i^{-l-1} e^{ikr}\,.$$

Daher wird in der Fernzone

$$R_l(r) = \frac{e^{ikr}}{r}\,. \tag{109.4b}$$

Die Funktion u, Gl. (109.3), beschreibt also eine auslaufende Kugelwelle mit richtungsabhängiger Amplitude.

Wir können nun nach Gl. (109.1) die Felder berechnen. Zunächst erhalten wir für die Komponenten des Magnetfeldes

$$H_r = 0\,; \qquad H_\vartheta = -\frac{1}{\sin\vartheta}\frac{\partial u}{\partial\varphi}\,; \qquad H_\varphi = \frac{\partial u}{\partial\vartheta} \tag{109.5}$$

und für das elektrische Feld zunächst

$$E_r = \frac{i}{k}\left\{\frac{1}{r\sin\vartheta}\frac{\partial}{\partial\vartheta}(\sin\vartheta H_\varphi) - \frac{1}{r\sin\vartheta}\frac{\partial H_\vartheta}{\partial\varphi}\right\};$$

$$E_\vartheta = \frac{i}{k}\left\{\frac{1}{r\sin\vartheta}\frac{\partial H_r}{\partial\varphi} - \frac{1}{r}\frac{\partial}{\partial r}(rH_\varphi)\right\};$$

$$E_\varphi = \frac{i}{k}\left\{\frac{1}{r}\frac{\partial}{\partial r}(rH_\vartheta) - \frac{1}{r}\frac{\partial H_r}{\partial\vartheta}\right\}$$

und daraus mit Gl. (109.5)

$$\begin{aligned} E_r &= \frac{i}{kr}\left\{\frac{1}{\sin\vartheta}\frac{\partial}{\partial\vartheta}\left(\sin\vartheta\frac{\partial u}{\partial\vartheta}\right) + \frac{1}{\sin^2\vartheta}\frac{\partial^2 u}{\partial\varphi^2}\right\}; \\ E_\vartheta &= -\frac{i}{kr}\frac{\partial}{\partial r}\left(r\frac{\partial u}{\partial\vartheta}\right); \qquad E_\varphi = -\frac{i}{kr\sin\vartheta}\frac{\partial}{\partial r}\left(r\frac{\partial u}{\partial\varphi}\right). \end{aligned} \tag{109.6}$$

Verwenden wir noch die Differentialgleichung der Kugelfunktionen $Y_{l,m}$, so können wir die Klammer in E_r durch $-l(l+1)\,u$ ersetzen. Mit Gl. (109.3) für u schreiben wir dann schließlich

$$
\begin{aligned}
H_r &= 0 & E_r &= -\frac{i}{kr}\,l(l+1)\,R_l\,Y_{l,m}\,\mathrm{e}^{-i\omega t} \\
H_\vartheta &= -R_l\,\frac{1}{\sin\vartheta}\,\frac{\partial Y_{l,m}}{\partial\varphi}\,\mathrm{e}^{-i\omega t} & E_\vartheta &= -\frac{i}{kr}\,\frac{d}{dr}(rR_l)\,\frac{\partial Y_{l,m}}{\partial\vartheta}\,\mathrm{e}^{-i\omega t} \\
H_\varphi &= R_l\,\frac{\partial Y_{l,m}}{\partial\vartheta}\,\mathrm{e}^{-i\omega t} & E_\varphi &= -\frac{i}{kr\sin\vartheta}\,\frac{d}{dr}(rR_l)\,\frac{\partial Y_{l,m}}{\partial\varphi}\,\mathrm{e}^{-i\omega t}\,.
\end{aligned}
\tag{109.7}
$$

Diese Formeln sind streng richtig bei Verwendung des vollen Ausdrucks, Gl. (109.4a), für den radialen Faktor $R_l(r)$. Man beachte, daß aus ihnen $(\boldsymbol{E}\cdot\boldsymbol{H})=0$ folgt; die beiden Vektoren stehen überall aufeinander senkrecht.

In der Fernzone können wir statt Gl. (109.4a) den asymptotischen Ausdruck Gl. (109.4b), benutzen. Außerdem können wir genähert

$$\frac{1}{r}\,\frac{d}{dr}(rR_l) \approx ikR_l$$

setzen, so daß alle Feldkomponenten proportional zu R_l werden, mit Ausnahme von E_r, das sich wie R_l/r verhält und daher vernachlässigt werden darf. Die Gln. (109.7) vereinfachen sich damit zu

$$
\begin{aligned}
H_r &= E_r = 0\,; \\
-H_\vartheta &= E_\varphi = \frac{1}{\sin\vartheta}\,\frac{\partial Y_{l,m}}{\partial\varphi}\,\frac{1}{r}\,\mathrm{e}^{i(kr-\omega t)}\,; \\
H_\varphi &= E_\vartheta = \frac{\partial Y_{l,m}}{\partial\vartheta}\,\frac{1}{r}\,\mathrm{e}^{i(kr-\omega t)}\,.
\end{aligned}
\tag{109.8}
$$

Außer dieser Lösung gibt es noch eine zweite, in der vorstehenden Aufgabe beschriebene, die durch Fitzgerald-Transformation daraus hervorgeht. Für die Fernzone wird sie

$$
\begin{aligned}
H_r &= E_r = 0\,; \\
H_\varphi &= E_\vartheta = -\frac{1}{\sin\vartheta}\,\frac{\partial Y_{l,m}}{\partial\varphi}\,\frac{1}{r}\,\mathrm{e}^{i(kr-\omega t)}\,; \\
-H_\vartheta &= E_\varphi = \frac{\partial Y_{l,m}}{\partial\vartheta}\,\frac{1}{r}\,\mathrm{e}^{i(kr-\omega t)}\,.
\end{aligned}
\tag{109.9}
$$

110. Aufgabe. Elektrische und magnetische Dipollösungen

Welche Felder entstehen in der Fernzone für $l = 1$, und wie können sie hinsichtlich ihrer Quellen interpretiert werden?

Lösung. Wir gehen von den Gln. (109.8) aus. Für $l = 1$ treten zu $m = 0, \pm 1$ die Kugelfunktionen

$$Y_{1,0} = \sqrt{\frac{3}{4\pi}} \cos\vartheta\,; \qquad Y_{1,\pm 1} = \sqrt{\frac{3}{8\pi}} \sin\vartheta\, e^{\pm i\varphi} \tag{110.1}$$

auf. Mit der Abkürzung

$$f(r,t) = \sqrt{\frac{3}{4\pi}}\,\frac{1}{r}\, e^{i(kr-\omega t)} \tag{110.2}$$

erhalten wir dann aus Gl. (109.8) unter Auslassung des Faktors $f(r,t)$

$$\text{für} \quad m = 0: \qquad \begin{aligned} -H_\vartheta = E_\varphi &= 0\,; \\ H_\varphi = E_\vartheta &= -\sin\vartheta \end{aligned} \tag{110.3}$$

und unter Auslassung des Faktors $f(r,t)/\sqrt{2}$

$$\text{für} \quad m = \pm 1: \qquad \begin{aligned} -H_\vartheta = E_\varphi &= \pm i\, e^{\pm i\varphi}\,; \\ H_\varphi = E_\vartheta &= \cos\vartheta\, e^{\pm i\varphi}\,. \end{aligned} \tag{110.4}$$

Die Lösung aus Gl. (110.3) ist die gleiche wie für den in z-Richtung schwingenden elektrischen Dipol. Die Auszeichnung der z-Richtung wird noch deutlicher, wenn wir auf kartesische Koordinaten umrechnen. Die Anwendung der allgemeinen Formeln

$$\begin{aligned} a_x &= a_\vartheta \cos\vartheta \cos\varphi - a_\varphi \sin\varphi\,; \\ a_y &= a_\vartheta \cos\vartheta \sin\varphi + a_\varphi \cos\varphi\,; \\ a_z &= -a_\vartheta \cos\vartheta \end{aligned}$$

für einen Vektor $\boldsymbol{a}$ mit verschwindender Radialkomponente ergibt dann anstelle von Gl. (110.3)

$$\text{für} \quad m = 0: \qquad \begin{aligned} H_x &= -H_\varphi \sin\varphi = \sin\vartheta \sin\varphi \\ H_y &= +H_\varphi \cos\varphi = -\sin\vartheta \cos\varphi \\ H_z &= 0 \\ E_x &= E_\vartheta \cos\vartheta \cos\varphi = -\sin\vartheta \cos\vartheta \cos\varphi \\ E_y &= E_\vartheta \cos\vartheta \sin\varphi = -\sin\vartheta \cos\vartheta \sin\varphi \\ E_z &= -E_\vartheta \sin\vartheta = \sin^2\vartheta \end{aligned}$$

und anstelle von Gl. (110.4)

$$\text{für} \quad m = \pm 1: \quad \begin{aligned} H_x &= (\mp i \cos\vartheta \cos\varphi - \cos\vartheta \sin\varphi)\, e^{\pm i\varphi} = \mp i \cos\vartheta \\ H_y &= (\mp i \cos\vartheta \sin\varphi + \cos\vartheta \cos\varphi)\, e^{\pm i\varphi} = \cos\vartheta \\ H_z &= \pm i \sin\vartheta\, e^{\pm i\varphi} = -\sin\vartheta \sin\varphi \pm i \sin\vartheta \cos\varphi \\ E_x &= (\cos^2\vartheta \cos\varphi \mp i \sin\varphi)\, e^{\pm i\varphi} \\ &= (1 - \sin^2\vartheta \cos^2\varphi) \mp i \sin^2\vartheta \sin\varphi \cos\varphi \\ E_y &= (\cos^2\vartheta \sin\varphi \pm i \cos\varphi)\, e^{\pm i\varphi} \\ &= -\sin^2\vartheta \sin\varphi \cos\varphi \pm i(1 - \sin^2\vartheta \sin^2\varphi) \\ E_z &= -\cos\vartheta \sin\vartheta\, e^{\pm i\varphi} \\ &= -\cos\vartheta \sin\vartheta \cos\varphi \mp i \cos\vartheta \sin\vartheta \sin\varphi\,. \end{aligned}$$

Drücken wir die Winkelfunktionen gemäß

$$x = r \sin\vartheta \cos\varphi\,; \qquad y = r \sin\vartheta \sin\varphi\,; \qquad z = r \cos\vartheta$$

durch die kartesischen Koordinaten aus, so gehen diese Ausdrücke über in die folgenden:

$$\text{Für} \quad m = 0: \quad \begin{aligned} rH_x &= y & r^2 E_x &= -xz \\ rH_y &= -x & r^2 E_y &= -yz \\ rH_z &= 0 & r^2 E_z &= r^2 - z^2 \end{aligned} \tag{110.5}$$

$$\text{Für} \quad m = \pm 1: \quad \begin{aligned} rH_x &= \mp iz & r^2 E_x &= (r^2 - x^2) \mp ixy \\ rH_y &= z & r^2 E_y &= -xy \pm i(r^2 - y^2) \\ rH_z &= -y \pm ix & r^2 E_z &= -xz \mp iyz\,. \end{aligned} \tag{110.6}$$

Trennen wir diese Felder in Real- und Imaginärteil auf, so zeigt sich sofort, daß die Realteile von Gl. (110.6) durch die zyklische Transformation $(x, y, z) \to (y, z, x)$ aus Gl. (110.5) entstehen, daß sie also einen Dipol in x-Richtung beschreiben. Die Imaginärteile von Gl. (110.6) entstehen bis auf den Faktor $\pm i$ aus Gl. (110.5) durch die Transformation $(x, y, z) \to (z, x, y)$ und beschreiben daher einen in y-Richtung schwingenden Dipol.

Gehen wir statt von den Gln. (109.8) von den Gln. (109.9) aus, so sind die Rollen von $\boldsymbol{E}$ und $\boldsymbol{H}$ gerade miteinander vertauscht. Statt elektrischer Dipole in den drei Richtungen von z, x und y erhalten wir dann die entsprechenden magnetischen Dipole. Verallgemeinernd erkennen wir alle Lösungen der Form (109.8), die letzten Endes aus dem Ansatz

$$\boldsymbol{H} = \boldsymbol{r} \times \operatorname{grad} u\,; \qquad \boldsymbol{E} = \frac{i}{k} \operatorname{rot} \boldsymbol{H}$$

hervorgehen, als elektrische Multipole der Ordnung l. Sie werden mit dem Symbol El bezeichnet, und es gibt offenbar $2l+1$ linear unabhängige elektrische Multipollösungen zu jedem l. Analog sind die durch Fitzgerald-Transformation daraus entstehenden Lösungen der Form (109.9), die ursprünglich aus

$$\boldsymbol{H} = -\frac{i}{k} \operatorname{rot} \boldsymbol{E}\,; \qquad \boldsymbol{E} = \boldsymbol{r} \times \operatorname{grad} u$$

hervorgehen, magnetische Multipole Ml der Ordnung l. Beispiele hierfür haben wir in früheren Aufgaben beschrieben: für $M1$ in Aufgaben 104 und 105, für $E2$ in Aufgabe 106.

111. Aufgabe. $E2$- und $M1$-Strahlung zweier Dipole

Zwei elektrische Dipole (Antennen) schwingen parallel zur x-Achse in entgegengesetzten Richtungen bei $x = 0$, $z = 0$ um $y = 0$ und $y = -a$ (Abb. 39). Das Strahlungsfeld soll für die Fernzone berechnet und nach Kugelfunktionen zerlegt werden.

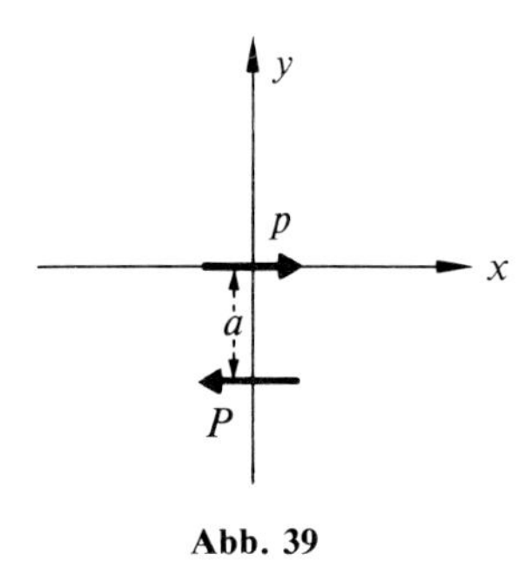

Abb. 39

Lösung. In Aufgabe 110 haben wir das von einem Dipol in x-Richtung erzeugte Feld berechnet:

$$\begin{aligned} H_x &= 0 & E_x &= R(y^2+z^2)/r^2 \\ H_y &= Rz/r & E_y &= -Rxy/r^2 \\ H_z &= -Ry/r & E_z &= -Rxz/r^2 , \end{aligned} \tag{111.1}$$

wobei

$$R(r,t) = -\frac{1}{c^2 r}\,\ddot{p}\left(t-\frac{r}{c}\right) = \left(\frac{\omega}{c}\right)^2 p_0 \frac{1}{r}\cos\omega\left(t-\frac{r}{c}\right) \tag{111.2}$$

ist. Dabei wurde

$$p(t) = p_0 \cos\omega\left(t-\frac{r}{c}\right)$$

angenommen. Hieraus findet man für die Feldkomponenten in Kugelkoordinaten

$$\begin{aligned} H_r &= 0 & E_r &= 0 \\ H_\vartheta &= R\sin\varphi & E_\vartheta &= R\cos\vartheta\cos\varphi \\ H_\varphi &= R\cos\vartheta\cos\varphi & E_\varphi &= -R\sin\varphi\,. \end{aligned} \tag{111.3}$$

Dies Feld entspricht dem Schema der Gl. (109.8) für elektrische Multipole und läßt sich für jeden Dipol $l = 1$ aus

$$Y = \sin\vartheta\cos\varphi = \frac{1}{2}\sqrt{\frac{8\pi}{3}}\,(Y_{1,1} + Y_{1,-1}) \tag{111.4}$$

ableiten, wenn wir in Aufgabe 109

$$-H_\vartheta = E_\varphi = \frac{R}{\sin\vartheta}\frac{\partial Y}{\partial\varphi}; \quad H_\varphi = E_\vartheta = R\frac{\partial Y}{\partial\vartheta} \tag{111.5}$$

setzen.

Um den zweiten, entgegengesetzten Dipol bei $y = -a$ hinzuzufügen, wenden wir den Operator $-a\,\partial/\partial y$ auf Gl. (111.3) an. Für die Fernzone bedeutet das nur Differentiationen in dem Faktor $p(t - r/c)$:

$$-a\frac{\partial R}{\partial y} = -a\frac{y}{r}\frac{\partial R}{\partial r} = -a\sin\vartheta\sin\varphi\frac{1}{c^3 r}\dddot{p}\left(t - \frac{r}{c}\right), \tag{111.6}$$

so daß wir für das gesuchte Feld

$$\begin{aligned} -H_\vartheta = E_\varphi &= \frac{a}{c^3}\frac{\dddot{p}}{r}\sin\vartheta\sin^2\varphi; \\ H_\varphi = E_\vartheta &= -\frac{a}{c^3}\frac{\dddot{p}}{r}\sin\vartheta\cos\vartheta\sin\varphi\cos\varphi \end{aligned} \tag{111.7}$$

erhalten.

Um dies Ergebnis nach dem Muster von Aufgabe 109 zu interpretieren, beachten wir, daß die gegebene Anordnung zwar statisch ein elektrischer Quadrupol ist, daß aber die im Gegentakt schwingenden Dipole eine Art Kreisstrom bilden, der ein magnetisches Dipolmoment in z-Richtung besitzt. Wir setzen deshalb zur Interpretation von Gl. (111.7) die Überlagerung eines elektrischen Quadrupolfeldes ($E2$) mit einem magnetischen Dipolfeld ($M1$) an und schreiben unter Verwendung der Gln. (109.8) und (109.9)

$$-H_\vartheta = E_\varphi = f(r,t)\sin\vartheta\sin^2\varphi = v(r,t)\frac{\partial Y_1}{\partial\vartheta} + \frac{u(r,t)}{\sin\vartheta}\frac{\partial Y_2}{\partial\varphi}; \tag{111.8a}$$

$$H_\varphi = E_\vartheta = -\frac{1}{4}f(r,t)\sin 2\vartheta\sin 2\varphi = -\frac{v(r,t)}{\sin\vartheta}\frac{\partial Y_1}{\partial\varphi} + u(r,t)\frac{\partial Y_2}{\partial\vartheta}, \tag{111.8b}$$

wobei Y_1 und Y_2 Kugelfunktionen zu $l = 1$ und $l = 2$ sind, und

$$f(r,t) = \frac{a}{c^2}\frac{\ddot{p}}{r} = ap_0\left(\frac{\omega}{c}\right)^3\frac{1}{r}\sin\omega\left(t - \frac{r}{c}\right) \tag{111.9}$$

ist.

Für den magnetischen Dipol in z-Richtung (Aufgabe 104) muß in willkürlicher Normierung

$$Y_1 = P_1(\cos\vartheta) = \cos\vartheta \tag{111.10}$$

sein; dann gehen die Gln. (111.8a, b) über in

$$f \sin^2\vartheta \sin^2\varphi + v \sin^2\vartheta = u \frac{\partial Y_2}{\partial \varphi}; \tag{111.11a}$$

$$-\frac{1}{4} f \sin 2\vartheta \sin 2\varphi = u \frac{\partial Y_2}{\partial \vartheta}. \tag{111.11b}$$

Wählen wir nun

$$v = -\tfrac{1}{2} f, \tag{111.12}$$

so geht wegen

$$\sin^2\varphi - \tfrac{1}{2} = -\tfrac{1}{2}\cos 2\varphi$$

Gleichung (111.11a) in

$$u \frac{\partial Y_2}{\partial \varphi} = -\frac{1}{2} f \sin^2\vartheta \cos 2\varphi$$

über, d.h.

$$u Y_2 = -\tfrac{1}{4} f \sin^2\vartheta \sin 2\varphi .$$

Daher ist in der Tat Y_2 eine Kugelfunktion zu $l = 2$, nämlich

$$Y_2 = \sin^2\vartheta \sin 2\varphi = \sqrt{\frac{15}{32\pi}}\, \frac{1}{2i} (Y_{2,2} - Y_{2,-2}) \tag{111.13}$$

und

$$u = -\tfrac{1}{4} f. \tag{111.14}$$

Wegen

$$\frac{\partial Y_2}{\partial \vartheta} = 2 \sin\vartheta \cos\vartheta \sin 2\varphi = \sin 2\vartheta \sin 2\varphi$$

wird Gl. (111.11b) dann identisch erfüllt.

Die Gln. (111.8a, b) lassen sich somit zerlegen in den Anteil des elektrischen Quadrupols ($E2$), der das Feld

$$\left.\begin{aligned} -H_\vartheta = E_\varphi &= -\tfrac{1}{2} f \sin\vartheta \cos 2\varphi \\ H_\varphi = E_\vartheta &= -\tfrac{1}{4} f \sin 2\vartheta \sin 2\varphi \end{aligned}\right\} \quad \text{zu} \quad Y_2 = \sin^2\vartheta \sin 2\varphi$$

besitzt, und den Anteil des magnetischen Dipols ($M1$), der

$$\left.\begin{aligned} -H_\vartheta = E_\varphi &= \tfrac{1}{2} f \sin\vartheta \\ H_\varphi = E_\vartheta &= 0 \end{aligned}\right\} \quad \text{zu} \quad Y_1 = \cos\vartheta$$

beiträgt. Ein Vergleich mit Aufgabe 104 zeigt, daß das Fernfeld des magnetischen Moments $m(t) = m_0 \sin \omega t$

$$-H_\vartheta = E_\varphi = \frac{\ddot{m}}{c^2} \frac{\sin\vartheta}{r}; \qquad H_\varphi = E_\vartheta = 0$$

ist. Mit Hilfe der Gl. (111.9) für $f(r, t)$ können wir daraus das magnetische Moment unserer Anordnung gemäß

$$m(t) = \frac{1}{2} a p_0 \frac{\omega}{c} \sin \omega t = -\frac{a}{2c} \dot{p}(t) \tag{111.15}$$

durch die Momente der beiden elektrischen Dipole ausdrücken.

5. Elektromagnetische Wellen an Grenzflächen

Im folgenden behandeln wir einige Probleme, die besonders in der Optik auftreten. Dabei benutzen wir die ebene Welle als spezielle Lösung der Maxwellschen Gleichungen. Sie kann bei den Strahlungsproblemen der vorhergehenden Aufgaben als gute Näherung für einen Ausschnitt innerhalb der Fernzone benutzt werden, dessen Abmessungen klein sind gegen die Entfernung von der Strahlungsquelle.

112. Aufgabe. Ebene Welle

Die ebene Welle soll als Lösung der Maxwellschen Gleichungen in einem Medium der Dielektrizitätskonstanten ε untersucht werden, wobei insbesondere das Vektorpotential, die Feldstärken und die Energiegrößen (a) in reeller und (b) in komplexer Schreibweise anzugeben sind.

Lösung. Sind $\mu = 1$ und $\sigma = 1$, aber $\varepsilon \neq 1$, so lauten die Ausgangsgleichungen

$$\mathrm{rot}\boldsymbol{E} = -\frac{1}{c}\dot{\boldsymbol{H}}\,; \qquad \mathrm{rot}\boldsymbol{H} = \frac{\varepsilon}{c}\dot{\boldsymbol{E}}\,; \qquad \mathrm{div}(\varepsilon\boldsymbol{E}) = 0\,; \qquad \mathrm{div}\boldsymbol{H} = 0\,.$$

Die letzte Beziehung gestattet die Einführung eines Vektorpotentials,

$$\boldsymbol{H} = \mathrm{rot}\boldsymbol{A}\,; \tag{112.1}$$

dann gehen die ersten drei Gleichungen über in

$$\boldsymbol{E} = -\frac{1}{c}\dot{\boldsymbol{A}}\,; \qquad \nabla^2\boldsymbol{A} + \frac{\varepsilon}{c^2}\boldsymbol{A} = 0\,; \qquad \mathrm{div}(\varepsilon\dot{\boldsymbol{A}}) = 0\,. \tag{112.2}$$

Offenbar brauchen wir kein skalares Potential einzuführen, da keine Ladungen vorhanden sind.

(a) Reelle Schreibweise. Eine ebene Welle wird durch

$$\boldsymbol{A} = \boldsymbol{A}_0 \sin(\boldsymbol{kr} - \omega t) \tag{112.3}$$

beschrieben, wobei wir eine zusätzliche Phasenkonstante durch willkürliche Festlegung des Zeitpunkts $t = 0$ vermieden haben. Die Gln. (112.1) und (112.2) gehen mit Gl. (112.3) über in

$$\boldsymbol{H} = (\boldsymbol{k} \times \boldsymbol{A}_0)\cos(\boldsymbol{kr} - \omega t)\,; \tag{112.4a}$$

$$\boldsymbol{E} = \frac{\omega}{c}\boldsymbol{A}_0 \cos(\boldsymbol{kr} - \omega t)\,; \tag{112.4b}$$

$$k^2 = \varepsilon\left(\frac{\omega}{c}\right)^2; \tag{112.4c}$$

$$(\boldsymbol{k} \cdot \boldsymbol{A}) = 0\,. \tag{112.4d}$$

Aus Gl. (112.4b) folgt, daß $\boldsymbol{E}$ parallel zu $\boldsymbol{A}$ ist, aus Gl. (112.4a), daß $\boldsymbol{H}$ auf $\boldsymbol{A}\,(\,\|\boldsymbol{E})$ und $\boldsymbol{k}$, und aus Gl. (112.4d), daß $\boldsymbol{A}$ auf $\boldsymbol{k}$ senkrecht steht. Die drei Vektoren $\boldsymbol{E}, \boldsymbol{H}, \boldsymbol{k}$ bilden daher ein rechtwinkliges Achsenkreuz, wobei Elimination von A_0 aus Gln. (112.4a und b)

$$\frac{\omega}{c}\boldsymbol{H} = \boldsymbol{k} \times \boldsymbol{E}\,; \qquad \boldsymbol{E} = \frac{c}{\varepsilon\omega}(\boldsymbol{H} \times \boldsymbol{k}) \tag{112.5a}$$

oder bei Einführung des Einheitsvektors $\hat{\boldsymbol{k}} = \boldsymbol{k}/k$ und unter Beachtung von Gl. (112.4c)

$$\boldsymbol{H} = \sqrt{\varepsilon}(\hat{\boldsymbol{k}} \times \boldsymbol{E})\,; \qquad \boldsymbol{E} = \frac{1}{\sqrt{\varepsilon}}(\boldsymbol{H} \times \hat{\boldsymbol{k}})\,; \qquad H = \sqrt{\varepsilon}E \tag{112.5b}$$

ergibt. Schließlich finden wir aus Gl. (112.4c) die Dispersionsrelation, welche die Frequenz $\nu = \omega/(2\pi)$ mit der Wellenlänge $\lambda = 2\pi/k$ verknüpft:

$$\lambda\nu = \frac{c}{\sqrt{\varepsilon}}\,; \tag{112.6}$$

die Phasengeschwindigkeit der Welle ist $c/\sqrt{\varepsilon}$, unabhängig von der Frequenz.

Die Energiedichte innerhalb der Welle wird

$$\eta = \frac{1}{8\pi}(\varepsilon E^2 + H^2) = \frac{\varepsilon}{4\pi}E^2 = \frac{1}{4\pi}H^2\,; \tag{112.7}$$

der elektrische und magnetische Anteil sind einander gleich. Der Poyntingvektor $\boldsymbol{S}$ gibt die Energiestromdichte

$$\begin{aligned}\boldsymbol{S} &= \frac{c}{4\pi}(\boldsymbol{E} \times \boldsymbol{H}) = \frac{c}{4\pi}\sqrt{\varepsilon}\boldsymbol{E} \times (\hat{\boldsymbol{k}} \times \boldsymbol{E}) \\ &= \frac{c}{4\pi}\sqrt{\varepsilon}E^2\hat{\boldsymbol{k}} = \frac{c}{4\pi}\frac{1}{\sqrt{\varepsilon}}H^2\hat{\boldsymbol{k}} = \frac{c}{4\pi}EH\hat{\boldsymbol{k}}\,;\end{aligned} \tag{112.8}$$

sie hat die Richtung des Wellenvektors $\boldsymbol{k}$.

(b) Komplexe Schreibweise. Wir gehen aus von

$$\boldsymbol{A} = \boldsymbol{A}_0\,\mathrm{e}^{i(\boldsymbol{kr} - \omega t)}\,; \qquad \boldsymbol{E} = \boldsymbol{E}_0\,\mathrm{e}^{i(\boldsymbol{kr} - \omega t)}\,; \qquad \boldsymbol{H} = \boldsymbol{H}_0\,\mathrm{e}^{i(\boldsymbol{kr} - \omega t)}\,,$$

wobei wir jeweils den Realteil als die physikalische Größe interpretieren wollen. Dann werden die obigen Gleichungen ersetzt durch

$$\operatorname{rot}\boldsymbol{E} = i\frac{\omega}{c}\boldsymbol{H}\,; \quad \operatorname{rot}\boldsymbol{H} = -i\varepsilon\frac{\omega}{c}\boldsymbol{E}\,; \quad \operatorname{div}\varepsilon\boldsymbol{E} = 0\,; \quad \operatorname{div}\boldsymbol{H} = 0\,;$$

$$\boldsymbol{H} = \operatorname{rot}\boldsymbol{A}\,; \quad \boldsymbol{E} = i\frac{\omega}{c}\boldsymbol{A}\,; \quad \operatorname{div}(\varepsilon\boldsymbol{A}) = 0\,; \quad \nabla^2\boldsymbol{A} + \varepsilon\left(\frac{\omega}{c}\right)^2\boldsymbol{A} = 0\,;$$

$$\boldsymbol{H} = i(\boldsymbol{k} \times \boldsymbol{A})\,; \quad \boldsymbol{E} = i\frac{\omega}{c}\boldsymbol{A}\,; \quad (\boldsymbol{k}\cdot\boldsymbol{A}) = 0\,; \quad k^2 = \varepsilon\left(\frac{\omega}{c}\right)^2.$$

Gehen wir hier z. B. von der rein imaginären Amplitude $\boldsymbol{A}_0 = -i\boldsymbol{a}_0$ aus, so werden die Realteile

$$\mathrm{Re}\boldsymbol{A} = \boldsymbol{a}_0 \sin(\boldsymbol{k}\boldsymbol{r} - \omega t)\ ; \qquad \mathrm{Re}\boldsymbol{E} = \frac{\omega}{c} \boldsymbol{a}_0 \cos(\boldsymbol{k}\boldsymbol{r} - \omega t)$$

usw. mit den gleichen Phasen wie in (a).

In den bilinearen Größen erhalten wir z. B.

$$(\mathrm{Re}\boldsymbol{E})^2 = [\tfrac{1}{2}(\boldsymbol{E} + \boldsymbol{E}^*)]^2\ ; \qquad \mathrm{Re}\boldsymbol{E} \times \mathrm{Re}\boldsymbol{H} = \tfrac{1}{4}(\boldsymbol{E} + \boldsymbol{E}^*) \times (\boldsymbol{H} + \boldsymbol{H}^*)\ .$$

Beschränken wir uns auf zeitliche oder räumliche Mittelwerte über eine Periode, so bleiben nur die gemischten Terme:

$$\overline{(\mathrm{Re}\boldsymbol{E})^2} = \tfrac{1}{2}|\boldsymbol{E}|^2 = \tfrac{1}{2}|\boldsymbol{E}_0|^2\ ;$$

$$\overline{\mathrm{Re}\boldsymbol{E} \times \mathrm{Re}\boldsymbol{H}} = \tfrac{1}{4}[(\boldsymbol{E} \times \boldsymbol{H}^*) + (\boldsymbol{E}^* \times \boldsymbol{H})]\ .$$

Da die linearen Relationen, Gl. (112.5a, b), auch jetzt korrekt bleiben, erhalten wir hieraus für die mittlere Energiedichte

$$\bar{\eta} = \frac{1}{16\pi}(\varepsilon|\boldsymbol{E}|^2 + |\boldsymbol{H}|^2)$$

und, da $\boldsymbol{E} \times \boldsymbol{H}^* = \boldsymbol{E}^* \times \boldsymbol{H}$ reell ist,

$$\bar{\boldsymbol{S}} = \frac{c}{8\pi}\sqrt{\varepsilon}|\boldsymbol{E}|^2\hat{\boldsymbol{k}} = \frac{c}{8\pi}\frac{1}{\sqrt{\varepsilon}}|\boldsymbol{H}|^2\hat{\boldsymbol{k}}\ .$$

113. Aufgabe. Fresnelsche Formeln

Eine ebene Welle fällt auf die ebene Grenzfläche $z = 0$ zweier nicht leitender Medien, so daß ein Teil der auffallenden Intensität reflektiert, ein Teil durchgelassen wird. Die Richtungen dieser beiden sekundären Wellen und die Intensität der reflektierten Welle sollen berechnet werden (Fresnelsche Intensitätsformeln).

Lösung. Die drei ebenen Wellen sind in Abb. 40 beschrieben. Wir führen $k = \omega/c$ ein; unter Benutzung der Abkürzung $n = \sqrt{\varepsilon}$ (Brechungsindex) wird dann für die einfallende Welle das Vektorpotential

$$\boldsymbol{A}_1 = \boldsymbol{a}_1 \exp[i(\boldsymbol{k}_1\boldsymbol{r} - \omega t]\ ; \qquad k_1 = n_1 k\ , \tag{113.1a}$$

für die reflektierte Welle

$$\boldsymbol{A}_1' = \boldsymbol{a}_1' \exp[i(\boldsymbol{k}_1'\boldsymbol{r} - \omega t)]\ ; \qquad k_1' = n_1 k\ , \tag{113.1b}$$

und für die durchgelassene Welle

$$\boldsymbol{A}_2 = \boldsymbol{a}_2 \exp[i(\boldsymbol{k}_2\boldsymbol{r} - \omega t)]\ ; \qquad k_2 = n_2 k\ . \tag{113.1c}$$

Die Feldstärken können für jede der drei Wellen aus

$$\boldsymbol{E} = ik\boldsymbol{A}\ ; \qquad \boldsymbol{H} = \mathrm{rot}\boldsymbol{A} \tag{113.2}$$

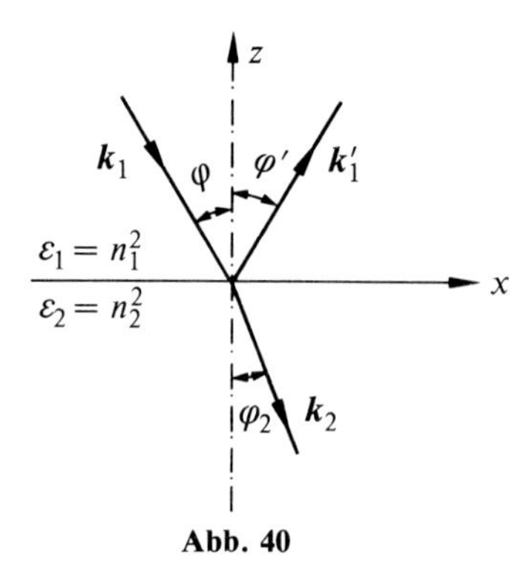

Abb. 40

entnommen werden. Um in der Grenzebene $z = 0$ die Wellen stetig zusammenzufügen, müssen ihre *Phasen* dort übereinstimmen, d.h. für $z = 0$ muß $\boldsymbol{k}_1\boldsymbol{r} = \boldsymbol{k}_1'\boldsymbol{r} = \boldsymbol{k}_2\boldsymbol{r}$ identisch in x und y werden, was für die Komponenten

$$k_{1x} = k_{1x}' = k_{2x} \quad \text{oder} \quad n_1 \sin\varphi = n_1 \sin\varphi' = n_2 \sin\varphi_2 \tag{113.3a}$$

und

$$k_{1y} = k_{1y}' = k_{2y} \tag{113.3b}$$

ergibt. Aus Gl. (113.3a) folgt das Reflexionsgesetz

$$\varphi' = \varphi \tag{113.4a}$$

und das Brechungsgesetz

$$n_1 \sin\varphi = n_2 \sin\varphi_2 \,. \tag{113.4b}$$

Liegt $\boldsymbol{k}_1$ in der x, z-Ebene, so ist $k_{1y} = 0$, und aus Gl. (113.3b) folgt, daß auch die beiden anderen Wellenvektoren in der Einfallsebene liegen.

Zerlegen wir $\boldsymbol{A}$ oder die Feldstärken in Komponenten, so stehen die y-Komponenten automatisch senkrecht auf den Wellenvektoren. Dagegen müssen zwischen den x- und z-Komponenten die Transversalitätsbedingungen

$$A_{1z} = A_{1x} \tan\varphi \,; \qquad A_{1z}' = -A_{1x}' \tan\varphi' \,; \qquad A_{2z} = A_{2x} \tan\varphi_2 \tag{113.5}$$

erfüllt sein.

An der Grenzebene $z = 0$ gelten nun Stetigkeitsbedingungen auch für die *Amplituden*, nämlich für E_x, E_y, εE_z, H_x, H_y, H_z oder, durch das Vektorpotential ausgedrückt, für die Amplituden von

$$A_x,\ A_y,\ n^2 A_z,\ \operatorname{rot} \boldsymbol{A} \,.$$

Die ersten drei Bedingungen lauten

$$a_{1x} + a_{1x}' = a_{2x} \tag{113.6a}$$

$$a_{1y} + a_{1y}' = a_{2y} \tag{113.6b}$$

$$n_1^2 (a_{1z} + a_{1z}') = n_2^2 a_{2z} \,. \tag{113.6c}$$

Die letzte Gleichung können wir unter Verwendung von Gl. (113.5) umschreiben:

$$n_1^2(a_{1x} - a'_{1x}) \tan \varphi = n_2^2 a_{2x} \tan \varphi_2 \,. \tag{113.6d}$$

Aus Gln. (113.6a) und (113.6d) folgt dann mit Gl. (113.4b) für n_2/n_1 bei Elimination von a_{2x}

$$a'_{1x}/a_{1x} = (\sin 2\varphi_2 - \sin 2\varphi)/(\sin 2\varphi_2 + \sin 2\varphi)$$

und nach einigen elementaren Umformungen

$$\begin{aligned} a'_{1x}/a_{1x} &= -\tan(\varphi - \varphi_2)/\tan(\varphi + \varphi_2) \,; \\ a'_{1z}/a_{1z} &= \tan(\varphi - \varphi_2)/\tan(\varphi + \varphi_2) \,. \end{aligned} \tag{113.7}$$

Hieraus erhalten wir für den *Reflexionskoeffizienten* $R_{\|}$, wenn $\boldsymbol{A}$ und damit auch $\boldsymbol{E}$ in der Einfallsebene schwingt,

$$R_{\|} = \frac{a'^2_{1x} + a'^2_{1z}}{a^2_{1x} + a^2_{1z}} = \frac{\tan^2(\varphi - \varphi_2)}{\tan^2(\varphi + \varphi_2)} \,. \tag{113.8}$$

Bis hierher haben wir noch nicht die Stetigkeit von $\boldsymbol{H} = \operatorname{rot} \boldsymbol{A}$ berücksichtigt. Sie ergibt drei weitere Bedingungen, die bei $z = 0$ wegen $k_y = 0$ usw. lauten

für $H_x = -ik_z A_y$: $\quad k_{1z}A_{1y} + k'_{1z}A'_{1y} = k_{2z}A_{2y}$; (113.9a)

für $H_y = i(k_z A_x - k_x A_z)$:

$$(k_{1z}A_{1x} + k'_{1z}A'_{1x}) - (k_{1x}A_{1z} + k'_{1x}A'_{1z}) = k_{2z}A_{2x} - k_{2x}A_{2z} \,; \tag{113.9b}$$

für $H_z = ik_x A_y$: $\quad k_{1x}A_{1y} + k'_{1x}A'_{1y} = k_{2x}A_{2y}$. (113.9c)

Nun ist

$$k_{1x} = n_1 k \sin\varphi \,; \quad k'_{1x} = n_1 k \sin\varphi \,; \quad k_{2x} = n_2 k \sin\varphi_2 = n_1 k \sin\varphi \,;$$
$$k_{1z} = -n_1 k \cos\varphi \,; \quad k'_{1z} = n_1 k \cos\varphi \,; \quad k_{2z} = -n_2 k \cos\varphi_2 \,.$$

Wir setzen das in Gl. (113.9a) ein,

$$n_1 \cos\varphi (a'_{1y} - a_{1y}) = -n_2 \cos\varphi_2 \, a_{2y} \tag{113.10a}$$

und in Gl. (113.9c),

$$a'_{1y} + a_{1y} = a_{2y} \,. \tag{113.10b}$$

Die letzte Beziehung ist identisch mit Gl. (113.6b). Beide gemeinsam gestatten, a'_{1y} und a_{1y} durch a_{2y} auszudrücken:

$$a'_{1y} = \frac{1}{2}\left[1 - \frac{n_2 \cos\varphi_2}{n_1 \cos\varphi}\right] a_{2y} = \frac{\sin(\varphi_2 - \varphi)}{2 \sin\varphi_2 \cos\varphi} a_{2y} \,;$$

$$a_{1y} = \frac{1}{2}\left[1 + \frac{n_2 \cos\varphi_2}{n_1 \cos\varphi}\right] a_{2y} = \frac{\sin(\varphi_2 + \varphi)}{2 \sin\varphi_2 \cos\varphi} a_{2y} \,,$$

woraus wir den Reflexionskoeffizienten für die elektrische Schwingung senkrecht zur Einfallsebene erhalten,

$$R_\perp = \left(\frac{a'_{1y}}{a_{1y}}\right)^2 = \frac{\sin^2(\varphi - \varphi_2)}{\sin^2(\varphi + \varphi_2)} . \tag{113.11}$$

Wir haben zur Lösung der Aufgabe keinen Gebrauch von Gl. (113.9b) gemacht. Damit kein Widerspruch entsteht, muß sie eine Identität geben. Um das zu prüfen, bilden wir zunächst

$$\begin{aligned}
k_{1z}a_{1x} + k'_{1z}a'_{1x} &= n_1 k \cos\varphi\,(a'_{1x} - a_{1x}) ;\\
k_{1x}a_{1z} + k'_{1x}a'_{1z} &= n_1 k \sin\varphi\,(a_{1z} + a'_{1z})\\
&= -n_1 k \sin\varphi \tan\varphi\,(a'_{1x} - a_{1x}) ;\\
k_{2z}a_{2x} - k_{2x}a_{2z} &= -n_2 k \cos\varphi_2\, a_{2x} - n_1 k \sin\varphi\, a_{2z}\\
&= -k(n_2 \cos\varphi_2 + n_1 \sin\varphi \tan\varphi_2)\, a_{2x} .
\end{aligned}$$

Setzen wir aus diesen Ausdrücken Gl. (113.9b) zusammen, so finden wir

$$\begin{aligned}
(\cos\varphi + \sin\varphi \tan\varphi)(a'_{1x} - a_{1x})&\\
&= -\sin\varphi\,(\cot\varphi_2 + \tan\varphi_2)\, a_{2x}
\end{aligned}$$

oder

$$a'_{1x} - a_{1x} = -\frac{\sin 2\varphi}{\sin 2\varphi_2}\, a_{2x} . \tag{113.12}$$

Dieselbe Relation entnehmen wir aus Gl. (113.6d), womit die Identität bewiesen ist.

Anm. Für kleine Winkel φ und φ_2 geben die Gln. (113.8) und (113.11) übereinstimmend

$$R_\parallel = R_\perp = \left(\frac{n_2 - n_1}{n_2 + n_1}\right)^2$$

unabhängig vom Polarisationszustand der einfallenden Welle. Ist

$$\varphi + \varphi_2 = \tfrac{\pi}{2} ,$$

so daß durchgelassene und reflektierte Welle senkrecht aufeinander stehen, so wird nach Gl. (113.8) $R_\parallel = 0$, und die reflektierte Welle ist *linear polarisiert* mit $\boldsymbol{E} \parallel y$ (Brewsterscher Winkel). Ist $n_2 < n_1$, so kann $\sin\varphi > n_2/n_1$ werden. Das hat nach Gl. (113.4b) $\sin\varphi_2 = (n_1/n_2)\sin\varphi > 1$ zur Folge, so daß kein reeller Winkel φ_2 existiert. Dann wird

$$k_{2z} = -n_2 k \cos\varphi_2 = -i n_2 k \sqrt{(n_1^2/n_2^2)\sin^2\varphi - 1}$$

rein imaginär, und die Welle klingt im Innern des zweiten Mediums exponentiell ab. Dies ist der Fall der *Totalreflexion.*

114. Aufgabe. Fresnelsche Formeln, Energiebilanz

Für die drei ebenen Wellen der vorstehenden Aufgabe stelle man die Energiebilanz pro Flächeneinheit der Trennfläche auf.

Lösung. Damit keine Energie in der Trennfläche gestaut wird, muß senkrecht zu ihr pro Flächen- und Zeiteinheit die gleiche Energie auftreffen und weggeführt werden. Sind daher S_1, S_1' und S_2 die Beträge der Poyntingvektoren für die einfallende, die reflektierte und die durchgelassene Welle, so muß die Bilanzgleichung

$$S_1 \cos\varphi = S_1' \cos\varphi + S_2 \cos\varphi_2 \tag{114.1}$$

erfüllt werden. Aus

$$\bar{S} = \frac{c}{8\pi} \overline{(E \times H^*)}$$

und

$$E = ikA \; ; \quad H^* = \operatorname{rot} A^* = -ikn(\hat{k} \times A^*)$$

folgt

$$\bar{S} = \frac{c}{8\pi} k^2 n |A|^2 \hat{k} \; . \tag{114.2}$$

Da der Vektor $\hat{k}$ in der Einfallsebene liegt, hat auch S keine y-Komponente.

Gehen wir mit Gl. (114.2) in Gl. (114.1) ein, so lautet die Forderung der Energiebilanz

$$n_1 a_1^2 \cos\varphi = n_1 a_1'^2 \cos\varphi + n_2 a_2^2 \cos\varphi_2$$

oder wegen $n_2/n_1 = \sin\varphi/\sin\varphi_2$

$$a_1^2 - a_1'^2 = \frac{\cos\varphi_2 \sin\varphi}{\cos\varphi \sin\varphi_2} a_2^2 \, , \tag{114.3}$$

wobei wir die Amplituden der drei Vektorpotentiale mit a_1 usw. bezeichnet haben. Diese Beziehung ist nachzuprüfen. Dabei können wir die beiden Polarisationszustände getrennt behandeln, da

$$a^2 = a_\parallel^2 + a_\perp^2$$

aufgetrennt werden kann.

Liegen die drei Vektoren senkrecht zur Einfallsebene, haben sie also nur eine y-Komponente, so können wir die Gln. (113.10a, b) anwenden, deren Produkt

$$a_{1y}^2 - a_{1y}'^2 = (n_2/n_1) \frac{\cos\varphi_2}{\cos\varphi} a_{2y}^2 = \frac{\sin\varphi \cos\varphi_2}{\sin\varphi_2 \cos\varphi} a_{2y}^2$$

ergibt. Das ist aber identisch mit der geforderten Gleichung (114.3).

Liegen die drei Vektoren in der Einfallsebene, so sind ihre x-Komponenten

$$a_{1x}^2 = \cos^2\varphi \, a_1^2 \, ; \quad a_{1x}'^2 = \cos^2\varphi \, a_1'^2 \, ; \quad a_{2x}^2 = \cos^2\varphi_2 \, a_2^2 \, ,$$

so daß die Forderung aus Gl. (114.3) in

$$a_{1x}^2 - a_{1x}'^2 = \frac{\sin\varphi \cos\varphi}{\sin\varphi_2 \cos\varphi_2} a_{2x}^2 \tag{114.4}$$

umgeschrieben werden kann. Das Produkt der Gln. (113.6a) und (113.6d) ergibt hierfür

$$a_{1x}^2 - a_{1x}'^2 = (n_2/n_1)^2 (\tan\varphi_2/\tan\varphi) \, a_{2x}^2 \, ,$$

was bei Benutzung des Brechungsgesetzes mit der Forderung aus Gl. (114.4) identisch wird. Somit ist auch für diesen Polarisationszustand die Energiebilanz erfüllt.

115. Aufgabe. Metalloberfläche

Eine ebene Welle fällt auf eine Metallfläche bei $z=0$ auf. Wie wird sie im Metall absorbiert? Wie groß ist der Reflexionskoeffizient?

Lösung. Wir benutzen die gleichen Bezeichnungen wie in Aufgabe 113 und spezialisieren auf $n_1 = 1$ und

$$n_2 = \sqrt{\varepsilon + \frac{4\pi\sigma}{\omega} i} = \sqrt{\varepsilon + \xi i} \approx \sqrt{\xi i} = \sqrt{\frac{\xi}{2}}\,(1+i) \tag{115.1a}$$

mit

$$\xi = \frac{4\pi\sigma}{\omega} \gg 1 \; . \tag{115.1b}$$

Für die einfallende, reflektierte und in das Metall eindringende Welle schreiben wir

$$\boldsymbol{A}_1 = \boldsymbol{a}_1 \,\mathrm{e}^{i(\boldsymbol{k}_1 \boldsymbol{r} - \omega t)} ; \quad \boldsymbol{A}_1' = \boldsymbol{a}_1' \,\mathrm{e}^{i(\boldsymbol{k}_1' \boldsymbol{r} - \omega t)} ; \quad \boldsymbol{A}_2 = \boldsymbol{a}_2 \,\mathrm{e}^{i(\boldsymbol{k}_2 \boldsymbol{r} - \omega t)}$$

mit

$$k_{1y} = k_{1y}' = k_{2y} = 0$$

und

$$\begin{aligned} k_1 = k_1' = k = \frac{\omega}{c} ; \qquad & k_2 = n_2 k ; \\ k_{1x} = k_{1x}' = k \sin\varphi ; \qquad & -k_{1z} = k_{1z}' = k\cos\varphi . \end{aligned} \tag{115.2}$$

Für die Phasen gilt die Grenzbedingung bei $z=0$, die

$$k_{1x} = k_{1x}' = k_{2x}$$

ergibt. Daraus erhalten wir

$$k_{2z}^2 = k_2^2 - k_{2x}^2 = k^2(n_2^2 - \sin^2\varphi) \approx k^2 \cdot i\xi ,$$

woraus

$$k_{2z} \approx -k\sqrt{i\xi} = -k\sqrt{\frac{\xi}{2}}\,(1+i) \tag{115.3}$$

folgt. Die in das Metall eindringende Welle hat daher das Vektorpotential

$$\boldsymbol{A}_2 = \boldsymbol{a}_2 \exp\left\{ ik \left[x\sin\varphi - \sqrt{\frac{\xi}{2}}\,(1+i)z \right] - i\omega t \right\} . \tag{115.4}$$

Ihre Amplitude klingt in der negativen z-Richtung ab wie $\mathrm{e}^{-|z|/d}$ mit

$$d = \frac{1}{k}\sqrt{\frac{2}{\xi}} = \frac{1}{k}\sqrt{\frac{\omega}{2\pi\sigma}} . \tag{115.5}$$

Das stimmt überein mit der in den Aufgaben 89 und 90 berechneten Schichtdicke für den Skineffekt.

Um die reflektierte Amplitude zu bestimmen, benutzen wir sowohl die Transversalitätsbedingungen

$$A_{1z} = A_{1x} \tan\varphi\,; \qquad A'_{1z} = -A'_{1x} \tan\varphi \tag{115.6a}$$

und

$$\boldsymbol{k}_2 \cdot \boldsymbol{A}_2 = k_{2x} A_{2x} + k_{2z} A_{2z} = 0 \tag{115.6b}$$

als auch die Grenzbedingungen für Stetigkeit bei $z = 0$,

$$a_{1x} + a'_{1x} = a_{2x} \tag{115.7a}$$

und

$$a_{1z} + a'_{1z} = n_2^2 a_{2z}\,. \tag{115.7b}$$

Aus Gl. (115.6b) folgt

$$a_{2z} = -\frac{k_{2x}}{k_{2z}} a_{2x} = \frac{k \sin\varphi}{k\sqrt{n_2^2 - \sin^2\varphi}} a_{2x}\,;$$

daher gibt die Kombination von Gl. (115.7b) mit Gl. (115.6a)

$$(a_{1x} - a'_{1x}) \tan\varphi = \frac{n_2^2 \sin\varphi}{\sqrt{n_2^2 - \sin^2\varphi}} a_{2x}\,.$$

Kombinieren wir diese Differenz mit der in Gl. (115.7a) angegebenen Summe von a_{1x} und a'_{1x}, so können wir beide getrennt durch a_{2x} ausdrücken:

$$\begin{aligned} a_{1x} &= \frac{1}{2}\left[1 + \frac{n_2^2 \cos\varphi}{\sqrt{n_2^2 - \sin^2\varphi}}\right] a_{2x}\,; \\ a'_{1x} &= \frac{1}{2}\left[1 - \frac{n_2^2 \cos\varphi}{\sqrt{n_2^2 - \sin^2\varphi}}\right] a_{2x}\,. \end{aligned} \tag{115.8}$$

Wegen $|n_2| = \sqrt{\xi} \gg 1$ können wir dafür genähert

$$a_{1x} = \tfrac{1}{2}(1 + n_2 \cos\varphi)\, a_{2x}\,; \qquad a'_{1x} = \tfrac{1}{2}(1 - n_2 \cos\varphi)\, a_{2x}$$

schreiben. Daraus entnehmen wir den Reflexionskoeffizienten $R_{\|}$ für die Schwingung in der Einfallsebene,

$$R_{\|} = \frac{|a'_{1x}|^2 + |a'_{1z}|^2}{|a_{1x}|^2 + |a_{1z}|^2} = \left|\frac{a'_{1x}}{a_{1x}}\right|^2 = \left|\frac{1 - n_2\cos\varphi}{1 + n_2\cos\varphi}\right|^2,$$

was in der hier benutzten Näherung

$$R_{\|} = 1 - \frac{2}{\cos\varphi}\sqrt{\frac{2}{\xi}} \tag{115.9a}$$

oder mit Gl. (115.1b)

$$R_{\|} = 1 - \frac{2}{\cos\varphi}\sqrt{\frac{\omega}{2\pi\sigma}} \tag{115.9b}$$

ergibt. Da $\omega \ll \sigma$ ist, wird die Reflexion nahezu vollständig, außer bei streifendem Einfall.

Für die Reflexion der senkrecht zur Einfallsebene schwingenden Komponente von $\boldsymbol{A}$ benutzen wir die gleichen Grenzbedingungen wie in Gln. (113.6b) und (113.9a):

$$a_{1y} + a'_{1y} = a_{2y}\,; \qquad k_{1z} a_{1y} + k'_{1z} a'_{1y} = k_{2z} a_{2y}\,.$$

Die letzte Bedingung läßt sich mit Gl. (115.2) umschreiben in

$$(a_{1y} - a'_{1y}) \cos\varphi = \sqrt{i\xi}\, a_{2y}\,.$$

Wir können nun wieder a_{1y} und a'_{1y} getrennt durch a_{2y} ausdrücken und daraus den Reflexionskoeffizienten

$$R_\perp = \left| \frac{a'_{1y}}{a_{1y}} \right|^2 \tag{115.10a}$$

bilden. Eine analoge Rechnung wie für $R_\parallel$ ergibt dann die ganz ähnliche Formel

$$R_\perp = 1 - 2\cos\varphi \sqrt{\frac{\omega}{2\pi\sigma}}\,. \tag{115.10b}$$

D. Korpuskeln in elektromagnetischen Feldern

116. Aufgabe. Elektronenlinse in Gaußscher Näherung

Eine Anordnung metallischer Elektroden, die rotationssymmetrisch um die z-Achse angebracht ist, soll als elektrostatische Elektronenlinse verwendet werden. Die Bewegungsgleichungen für ein Elektron sollen aufgestellt werden, wobei die Näherung der Gaußschen Optik eingehalten werden soll.

Lösung. Das Potentialfeld der Anordnung hängt nur von der Koordinate z in Richtung der Achse und dem senkrechten Abstand r von der Achse ab. Diese wird zugleich optische Achse, an der entlang sich die Elektronen bewegen. Bleibt r überall klein, so können wir von der Gaußschen Näherung sprechen. Für das rotationssymmetrische Potentialfeld lautet die Laplacesche Gleichung $\nabla^2 \Phi = 0$ explicite

$$\frac{\partial^2 \Phi}{\partial r^2} + \frac{1}{r}\,\frac{\partial \Phi}{\partial r} + \frac{\partial^2 \Phi}{\partial z^2} = 0\,. \tag{116.1}$$

Wir suchen ihre Lösung in der Umgebung der z-Achse. Deshalb setzen wir sie in der Form

$$\Phi = \sum_{n=0}^{\infty} \varphi_n(z)\, r^n \tag{116.2}$$

als Potenzreihe in r an. Einsetzen von Gl. (116.2) in Gl. (116.1) führt auf die Rekursionsformel

$$\varphi_{n+2} = -\frac{1}{(n+2)^2}\,\varphi_n'' \tag{116.3}$$

und auf $\varphi_1 = 0$. Daher verschwinden alle Glieder zu ungeraden Potenzen von r in Gl. (116.2), und die Glieder zu geraden n lassen sich durch Ableitungen der einen Funktion $\varphi_0(z)$ ausdrücken, die den Verlauf des Potentials auf der z-Achse, $\varphi_0(z) = \Phi(0, z)$, beschreibt:

$$\Phi(r, z) = \varphi_0(z) - \frac{1}{4}\,\varphi_0''(z)\, r^2 + \frac{1}{64}\,\varphi_0^{\mathrm{IV}}(z)\, r^4 \ldots\,. \tag{116.4}$$

Die verbleibende Funktion $\varphi_0(z)$ hängt von der speziellen Form der Elektroden ab.

Wir können nun die Bewegungsgleichungen für ein Elektron der Masse m und Ladung $-e$ aufstellen:

$$m\ddot{x} = e\frac{\partial \Phi}{\partial x}\,; \qquad m\ddot{y} = e\frac{\partial \Phi}{\partial y}\,; \qquad m\ddot{z} = e\frac{\partial \Phi}{\partial z}$$

oder mit Gl. (116.4) in erster Näherung für kleine r,

$$m\ddot{x} = -\frac{e}{2}\varphi_0''(z)x\,; \qquad m\ddot{y} = -\frac{e}{2}\varphi_0''(z)y\,; \qquad m\ddot{z} = e\varphi_0'(z)\,. \qquad (116.5)$$

Höhere Glieder würden quadratische Terme in x und y enthalten und sind in Gl. (116.5) konsequent vernachlässigt. Die beiden ersten Gln. (116.5) sind linear. Sie entsprechen der Gaußschen Näherung. Aus ihnen folgt der Flächensatz $x\dot{y} - y\dot{x} = \text{const}$ in bekannter Weise. Fällt der Elektronenstrahl in der x, z-Ebene ein, ist also weit vor der Linse bei $z = -\infty$ sowohl $y = 0$ als auch $\dot{y} = 0$, so bleibt er durchweg in dieser Ebene, und wir können uns auf diese zwei Koordinaten beschränken.

Um in der x, z-Ebene die Bahnkurve zu erhalten, bilden wir zunächst zur dritten Gl. (116.5) das erste Integral, indem wir sie mit $\dot{z}$ multiplizieren:

$$\dot{z}\ddot{z} = \frac{1}{2}\frac{d}{dt}\dot{z}^2 = \frac{e}{m}\frac{d\varphi_0}{dz}\frac{dz}{dt} = \frac{e}{m}\frac{d\varphi_0}{dt}\,.$$

Mit der Anfangsgeschwindigkeit v für $z = -\infty$ gibt das bei Integration nach der Zeit

$$\frac{1}{2}(\dot{z}^2 - v^2) = \frac{e}{m}\varphi_0(z)\,, \qquad (116.6)$$

wobei wir das Potential des ganz im Endlichen liegenden Elektrodensystems im Unendlichen auf Null normiert haben. Setzen wir kurz

$$\frac{2e}{mv^2}\varphi_0(z) = p(z)\,; \qquad \sqrt{1+p(z)} = f(z)\,, \qquad (116.7)$$

so können wir auch schreiben

$$\dot{z} = v\sqrt{1+p} = vf(z)\,. \qquad (116.8)$$

Wir formen nun die Ableitungen von x nach der Zeit in solche nach z um, indem wir Gl. (116.8) verwenden:

$$\frac{dx}{dt} = \frac{dx}{dz}\dot{z} = vf(z)\frac{dx}{dz}\,;$$

$$\frac{d^2x}{dt^2} = \frac{d}{dz}\left(vf\frac{dx}{dz}\right)\dot{z} = v^2 f\frac{d}{dz}\left(f\frac{dx}{dz}\right).$$

Damit können wir aus der ersten Gl. (116.5) die Zeit eliminieren und erhalten die Differentialgleichung der Bahnkurve in selbstadjungierter Form:

$$\frac{d}{dz}\left(f\frac{dx}{dz}\right) + \frac{p''(z)}{4f(z)}x = 0\,. \qquad (116.9)$$

Führen wir hierin statt x die Variable

$$u = \sqrt{f(z)}\,x \tag{116.10}$$

ein, so geht Gl. (116.9) nach einfacher Rechnung in die Normalform über,

$$\frac{d^2u}{dz^2} + k^2 u = 0 \,, \tag{116.11a}$$

wobei k^2 noch eine komplizierte Funktion von z ist, nämlich

$$k^2 = \frac{3}{16}\,\frac{p'^2}{(1+p)^2} \,. \tag{116.11b}$$

Ist überall längs der optischen Achse die potentielle Energie $-e\varphi_0(z)$ des Elektrons klein gegen seine ursprüngliche kinetische Energie $\frac{1}{2}mv^2$, so ist nach Gl. (116.7) auch für alle z stets $|p(z)| \ll 1$ und in Gl. (116.10) $u \approx x$, so daß wir anstelle der Gln. (116.11a, b) die einfacheren Beziehungen

$$\frac{d^2x}{dz^2} + k^2 x = 0 \,; \qquad k^2 = \frac{3}{4}\left(\frac{e}{mv^2}\,\frac{d\varphi_0}{dz}\right)^2 \tag{116.12}$$

erhalten. Diese Differentialgleichung ist für passende Randbedingungen zu integrieren, z.B. für einen parallel zur z-Achse einfallenden Strahl mit $x = a$, $dz/dx = 0$ bei $z = -\infty$. Im allgemeinen wird dies nur numerisch möglich sein.

117. Aufgabe. Elektronenlinse: Variationsprinzip

Die Bahngleichung des Elektronenstrahls in Gaußscher Näherung, die in der vorigen Aufgabe abgeleitet wurde, soll aus dem Maupertuis-Fermatschen Prinzip gewonnen werden.

Lösung. Wir führen den Brechungsexponenten

$$n = \sqrt{1 + \frac{e\Phi(r,z)}{\frac{1}{2}mv^2}} \tag{117.1}$$

für den Elektronenstrahl ein; dann lautet das Variationsprinzip

$$\delta \int n\,ds = 0 \,. \tag{117.2}$$

Wie in der vorigen Aufgabe setzen wir

$$\frac{2e}{mv^2}\,\varphi_0(z) = p(z) \,, \tag{117.3a}$$

betrachten nur Bewegungen in der x, z-Ebene und verwenden für das Potential

$$\frac{2e}{mv^2}\,\Phi(r,z) = p(z) - \frac{1}{4}p''x^2 \qquad (117.3\text{b})$$

entsprechend Gl. (116.4) in erster Näherung. Dann können wir mit $ds = dz\sqrt{1+x'^2}$ das Variationsprinzip in Gl. (117.2) ausführlich

$$\delta\int dz\, L(x,x';z) = 0 \qquad (117.4\text{a})$$

mit

$$L = \sqrt{1+x'^2}\,n(x,z)\;; \qquad n = \sqrt{1+p-\tfrac{1}{4}p''x^2} \qquad (117.4\text{b})$$

schreiben.

Wir müssen nun zeigen, daß diese Formulierung äquivalent zu der Bahngleichung (116.9) ist. Dazu gehen wir vom Variationsprinzip zu dessen Eulerscher Gleichung

$$\frac{d}{dz}\frac{\partial L}{\partial x'} - \frac{\partial L}{\partial x} = 0 \qquad (117.5)$$

über. Hier ist

$$\begin{aligned}&\frac{\partial L}{\partial x'} = n\frac{x'}{\sqrt{1+x'^2}}\;; \qquad \frac{\partial L}{\partial x} = \sqrt{1+x'^2}\,\frac{\partial n}{\partial x}\;;\\ &\frac{d}{dz}\frac{\partial L}{\partial x'} = \frac{nx''}{(1+x'^2)^{3/2}} + \frac{dn}{dz}\frac{x'}{\sqrt{1+x'^2}}\;; \qquad \frac{dn}{dz} = \frac{\partial n}{\partial z} + \frac{\partial n}{\partial x}x'\,.\end{aligned} \qquad (117.6)$$

Setzen wir diese Ausdrücke in Gl. (117.5) ein, so erhalten wir

$$\frac{nx''}{(1+x'^2)^{3/2}} + \frac{\partial n}{\partial z}\frac{x'}{\sqrt{1+x'^2}} - \frac{\partial n}{\partial x}\frac{1}{\sqrt{1+x'^2}} = 0\,. \qquad (117.7)$$

Benutzen wir den Ausdruck in Gl. (117.4b) für n, so wird

$$\frac{\partial n}{\partial z} = \frac{1}{2n}\left(p' - \frac{1}{4}p'''x^2\right); \qquad \frac{\partial n}{\partial x} = -\frac{p''}{4n}x\,. \qquad (117.8)$$

Setzen wir das in Gl. (117.7) ein, so entsteht

$$\frac{x''}{1+x'^2} + \frac{2p'x' + p''x - \frac{1}{2}p'''x^2}{4(1+p) - p''x^2} = 0\,. \qquad (117.9)$$

Linearisieren wir durch Vernachlässigung von x'^2 und x^2, so bleibt

$$(1+p)x'' + \tfrac{1}{2}p'x' + \tfrac{1}{4}p''x = 0\,. \qquad (117.10)$$

Die beiden ersten Glieder lassen sich zu

$$\sqrt{1+p}\,\frac{d}{dz}\left(\sqrt{1+p}\,\frac{dx}{dz}\right)$$

zusammenfassen. Mit $\sqrt{1+p} = f$ geht Gl. (117.10) dann in Gl. (116.9) über wie gefordert.

118. Aufgabe. Fokussierung im Sektorfeld

Ein Strahlenbündel von Ionen der Ladung $+e$ und von einheitlicher Masse m und Geschwindigkeit v_0 tritt durch eine enge Blende in ein elektrisches Sektorfeld ein (Abb. 41). Welchen Winkel α müssen die Ionen durchlaufen, um das Bündel in einem Punkt zu fokussieren („Richtungsfokussierung").

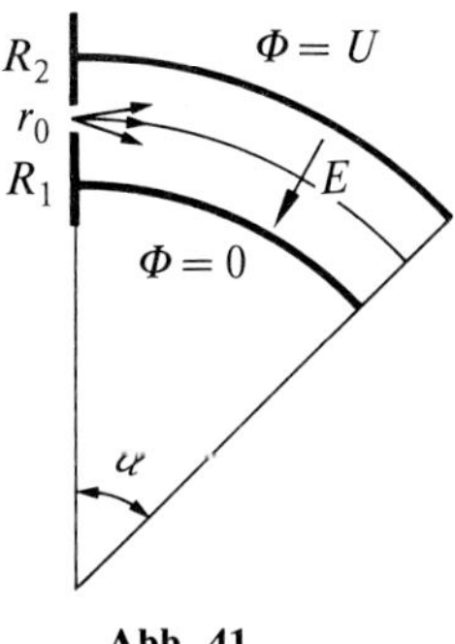

Abb. 41

Lösung. In Zylinderkoordinaten r, φ ausgedrückt besteht in dem gezeichneten Kondensator das Potentialfeld (vgl. Aufgabe 23)

$$\Phi = U \frac{\log(r/R_1)}{\log(R_2/R_1)} .$$

Das elektrische Feld $E = -d\Phi/dr$ wird daher

$$E = -\frac{U}{r \log(R_2/R_1)} \tag{118.1}$$

und ist für $U > 0$ radial nach innen gerichtet. Die Bewegungsgleichungen für ein Ion der Masse m und der positiven Ladung e sind nun

$$m(\ddot{r} - r\dot{\varphi}^2) = eE ; \tag{118.2a}$$

$$\frac{d}{dt}(r^2\dot{\varphi}) = 0 , \tag{118.2b}$$

wobei Gl. (118.2b) den Flächensatz ergibt. Tritt das Ion bei $r = r_0$ mit rein azimutal gerichteter Geschwindigkeit $v_0 = r_0\omega_0$ in das Feld ein, so bleibt während der ganzen Bewegung im Kondensator

$$r^2\dot{\varphi} = r_0^2\omega_0 \tag{118.3}$$

konstant, auch wenn sich r ändert. Soll aber $r = r_0$ konstant bleiben, so muß in Gl. (118.2a)

$$-mr_0\omega_0^2 = eE(r_0)$$

oder nach Gl. (118.1) mit der Abkürzung

$$C^2 = \frac{e}{m} \frac{U}{\log(R_2/R_1)} \tag{118.4}$$

durch Wahl einer geeigneten Kondensatorspannung

$$r_0 \omega_0 = C \tag{118.5}$$

gewählt werden. Dann durchläuft das Ion den Kreis $r = r_0$ mit der festen Winkelgeschwindigkeit ω_0. Voraussetzungen sind Gl. (118.5) und die Abwesenheit einer radialen Geschwindigkeitskomponente am Eintrittsspalt.

Wie aber sieht die Bahn eines Ions im eintretenden Bündel aus, wenn es eine kleine Radialkomponente von v_0 beim Eintritt besitzt? Dann wird der Kreis $r = r_0$ die Rolle der optischen Achse spielen, um die herum wir Abweichungen sowohl von $r = r_0$ als auch von $\dot{\varphi} = \omega_0$ zulassen, die wir als kleine Größen erster Ordnung behandeln. Wir setzen also

$$r = r_0(1+\varepsilon)\ ; \qquad \dot{\varphi} = \omega_0(1+\delta) \tag{118.6}$$

und linearisieren in ε und δ. Für ein Ion, das zur Zeit $t = 0$ den Eintrittsspalt bei $\varphi = 0$ passiert, sind dann die Anfangsbedingungen $\varepsilon(0) = 0$ und

$$v_0^2 = \dot{r}^2 + r^2 \dot{\varphi}^2 = r_0^2 \dot{\varepsilon}^2 + r_0^2 \omega_0^2 (1 + 2\varepsilon + 2\delta)\ ,$$

wobei das erste, in $\dot{\varepsilon}$ quadratische Glied vernachlässigt werden soll. Die Anfangsbedingungen sind daher einfach

$$\varepsilon(0) = 0\ ; \qquad \delta(0) = 0\ . \tag{118.7}$$

Wir gehen nun mit dem Ansatz, Gl. (118.6), in die Differentialgleichungen (118.2a, b) ein. Der Flächensatz besagt

$$r^2 \dot{\varphi} = r_0^2 \omega_0 (1 + 2\varepsilon + \delta) = r_0^2 \omega_0$$

oder

$$2\varepsilon + \delta = 0\ . \tag{118.8}$$

Die radiale Bewegungsgleichung (118.2a) führt auf

$$r_0 \ddot{\varepsilon} - r_0 \omega_0^2 (1 + \varepsilon + 2\delta) = -\frac{C^2}{r_0}(1 - \varepsilon)\ ,$$

was sich wegen Gl. (118.5) bei Elimination von δ mit Hilfe von Gl. (118.8) auf

$$\ddot{\varepsilon} + 2\omega_0^2 \varepsilon = 0 \tag{118.9}$$

reduziert. Die Lösung zur Anfangsbedingung in Gl. (118.7) lautet daher

$$\varepsilon = \varepsilon_0 \sin(\sqrt{2}\,\omega_0 t) \tag{118.10}$$

mit einer Amplitudenkonstante ε_0. Sie läßt sich durch den Winkel $\beta = \dot{\varepsilon}/\omega_0$ ausdrücken, den die Bahn des Ions anfangs mit dem Kreis $r = r_0$ einschließt. Für $t = 0$ ist nach Gl. (118.10) $\dot{\varepsilon} = \varepsilon_0 \sqrt{2}\,\omega_0$, daher wird

$$\beta = \sqrt{2}\,\varepsilon_0 . \tag{118.11}$$

Für $\sqrt{2}\,\omega_0 t = \pi$ wird ε wieder gleich Null, und zwar unabhängig von ε_0 bzw. β. Zu dieser Zeit erreichen die Ionen den Ablenkungswinkel

$$\alpha = \frac{\pi}{\sqrt{2}} = 127{,}^\circ 3 . \tag{118.12}$$

Dorthin wird also das gesamte Bündel fokussiert.

Dies ist nicht streng richtig. Wegen $\dot{\varphi} = \omega_0(1+\delta) = \omega_0(1-2\varepsilon)$ ist

$$\varphi = \omega_0 \left[t + \sqrt{2}\,\frac{\varepsilon_0}{\omega_0} \cos(\sqrt{2}\,\omega_0 t) \right] .$$

Führen wir hier in dem Korrekturglied für $\omega_0 t$ den Winkel φ ein, so können wir

$$\omega_0 t = \varphi - \sqrt{2}\,\varepsilon_0 \cos(\sqrt{2}\,\varphi)$$

schreiben und damit aus Gl. (118.10) die Zeit eliminieren. Auf diese Weise erhalten wir die Bahnkurve

$$\varepsilon = \varepsilon_0 \sin[\sqrt{2}\,\varphi - 2\varepsilon_0 \cos(\sqrt{2}\,\varphi)] .$$

In der Nähe von $\varphi = \alpha$ wird $\cos(\sqrt{2}\,\varphi) = -1$ und daher

$$\varepsilon = \varepsilon_0 \sin(\sqrt{2}\,\varphi + 2\varepsilon_0) ,$$

so daß wir $\varepsilon = 0$ für den Ablenkungswinkel

$$\varphi = \alpha - \sqrt{2}\,\varepsilon_0 = \alpha - \beta$$

erhalten mit einer Winkelungenauigkeit von β für den Fokus.

119. Aufgabe. Lorentzkraft

Welche Kraft wirkt auf die Korpuskel der Ladung q in einem magnetischen Induktionsfeld $\boldsymbol{B}$? („Lorentzkraft")

Lösung. In Gl. (63.4) wurde gezeigt, daß die Kraft, die auf einen Stromkreis im Felde $\boldsymbol{B}$ wirkt, in Anteile der Stromelemente $I\,ds$ zerlegt werden kann:

$$d\boldsymbol{K} = -\frac{I}{c}\,\boldsymbol{B} \times d\boldsymbol{s} . \tag{119.1}$$

In einem Konvektionsstrom ist nun

$$I\,d\boldsymbol{s} = \boldsymbol{j}\,d\tau ; \quad \boldsymbol{j} = \varrho \boldsymbol{v} , \tag{119.2}$$

so daß wir

$$d\boldsymbol{K} = -\frac{1}{c}\,(\boldsymbol{B} \times \boldsymbol{v})\,\varrho\,d\tau \tag{119.3}$$

erhalten. Insbesondere gilt für eine Punktladung q am Ort $\boldsymbol{r}_0$

$$\varrho(\boldsymbol{r}) = q\,\delta^3(\boldsymbol{r}-\boldsymbol{r}_0)\,. \tag{119.4}$$

Einsetzen in Gl. (119.3) und Integration über $\boldsymbol{r}$ ergibt dann die auf die Punktladung wirkende Kraft

$$\boldsymbol{K} = -\frac{q}{c}\,(\boldsymbol{B}\times\boldsymbol{v})\,, \tag{119.5}$$

wobei $\boldsymbol{B}$ am Ort der Ladung zu nehmen ist. Bei gleichzeitiger Anwesenheit eines elektrischen Feldes ist dieser Ausdruck zu

$$\boldsymbol{K} = q\boldsymbol{E} - \frac{q}{c}\,(\boldsymbol{B}\times\boldsymbol{v}) \tag{119.6}$$

zu ergänzen.

120. Aufgabe. Hamilton-Funktion

Man beweise, daß die unrelativistische Hamilton-Funktion eines Teilchens der Masse m und Ladung q in einem elektromagnetischen Feld

$$H = \frac{1}{2m}\left(\boldsymbol{p} - \frac{q}{c}\boldsymbol{A}\right)^2 + q\,\Phi \tag{120.1}$$

lautet, wobei $\boldsymbol{p}$ der Impuls des Teilchens, $\boldsymbol{A}$ das Vektorpotential und Φ das skalare Potential ist.

Lösung. Zum Beweis müssen wir zeigen, daß die mit Gl. (120.1) gebildeten kanonischen Gleichungen

$$\dot{p}_l = -\frac{\partial H}{\partial x_l}\,; \qquad \dot{x}_l = \frac{\partial H}{\partial p_l} \tag{120.2}$$

auf die bekannte Bewegungsgleichung

$$m\,\ddot{\boldsymbol{r}} = q\boldsymbol{E} + \frac{q}{c}\,(\boldsymbol{v}\times\boldsymbol{B}) \tag{120.3}$$

führen, auf deren rechter Seite die Lorentzkraft steht. Dabei sind die Felder $\boldsymbol{E}$ und $\boldsymbol{B}$ aus den Potentialen gemäß

$$\boldsymbol{E} = -\operatorname{grad}\Phi - \frac{1}{c}\,\frac{\partial \boldsymbol{A}}{\partial t}\,; \qquad \boldsymbol{B} = \operatorname{rot}\boldsymbol{A} \tag{120.4}$$

zu entnehmen.

Setzen wir die Hamilton-Funktion, Gl. (120.1), in die kanonischen Gleichungen (120.2) ein, so erhalten wir

$$\dot{p}_l = \frac{q}{mc}\sum_k\left(p_k - \frac{q}{c}A_k\right)\frac{\partial A_k}{\partial x_l} - q\,\frac{\partial \Phi}{\partial x_l} \tag{120.5a}$$

und

$$\dot{x}_l = \frac{1}{m}\left(p_l - \frac{q}{c} A_l\right). \tag{120.5b}$$

Führen wir Gl. (120.5b) auf der rechten Seite von Gl. (120.5a) ein, so geht diese Gleichung in

$$\dot{p}_l = \frac{q}{c} \sum_k \dot{x}_k \frac{\partial A_k}{\partial x_l} - q \frac{\partial \Phi}{\partial x_l}$$

über. Aus Gl. (120.5b) entnehmen wir durch Differenzieren nach der Zeit

$$\dot{p}_l = m\ddot{x}_l + \frac{q}{c}\frac{dA_l}{dt}$$

Aus den letzten zwei Beziehungen eliminieren wir $\dot{p}_l$,

$$m\ddot{x}_l = \frac{q}{c}\left\{\sum_k \frac{\partial A_k}{\partial x_l}\dot{x}_k - \frac{dA_l}{dt}\right\} - q\frac{\partial \Phi}{\partial x_l}. \tag{120.6}$$

Nun ist aber

$$\frac{dA_l}{dt} = \sum_k \frac{\partial A_l}{\partial x_k}\dot{x}_k + \frac{\partial A_l}{\partial t};$$

setzen wir das in Gl. (120.6) ein, so folgt

$$m\ddot{x}_l = \frac{q}{c}\left\{\sum_k \left(\frac{\partial A_k}{\partial x_l} - \frac{\partial A_l}{\partial x_k}\right)\dot{x}_k - \frac{\partial A_l}{\partial t}\right\} - q\frac{\partial \Phi}{\partial x_l}. \tag{120.7}$$

Hier stehen in der runden Klammer nach Gl. (120.4) die Komponenten von $\operatorname{rot}\boldsymbol{A} = \boldsymbol{B}$, z. B. für $l = 1$

$$\dot{x}_2\left(\frac{\partial A_2}{\partial x_1} - \frac{\partial A_1}{\partial x_2}\right) + \dot{x}_3\left(\frac{\partial A_3}{\partial x_1} - \frac{\partial A_1}{\partial x_3}\right) = \dot{x}_2 B_3 - \dot{x}_3 B_2 = (\dot{\boldsymbol{r}} \times \boldsymbol{B})_1 .$$

Gleichung (120.7) läßt sich daher vektoriell

$$m\ddot{\boldsymbol{r}} = \frac{q}{c}(\dot{\boldsymbol{r}} \times \boldsymbol{B}) - q\left(\operatorname{grad}\Phi + \frac{1}{c}\frac{\partial \boldsymbol{A}}{\partial t}\right)$$

schreiben. Das letzte Glied ist aber nach Gl. (120.4) gleich $q\boldsymbol{E}$, womit die geforderte Bewegungsgleichung (120.3) entsteht.

121. Aufgabe. Teilchenbahn im homogenen Magnetfeld

Man beschreibe die Bahn eines Teilchens der Ladung e und Masse m in einem homogenen statischen Magnetfeld $\boldsymbol{B} \parallel z$.

Lösung. Auf das Teilchen wirkt die Lorentzkraft. Ist $\boldsymbol{p}$ sein Impuls, so wird seine Bewegungsgleichung

$$\frac{d\boldsymbol{p}}{dt} = \frac{e}{c}(\boldsymbol{v} \times \boldsymbol{B}) \,. \tag{121.1}$$

Skalare Multiplikation mit $\boldsymbol{p}$ gibt

$$\boldsymbol{p} \cdot \frac{d\boldsymbol{p}}{dt} = 0 \,, \tag{121.2}$$

da $\boldsymbol{p}$ und $\boldsymbol{v}$ gleiche Richtung haben. Der Betrag p des Impulses bleibt also während der Bewegung konstant und damit auch die kinetische Energie. Nur die Richtung des Impulses ändert sich.

Verwenden wir die relativistische Formel

$$\boldsymbol{p} = m\boldsymbol{v}\,; \qquad m = \frac{m_0}{\sqrt{1-\beta^2}}\,, \tag{121.3}$$

wobei $\beta = v/c$ ist, so können wir bei konstantem p auch β und damit auch m als Konstante behandeln. Gleichung (121.1) können wir dann

$$m\frac{d\boldsymbol{v}}{dt} = \frac{e}{c}(\boldsymbol{v} \times \boldsymbol{B}) \tag{121.4}$$

schreiben wie in der unrelativistischen Mechanik, nur mit dem Unterschied, daß m jetzt von v abhängt. In Komponentenschreibweise haben wir nun für $\boldsymbol{B} \parallel z$

$$m\ddot{x} = \frac{e}{c}\dot{y}B\,; \qquad m\ddot{y} = -\frac{e}{c}\dot{x}B\,; \qquad m\ddot{z} = 0\,. \tag{121.5}$$

In Feldrichtung erfolgt keine Beschleunigung. In der x, y-Ebene tritt die charakteristische Konstante

$$\omega = \frac{eB}{mc} \tag{121.6}$$

auf, die als *Zyklotronfrequenz* bezeichnet wird. Mit ihr können wir Gl. (121.5) auch schreiben

$$\ddot{x} = \omega\dot{y}\,; \qquad \ddot{y} = -\omega\dot{x}\,; \qquad \ddot{z} = 0\,. \tag{121.7}$$

Da v konstant bleibt, führen wir zur Beschreibung der Bahnkurve anstelle von t die Bogenlänge $ds = v\,dt$ ein. Die Gleichungen

$$\frac{d^2x}{ds^2} = \frac{\omega}{v}\frac{dy}{ds}\,; \qquad \frac{d^2y}{ds^2} = -\frac{\omega}{v}\frac{dx}{ds}$$

können zu

$$\frac{dx}{ds} = \frac{\omega}{v}(y-y_0)\,; \qquad \frac{dy}{ds} = -\frac{\omega}{v}(x-x_0)$$

mit Integrationskonstanten x_0, y_0 integriert werden. Da nun

$$\left(\frac{dx}{ds}\right)^2 + \left(\frac{dy}{ds}\right)^2 = 1$$

ist, finden wir

$$(y-y_0)^2 + (x-x_0)^2 = v^2/\omega^2 . \tag{121.8}$$

Die Projektion der Bahn in die x, y-Ebene senkrecht zu $\boldsymbol{B}$ ist ein Kreis um den Punkt x_0, y_0 mit dem Radius

$$R = \frac{v}{\omega}$$

oder nach Gl. (121.6)

$$R = \frac{mvc}{eB} = \frac{pc}{eB} . \tag{121.9}$$

Diese Formel ist offenbar auch relativistisch korrekt, wenn man für m Gl. (121.3) benutzt. Da nach Gl. (121.7) der Kreisbewegung eine gleichförmige Geschwindigkeit parallel zur Feldrichtung überlagert sein kann, ist die allgemeinste Bewegung im homogenen Magnetfeld eine mit konstanter Geschwindigkeit durchlaufene Schraubenlinie. Vgl. hierzu auch das Zahlenbeispiel am Ende von Aufgabe 65.

122. Aufgabe. Teilchenbahn in kombinierten Feldern

Ein Teilchen (e, m) befindet sich zur Zeit $t = 0$ am Ort $\boldsymbol{r} = 0$ und hat dort die Geschwindigkeitskomponenten u, v, w. Es soll zugleich einem homogenen konstanten Magnetfeld $\boldsymbol{B} \parallel y$ und einem elektrischen Wechselfeld $\boldsymbol{E} = \boldsymbol{E}_0 \cos \omega t$ in x-Richtung ausgesetzt sein. Welche Bewegung führt es aus, insbesondere

a) wenn $\omega = 0$ ist, d. h. wenn das elektrische Feld nicht von der Zeit abhängt,

b) wenn die magnetische Feldstärke so gewählt wird, daß die Zyklotronfrequenz $\omega_0 = eB/(mc)$ mit ω übereinstimmt?

Lösung. Die Bewegungsgleichung

$$m\ddot{\boldsymbol{r}} = \frac{e}{c}(\dot{\boldsymbol{r}} \times \boldsymbol{B}) + e\boldsymbol{E}_0 \cos \omega t \tag{122.1}$$

kann mit den Abkürzungen

$$\omega_0 = \frac{eB}{mc} ; \qquad F = \frac{e}{m} E_0 \tag{122.2}$$

in Komponenten

$$\ddot{x} = -\omega_0 \dot{z} + F \cos \omega t ; \qquad \ddot{y} = 0 ; \qquad \ddot{z} = \omega_0 \dot{x} \tag{122.3}$$

geschrieben werden. Die letzte Beziehung läßt sich sofort zu

$$\dot{z} = w + \omega_0 x \tag{122.4}$$

integrieren. Setzt man das in die erste Gl. (122.3) ein, so entsteht für $x(t)$ allein die Differentialgleichung

$$\ddot{x} + \omega_0^2 x = -\omega_0 w + F \cos \omega t ,$$

deren Lösung zu den vorgegebenen Anfangsbedingungen

$$x = \frac{F}{\omega_0^2 - \omega^2}(\cos\omega t - \cos\omega_0 t) + \frac{u}{\omega_0}\sin\omega_0 t - \frac{w}{\omega_0}(1-\cos\omega_0 t) \tag{122.5}$$

lautet. Daraus erhält man mit Hilfe von Gl. (122.4)

$$\dot{z} = \frac{F\omega_0}{\omega_0^2 - \omega^2}(\cos\omega t - \cos\omega_0 t) + u\sin\omega_0 t + w\cos\omega_0 t\,,$$

woraus

$$z = \frac{F\omega_0}{\omega_0^2 - \omega^2}\left(\frac{\sin\omega t}{\omega} - \frac{\sin\omega_0 t}{\omega_0}\right) + \frac{u}{\omega_0}(1-\cos\omega_0 t) + \frac{w}{\omega_0}\sin\omega_0 t \tag{122.6}$$

folgt. Hierzu tritt die triviale Lösung von $\ddot{y} = 0$,

$$y = vt\,. \tag{122.7}$$

Die Gln. (122.5 – 7) bilden die vollständige Lösung des Problems.

Wir betrachten nun die beiden Sonderfälle.

a) Statisches elektrisches Feld: $\omega = 0$. Die Gln. (122.5 – 7) vereinfachen sich zu

$$\begin{aligned} x &= \left(\frac{F}{\omega_0^2} - \frac{w}{\omega_0}\right)(1-\cos\omega_0 t) + \frac{u}{\omega_0}\sin\omega_0 t\,; \qquad y = vt\,; \\ z &= \frac{F}{\omega_0}t - \left(\frac{F}{\omega_0^2} - \frac{w}{\omega_0}\right)\sin\omega_0 t + \frac{u}{\omega_0}(1-\cos\omega_0 t)\,. \end{aligned} \tag{122.8}$$

Elimination der Winkelfunktionen führt auf

$$\left[x - \left(\frac{F}{\omega_0^2} - \frac{w}{\omega_0}\right)\right]^2 + \left[z - \left(\frac{F}{\omega_0}t + \frac{u}{\omega_0}\right)\right]^2 = \left(\frac{F}{\omega_0^2} - \frac{w}{\omega_0}\right)^2 + \left(\frac{u}{\omega_0}\right)^2 \tag{122.9}$$

und $y = vt$. Gleichung (122.9) ist die Gleichung eines Kreises in einer Ebene senkrecht zur y-Achse, der sich mit der Geschwindigkeit v in y-Richtung fortbewegt, während sein Mittelpunkt gleichzeitig mit der Geschwindigkeit F/ω_0 in z-Richtung fortschreitet. Dabei bleibt der Kreisradius konstant.

Bei Abschalten des elektrischen Feldes ($F = 0$) entsteht die Schraubenbewegung der vorigen Aufgabe mit dem Radius

$$R = \frac{1}{\omega_0}\sqrt{u^2 + w^2} = \frac{mc}{eB}\sqrt{u^2 + w^2}\,,$$

wobei die Wurzel die unverändert bleibende Bahngeschwindigkeit auf dem Kreise ist, dessen Mittelpunkt sich in y-Richtung bewegt.

Schaltet man umgekehrt das Magnetfeld ab ($\omega_0 = 0$), so ergibt Gl. (122.8) durch Grenzübergang

$$x = \tfrac{1}{2}Ft^2 + ut\,; \qquad y = vt\,; \qquad z = wt\,,$$

d. h. eine freie Fallbewegung des Teilchens mit der Beschleunigung F in Feldrichtung.

b) Resonanz. Das Magnetfeld werde so variiert, daß

$$\omega_0 = \omega + \varepsilon$$

mit $\varepsilon \to 0$ wird. In den Gln. (122.5) und (122.6) führen wir dann die entsprechenden Grenzübergänge durch und erhalten für $\omega_0 = \omega$

$$\begin{aligned} x &= \frac{1}{2} F \omega t \frac{\sin \omega t}{\omega^2} + u \frac{\sin \omega t}{\omega} - w \frac{1 - \cos \omega t}{\omega}\,; \\ y &= v t\,; \qquad\qquad (122.10) \\ z &= \frac{1}{2} F \left(\frac{\sin \omega t}{\omega^2} - \frac{\omega t \cos \omega t}{\omega^2} \right) + u \frac{1 - \cos \omega t}{\omega} + w \frac{\sin \omega t}{\omega}\,. \end{aligned}$$

Nach Ablauf einer Zeitspanne $t \gg 1/\omega$ (und $Ft \gg u$, $Ft \gg w$) dominieren in Gl. (122.10) die zu t proportionalen Glieder, so daß

$$x \approx \frac{1}{2} F \frac{\sin \omega t}{\omega} t\,; \qquad y = v t\,; \qquad z \approx -\frac{1}{2} F \frac{\cos \omega t}{\omega} t \qquad (122.11)$$

wird. Diese Gleichungen beschreiben einen Kreis in einer zur y-Achse senkrechten Ebene vom Radius

$$R = \frac{F}{2\omega} t = \frac{E_0 c}{2B} t\,, \qquad (122.12)$$

der mit der Bahngeschwindigkeit $R\omega = \frac{eE_0}{2m} t$ durchlaufen wird. Dabei bewegt sich die Kreisebene mit der Geschwindigkeit v in der y-Richtung fort. Der Kreismittelpunkt verschiebt sich in dieser Näherung nur unmerklich, verglichen mit dem Radius, von der y-Achse weg.

Die Resonanzanordnung gibt für $v = 0$ im Prinzip die Wirkungsweise des Zyklotrons wieder. Die bei einem Radius R erreichte Energie der Korpuskel ist (unrelativistisch)

$$E_{\text{kin}} = \frac{m}{2} (R\omega)^2 = \frac{e^2}{2mc^2} R^2 B^2\,.$$

123. Aufgabe. Betatron

Im Betatron werden Elektronen $(-e, m)$ in einem durch den zeitlichen Anstieg eines Magnetfeldes $\boldsymbol{B} \parallel z$ erzeugten elektrischen Ringfeld E beschleunigt. Dabei ist es (zum Unterschied vom Zyklotron) möglich, die Elektronen während des Beschleunigungsvorganges auf einem Kreis von festem Radius r_0, dem Sollkreis, zu halten. Welcher Bedingung muß das magnetische Feld genügen, damit die Elektronen auf diesem Sollkreis bleiben? Die Rechnung soll nur in nichtrelativistischer Näherung durchgeführt werden.

Lösung. Die Bewegungsgleichungen lauten in Zylinderkoordinaten

$$\left.\begin{aligned} m(\ddot{r}-r\dot{\varphi}^2) &= -\frac{e}{c}\, r\dot{\varphi}B_z \\ m(r\ddot{\varphi}+2\dot{r}\dot{\varphi}) &= -\frac{e}{c}\,(\dot{z}B_r-\dot{r}B_z)-eE \\ m\ddot{z} &= +\frac{e}{c}\, r\dot{\varphi}B_r\,. \end{aligned}\right\} \tag{123.1}$$

Hierbei ist die Rotationssymmetrie der Anordnung mit $B_\varphi = 0$ benutzt. Das elektrische Ringfeld $E_\varphi = E$ folgt aus dem Induktionsgesetz

$$\mathrm{rot}\boldsymbol{E} = -\frac{1}{c}\dot{\boldsymbol{B}}$$

durch Integration über eine Kreisfläche vom Radius r mit dem Stokesschen Satz:

$$\int \mathrm{rot}\boldsymbol{E}\cdot d\boldsymbol{f} = \oint \boldsymbol{E}\cdot d\boldsymbol{s} = 2\pi r E_\varphi = -\frac{1}{c}\frac{d}{dt}\int \boldsymbol{B}\cdot d\boldsymbol{f} = -\frac{1}{c}\frac{d\Phi}{dt}\,.$$

also

$$E = -\frac{1}{2\pi rc}\frac{d\Phi}{dt}\,, \tag{123.2}$$

wobei

$$\Phi = 2\pi\int_0^r dr\, rB_z \tag{123.3}$$

der Induktionsfluß durch die Kreisfläche vom Radius r ist.

Ist die Ebene $z = 0$ Mittelebene zwischen den Polschuhen, so daß die Anordnung in z symmetrisch ist, so wird B_r proportional zu z^2 und verschwindet für $z = 0$. Aus Gl. (123.1) folgt dann $z = 0$, so daß die Elektronen in dieser Ebene bleiben, sofern ihre Anfangsgeschwindigkeit, mit der sie in den Sollkreis eingeschossen werden, keine z-Komponente hat. Nimmt das Magnetfeld nach außen hin ab, so zeigt B_r in der Umgebung von $z = 0$ nach innen, und die Bewegung in der Ebene $z = 0$ ist nach Gl. (123.1) stabil.

Sollen die Elektronen in dieser Ebene auf dem Sollkreis bleiben, so müssen $\dot{r}$ und $\ddot{r}$ beide $= 0$ werden. Die Gln. (123.1) vereinfachen sich dann zu

$$-mr_0\dot{\varphi}^2 = -\frac{e}{c}\, r_0\dot{\varphi}B_z\,; \tag{123.4a}$$

$$mr_0\ddot{\varphi} = -eE(r_0)\,. \tag{123.4b}$$

Gleichung (123.4a) ergibt

$$\dot{\varphi} = \frac{e}{mc}B_z\,, \tag{123.5}$$

also durch Differenzieren die Winkelbeschleunigung

$$\ddot{\varphi} = \frac{e}{mc}\dot{B}_z\,. \tag{123.6a}$$

Gleichung (123.4b) mit Gl. (123.2) ergibt für dieselbe Größe

$$\ddot{\varphi} = \frac{e}{mc} \frac{1}{2\pi r_0^2} \frac{d\Phi}{dt} . \tag{123.6b}$$

Damit sich die Gln. (123.6a und b) nicht widersprechen, muß das Magnetfeld die Bedingung

$$\dot{B}_z = \frac{1}{2\pi r_0^2} \frac{d\Phi}{dt} \tag{123.7}$$

erfüllen. Das trifft für ein homogenes Feld nicht zu, für das

$$\dot{B}_z = \frac{1}{\pi r_0^2} \frac{d\Phi}{dt}$$

wäre. Die „1:2"-Bedingung, Gl. (123.7), muß also erfüllt sein, um die Elektronen auf dem Sollkreis zu halten: Der Induktionsfluß durch den Sollkreis muß doppelt so groß sein, wie er wäre, wenn das Feld überall den gleichen Wert wie am Sollkreis hätte. Der Abfall des Feldes nach außen hin sorgt außerdem dafür, daß B_r nach innen zeigt und die Bewegung auf dem Sollkreis stabil ist.

Ist B_0 die während einer Beschleunigungsphase erreichte maximale Feldstärke am Sollkreis, so ist nach Gl. (123.5) die Höchstgeschwindigkeit, welche die Elektronen erreichen, $v = r_0 \dot{\varphi}$ gleich

$$v = r_0 \frac{e}{mc} B_0 . \tag{123.8a}$$

Anm. Die hier entwickelte Theorie des Betatrons ist nur im Rahmen der unrelativistischen Näherung korrekt. Die 1:2-Bedingung der Gl. (123.7) ist aber von der relativistischen Massenzunahme bei wachsender Geschwindigkeit unabhängig und bleibt bei Annäherung an die Lichtgeschwindigkeit bestehen. Auch Gl. (123.8a) bleibt korrekt, sofern wir statt der Geschwindigkeit den Impuls $p = mv$ einführen,

$$p = \frac{e}{c} r_0 B_0 . \tag{123.8b}$$

124. Aufgabe. Strahlung eines beschleunigten Teilchens

Ein Teilchen der Ladung e möge sich mit der Geschwindigkeit $\boldsymbol{v}$ bewegen. Kann es Energie abstrahlen, und welches Strahlungsfeld erzeugt es?

Lösung. Wir bezeichnen mit $\boldsymbol{r}$ den Vektor vom Teilchen zum Aufpunkt. Dann wird die Stromdichte

$$\boldsymbol{j} = \varrho \boldsymbol{v} \quad \text{mit} \quad \varrho(\boldsymbol{r}) = e\delta^3(\boldsymbol{r}) . \tag{124.1}$$

Der Hertzsche Quellvektor $\boldsymbol{q}$ ist mit $\boldsymbol{j}$ über die Beziehung $\boldsymbol{j} = \dot{\boldsymbol{q}}$ verbunden. Nach Aufgabe 99 gilt nun allgemein

$$\dot{Z}(r, t) = \int \frac{d\tau'}{|r - r'|} \dot{q}\left(r', t - \frac{|r - r'|}{c}\right),$$

was mit Gl. (124.1) auf

$$\dot{Z}(r, t) = \frac{e}{r} v\left(t - \frac{r}{c}\right) \tag{124.2}$$

führt. In Aufgabe 101 haben wir für $Z = p/r$ das Strahlungsfeld berechnet. Wir brauchen daher nur $\dot{p} = ev$ zu setzen, um die dort gewonnenen Formeln benutzen zu können. Damit erhalten wir für die Fernzone ($r \gg cv/|\dot{v}|$) das Strahlungsfeld der Punktladung e

$$E = \frac{e}{c^2 r}[\hat{r}(\hat{r}\dot{v}) - \dot{v}]\,; \qquad H = -\frac{e}{c^2 r}(\hat{r} \times \dot{v})\,, \tag{124.3}$$

wobei $\dot{v}$ um r/c retardiert zu nehmen ist*. Die Entstehung eines Strahlungsfeldes setzt also voraus, daß sich das Teilchen *beschleunigt* bewegt. Bei konstantem v würden die Felder verschwinden.

Der Poyntingvektor ist wie in Aufgabe 101 in der Fernzone radial gerichtet, und der Energieverlust pro Zeiteinheit wird

$$-\frac{dW}{dt} = \frac{2e^2}{3c^2}\dot{v}^2\,. \tag{124.4}$$

Es sei noch angemerkt, daß die Größe $\dot{p} = ev$ als Zeitableitung eines Dipolmoments interpretiert werden kann. Das ist der eigentliche physikalische Grund für die Gleichheit der Formeln hier und in Aufgabe 101.

125. Aufgabe. Streuquerschnitt eines freien Elektrons

Der Streuquerschnitt eines freien Elektrons in einem Plasma der Dielektrizitätskonstanten ε beim Durchgang einer elektromagnetischen Welle soll berechnet werden.

Lösung. Da das Elektron der Bewegungsgleichung $m\ddot{r}_e = -e\tilde{E}$ genügt, wenn $\tilde{E}$ der elektrische Feldvektor der einfallenden Welle ist, wird eine zeitabhängige Verschiebung des Elektrons um $r_e = (e/m\omega^2)\tilde{E}$ und daher ein Dipolmoment

$$p = -er_e = -\frac{e^2}{m\omega^2}\tilde{E} \tag{125.1}$$

erzeugt. Der Hertzsche Vektor für die emittierte Strahlung ist dann

$$Z(r, t) = \frac{1}{r} p\left(t - \frac{r}{c_1}\right); \qquad c_1 = \frac{c}{\sqrt{\varepsilon}}\,. \tag{125.2}$$

---

* Das Zeichen $\hat{r}$ bedeutet den Einheitsvektor, $\hat{r} = r/r$.

Das erzeugte Feld kann dann in der Fernzone nach Aufgabe 101 mit $\ddot{\boldsymbol{p}} = -\omega^2 \boldsymbol{p}$

$$\boldsymbol{E} = \frac{\omega^2}{c^2 r}[\boldsymbol{p} - \hat{\boldsymbol{r}}(\hat{\boldsymbol{r}}\boldsymbol{p})]\,; \qquad \boldsymbol{H} = \frac{\omega^2}{c^2 r}\sqrt{\varepsilon}\,(\hat{\boldsymbol{r}} \times \boldsymbol{p}) \tag{125.3}$$

geschrieben werden.

Der vom schwingenden Elektron nach außen fließende Energiestrom wird dann durch den Poyntingvektor beschrieben nach Aufgabe 101

$$\boldsymbol{S} = \frac{\omega^4 \sqrt{\varepsilon}}{4\pi c^3 r^2}[\boldsymbol{p}^2 - (\hat{\boldsymbol{r}}\boldsymbol{p})^2]\hat{\boldsymbol{r}} = \frac{e^4\sqrt{\varepsilon}}{4\pi c^3 m^2 r^2}[\tilde{\boldsymbol{E}}^2 - (\hat{\boldsymbol{r}}\tilde{\boldsymbol{E}})^2]\hat{\boldsymbol{r}}\,. \tag{125.4}$$

Bezeichnen wir den Winkel zwischen der Richtung $\boldsymbol{k}$ der einfallenden Welle und dem Vektor $\boldsymbol{r}$ vom Elektron zum Aufpunkt mit ϑ, so können wir zwei Polarisationszustände unterscheiden:

(1) Der elektrische Vektor $\tilde{\boldsymbol{E}}$ der einfallenden Welle liegt in der von $\boldsymbol{k}$ und $\boldsymbol{r}$ aufgespannten Ebene. Dann wird $\hat{\boldsymbol{r}}\tilde{\boldsymbol{E}} = \sin\vartheta \cdot \tilde{E}$, und

$$S_r^{(1)} r^2 d\Omega = \frac{e^4\sqrt{\varepsilon}}{4\pi c^3 m^2}\tilde{E}^2 d\Omega \cos^2\vartheta \tag{125.5a}$$

ist die pro Zeiteinheit durch den Raumwinkel $d\Omega$ abgestrahlte Energie.

(2) Der Vektor $\tilde{\boldsymbol{E}}$ steht senkrecht auf der $\boldsymbol{k},\boldsymbol{r}$-Ebene, so daß $\hat{\boldsymbol{r}}\tilde{\boldsymbol{E}} = 0$ ist. Dann wird

$$S_r^{(2)} r^2 d\Omega = \frac{e^4\sqrt{\varepsilon}}{4\pi c^3 m^2}\tilde{E}^2 d\Omega\,. \tag{125.5b}$$

In der ebenen Welle fällt in der gleichen Zeit pro Flächeneinheit die Energie

$$S_0 = \frac{c}{4\pi}(\tilde{\boldsymbol{E}} \times \tilde{\boldsymbol{H}}) = \frac{c}{4\pi}\sqrt{\varepsilon}\,\tilde{E}^2 \tag{125.6}$$

ein. Das Verhältnis der emittierten Energie, Gln. (125.5a, b), zur einfallenden, Gl. (125.6), ist der differentielle Streuquerschnitt,

$$d\sigma = \frac{S_r r^2 d\Omega}{S_0}\,, \tag{125.7}$$

je nach Polarisation der einfallenden Welle also

$$d\sigma^{(1)} = \left(\frac{e^2}{mc^2}\right)^2 \cos^2\vartheta\, d\Omega \tag{125.8a}$$

oder

$$d\sigma^{(2)} = \left(\frac{e^2}{mc^2}\right)^2 d\Omega\,. \tag{125.8b}$$

Die Größe

$$r_0 = \frac{e^2}{mc^2} = 2{,}81 \times 10^{-13}\,\text{cm} \tag{125.9}$$

ist der klassische Elektronenradius, den man durch diesen Streuquerschnitt definieren kann. Integration von $d\sigma$ über alle Richtungen gibt die vollen Wirkungsquerschnitte

$$\sigma^{(1)} = \frac{4\pi}{3} r_0^2\,; \qquad \sigma^{(2)} = 4\pi r_0^2 \tag{125.10}$$

und für eine unpolarisierte Welle mit

$$\sigma = \tfrac{1}{2}(\sigma^{(1)} + \sigma^{(2)})$$

die Thomsonsche Formel

$$\sigma = \frac{8\pi}{3} r_0^2\,. \tag{125.11}$$

Anm. Die quantentheoretische Behandlung dieses Problems ergibt eine geringe Wellenlängenverschiebung in der Größenordnung $\hbar/mc$ für die Streuwelle. Der Thomsonsche Wert erscheint als Grenzwert für große Wellenlängen der korrekten Klein-Nishina-Formel.

E. Eigenschaften der Materie

Die elektrischen und magnetischen Eigenschaften der Materie gehen in die Maxwellsche Theorie über die Materialkonstanten ein, vor allem über die Dielektrizitätskonstante ε, die magnetische Permeabilität μ und die elektrische Leitfähigkeit σ. Die folgenden Aufgaben enthalten einfache Modelle zur Erklärung solcher Konstanten aus dem molekularen Aufbau der Materie. Dabei werden notwendig die Grenzen der Quantentheorie gestreift, auf die hier nicht eingegangen wird. Infolgedessen geben diese Modelle zwar meist ein gutes qualitatives Verständnis, auf dem sich eine genauere quantentheoretische Behandlung aufbauen läßt. Sie können aber nur sehr bedingt für quantitative Angaben herangezogen werden.

1. Dielektrizitätskonstante und Brechungsindex

126. Aufgabe. Onsager-Kirkwood-Formel

In einem Dielectricum denken wir um jedes einzelne Molekül einen kugelförmigen Hohlraum herausgeschnitten, in dessen Mittelpunkt sich ein Molekül der Polarisierbarkeit α befindet. Bei N Molekülen in der Volumeinheit haben wir dort also auch N solche Hohlkugeln. Welche Feldstärke wirkt dann auf das Molekül, wenn sich der Hohlraum im homogenen Feld E befindet? Welcher Zusammenhang ergibt sich aus diesem Modell zwischen der atomaren Größe α und der makroskopischen ε?

Lösung. In Aufgabe 32 wurde gezeigt, daß zu dem äußeren Feld E im Innern der Kugel ein Gegenfeld $-(\varepsilon'-1)/(\varepsilon'+2)E$ hinzutritt, wenn $\varepsilon' = \varepsilon_i/\varepsilon_a$ ist. (Dort war $\varepsilon_i = \varepsilon$, $\varepsilon_a = 1$.) In unserem Problem ist $\varepsilon_a = \varepsilon$, $\varepsilon_i = 1$ und daher $\varepsilon' = 1/\varepsilon$, so daß im Innern des Hohlraums das Feld

$$\bar{E} = E\left(1 + \frac{\varepsilon - 1}{2\varepsilon + 1}\right) = E\frac{3\varepsilon}{2\varepsilon + 1} \tag{126.1}$$

herrscht. Nun ist die Polarisierbarkeit α definiert durch die an einem Molekül von der dort bestehenden Feldstärke erzeugte Polarisation, $p = \alpha\bar{E}$, oder pro Volumeinheit

$$P = N\alpha\bar{E}\,. \tag{126.2}$$

Andererseits wird makroskopisch die Dielektrizitätskonstante ε durch E gemäß

$$P = \frac{\varepsilon - 1}{4\pi} E \tag{126.3}$$

definiert. Gleichsetzen von Gl. (126.2) mit Gl. (126.3) verbindet den atomaren mit dem makroskopischen Begriff; die Schwierigkeit liegt in dem Modell, das die Felder E und $\bar{E}$ verknüpft. Benutzen wir dafür Gl. (126.1), so folgt

$$4\pi N\alpha = \frac{(\varepsilon-1)(2\varepsilon+1)}{3\varepsilon} = (\varepsilon-1)\left(1 - \frac{\varepsilon-1}{3}\right). \tag{126.4}$$

Diese Formel enthält als roheste Näherung für $\varepsilon - 1 \ll 1$

$$4\pi N\alpha \approx \varepsilon - 1\,, \tag{126.5a}$$

was auf $\bar{E} \approx E$ hinausläuft. Für große $\varepsilon \gg 1$ führt sie umgekehrt auf

$$4\pi N\alpha \approx \tfrac{2}{3}\varepsilon\,, \tag{126.5b}$$

also auf Proportionalität von α mit ε, was physikalisch vernünftig ist.

Anm. Das vorstehend beschriebene Modell geht auf Onsager und Kirkwood zurück. Ein älteres Modell von Lorentz geht auf folgende Überlegung zurück: Die Polarisation p erzeugt auf der Kugelfläche die Ladungsdichte $\sigma' = -p\cos\vartheta$ durch Influenz. Diese Ladungen rufen ihrerseits im Mittelpunkt der Kugel, also am Ort des Moleküls, ein Feld in z-Richtung

$$E' = -\int \frac{\sigma' df}{R^2}\cos\vartheta = p \oint d\Omega \cos^2\vartheta = \frac{4\pi}{3}p$$

hervor. Diese Felder werden zu $(4\pi/3)P$ in der Volumeinheit addiert und anstelle von Gl. (126.1) $\bar{E} = E + (4\pi/3)P$ geschrieben. Kombinieren wir dies mit Gln. (126.2) und (126.3), so wird

$$\bar{E} = \frac{\varepsilon+2}{3}E\,; \qquad \frac{4\pi}{3}N\alpha = \frac{\varepsilon-1}{\varepsilon+2}\,. \tag{126.6}$$

Der letzte Ausdruck tritt anstelle von Gl. (126.4). Er heißt die Clausius-Mossotti-Formel. Entwickeln wir Gln. (126.4) und (126.6) nach Potenzen von $\varepsilon - 1$, so ergibt sich Übereinstimmung bis einschließlich der quadratischen Glieder. Für große $\varepsilon \gg 1$ dagegen führt Gl. (126.6) auf eine universelle maximale Polarisierbarkeit, was physikalisch unvernünftig ist. Für die meisten praktischen Anwendungen reichen aber beide Formeln aus.

127. Aufgabe. Dipolmoleküle: Orientierungspolarisation

Eine dielektrische Substanz möge aus frei drehbaren Dipolmolekülen bestehen. Ein angelegtes elektrisches Feld führt entgegen der thermischen Bewegung zu einer teilweisen Ausrichtung der Dipole in Feldrichtung. Wie hängt das resultierende elektrische Moment P der Volumeinheit von der Temperatur ab? Wie hängt die atomare Polarisierbarkeit α mit dem Dipolmoment zusammen?

Lösung. Ohne äußeres Feld sind die Dipole infolge der thermischen Bewegung in völliger Unordnung, so daß keine Richtung ausgezeichnet ist. Bei Anlegen des Feldes E wird am Ort des Dipols nach Gl. (126.1) das elektrische Feld

$$\bar{E} = \frac{3\varepsilon}{2\varepsilon+1} E$$

wirksam. Hat das Molekül das Dipolmoment p, so ist seine potentielle Energie in diesem Feld

$$V(\vartheta) = -p\bar{E}\cos\vartheta\,, \tag{127.1}$$

wenn p den Winkel ϑ mit $\bar{E}$ einschließt. Nach den Grundformeln der statistischen Mechanik hat $\cos\vartheta$ den Mittelwert

$$\overline{\cos\vartheta} = \frac{\int d\Omega \cos\vartheta\, \mathrm{e}^{-V/kT}}{\int d\Omega\, \mathrm{e}^{-V/kT}}\,. \tag{127.2}$$

Mit $d\Omega = 2\pi d\cos\vartheta$ und den Abkürzungen $\cos\vartheta = t$ und

$$\frac{p\bar{E}}{kT} = y \tag{127.3}$$

gibt das

$$\overline{\cos\vartheta} = \frac{\int_{-1}^{+1} dt\, t\, \mathrm{e}^{yt}}{\int_{-1}^{+1} dt\, \mathrm{e}^{yt}}\,.$$

Elementare Auswertung der beiden Integrale führt auf

$$\overline{\cos\vartheta} = \coth y - \frac{1}{y}\,. \tag{127.4}$$

Das elektrische Moment der N Moleküle enthaltenden Volumeinheit wird daher

$$P = Np\,\overline{\cos\vartheta} = NpL\left(\frac{p\bar{E}}{kT}\right), \tag{127.5}$$

wobei nach Gl. (127.4) die Langevin-Funktion

$$L(y) = \coth y - \frac{1}{y} \tag{127.6}$$

eingeführt wurde. Sie wird für $y \ll 1$

$$L(y) = \tfrac{1}{3} y \tag{127.6a}$$

und asymptotisch für $y \gg 1$

$$L(y) = 1 - \frac{1}{y}\,. \tag{127.6b}$$

Solange die orientierende Wirkung des Feldes gering gegen die thermische Desorientierung bleibt, also solange $p\bar{E} \ll kT$ ist, gilt Gl. (127.6a), und Gl. (127.5) ergibt

$$P = \frac{Np^2}{3kT}\bar{E}\,, \tag{127.7}$$

so daß wir eine feldunabhängige Polarisierbarkeit pro Molekül,

$$\alpha = \frac{p^2}{3kT} \tag{127.8}$$

einführen können. Wächst das Feld an, so daß Gl. (127.6a) nicht mehr zutrifft, so findet die Proportionalität von P mit $\bar{E}$ ein Ende, und wir nähern uns der Sättigung vollständiger Ausrichtung der Dipole mit $P = Np$ für $p\bar{E} \gg kT$.

Anm. Für die normale Größe der vorkommenden Dipolmomente würde $pE = kT$ bei Zimmertemperatur bereits eine Feldstärke von 10^6 V/cm erfordern. Sättigungserscheinungen sind also allenfalls bei sehr tiefen Temperaturen zu erwarten.

128. Aufgabe. Atompolarisation: starre Elektronenhülle

Die Elektronenhülle eines Atoms kann als kugelsymmetrische Ladungswolke $\varrho(r)$ approximiert werden. Bei Anlegen eines elektrischen Feldes E verschiebt sie sich um eine Strecke ζ gegen den Kern. Welches Dipolmoment wird dadurch erzeugt, wenn man von Verzerrungen der Elektronenhülle absieht?

Lösung. Der Mittelpunkt der starren Elektronenhülle sei vom Atomkern der Ladung $+Ze$ nach M in Abb. 42 verschoben. Dann erfährt die (negative) Ladung $\varrho\, d\tau$ im Volumelement $d\tau$ eine Kraft mit der z-Komponente

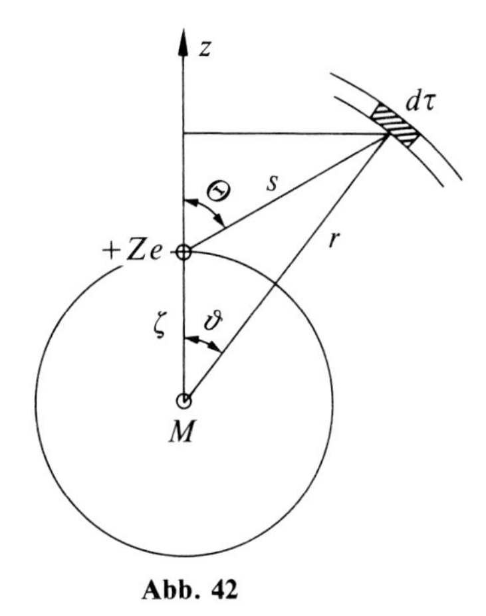

Abb. 42

$$dK = Ze\,\varrho(r)\,d\tau \frac{\cos\Theta}{s^2}\,,$$

insgesamt also die ganze Elektronenhülle

$$K = Ze \int d\tau\, \varrho(r) \frac{\cos\Theta}{s^2}\,. \tag{128.1}$$

An der Abb. 42 liest man ab:

$$s = \sqrt{r^2 + \zeta^2 - 2r\zeta\cos\vartheta}\,; \qquad s\cos\Theta = r\cos\vartheta - \zeta\,.$$

Mit $\cos\vartheta = t$ können wir daher schreiben

$$K = 2\pi Ze \int_0^\infty dr\, r^2 \varrho(r) \int_{-1}^{+1} dt \frac{rt - \zeta}{(r^2 + \zeta^2 - 2r\zeta t)^{3/2}}\,.$$

Der Integrand des Integrals über t ist gleich der Ableitung

$$\frac{\partial}{\partial\zeta}(r^2 + \zeta^2 - 2r\zeta t)^{-1/2}\,.$$

Nun kann man nach Legendre-Polynomen entwickeln,

$$(r^2 + \zeta^2 - 2r\zeta t)^{-1/2} = \begin{cases} \dfrac{1}{r}\sum\limits_l \left(\dfrac{\zeta}{r}\right)^l P_l(t) & \text{für} \quad \zeta < r \\ \dfrac{1}{\zeta}\sum\limits_l \left(\dfrac{r}{\zeta}\right)^l P_l(t) & \text{für} \quad \zeta > r\,. \end{cases}$$

Bei der Integration über t verbleibt nur das Glied mit $l = 0$, so daß wir $2/r$ für $\zeta < r$ und $2/\zeta$ für $\zeta > r$ erhalten. Die Ableitung hiervon nach ζ ist im ersten Fall gleich Null und nur für $\zeta > r$ gleich $-2/\zeta^2$. So entsteht

$$K = -4\pi \frac{Ze}{\zeta^2} \int_0^\zeta dr\, r^2 \varrho(r)\,. \tag{128.2}$$

Dies ist ein wohlbekanntes Ergebnis der Potentialtheorie, das wir hier nochmals bewiesen haben. Ist ζ klein, so können wir $\varrho(r)$ genähert durch seinen Wert ϱ_0 bei $r = 0$ ersetzen und finden

$$K = -\frac{4\pi}{3} Ze\,\varrho_0\,\zeta\,. \tag{128.3}$$

Diese (in der Abb. 42 nach oben zeigende) Rückstellkraft wirkt der Verschiebung der Elektronenhülle durch das Feld E entgegen, das seinerseits auf die starr gedachte Hülle die Kraft $-ZeE$ ausübt. Die beiden Kräfte müssen sich im Gleichgewicht gegenseitig aufheben, so daß

$$\zeta = -\frac{3}{4\pi\varrho_0} E \tag{128.4}$$

folgt. Das von E induzierte elektrische Moment p des Atoms ist

$$p = Ze\zeta\,, \tag{128.5}$$

wird also proportional zur Feldstärke, $p = \alpha E$, mit der Polarisierbarkeit

$$\alpha = -\frac{3Ze}{4\pi\varrho_0} = \frac{1}{\varrho_0}\int_0^\infty dr\, r^2 \varrho(r)\,. \tag{128.6}$$

Dies Modell gibt den innersten Elektronen das größte Gewicht. Da diese aber bei weitem am festesten gebunden sind, ist das sicher nicht korrekt. Der Fehler rührt natürlich davon her, daß wir ein *starres* Modell zugrundegelegt haben. Gleichung (128.6) zeigt aber zum mindesten, daß α etwa von der Größenordnung des Atomvolumens, eher etwas kleiner sein muß. So ergäbe Gl. (128.6) z. B. für

$$\varrho(r) = \varrho_0\, e^{-r/a}$$

eine Polarisierbarkeit $\alpha = 2a^3$.

129. Aufgabe. Atompolarisation: Schalenmodell

Wir denken das Atom in bekannter Weise aus Elektronenschalen aufgebaut. Für ein klassisches Modell denken wir uns ferner die f_n Elektronen der n-ten Schale alle mit der gleichen Eigenfrequenz ω_n harmonisch an den Kern gebunden und voneinander unabhängig. Welches Dipolmoment würde in einem solchen „Atom" durch ein angelegtes elektrisches Feld E erzeugt, und was wäre seine Polarisierbarkeit?

Lösung. Die Bewegungsgleichung eines Elektrons in der n-ten Schale lautet

$$m\ddot{\boldsymbol{r}}_n = -m\omega_n^2 \boldsymbol{r}_n - e\boldsymbol{E}\,; \tag{129.1}$$

ihre Lösung ist

$$\boldsymbol{r}_n = \boldsymbol{r}_{n0} \sin\omega_n t - \frac{e}{m\omega_0^2}\boldsymbol{E}\,.$$

Im Mittelwert über einen Umlauf entfällt der periodische Anteil, und es bleibt einfach

$$\langle \boldsymbol{r}_n \rangle = -\frac{e}{m\omega_n^2}\boldsymbol{E}\,. \tag{129.2}$$

Die Summe aller dieser Verschiebungen gegen den Kern des Atoms erzeugt in Feldrichtung das Dipolmoment

$$p = \sum_n f_n \frac{e^2}{m\omega_n^2} E\,. \tag{129.3}$$

Um dies Ergebnis beurteilen zu können, identifizieren wir $\hbar\omega_n$ mit der Bindungsenergie der betreffenden Elektronen. Dann tragen die innersten Elektronen mit den bei weitem größten Werten von ω_n am wenigsten zum Dipolmoment bei. Die äußeren Elektronen geben Beiträge zur Größenordnung $\hbar\omega_n \approx me^4/\hbar^2 = 27\,\mathrm{eV}$. Setzen wir das in α ein, so entsteht

$$\alpha \approx f\left(\frac{\hbar^2}{me^2}\right)^3 = f a_0^3 ,$$

wobei f die Zahl der in dieser Größenordnung beitragenden Elektronen und $a_0 = 0{,}529$ A der Bohrsche Radius ist. Das ergibt wieder eine Polarisierbarkeit, die etwas kleiner als das Atomvolumen ist, wie in der vorigen Aufgabe.

130. Aufgabe. Dipolmoment des H_2O-Moleküls

Wasser hat bei Zimmertemperatur die statische Dielektrizitätskonstante $\varepsilon = 81$. Was läßt sich daraus auf das Dipolmoment des H_2O-Moleküls schließen?

Lösung. Wir benutzen die in Aufgabe 126 abgeleitete Onsager-Kirkwood-Formel

$$N\alpha = \frac{\varepsilon - 1}{4\pi}\left(1 - \frac{\varepsilon - 1}{3\varepsilon}\right), \tag{130.1a}$$

die für $\varepsilon \gg 1$

$$N\alpha = \frac{\varepsilon - 1}{6\pi} \tag{130.1b}$$

ergibt. Für großes ε überwiegt die Orientierungspolarisation; nach Aufgabe 127 ist also

$$\alpha = \frac{p^2}{3kT}. \tag{130.2}$$

Aus Gln. (130.1b) und (130.2) erhalten wir daher

$$p^2 = (\varepsilon - 1)\frac{kT}{2\pi N}. \tag{130.3}$$

Wir geben nun eine rohe Abschätzung der Zahlenwerte. Für H_2O ist die Molekülmasse $m = 3 \times 10^{-23}$ g und die Massendichte $\varrho = 1$ g/cm^3, woraus $1/N = m/\varrho \approx 3 \times 10^{-23}$ cm^3 folgt. Bei Zimmertemperatur wird $kT \approx 4 \times 10^{-14}$ erg. Gleichung (130.3) ergibt dann ungefähr $p \approx 4 \times 10^{-18}$ e.st.E. und mit $p = ea$ eine Dimension des Moleküls von etwa $a = 0{,}8$ A. Für α folgt dann aus Gl. (130.2) etwa $\alpha \approx 1{,}3 \times 10^{-22}$ cm^3, während der Beitrag der Verzerrungspolarisation im Sinne der vorstehenden Aufgabe nur von der Größenordnung $a_0^3 \approx 5 \times 10^{-25}$ cm^3 wäre, was deren Vernachlässigung in unserer Überschlagsrechnung rechtfertigt.

Anm. Das H_2O-Molekül hat die Abmessungen: OH-Abstand 0,9584 A, HOH-Winkel 104°27′. Bei vollständiger Polarisation in $H^+ - O^{--} - H^+$ wäre dann $p = 5{,}63 \times 10^{-18}$ e.st.E.

131. Aufgabe. Refraktion

Eine Lichtwelle der Frequenz $\nu = \omega/2\pi$ fällt auf ein Gas, das aus den in Aufgabe 129 beschriebenen Atomen besteht. Man berechne unter Verwendung des Lorentzschen Modells (Aufgabe 126) die *Refraktion*

$$R = \frac{n^2-1}{n^2+2} \, ,$$

wobei n der Brechungsindex ist (sog. Lorenz-Lorentzsche-Formel).

Lösung. Die Bewegungsgleichung eines Elektrons, das mit der Eigenfrequenz ω_n im Atom gebunden ist, lautet

$$m(\ddot{\boldsymbol{r}}_n + \omega_n^2 \boldsymbol{r}_n) = -e\bar{\boldsymbol{E}} - \frac{e}{c}(\dot{\boldsymbol{r}}_n \times \bar{\boldsymbol{H}}) \, , \tag{131.1}$$

wenn die Vektoren $\bar{\boldsymbol{E}}$ und $\bar{\boldsymbol{H}}$ die Lichtwelle im Gas beschreiben. Da die Geschwindigkeit $\dot{\boldsymbol{r}}_n$ der Elektronen i. allg. klein gegen c ist, können wir das letzte Glied in Gl. (131.1) vernachlässigen. Ist $\bar{\boldsymbol{E}}$ proportional zu $e^{i\omega t}$, so ruft es eine erzwungene Schwingung des Elektrons mit derselben Frequenz hervor,

$$\boldsymbol{r}_n = \frac{e}{m(\omega^2 - \omega_n^2)} \bar{\boldsymbol{E}} \, , \tag{131.2}$$

die dessen ungestörter Bewegung überlagert ist. Nur der Ausdruck in Gl. (131.2) trägt zu dem induzierten Dipolmoment $\boldsymbol{p}_n = -e\boldsymbol{r}_n$ bei. Summiert man über die f_n Elektronen in der Schale zur Eigenfrequenz ω_n und sodann noch über alle Schalen der Elektronenhülle, so wird insgesamt bei N Atomen in der Volumeinheit die Polarisation

$$\boldsymbol{P} = \frac{Ne^2}{m} \sum_n \frac{f_n}{\omega_n^2 - \omega^2} \bar{\boldsymbol{E}} \tag{131.3}$$

erzeugt. Diese Formel verallgemeinert die für $\omega = 0$ in Gl. (129.3) berechnete statische Polarisation.

Für den am Ende von Aufgabe 126 angegebenen Lorentzschen Zusammenhang von $\varepsilon = n^2$,

$$\frac{n^2-1}{n^2+2} = \frac{4\pi}{3} N\alpha \tag{131.4}$$

mit $\boldsymbol{P} = N\alpha\bar{\boldsymbol{E}}$ erhalten wir beim Einsetzen in Gl. (131.3) die Refraktion

$$R = \frac{n^2-1}{n^2+2} = \frac{4\pi Ne^2}{3m} \sum_n \frac{f_n}{\omega_n^2 - \omega^2} \, . \tag{131.5}$$

Wenn ε und n nahe an 1 liegen, wie das bei Gasen der Fall ist, können wir genähert

$$R = \tfrac{2}{3}(n-1) \tag{131.6a}$$

und daher

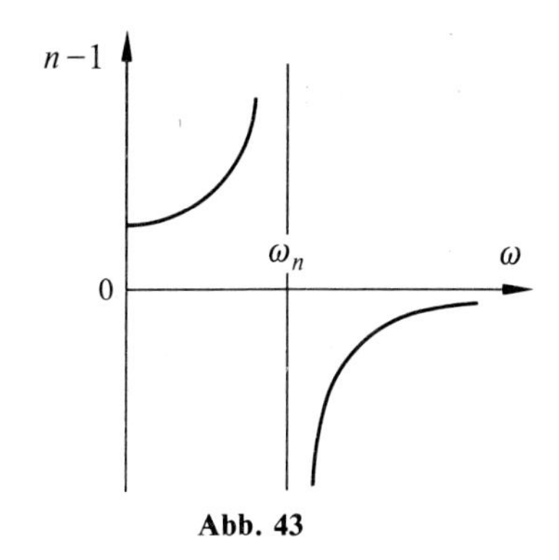

Abb. 43

$$n-1=\frac{2\pi Ne^2}{m}\sum_n\frac{f_n}{\omega_n^2-\omega^2} \tag{131.6b}$$

schreiben. Dann verschwindet der Unterschied zwischen den Modellen von Lorentz und von Onsager-Kirkwood, Aufgabe 126.

Für ein Gas ist es zweckmäßig, unter N die Zahl der Atome (oder Moleküle) pro Mol zu verstehen; die so definierte Molrefraktion ist dann unabhängig von Druck und Temperatur, solange die ideale Gasgleichung zutrifft. Selbst bei Kondensation des Gases betragen die Veränderungen der Molrefraktion meist nur einige Prozente.

In Abb. 43 ist der Verlauf von R schematisch für eine einzige Resonanzstelle dargestellt. Man sieht, daß der Brechungsindex zunächst von seinem statischen Grenzwert ($n>1$) mit wachsender Frequenz ansteigt. In der Umgebung der Resonanzstelle $\omega=\omega_n$ versagt das Modell offenbar, da keine Dämpfung eingebaut ist (vgl. die folgende Aufgabe). Für $\omega>\omega_n$ ist dann $n<1$ und wächst asymptotisch gegen 1. Da die Resonanzfrequenzen der Atomelektronen im Sichtbaren oder Ultravioletten liegen, wird für Röntgenstrahlen durchweg $n<1$.

Die Oszillatorstärken f_n, die nach unserem Modell ganze Zahlen sein sollten, sind dies in Wirklichkeit nicht. Die Quantentheorie gestattet ihre Berechnung. Ihre Größenordnung liegt im allgemeinen zwischen 1 und 10.

Bei Molekülen treten auch Schwingungen der Atome gegeneinander auf. Sie entsprechen Resonanzen im Infraroten. Sie können nach der gleichen Formel (131.5) behandelt werden, wobei dann m durch die einige 1000mal größeren Werte der Atommassen zu ersetzen ist.

Anm. Extrapoliert man den Brechungsindex zu kleinen Frequenzen, so erhält man als Grenzwert für $n^2=\varepsilon$ die statische Dielektrizitätskonstante. Die Übereinstimmung dieses aus optischen Messungen im Infraroten extrapolierten Wertes mit einer aus elektrostatischen Messungen gewonnenen Größe ist einer der Beweise für den elektromagnetischen Charakter der Lichtwellen.

132. Aufgabe. Anomale Dispersion

Was ergibt sich, wenn in der vorstehenden Aufgabe die Umgebung der Resonanzstellen durch eine ad hoc eingeführte Dämpfung korrigiert wird?

Lösung. Die unendlich großen Werte der Refraktion bei den Resonanzfrequenzen $\omega = \omega_n$ sind ein Fehler des Modells. Bauen wir in die Bewegungsgleichung jedes Elektrons eine Dämpfung der induzierten Bewegung ein, schreiben wir also etwa

$$\ddot{\boldsymbol{r}}_n + \omega_n^2 \boldsymbol{r}_n = -\gamma_n \boldsymbol{r}_n - \frac{e}{m}\bar{\boldsymbol{E}}\,, \tag{132.1}$$

wobei $\bar{\boldsymbol{E}}$ und $\boldsymbol{r}_n$ proportional zu $\mathrm{e}^{i\omega t}$ sind, so wird das induzierte Dipolmoment des Elektrons

$$\boldsymbol{p}_n = -e\boldsymbol{r}_n = \frac{e^2}{m(\omega_n^2 - \omega^2 + i\gamma_n\omega)}\bar{\boldsymbol{E}}$$

und die Refraktion daher

$$R = \frac{4\pi N e^2}{3m}\sum_n \frac{f_n}{\omega_n^2 - \omega^2 + i\gamma_n\omega}\,. \tag{132.2}$$

Die Refraktion wird also komplex, und dasselbe gilt für den Brechungsindex,

$$\boldsymbol{n} = n(1 - i\varkappa)\,. \tag{132.3}$$

Bei geringen Abweichungen von 1 haben wir also

$$R = \frac{\boldsymbol{n}^2 - 1}{\boldsymbol{n}^2 + 2} = \frac{2}{3}(\boldsymbol{n} - 1) = \frac{2}{3}[(n-1) - in\varkappa]\,. \tag{132.4}$$

Eine durch die Substanz hindurchgehende ebene Welle $\mathrm{e}^{i(\omega t - kz)}$ mit $k = 2\pi\boldsymbol{n}/\lambda$ erfährt dann eine Absorption,

$$\mathrm{e}^{i(\omega t - kz)} = \exp\left[-2\pi i\left(n\frac{z}{\lambda} - \nu t\right)\right]\exp\left(-\frac{2\pi n\varkappa}{\lambda}z\right),$$

so daß ihre Intensität wie $\mathrm{e}^{-\mu z}$ mit

$$\mu = \frac{4\pi}{\lambda}n\varkappa \tag{132.5}$$

abnimmt. Dies ist ein vernünftiges Ergebnis. Es besagt, daß die *zusätzliche* Beschleunigung der erzwungenen Schwingung Energie aufnimmt, die dann als Strahlung wieder abgegeben werden kann.

Zerlegen wir die Refraktion, Gl. (132.2), in Real- und Imaginärteil, so folgt in der Näherung von Gl. (132.4) mit $2\pi\omega/\lambda = 1/c$

$$n - 1 = \frac{2\pi N e^2}{m}\sum_n f_n \frac{\omega_n^2 - \omega^2}{(\omega_n^2 - \omega^2)^2 + \gamma_n^2\omega^2} \tag{132.6}$$

und

$$\mu = \frac{4\pi N e^2}{mc}\sum_n f_n \frac{\gamma_n}{(\omega_n^2 - \omega^2)^2 + \gamma_n^2\omega^2}\,. \tag{132.7}$$

Der Absorptionskoeffizient μ hat ein ausgeprägtes Maximum in der Umgebung jeder Resonanzstelle. Dort können wir den Nenner gemäß

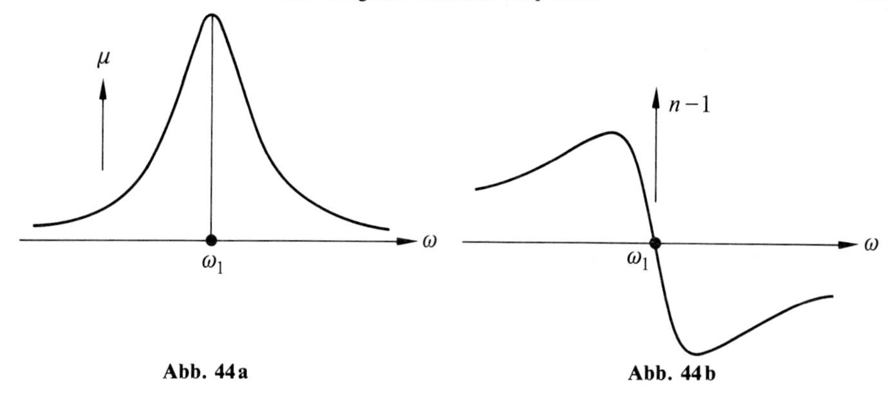

Abb. 44a **Abb. 44b**

$$(\omega_n^2-\omega^2)^2+\gamma_n^2\omega^2 \approx 4\,\omega_n^2[(\omega_n-\omega)^2+(\tfrac{1}{2}\gamma_n)^2]$$

umschreiben. In der Umgebung jeder Resonanz, etwa an der Stelle $\omega=\omega_1$ überwiegt das entsprechende Glied der Summe über die anderen, und es wird

$$\mu=\frac{4\pi Ne^2}{mc}\left\{\sum_n{}'\frac{f_n\gamma_n}{(\omega_n^2-\omega_1^2)^2}+\frac{f_1\gamma_1}{4\,\omega_1^2[(\omega_1-\omega)^2+(\frac{1}{2}\gamma_1)^2]}\right\}.$$

Die Summe, in der das Glied $n=1$ ausgelassen ist, ist eine Konstante. Das Resonanzglied $n=1$ hat ein steiles, um $\omega=\omega_1$ symmetrisches Maximum der Absorption, das bei $\omega=\omega_1$ den Wert

$$\mu_{\max}=\frac{4\pi Ne^2}{mc}\,\frac{f_1}{\omega_1^2\gamma_1}$$

erreicht.

Genauso können wir in Gl. (132.6) für die Umgebung der Resonanzstelle bei $\omega=\omega_1$ dies Glied abtrennen und umformen,

$$n-1=\frac{2\pi Ne^2}{m}\left\{\sum_n{}'\frac{f_n}{\omega_n^2-\omega_1^2}+\frac{f_1(\omega_1-\omega)}{2\,\omega_1[(\omega_1-\omega)^2+(\frac{1}{2}\gamma_1)^2]}\right\}.$$

Hier tritt zu dem gleichen, um $\omega=\omega_1$ symmetrischen Nenner im Zähler der bei $\omega=\omega_1$ verschwindende unsymmetrische Faktor $\omega_1-\omega$. Die Ergebnisse sind in Abb. 44a, b schematisch dargestellt. Den in der Umgebung der Resonanz mit wachsender Frequenz auftretenden Abfall von $n-1$ von positiven zu negativen Werten bezeichnet man als anomale Dispersion.

Anm. Die Amplituden eines nach der Gleichung

$$\ddot{\boldsymbol{r}}+\gamma\dot{\boldsymbol{r}}+\omega^2\boldsymbol{r}=0$$

frei schwingenden Oszillators würden wie $\exp(-\frac{1}{2}\gamma t)$ abnehmen, seine Energie daher wie $e^{-\gamma t}$. Daher wäre

$$\frac{dW}{dt}=-\gamma W=-\gamma m\omega^2|\boldsymbol{r}|^2\,.$$

Andererseits wissen wir aus Aufgaben 101 und 124, daß der Energieverlust durch Strahlung

$$\frac{dW}{dt} = -\frac{2}{3}\frac{\omega^4}{c^3}|\boldsymbol{p}|^2 = -\frac{2}{3}\frac{e^2\omega^4}{c^3}|\boldsymbol{r}|^2$$

ist. Gleichsetzen beider Ausdrücke führt auf

$$\frac{\gamma}{\omega} = \frac{2}{3}(e^2/mc^2)\frac{\omega}{c} = \frac{4\pi}{3}\frac{e^2/mc^2}{\lambda}.$$

Hier ist $e^2/mc^2 = 2{,}81 \times 10^{-13}$ cm sehr klein gegen die Lichtwellenlänge λ im sichtbaren Bereich und daher $\gamma \ll \omega$.

Der durch γ bestimmten natürlichen Linienbreite sind meist andere Effekte überlagert, die eine zusätzliche, beträchtlich größere Verbreiterung zur Folge haben.

133. Aufgabe. Plasma

Welchen Brechungsindex besitzt ein Plasma aus freien Elektronen und Ionen für eine einfallende elektromagnetische Welle, wenn keine Anregung gebundener Elektronen möglich ist?

Lösung. Um nur die freien Ladungsträger berücksichtigen zu müssen, beschränken wir uns auf Frequenzen unter $10^{12}\,\mathrm{s}^{-1}$. Um eine räumliche Trennung der positiven und negativen Ladungen zu verhindern, muß die Schwingungsdauer merklich kleiner sein als die Zeit τ zur Durchlaufung einer freien Weglänge, d.h. $\omega\tau \gg 1$. Dies schließt den Grenzübergang zur Elektrostatik aus.

Da das Plasma elektrisch neutral ist, müssen auf N_+ Ionen der Ladung $+Ze$ insgesamt $N_- = ZN_+$ Elektronen der Ladung $-e$ in der Volumeinheit entfallen. Bei Vernachlässigung der Strahlungsdämpfung folgt jedes Teilchen einer Bewegungsgleichung

$$m\ddot{\boldsymbol{r}}_- = -e\bar{\boldsymbol{E}}\,; \quad M\ddot{\boldsymbol{r}}_+ = Ze\bar{\boldsymbol{E}}\,, \tag{133.1}$$

wobei $\bar{\boldsymbol{E}}$ die elektrische Feldstärke der einfallenden Welle im Plasma ist. Bei der Frequenz ω erzeugt dies Feld nach Gl. (133.1) Schwingungen der Ladungsträger entsprechend

$$\boldsymbol{r}_- = \frac{e}{m\omega^2}\bar{\boldsymbol{E}}\,; \quad \boldsymbol{r}_+ = -\frac{Ze}{M\omega^2}\bar{\boldsymbol{E}}$$

und daher pro Volumeinheit ein periodisch veränderliches Dipolmoment

$$\boldsymbol{P} = -N_- e\boldsymbol{r}_- + N_+ Ze\boldsymbol{r}_+ = -N_-\frac{e^2}{m\omega^2}\left(1 + \frac{Zm}{M}\right)\bar{\boldsymbol{E}}\,. \tag{133.2}$$

Da $Zm \ll M$ ist, können wir den Beitrag der Ionen vernachlässigen. Dies rechtfertigt nachträglich die etwas schematische Behandlung der Ionen als einzige Art mit einheitlichem Z und M. Wir vereinfachen also Gl. (133.2) zu

$$\boldsymbol{P} = -N_-\frac{e^2}{m\omega^2}\bar{\boldsymbol{E}}\,. \tag{133.3}$$

Nach der Definition der Dielektrizitätskonstante ist

$$P = \frac{\varepsilon - 1}{4\pi} E \,. \tag{133.4}$$

Der Zusammenhang zwischen $\boldsymbol{E}$ und $\bar{\boldsymbol{E}}$ schließlich ist nach dem Modell von Onsager und Kirkwood (Aufgabe 126) durch

$$\bar{E} = \frac{3\varepsilon}{2\varepsilon + 1} E \tag{133.5}$$

gegeben, so daß

$$P = \frac{(\varepsilon - 1)(2\varepsilon + 1)}{12\pi\varepsilon} \bar{E}$$

mit Gl. (133.3) kombiniert auf

$$\frac{(\varepsilon - 1)(2\varepsilon + 1)}{3\varepsilon} = -\frac{4\pi e^2}{m\omega^2} N_- \tag{133.6}$$

führt. Hier können wir mit $\varepsilon = n^2$ den Brechungsindex n einführen.

Da die rechte Seite von Gl. (133.6) negativ ist, muß für ein Plasma notwendig $n < 1$ sein. Man sieht das noch deutlicher, wenn man die linke Seite von Gl. (133.6) in

$$(n^2 - 1)\left(1 - \frac{n^2 - 1}{3n^2}\right)$$

umschreibt. Unterscheidet sich n wenig von 1, so wird genähert

$$n \approx 1 - \frac{2\pi e^2}{m\omega^2} N_- \,. \tag{133.7}$$

Umgekehrt geht im Grenzübergang, wenn die rechte Seite von Gl. (133.6) über alle Grenzen wächst, n gegen Null.

Bei einer Konzentration von $N_- = 10^6$ Elektronen im cm^3 wird mit $\omega = 2\pi\nu$

$$\frac{2\pi e^2}{m\omega^2} = 0{,}407 \times 10^{14}/\nu^2 \,.$$

Die vereinfachte Formel (133.7) ist daher für $\nu > 10^7\,s^{-1}$ anwendbar. Dies entspricht etwa den Verhältnissen in der Ionosphäre.

134. Aufgabe. Signalgeschwindigkeit

Man zeige für das Dispersionsgesetz der vorstehenden Aufgabe, daß trotz $n < 1$ die Signalgeschwindigkeit $v < c$ bleibt.

Lösung. Ein Signal wird durch eine räumlich begrenzte Amplitude übertragen, die wir als Fourierintegral aus Lösungen der Wellengleichung aufbauen können. Für unser Problem genügt es, ein eindimensionales Wellenpaket zu benutzen, so daß wir für jede Feldgröße $u(x, t)$

$$u(x,t)=\int_{-\infty}^{+\infty} dk\, f(k)\, \mathrm{e}^{i(kx-\omega t)} \tag{134.1}$$

schreiben, wobei $k(\omega)$ durch die Dispersionsrelation

$$k=n(\omega)\frac{\omega}{c} \tag{134.2}$$

gegeben ist. Dabei soll das Paket so aufgebaut sein, daß nur ein enger Frequenzbereich um einen mittleren Wert ω_0 herum, also nach Gl. (134.2) auch nur ein enges k-Band um ein ausgezeichnetes k_0 herum beteiligt ist. Das Integral in Gl. (134.1) bleibt dann auf ein Intervall

$$k_0-\varkappa<k<k_0+\varkappa \tag{134.3}$$

beschränkt, in dem wir $f(k)$ genähert durch $f(k_0)$ ersetzen wollen. In diesem Intervall entwickeln wir die Umkehrfunktion von Gl. (134.2)

$$\omega(k)=\omega(k_0)+(k-k_0)(d\omega/dk)_{k_0}+\dots\,. \tag{134.4}$$

Mit den Abkürzungen

$$\bar{k}=k-k_0\,;\qquad \omega(k_0)=\omega_0\,;\qquad (d\omega/dk)_{k_0}=\omega_0' \tag{134.5}$$

können wir dann Gl. (134.1) in die Form

$$u(x,t)=f(k_0)\,\mathrm{e}^{i(k_0x-\omega_0t)}\int_{-\varkappa}^{+\varkappa} d\bar{k}\,\mathrm{e}^{i(\bar{k}x-\omega_0'\bar{k}t)} \tag{134.6}$$

bringen. Das Integral kann elementar gelöst werden:

$$u(x,t)=2f(k_0)\,\mathrm{e}^{i(k_0-\omega_0t)}\frac{\sin\varkappa(x-\omega_0't)}{x-\omega_0't}\,.$$

Die durch $|u|^2$ gegebene Intensität des Wellenpakets ist also

$$|u(x,t)|^2=4\varkappa^2|f(k_0)|^2\left(\frac{\sin\varkappa(x-\omega_0't)}{\varkappa(x-\omega_0't)}\right)^2. \tag{134.7}$$

Das ist eine Verteilung längs der x-Achse mit einem ausgeprägten Maximum an der Stelle $x=\omega_0't$, das sich mit der Gruppengeschwindigkeit $v=\omega_0'$ oder, ausführlich geschrieben, mit

$$v=(d\omega/dk)_{k_0} \tag{134.8}$$

fortbewegt. Mit Gl. (134.2) können wir dafür auch schreiben

$$v=\frac{c}{n(\omega_0)+\omega_0(dn/d\omega)_{\omega_0}}\,. \tag{134.9}$$

Es bleibt nur noch zu zeigen, daß der Ausdruck in Gl. (134.9) kleiner als c ist. Dabei schreiben wir von jetzt an einfach ω statt ω_0 und führen das in Gl. (133.7) angegebene Dispersionsgesetz in der abgekürzten Form

$$n = 1 - \frac{\alpha}{\omega^2}$$

ein. Da n mit wachsender Frequenz zunimmt, ist $dn/d\omega$ positiv, und der Nenner in Gl. (134.9) wird

$$n + \omega \frac{dn}{d\omega} = \left(1 - \frac{\alpha}{\omega^2}\right) + 2\frac{\alpha}{\omega^2} = 1 + \frac{\alpha}{\omega^2} > 1 ,$$

so daß sich wie erwartet $v < c$ ergibt.

2. Elektrische Leitfähigkeit

135. Aufgabe. Modell der Leitfähigkeit in Metallen

Man leite einen Ausdruck für die elektrische Leitfähigkeit σ aus der Vorstellung ab, daß der elektrische Strom durch die Bewegung eines Gases freier Elektronen im Metall unter Einwirkung des elektrischen Feldes $\boldsymbol{E}$ erzeugt wird.

Lösung. Wirkt auf ein freies Elektron die Kraft $-e\boldsymbol{E}$ ein, so wird es gemäß der Bewegungsgleichung

$$m\dot{\boldsymbol{v}} = -e\boldsymbol{E} \tag{135.1}$$

beschleunigt:

$$\boldsymbol{v} = \boldsymbol{v}_0 - \frac{e}{m}\boldsymbol{E}t\,. \tag{135.2}$$

Mitteln wir dies über n Elektronen in der Volumeinheit, so verschwindet der Beitrag der gaskinetischen Geschwindigkeiten $\boldsymbol{v}_0$, da sie keine Vorzugsrichtung aufweisen. Nur der zur Feldstärke proportionale Anteil trägt daher zu dem elektrischen Konvektionsstrom

$$\boldsymbol{j} = -ne\bar{\boldsymbol{v}}\,; \qquad \bar{\boldsymbol{v}} = -\frac{e}{m}\boldsymbol{E}t \tag{135.3}$$

bei. Damit das Ohmsche Gesetz

$$\boldsymbol{j} = \sigma\boldsymbol{E} \tag{135.4}$$

entsteht, muß

$$\bar{\boldsymbol{v}} = -\beta\boldsymbol{E} \tag{135.5}$$

mit einer festen Beweglichkeit

$$\beta = \frac{\sigma}{ne} \tag{135.6}$$

werden. Das ist mit Gl. (135.2) nur vereinbar, wenn der unter Einwirkung des Feldes mit t anwachsende Geschwindigkeitsanteil durch einen bis hier noch nicht berücksichtigten Vorgang laufend wieder vernichtet wird.

Nun führen die Elektronen Stöße untereinander und mit den Ionen des Gitters aus. Stoßen zwei Elektronen zusammen, so bleibt die Summe ihrer Impulse erhalten; diese Stöße haben daher keinen Einfluß auf den Konvektionsstrom.

Stößt dagegen ein Elektron auf ein Gitterion, so wird seine Geschwindigkeitskomponente in Feldrichtung vermindert oder sogar umgekehrt. Wir wollen dies Bild dahin idealisieren, daß nach Zurücklegung einer freien Weglänge l der bis dahin erreichte Geschwindigkeitszuwachs wieder vernichtet wird, so daß der Beschleunigungsvorgang danach von vorn beginnt.

Ist der durch Gl. (135.2) gegebene Geschwindigkeitszuwachs während Durchlaufung der Strecke l klein gegen die gaskinetische Geschwindigkeit v_0, so ist die dafür erforderliche Zeit $\tau = l/v_0$. Im Zeitmittel über dies Intervall ist dann

$$\langle \bar{\boldsymbol{v}} \rangle = \frac{1}{\tau} \int_0^\tau dt \left(-\frac{e}{m} \boldsymbol{E} t \right) = -\frac{e\tau}{2m} \boldsymbol{E}$$

und der Konvektionsstrom

$$\boldsymbol{j} = -ne\langle \bar{\boldsymbol{v}} \rangle = \frac{ne^2\tau}{2m} \boldsymbol{E} . \tag{135.7}$$

Wir haben also sowohl über eine große Zahl von Elektronen zu mitteln ($\bar{\boldsymbol{v}}$) als auch noch über die Zeit zwischen zwei Stößen ($\langle \bar{\boldsymbol{v}} \rangle$). Führen wir in Gl. (135.7) noch $\tau = l/v_0$ ein, so erhalten wir für die elektrische Leitfähigkeit schließlich

$$\sigma = \frac{ne^2 l}{2mv_0} . \tag{135.8}$$

Formal wirkt sich der hier beschriebene Bremsvorgang, der den Geschwindigkeitszuwachs nach einer freien Weglänge immer wieder zerstört, wie eine Reibung aus. Ersetzen wir die Bewegungsgleichung (135.1) durch

$$m\dot{\boldsymbol{v}} = -\varrho \boldsymbol{v} - e\boldsymbol{E}$$

mit einem Reibungskoeffizienten ϱ, so wird die Lösung

$$\bar{\boldsymbol{v}} = \boldsymbol{v}_1 \mathrm{e}^{-t/\tau} - \frac{e\tau}{m} \boldsymbol{E} \quad \text{mit} \quad \tau = \frac{m}{\varrho} .$$

Allerdings wäre in einem solchen Modell kein Platz für die feldunabhängigen gaskinetischen Geschwindigkeiten, da der erste Term ja schnell abklingen würde. Das Ergebnis wäre

$$\sigma = \frac{ne^2\tau}{m}$$

in voller Analogie zu Gl. (135.7), wobei jetzt freilich keine Erklärung für den Mechanismus gegeben wäre.

Anm. Wir haben die Elektronen als klassisches Gas behandelt; dann ist $v_0^2 \sim T$ und daher $\sigma \sim lT^{-1/2}$. Empirisch wird (außer bei sehr tiefen Temperaturen) $\sigma \sim 1/T$ gefunden; also sollte $l \sim T^{-1/2}$ werden. Diese detaillierten Folgerungen sind aber physikalisch irreal: Die Faktoren bilden ein hoch entartetes Fermi-Gas; ihre Geschwindigkeit hängt nur wenig von T ab. Die freie Weglänge wird durch die thermische Bewegung der Gitterionen bestimmt und verhält sich wie

$1/T$. Sie liegt in der Größenordnung von 10^{-6} cm bei 0 °C. Bei sehr tiefen Temperaturen (unterhalb der Debye-Temperatur) wird die Impulsübertragung auf die Ionen durch Quanteneffekte erschwert; dann gilt sogar $l \sim T^{-5}$.

136. Aufgabe. Leitfähigkeitsmodell: Joulesche Wärme

Die Erzeugung der Jouleschen Wärme durch den in einem Metall fließenden Strom soll im Rahmen des Elektronengasmodells berechnet werden.

Lösung. Die bei den Stößen der Elektronen auf die Gitterionen übertragene Energie ist die Quelle der erzeugten Wärme. Da in unserem Modell bei dem Stoß am Ende einer freien Weglänge das Elektron wieder in den Ausgangszustand zurückkehrt, wird jeweils die während Durchlaufung dieser Strecke gewonnene Energie auf das Ion übertragen. Da das Elektron den Geschwindigkeitszuwachs

$$\Delta \boldsymbol{v} = -\frac{e}{m}\tau \boldsymbol{E}$$

in Feldrichtung erhalten hat, ist die gewonnene kinetische Energie

$$\Delta E_{\text{kin}} = m\boldsymbol{v} \cdot \Delta \boldsymbol{v} = -e\tau \boldsymbol{v} \cdot \boldsymbol{E} \;.$$

Sie wird beim Stoß abgegeben. Daher führt das Elektron in der Zeiteinheit dem Gitter die Energie $\Delta E_{\text{kin}}/\tau$ zu. Bei der Mittelung über alle Richtungen der Geschwindigkeit bleibt pro Elektron wieder das resultierende $\langle \bar{\boldsymbol{v}} \rangle$, das in der elektrischen Stromdichte

$$\boldsymbol{j} = -ne\langle \bar{\boldsymbol{v}} \rangle$$

erscheint. Die von den n Elektronen der Volumeinheit pro Zeiteinheit an das Gitter abgegebene Energie ist daher

$$\frac{dW}{dt} = -ne(\langle \bar{\boldsymbol{v}} \rangle \cdot \boldsymbol{E}) = \boldsymbol{j} \cdot \boldsymbol{E} \;,$$

und das ist der bekannte Ausdruck der Maxwellschen Theorie für die Joulesche Wärme.

137. Aufgabe. Wiedemann-Franzsches Gesetz

Im Rahmen des klassischen Elektronengas-Modells soll die Wärmeleitfähigkeit λ eines Metalls berechnet und das Wiedemann-Franzsche Gesetz für den Quotienten λ/σ hergeleitet werden.

Lösung. Die Wärmeleitfähigkeit λ ist mit der Wärmestromdichte $\boldsymbol{w}$ gemäß

$$\boldsymbol{w} = -\lambda \operatorname{grad} T \tag{137.1}$$

verknüpft. Erfolgt der Wärmetransport durch die Elektronen, so ist die transportierte Größe deren kinetische Energie

$$E_{\text{kin}} = \tfrac{1}{2} m v^2 = \tfrac{3}{2} k T \,, \tag{137.2}$$

analog zur elektrischen Stromdichte von Aufgabe 135, bei der die Ladung $-e$ die transportierte Größe ist. Jetzt entsteht aber der Geschwindigkeitsüberschuß infolge des Temperaturgefälles, nicht als Folge eines elektrischen Feldes.

Um diesen Geschwindigkeitsüberschuß $\langle v_z \rangle$ in der Richtung des Temperaturgefälles dT/dz zu bestimmen, denken wir um einen Punkt mit der Koordinate z eine Kugel vom Radius einer freien Weglänge l geschlagen. Dann treffen aus allen Richtungen Elektronen in diesem Punkt ein, um dort ihre Energie an das Gitter abzugeben. Unter dem Winkel ϑ eintreffende Elektronen kommen von einem Punkt mit der z-Koordinate $z + l \cos\vartheta$; sie haben also die Geschwindigkeit

$$v(z + l\cos\vartheta) = v(z) + l\cos\vartheta \frac{dv}{dT} \frac{dT}{dz} \,;$$

dabei ist nach Gl. (137.2)

$$\frac{dv}{dT} = \frac{3k}{2mv} \,.$$

Die z-Komponente ihrer Geschwindigkeit ist $v_z = -v\cos\vartheta$. Mitteln wir über alle Richtungen, so müssen wir über alle Raumwinkel mit

$$\frac{d\Omega}{4\pi} = \frac{1}{2} d\cos\vartheta$$

integrieren,

$$\langle v_z \rangle = -\frac{1}{2} \int_{-1}^{+1} d\cos\vartheta \cos\vartheta \left[v + l\cos\vartheta \frac{3k}{2mv} \frac{dT}{dz} \right] .$$

Hier verschwindet das Integral über das erste Glied; im zweiten Gliede ist

$$\int_{-1}^{+1} d\cos\vartheta \cos^2\vartheta = \frac{2}{3}$$

und daher wird

$$\langle v_z \rangle = -\frac{kl}{2mv} \frac{dT}{dz} \,, \tag{137.3}$$

so daß

$$w = E_{\text{kin}} n \langle v \rangle = -\tfrac{1}{4} n k l v \operatorname{grad} T$$

und die Wärmeleitfähigkeit

$$\lambda = \tfrac{1}{4} n k l v \tag{137.4}$$

wird

Dies Ergebnis sollen wir nun mit Gl. (135.8) für die elektrische Leitfähigkeit,

$$\sigma = \frac{n e^2 l}{2mv} \tag{137.5}$$

vergleichen. Das Verhältnis beider ist

$$\frac{\lambda}{\sigma} = \frac{kmv^2}{2e^2}$$

oder nach Gl. (137.2)

$$\frac{\lambda}{\sigma} = \frac{3}{2}\left(\frac{k}{e}\right)^2 T. \qquad (137.6)$$

Dies ist das Wiedemann-Franzsche Gesetz. Der Zahlenfaktor $\frac{3}{2}$ ist eine Folge der etwas überschläglichen Behandlung der Mittelwerte über die Verteilung der gaskinetischen Geschwindigkeiten. Die Bedeutung des Gesetzes beruht darauf, daß die etwas fragwürdigen Größen n und l im Quotienten der Gl. (137.6) herausfallen. Seine Gültigkeit ist ein wichtiger Beweis dafür, daß beide Leitungsmechanismen auf demselben Träger beruhen.

Anm. Die korrekte klassische Berechnung von Drude ergibt statt $\frac{3}{2}$ den Faktor 3 in Gl. (137.6). Der Fehler des Modells liegt darin, daß ein klassisches Elektronengas erheblich zur spezifischen Wärme des Metalls beitragen müßte, was es tatsächlich nicht tut. Die Aufklärung dieses Sachverhalts kam von Sommerfelds quantentheoretischer Behandlung des Problems, bei der das klassische Gas durch ein hoch entartetes Fermi-Gas zu ersetzen ist. In dieser Behandlung tritt anstelle des Faktors 3 die Zahl $\pi^2/3 = 3{,}29$. Die experimentellen Werte variieren etwas, da sich unterhalb der Debye-Temperatur Abweichungen ergeben und diese von Metall zu Metall variiert.

138. Aufgabe. Hall-Effekt

An einem Metallblock wird in x-Richtung ein elektrisches Feld E_x und in y-Richtung ein Magnetfeld H_y angelegt. Man zeige, daß dann in der z-Richtung ein elektrisches Feld

$$E_z = -RH_y j_x \qquad (138.1)$$

entsteht mit einer Konstanten R, der Hall-Konstanten, die berechnet werden soll.

Lösung. Die Bewegungsgleichung eines Leitungselektrons ist

$$m\dot{v} = -\varrho v - eE - \frac{e}{c}(v \times H), \qquad (138.2)$$

wenn wir das Reibungsmodell von Aufgabe 135 benutzen. Verstehen wir unter $\bar{v}$ den Mittelwert der Geschwindigkeiten vieler Elektronen, so tritt im stationären Zustand keine Beschleunigung auf, d.h. es ist $\dot{\bar{v}} = 0$. Führen wir noch die Abkürzungen

$$\tau = \frac{m}{\varrho}; \quad \frac{eH_y}{mc} = \omega \qquad (138.3)$$

ein, so ergibt Gl. (138.2) in Komponenten

$$\frac{1}{\tau}\bar{v}_x + \frac{e}{m}E_x - \omega\bar{v}_z = 0; \quad \bar{v}_y = 0; \quad \frac{1}{\tau}\bar{v}_z + \omega\bar{v}_x = 0. \qquad (138.4)$$

Für die mittlere Elektronengeschwindigkeit ergibt sich daraus

$$\bar{v}_x = -\frac{eE_x\tau}{m}\,\frac{1}{1+\omega^2\tau^2}\,; \qquad \bar{v}_y = 0\,; \qquad \bar{v}_z = \frac{eE_x\tau}{m}\,\frac{\omega\tau}{1+\omega^2\tau^2}\,. \tag{138.5}$$

Mit diesen Komponenten sind Stromdichten gemäß $\boldsymbol{j} = -ne\bar{\boldsymbol{v}}$ verbunden, sobald wir entsprechende Stromkreise schließen. Führen wir nach Aufgabe 135 die elektrische Leitfähigkeit

$$\sigma = \frac{ne^2\tau}{m} \tag{138.6}$$

ein, so folgt aus Gl. (138.6)

$$j_x = \frac{\sigma}{1+\omega^2\tau^2}E_x\,; \qquad j_y = 0\,; \qquad j_z = -\frac{\sigma\omega\tau}{1+\omega^2\tau^2}E_x\,. \tag{138.7}$$

Hier läßt sich j_z im Sinne des Ohmschen Gesetzes auch in eine Feldstärke

$$E_z = -\frac{\omega\tau}{1+\omega^2\tau^2}E_x \tag{138.8}$$

übersetzen. Je nach der Versuchsanordnung kann man dann entweder j_z oder E_z messen.

Der Ausdruck in Gl. (138.7) enthält durch den Nenner eine Widerstandserhöhung für den Strom j_x infolge des Magnetfeldes ($H_y \sim \omega$). Im allgemeinen wird man mit einem Magnetfeld arbeiten, das schwach genug ist, um im Nenner $\omega\tau \ll 1$ zu vernachlässigen. Dann vereinfachen sich auch j_z und E_z entsprechend. Führt man noch für ω aus Gl. (138.3) und für τ aus Gl. (138.6) die Größen H_y und σ ein, so folgt aus Gl. (138.8)

$$E_z = -\frac{\sigma}{nec}H_yE_x = -\frac{1}{nec}H_yj_x\,.$$

Dies ist das gesuchte Gesetz, Gl. (138.1), wobei die Hall-Konstante

$$R = \frac{1}{nec} \tag{138.9}$$

ist. Die Messung des erzeugten Zusatzfeldes E_z (oder des Stromes j_z) gestattet, R und daraus die Zahl n der Leitungselektronen in der Volumeinheit zu bestimmen.

Für ein stärkeres Magnetfeld bleibt der Nenner in Gl. (138.7) zu berücksichtigen und anstelle von Gl. (138.1) tritt die Formel

$$E_z = -\frac{RH_yj_x}{1+(\sigma RH_y)^2}\,.$$

3. Magnetische Suszeptibilität

139. Aufgabe. Zeeman-Effekt

Die Elektronen eines Atoms bilden einen Zustand, dessen Bahndrehimpuls $\boldsymbol{L}$ und Spin $\boldsymbol{S}$ (in Einheiten von $\hbar$) zu einem Gesamtdrehimpuls $\boldsymbol{J}=\boldsymbol{L}+\boldsymbol{S}$ zusammentreten. In einem schwachen Magnetfeld bleibt die Kopplung dieser Drehimpulse innerhalb des Atoms erhalten. Welches ist die Wechselwirkungsenergie zwischen dem Atom und dem Magnetfeld (Zeeman-Effekt)?

Lösung. Mit den Drehimpulsen $\hbar\boldsymbol{L}$ und $\hbar\boldsymbol{S}$ sind die magnetischen Momente $-(e\hbar/2mc)\boldsymbol{L}$ und $-(e\hbar/mc)\boldsymbol{S}$ verbunden. Die Wechselwirkungsenergie wäre daher

$$W=-\vec{\mu}\cdot\boldsymbol{H}=\frac{e\hbar}{2mc}\boldsymbol{H}\cdot(\boldsymbol{L}+2\boldsymbol{S})\ , \tag{139.1}$$

wenn sich die beiden Drehimpulse unabhängig voneinander in die Feldrichtung einstellen würden. Da ihre Kopplung aneinander erhalten bleibt, führen sie jedoch eine Präzessionsbewegung um die Richtung von $\boldsymbol{J}$ aus. Wir müssen daher in Gl. (139.1) ihre Mittelwerte über diese Bewegung einsetzen, nämlich

$$\bar{\boldsymbol{L}}=\frac{(\boldsymbol{L}\cdot\boldsymbol{J})}{J^2}\boldsymbol{J}\ ;\quad \bar{\boldsymbol{S}}=\frac{(\boldsymbol{S}\cdot\boldsymbol{J})}{J^2}\boldsymbol{J}\ , \tag{139.2}$$

so daß

$$W=\frac{e\hbar}{2mc}(\boldsymbol{H}\cdot\boldsymbol{J})\frac{(\boldsymbol{L}+2\boldsymbol{S},\boldsymbol{J})}{J^2} \tag{139.3}$$

entsteht. Nun ist

$$(\boldsymbol{L}+2\boldsymbol{S},\boldsymbol{J})=J^2+(\boldsymbol{S}\cdot\boldsymbol{J})$$

und nach dem cos-Satz im Dreieck aus $\boldsymbol{L}$, $\boldsymbol{S}$ und $\boldsymbol{J}$:

$$L^2=S^2+J^2-2(\boldsymbol{S}\cdot\boldsymbol{J})\ ,$$

also

$$(\boldsymbol{L}+2\boldsymbol{S},\boldsymbol{J})=J^2+\tfrac{1}{2}(S^2+J^2-L^2)\ . \tag{139.4}$$

Setzen wir das in Gl. (139.3) ein, so folgt

$$W=\frac{e\hbar}{2mc}(\boldsymbol{H}\cdot\boldsymbol{J})\left[1+\frac{S^2+J^2-L^2}{2J^2}\right]. \tag{139.5}$$

Gleichung (139.5) ist eine rein klassische Formel. Nach der Quantentheorie stellt sich erstens $\boldsymbol{J}$ mit einer gequantelten Komponente m_j in die Feldrichtung ein, und zweitens sind die Impulsquadrate S^2 usw. durch $S(S+1)$ usw. zu ersetzen. Damit folgt schließlich die magnetische Wechselwirkungsenergie zu

$$W=\frac{e\hbar}{2mc}Hm_Jg_J\ , \tag{139.6}$$

wobei

$$g_J = 1 + \frac{S(S+1)+J(J+1)-L(L+1)}{2J(J+1)} \tag{139.7}$$

der Landé-Faktor heißt.

Anm. Die Gln. (139.6) und (139.7) geben die Energieniveaus im Zeeman-Effekt. Für einen Zustand mit $S=0$, z.B. für zwei Elektronen mit antiparallelen Spins, wird $J=L$ und daher $g_J=1$. Dieser einfachste Fall heißt der normale Zeeman-Effekt. Ist das Magnetfeld stark genug, um die Drehimpulse $\boldsymbol{L}$ und $\boldsymbol{S}$ voneinander zu entkoppeln, so stellen sich diese unabhängig voneinander in die Feldrichtung ein und anstelle von Gl. (139.6) tritt

$$W = \frac{e\hbar}{2mc} H(m_L + 2m_S) \,. \tag{139.8}$$

In diesem Fall sprechen wir vom Paschen-Back-Effekt. Die Grenze zwischen beiden liegt etwa dort, wo μH größer als die Feinstrukturaufspaltung des ungestörten Atomterms ist.

140. Aufgabe. Paramagnetische Suszeptibilität: allgemeine Theorie

Ein Atom möge im Grundzustand den Drehimpuls $\hbar \boldsymbol{J}$ haben mit der gequantelten Komponente $\hbar m_J$ in Richtung eines angelegten Magnetfeldes $\boldsymbol{H}$. Welches magnetische Moment des Atoms stellt sich im Temperaturgleichgewicht ein? Welche paramagnetische Suszeptibilität hat ein aus solchen Atomen bestehendes Gas?

Lösung. In Gl. (139.6) wurde gezeigt, daß in die Wechselwirkungsenergie

$$W = -\mu_z H \tag{140.1}$$

die Komponente

$$\mu_z = -\mu_0 g_J m_J \tag{140.2}$$

des magnetischen Moments in Feldrichtung eingeht, wobei

$$\mu_0 = \frac{e\hbar}{2mc}$$

das Bohrsche Magneton und g_J der in Gl. (139.7) angegebene Landé-Faktor ist. Führen wir die Abkürzung

$$\alpha = \frac{\mu_0 H}{kT} g_J \tag{140.3}$$

ein, so ist das Temperaturmittel

$$\langle \mu_z \rangle = -\mu_0 g_J \langle m_J \rangle = -\mu_0 g_J \frac{\sum\limits_{m_J} m_J \mathrm{e}^{-m_J \alpha}}{\sum\limits_{m_J} \mathrm{e}^{-m_J \alpha}} \,. \tag{140.4}$$

Bei Verwendung der Zustandssumme (partition function)

$$Z = \sum_{m_J=-J}^{+J} e^{-\alpha m_J} \tag{140.5}$$

können wir dafür auch schreiben

$$\langle \mu_z \rangle = \mu_0 \, g_J \frac{d \log Z}{d\alpha} \, . \tag{140.6}$$

Die Summe in Gl. (140.5) ist eine geometrische Reihe, die wir leicht aufsummieren können:

$$\begin{aligned} Z &= e^{\alpha J}(1 + e^{-\alpha} + e^{-2\alpha} + \ldots + e^{-2J\alpha}) \\ &= e^{\alpha J} \frac{1 - e^{-\alpha(2J+1)}}{1 - e^{-\alpha J}} = \frac{\sinh (J + \frac{1}{2})\alpha}{\sinh \frac{1}{2}\alpha} \, . \end{aligned} \tag{140.7}$$

Dann ergibt Gl. (140.6)

$$\langle \mu_z \rangle = \mu_0 \, g_J \, [(J + \tfrac{1}{2}) \coth (J + \tfrac{1}{2})\alpha - \tfrac{1}{2} \coth \tfrac{1}{2}\alpha] \, . \tag{140.8}$$

Dies ist das gequantelte Analogon zu der klassischen Langevin-Formel der Aufgabe 127. Sie geht für $\alpha \to 0$, $J \to \infty$ bei festem αJ und $g_J = 1$ in diese über. Für hohe Feldstärke, $\alpha \gg 1$, würde Gl. (140.8) den Grenzwert $\langle \mu_z \rangle \approx \mu_0 \, g_J J$ ergeben, doch tritt dann die Entkopplung von $\boldsymbol{L}$ und $\boldsymbol{S}$ im Paschen-Back-Effekt ein.

Für schwaches Magnetfeld, $J\alpha \ll 1$, gibt Reihenentwicklung gemäß

$$\coth x = \frac{1}{x} + \frac{x}{3} + \ldots$$

für das gemittelte magnetische Moment

$$\langle \mu_z \rangle = \tfrac{1}{3} \mu_0 \, g_J J(J+1) \, \alpha \, . \tag{140.9}$$

Die Magnetisierung M, d. h. das magnetische Moment der Volumeinheit erhalten wir daraus einfach durch Multiplikation mit der Anzahl N der darin enthaltenen Atome,

$$M = N \langle \mu_z \rangle \, ,$$

die paramagnetische Suszeptibilität aus

$$M = \chi H \, .$$

Mit Gl. (140.9) für $\langle \mu_z \rangle$ und Gl. (140.3) für α führt dies auf

$$\chi = N \frac{\mu_0^2}{3kT} \, g_J J(J+1) \, . \tag{140.10}$$

Bei Gasen ist es meist zweckmäßig, die Suszeptibilität auf 1 Mol zu beziehen.

Anm. Die hier für ein Atom abgeleitete Formel (140.9) ist für ein zweiatomiges Molekül durch einen erheblich komplizierteren Ausdruck zu ersetzen, da hier noch die gequantelte Einstellung des Drehimpulses zur Molekülachse zusätzlich zu berücksichtigen ist.

141. Aufgabe. Paramagnetische Suszeptibilität von Sauerstoff

Das magnetische Moment des Sauerstoffmoleküls im Grundzustand rührt allein von zwei parallel gerichteten Elektronenspins her. Die magnetische Suszeptibilität von Sauerstoff soll hieraus berechnet werden.

Lösung. Wir gehen davon aus, daß mit jedem Elektronenspin das magnetische Moment

$$-\mu_0 = -\frac{e\hbar}{2mc}$$

verbunden ist. Für die parallel gerichteten Spins treten daher im ganzen die z-Komponenten

$$\mu_z = -2\mu_0 m_S \tag{141.1}$$

auf, wobei $m_S = +1, 0, -1$ sein kann. Die Wechselwirkungsenergie mit dem Feld H in z-Richtung wird

$$W = -\mu_z H = 2\mu_0 H m_S . \tag{141.2}$$

Mit der Abkürzung

$$\alpha = \frac{2\mu_0 H}{kT} \tag{141.3}$$

erhalten wir das Temperaturmittel

$$\langle\mu_z\rangle = -2\mu_0 \frac{e^{-\alpha} - e^{\alpha}}{e^{-\alpha} + 1 + e^{\alpha}} = 2\mu_0 \frac{2\sinh\alpha}{1 + 2\cosh\alpha} . \tag{141.4}$$

Für schwaches Magnetfeld ($\alpha \ll 1$) wird das genähert

$$\langle\mu_z\rangle \approx 2\mu_0 \frac{2\alpha}{3} = \frac{8\mu_0^2}{3kT} H \tag{141.5}$$

und daher die paragmagnetische Suszeptibilität

$$\chi = \frac{8N\mu_0^2}{3kT} . \tag{141.6}$$

Dies Resultat hätten wir auch aus Gl. (140.10) entnehmen können, wenn wir dort $L = 0$, $J = S = 1$, $g_J = 2$ gesetzt und μ_0 durch $2\mu_0$ ersetzt hätten.

Verstehen wir unter N die Zahl der Moleküle im Mol, $N = 6{,}025 \times 10^{23}$, und führen wir $\mu_0 = 0{,}9284 \times 10^{-20}$ erg/Gauß sowie $k = 1{,}3804 \times 10^{-16}$ erg/Grad ein, so erhalten wir

$$\chi T = 1{,}003 ,$$

also etwa bei 20°C den Wert $\chi = 3{,}4 \times 10^{-3}$ (pro Mol). Dieser Zahlenwert für χT wird durch Messungen voll bestätigt ($0{,}99 \pm 0{,}03$).

142. Aufgabe. Diamagnetische Suszeptibilität

Man benutze die in Aufgabe 120 entwickelte Hamilton-Funktion, um den Einfluß eines homogenen Magnetfeldes $\boldsymbol{H} \parallel z$ auf die Elektronen eines Atomzustandes zu untersuchen. Was ergibt sich daraus insbesondere für die magnetische Suszeptibilität? (Der Elektronenspin soll unberücksichtigt bleiben.)

Lösung. Das Magnetfeld läßt sich aus einem Vektorpotential mit den Komponenten

$$A_x = -\tfrac{1}{2} H y\,; \qquad A_y = +\tfrac{1}{2} H x\,; \qquad A_z = 0 \tag{142.1}$$

ableiten. Die durch die Hamilton-Funktion bestimmte Energie W des Atomzustandes wird dann

$$W = \frac{1}{2m} \sum_n \left(\boldsymbol{p}_n + \frac{e}{c} \boldsymbol{A}(\boldsymbol{r}_n) \right)^2 + E_{\text{pot}}\,, \tag{142.2}$$

wobei $\boldsymbol{p}_n$ der Impuls des n-ten Elektrons und $\boldsymbol{A}(\boldsymbol{r}_n)$ das Vektorpotential an dessen Ort bedeutet. Das letzte Glied bezeichnet die von allen Elektronenkoordinaten abhängige potentielle Energie der Elektronen im Atom. Ausführlicher können wir Gl. (142.2) schreiben

$$W = \left[\frac{1}{2m} \sum_n \boldsymbol{p}_n^2 + E_{\text{pot}} \right] + \frac{e}{mc} \sum_n \boldsymbol{p}_n \cdot \boldsymbol{A}(\boldsymbol{r}_n) + \frac{e^2}{2mc^2} \sum_n \boldsymbol{A}(\boldsymbol{r}_n)^2\,. \tag{142.3}$$

Zu der Energie

$$W_0 = \frac{1}{2m} \sum_n \boldsymbol{p}_n^2 + E_{\text{pot}}$$

des ungestörten Atoms treten also infolge des Magnetfeldes noch zwei weitere Glieder hinzu, nämlich ein in der Feldstärke lineares

$$W_1 = \frac{e}{mc} \sum_n \boldsymbol{p}_n \cdot \boldsymbol{A}(\boldsymbol{r}_n) = -\frac{e}{2mc} H \sum_n (p_{nx} y_n - p_{ny} x_n) \tag{142.4}$$

und ein quadratisches

$$W_2 = \frac{e^2}{2mc^2} \sum_n \boldsymbol{A}(\boldsymbol{r}_n)^2 = \frac{e^2}{8mc^2} H^2 \sum_n (x_n^2 + y_n^2)\,. \tag{142.5}$$

Hier ist

$$\sum_n (p_{ny} x_n - p_{nx} y_n) = L_z$$

die Komponente des gesamten Bahndrehimpulses in Feldrichtung, so daß wir kürzer

$$W_1 = \frac{e}{2mc} (\boldsymbol{L} \cdot \boldsymbol{H})$$

schreiben können. Das ist der bekannte Ausdruck $W_1 = -\vec{\mu} \cdot \boldsymbol{H}$, wobei $\vec{\mu}$ das mit dem Drehimpuls verbundene magnetische Moment ist.

Aus Aufgabe 140 wissen wir bereits, daß die Temperaturmittelung über alle Richtungen des um das Magnetfeld präzedierenden Drehimpulses $\boldsymbol{L}$ die paramagnetische Suszeptibilität

$$\chi_{\text{para}} = N \frac{\mu_0^2}{3kT} L(L+1) \tag{142.6}$$

ergibt, wenn L die Drehimpulsquantenzahl ist. Aufgabe 140 zeigt auch, daß bei Berücksichtigung des Elektronenspins lediglich L durch J zu ersetzen ist.

Der zweite feldabhängige Energiebeitrag, Gl. (142.5), ist für normale Feldstärken beträchtlich kleiner als der paramagnetische Anteil. Um $W_2 = W_1$ zu machen, müßte μH etwa die Größenordnung $me^4/\hbar^2 = 27$ eV annehmen, d.h. einige 100mal größer werden als kT, während eine feldunabhängige Suszeptibilität nach Aufgabe 140 nur für $\mu H \ll kT$ besteht.

Nun gibt es aber auch atomare Zustände ohne Drehimpuls, für die χ_{para} verschwindet. In solchen Fällen kann W_2 von Bedeutung werden. Da in einem solchen Atomzustand keine Richtung des ungestörten Atoms ausgezeichnet ist, wird dann der Mittelwert über die Elektronenverteilung

$$\overline{\sum_n (x_n^2 + y_n^2)} = \frac{2}{3} \overline{\sum_n r_n^2}\,.$$

Schreiben wir dafür kurz $\frac{2}{3}R^2$, so wird

$$W_2 = \frac{e^2}{12mc^2} H^2 R^2\,, \tag{142.7}$$

unabhängig von der Temperatur. Wegen

$$N W_2 = -\tfrac{1}{2}\chi H^2 \tag{142.8}$$

entsteht daraus eine diamagnetische Suszeptibilität

$$\chi_{\text{dia}} = -\frac{1}{6} N \frac{e^2}{mc^2} R^2\,. \tag{142.9}$$

Anm. Beim Einschalten des Feldes ändert sich die magnetische Energie eines magnetisierbaren Körpers um $\delta W = -\boldsymbol{M} \cdot \delta \boldsymbol{H}$, wenn $\boldsymbol{M} = \chi \boldsymbol{H}$ die Magnetisierung ist. Also ist $\delta W = -\chi \boldsymbol{H} \cdot \delta \boldsymbol{H}$, was sofort zu $W = -\frac{1}{2}\chi H^2$, d.h. zu Gl. (142.8) integriert werden kann.

4. Ferromagnetismus

143. Aufgabe. Allgemeine Theorie

Der Ferromagnetismus kann erklärt werden aus einer starken Spin-Spin-Wechselwirkung zwischen Nachbaratomen im Gitter, die parallele Spins gegenüber antiparallelen energetisch begünstigt. (Eine solche Wechselwirkung läßt sich quantenmechanisch begründen und hat nichts mit elektromagnetischen Kräften zu tun.) Im thermodynamischen Gleichgewicht muß die freie Energie der Substanz ein Extremum werden; man leite daraus eine Beziehung zwischen der bei einer festen Temperatur T sich einstellenden Magnetisierung M und dem angelegten Magnetfeld H ab.

Lösung. Die freie Energie ist

$$F = U - TS \; ; \tag{143.1}$$

bei gegebener Temperatur soll sie ein Extremum werden. Hier setzt sich die innere Energie U aus der Spin-Spin-Wechselwirkung U_{SS} und der Spin-Feld-Wechselwirkung U_{SH} zusammen. Die Entropie S kann nach der Relation

$$S = k \log W \tag{143.2}$$

aus der statistischen Wahrscheinlichkeit W der jeweiligen Spin-Konfiguration berechnet werden.

Zur Beschreibung des Spins führen wir eine Quantenzahl s ein, so daß $s = +1$ für Spin in Richtung des Magnetfeldes H und $s = -1$ für entgegengerichteten Spin gilt. Haben von insgesamt N Atomen in der Volumeinheit N_+ Spin in Feldrichtung und N_- in der umgekehrten Richtung, so ist der Mittelwert

$$\bar{s} = \frac{1}{N} \sum_{i=1}^{N} s_i = \frac{N_+ - N_-}{N_+ + N_-} \tag{143.3a}$$

oder

$$N_+ = \tfrac{1}{2} N(1+\bar{s}) \; ; \qquad N_- = \tfrac{1}{2} N(1-\bar{s}) \; . \tag{143.3b}$$

Da mit jedem Wert von s das magnetische Moment eines Atoms in Feldrichtung

$$\mu = \mu_0 s \; ; \qquad \mu_0 = \frac{\hbar e}{2mc}$$

verknüpft ist, wird die Magnetisierung

$$M = N \mu_0 \bar{s} \; . \tag{143.4}$$

Um sie zu berechnen, müssen wir die freie Energie F, d. h. also sowohl S als auch U mit Hilfe von $\bar{s}$ ausdrücken.

Wir beginnen mit der Entropie. Die Wahrscheinlichkeit einer Spinverteilung ist

$$W = \frac{N!}{N_+! \, N_-!} \, ,$$

was bei Anwendung der Stirlingschen Formel in

$$W = \exp\left[N \log N - N_+ \log N_+ - N_- \log N_-\right]$$

umgeschrieben werden kann. Ersetzen wir hier nach Gl. (143.3b) N_+ und N_- durch $\bar{s}$, so wird nach Gl. (143.2) die Entropie

$$S = k\left\{N\log N - \frac{1}{2}N(1+\bar{s})\left[\log\frac{N}{2} + \log(1+\bar{s})\right]\right.$$
$$\left. - \frac{1}{2}N(1-\bar{s})\left[\log\frac{N}{2} + \log(1-\bar{s})\right]\right\},$$

was sich zu

$$S = -\frac{1}{2}kN\{(1+\bar{s})\log(1+\bar{s}) + (1-\bar{s})\log(1-\bar{s}) - 2\log 2\} \qquad (143.5)$$

zusammenziehen läßt.

Um die Spin-Spin-Wechselswirkung zu beschreiben, bezeichnen wir die Wechselwirkungsenergie eines Paars paralleler Spins mit $-\frac{1}{2}\varphi$ und entgegengesetzter Spins mit $+\frac{1}{2}\varphi$. Dabei beschränken wir uns auf Paare von nächsten Nachbarn im Gitter, so daß wir Entfernungsparameter ausschließen können. Dann wird

$$U_{SS} = -\frac{1}{4}\varphi\sum_{i=1}^{N} s_i \sum_{k(i)} s_k\,,$$

wobei der Index $k(i)$ die Atome zählt, welche die Umgebung des i-ten Atoms bilden. Um diese Summe berechnen zu können, nehmen wir an, daß der Mittelwert von s über die aus z-Atomen bestehende Umgebung des i-ten Atoms unabhängig von s_i sei (Modell von Ising). Dann wird

$$\sum_{k(i)} s_k = z\bar{s}$$

und

$$U_{SS} = -\tfrac{1}{4}N\varphi z\bar{s}^2\,. \qquad (143.6)$$

Schließlich brauchen wir noch die Wechselwirkung mit dem angelegten äußeren Magnetfeld,

$$U_{SH} = -N\mu_0 H\bar{s}\,. \qquad (143.7)$$

Aus den Ausdrücken mit Gln. (143.5), (143.6) und (143.7) setzen wir nun die freie Energie nach Gl. (143.1) zusammen:

$$F = -\tfrac{1}{4}N\varphi z\bar{s}^2 - N\mu_0 H\bar{s}$$
$$+\tfrac{1}{2}NkT[(1+\bar{s})\log(1+\bar{s}) + (1-\bar{s})\log(1-\bar{s}) - 2\log 2]\,.$$

Wir führen die Abkürzungen

$$\frac{1}{2}\varphi z = k\Theta\,; \qquad \frac{\mu_0 H}{kT} = \alpha \qquad (143.8)$$

ein; dann können wir kürzer schreiben

$$F = -Nk\{\tfrac{1}{2}\Theta\bar{s}^2 + \alpha T\bar{s} - \tfrac{1}{2}T[(1+\bar{s})\log(1+\bar{s}) + (1-\bar{s})\log(1-\bar{s}) - 2\log 2]\}\,. \qquad (143.9)$$

Im thermodynamischen Gleichgewicht muß $dF/d\bar{s} = 0$ werden, d.h.

$$\Theta\bar{s} + \alpha T - \frac{1}{2} T \log \frac{1+\bar{s}}{1-\bar{s}} = 0 \, .$$

Mit der Identität

$$\frac{1}{2} \log \frac{1+\bar{s}}{1-\bar{s}} = \tanh^{-1}\bar{s}$$

erhalten wir daher schließlich im Gleichgewicht

$$\tanh^{-1}\bar{s} = \alpha + \frac{\Theta}{T}\bar{s} \tag{143.10a}$$

oder

$$\tanh^{-1}(M/M_S) = \frac{\mu_0 H}{kT} + \frac{\Theta}{T}\frac{M}{M_S} \, , \tag{143.10b}$$

wobei $M_S = N\mu_0$ die Sättigungsmagnetisierung ist.

144. Aufgabe. Remanenz

Man leite aus dem Ergebnis der vorstehenden Aufgabe eine Formel für die Remanenz eines Ferromagneten ab.

Lösung. Wir zerlegen Gl. (143.10) durch Einführung eines Parameters ξ gemäß

$$\bar{s} = \tanh\xi \, ; \tag{144.1a}$$

$$\bar{s} = \frac{T}{\Theta}(\xi - \alpha) \tag{144.1b}$$

in zwei Teile. In Abb. 45a ist die Kurve (144.1a) gezeichnet. Unter Remanenz verstehen wir die bei Abschalten des Feldes H verbleibende Restmagnetisierung

$$M_r = N\mu_0 s_r \, . \tag{144.2}$$

Für $H = 0$ wird auch $\alpha = 0$ und die Gerade (144.1b) geht durch den Koordinatenursprung der Abbildung 45a. Dabei müssen wir zwei Fälle unterscheiden: Ist $T > \Theta$, so ist die Gerade (144.1b) überall steiler als die Kurve (144.1a), mit der sie nur den einen Schnittpunkt zu $\bar{s} = 0$ besitzt; d.h. bei Abschalten des Magnetfeldes verschwindet auch die Magnetisierung sofort. Ist dagegen $T < \Theta$, so ist die Gerade (144.1b) flacher und hat noch zwei Schnittpunkte mit der Kurve (144.1a), die der remanenten Magnetisierung, Gl. (144.2), entsprechen.

Für $T = 0$ ergibt sich $s_r = 1$, also Sättigungsmagnetisierung; für $T = \Theta$ wird dagegen $s_r = 0$. Die Verhältnisse sind in Abb. 45b dargestellt.

Anm. Gleichung (144.1b) ergibt für den Parameter

$$\xi = \alpha + \frac{\Theta}{T}\bar{s} = \frac{\mu_0 H}{kT} + \frac{\Theta}{T}\frac{M}{N\mu_0}$$

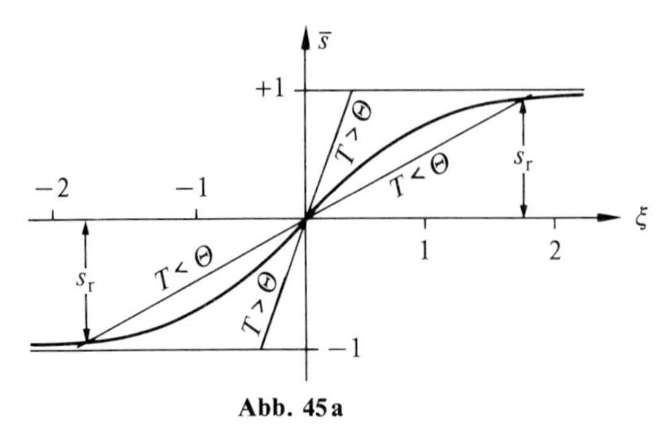

Abb. 45a

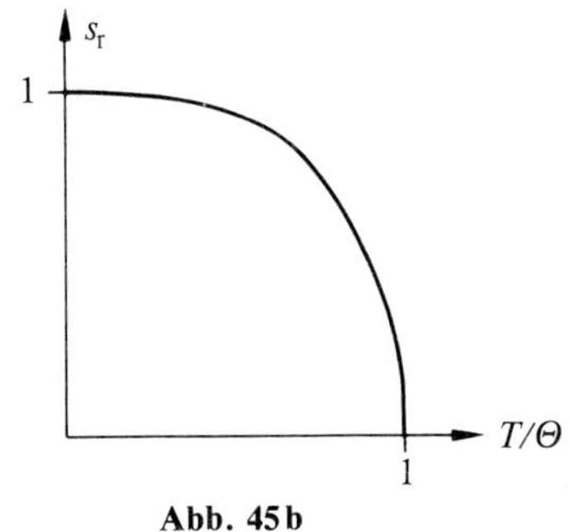

Abb. 45b

oder

$$\xi = \frac{\mu_0}{kT}(H + \lambda M) \quad \text{mit} \quad \lambda = \frac{k\Theta}{N\mu_0^2}.$$

In der klassischen Theorie wurde λM als „inneres" Feld ad hoc eingeführt, ohne λ zu erklären. Dieser Faktor ist außerordentlich groß. So ist für Eisen die Curie-Temperatur $\Theta = 1047$ K, woraus $\lambda \approx 2 \times 10^4$ folgt. Dieselbe Größenordnung ergibt sich für Nickel.

Der hohe Wert von λ zeigt, daß die magnetische Spin-Spin-Wechselwirkung gegenüber der hier benutzten völlig vernachlässigt werden kann. Die Wechselwirkungsenergie zweier benachbarter Dipole μ_0 im Gitter ist von der Größenordnung $\mu_0^2/a^3 \approx \mu_0^2 N$, wobei $a \approx 10^{-8}$ cm der Abstand zweier Gitternachbarn ist. Diese Größe, die im Nenner von λ erscheint, ist etwa 10^{-16} erg, während das im Zähler von λ stehende $k\Theta$ von der Größenordnung 10^{-13} erg nach Gl. (143.8) ein Maß für die tatsächliche Spin-Spin-Wechselwirkung φ ist.

Die Annahme von Ising ist der schwächste Punkt der Theorie. In Wirklichkeit ist es energetisch günstig, wenn sich größere Gebiete mit parallelen Spins bilden. Ihre Existenz wurde schon früh von Weiß postuliert und später von Barkhausen nachgewiesen. Sie heißen Weißsche Bezirke.

145. Aufgabe. Paramagnetisches Verhalten

Wie verhält sich ein Ferromagneticum beim Einschalten eines äußeren Magnetfeldes, wenn die Temperatur oberhalb des Curie-Punktes Θ liegt?

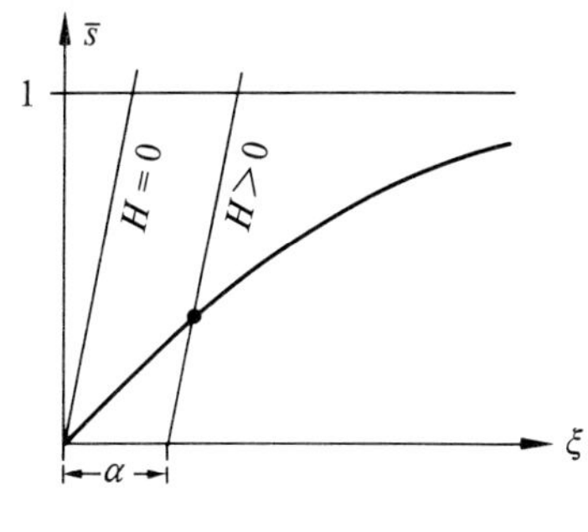

Abb. 46

Lösung. Im $\bar{s}$, ξ-Diagramm rückt für $H > 0$ der Schnittpunkt der Kurve

$$\bar{s} = \tanh \xi \tag{145.1a}$$

mit der Geraden

$$\bar{s} = \frac{T}{\Theta}(\xi - \alpha) \; ; \qquad \alpha = \frac{\mu_0 H}{kT} \tag{145.1b}$$

nach rechts (Abb. 46). Solange H klein genug ist, so daß am Schnittpunkt noch $\tanh \xi \approx \xi$ gilt, wird auch nach Gl. (145.1a) $\bar{s} \approx \xi$ und daher

$$\bar{s} = \frac{\mu_0 H}{k(T - \Theta)} \, . \tag{145.2}$$

Es tritt also eine reversible Magnetisierung ein, die proportional zu H ist,

$$M = \chi H \, , \tag{145.3}$$

wobei wegen $M = N\mu_0 \bar{s}$ und Gl. (145.2) die Suszeptibilität

$$\chi = \frac{N\mu_0^2}{k(T - \Theta)} \tag{145.4}$$

wird. Die Substanz verhält sich paramagnetisch ($\chi > 0$). Die Temperaturabhängigkeit ist durch das Auftreten der Curie-Temperatur Θ im Nenner etwas gegenüber einer normalen paramagnetischen Substanz (vgl. Aufgabe 140) verändert. Gleichung (145.4) heißt das Curie-Weißsche Gesetz.

146. Aufgabe. Hystereseschleife

Man erkläre das Auftreten der Hysterese auf Grund der hier entwickelten Modelltheorie des Ferromagnetismus.

Lösung. Der Schnittpunkt der Geraden $\bar{s} = T(\xi - \alpha)/\Theta$ mit der ξ-Achse, der bei $\xi = \alpha = \mu_0 H/kT$ liegt, ist ein direktes Maß für die Feldstärke H. Unterhalb des Curie-Punktes, also für $T < \Theta$, gibt es einen Schnittpunkt mit $\bar{s} = \tanh \xi$ zu einer

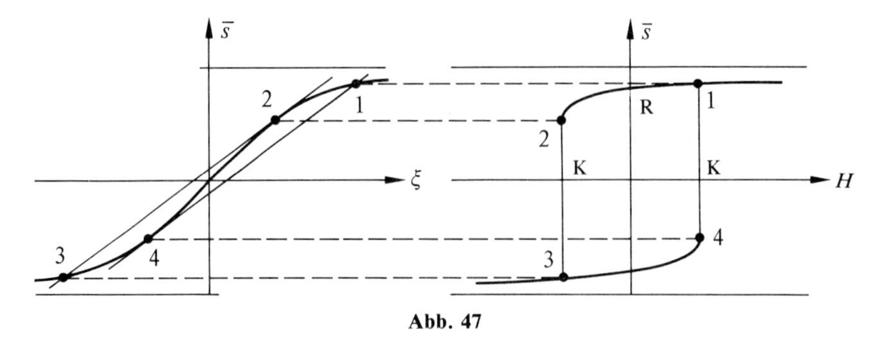

Abb. 47

endlichen Magnetisierung $M = N\mu_0 \bar{s}$. Der Punkt 1 in Abb. 47 ist ein solcher Schnittpunkt, der zu einem Feld $H > 0$ gehört. Wird das Feld verringert, so verschiebt sich die Gerade nach links, wobei $\bar{s}$ stetig sinkt, bis der Punkt 2 erreicht ist, der bereits zu einem negativen Abschnitt auf der ξ-Achse, also zu $H < 0$ gehört. Bei 2 berührt die Gerade die $\tanh \xi$-Linie; rückt sie weiter nach links, so springt der Schnittpunkt nach 3. Die Substanz wird daher bei dieser Feldstärke $H < 0$ sprunghaft ummagnetisiert. Diese Feldstärke heißt die *Koerzitivkraft* (K im rechten Diagramm). Lassen wir die Feldstärke weiter nach der negativen Seite hin wachsen, die Gerade also weiter nach links rücken, so bleibt alles stetig. Lassen wir sie dagegen wieder nach rechts rücken und $\boldsymbol{H}$ gegen Null und darüber hinaus zu positiven Werten wachsen, so nimmt $\bar{s}$ zwar zunächst wieder stetig ab, jedoch nur, bis der Punkt 4 erreicht ist, in dem die Gerade wieder die $\tanh \xi$-Linie berührt. Bei weiter wachsender Feldstärke springt die Magnetisierung wieder in die entgegengesetzte Richtung nach 1. Die dabei umlaufene Fläche im rechten Diagramm ist die *Hysteresis-Schleife*. Die dort mit R markierte Magnetisierung für $H = 0$ ist die in Aufgabe 144 untersuchte Remanenz.

Anm. Die Berücksichtigung der Weißschen Bezirke führt in der Wirklichkeit dazu, daß die Sprungstellen weniger scharf definiert sind.

147. Aufgabe. Antiferromagnetische Substanz

Eine antiferromagnetische Substanz besteht aus zwei Teilgittern a (Indices m, n) und b (Indices μ, ν) mit Spineinstellungen $s = \pm 1$, wobei in jedem Teilgitter parallele Spins energetisch günstig sind (wie in einem Ferromagneticum), aber für die relative Einstellung von Atomen der beiden Teilgitter zu einander antiparallele Spins minimale Energie ergeben. Der so beschriebene Zustand kleinster Energie ist am linken Rande der Abb. 48 angedeutet. Er wird durch die Temperaturbewegung gestört. Analog zum Vorgehen beim Ferromagnetismus in Aufgabe 143 sollen Gleichungen für die Mittelwerte von s_a und s_b abgeleitet werden.

Lösung. Die freie Energie

$$F = U_{\mathrm{SH}} + U_{\mathrm{SS}} - TS \tag{147.1}$$

ist bei gegebener Temperatur im Gleichgewicht ein Minimum:

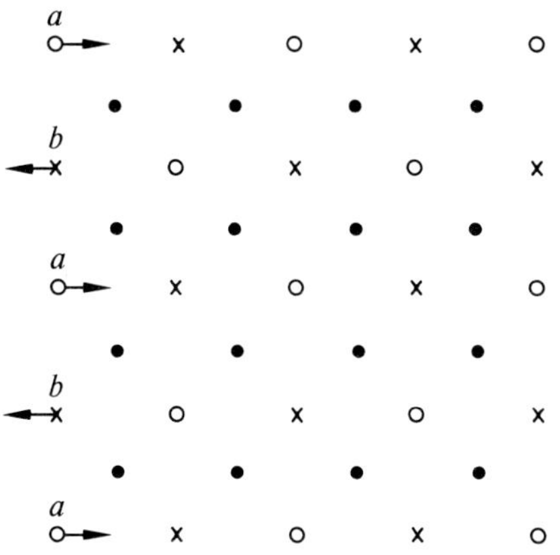

Abb. 48

$$\frac{\partial F}{\partial \bar{s}_a} = 0 \, ; \qquad \frac{\partial F}{\partial \bar{s}_b} = 0 \, . \tag{147.2}$$

Unsere Aufgabe ist daher, F durch $\bar{s}_a$ und $\bar{s}_b$ auszudrücken. Die Gln. (147.2) sind dann die gesuchten Grundgleichungen.

Die Volumeinheit möge $N_a = N_b = \frac{1}{2}N$ Atome in den beiden Teilgittern enthalten. Davon mögen N_{a+} bzw. N_{b+} den Spin in Richtung von H $(s = +1)$ und N_{a-} bzw. N_{b-} entgegengerichtet $(s = -1)$ haben. Dann ist die statistische Wahrscheinlichkeit dieser Spinverteilung

$$W = \frac{N_a!}{N_{a+}! \, N_{a-}!} \cdot \frac{N_b!}{N_{b+}! \, N_{b-}!}$$

und die Entropie daher

$$\begin{aligned} S = k\,[&N_a \log N_a - N_{a+} \log N_{a+} - N_{a-} \log N_{a-} \\ &+ N_b \log N_b - N_{b+} \log N_{b+} - N_{b-} \log N_{b-}] \, . \end{aligned}$$

Wie in Aufgabe 143 ist

$$\begin{aligned} N_{a+} &= \tfrac{1}{4}N(1 + \bar{s}_a) \, ; \qquad N_{a-} = \tfrac{1}{4}N(1 - \bar{s}_a) \\ N_{b+} &= \tfrac{1}{4}N(1 + \bar{s}_b) \, ; \qquad N_{b-} = \tfrac{1}{4}N(1 - \bar{s}_b) \, . \end{aligned} \tag{147.3}$$

Setzen wir das in S ein, so erhalten wir für die Entropie

$$\begin{aligned} S = -\tfrac{1}{4}Nk\,[&(1 + \bar{s}_a) \log (1 + \bar{s}_a) + (1 - \bar{s}_a) \log (1 - \bar{s}_a) \\ &+ (1 + \bar{s}_b) \log (1 + \bar{s}_b) + (1 - \bar{s}_b) \log (1 - \bar{s}_b) - 4 \log 2] \end{aligned} \tag{147.4}$$

mit den in Gl. (147.2) eingehenden Ableitungen

$$\begin{aligned} T\frac{\partial S}{\partial \bar{s}_a} &= -\frac{1}{4} NkT \log \frac{1 + \bar{s}_a}{1 - \bar{s}_a} = -\frac{1}{2} NkT \tanh^{-1} \bar{s}_a \, ; \\ T\frac{\partial S}{\partial \bar{s}_b} &= -\frac{1}{4} NkT \log \frac{1 + \bar{s}_b}{1 - \bar{s}_b} = -\frac{1}{2} NkT \tanh^{-1} \bar{s}_b \, . \end{aligned} \tag{147.5}$$

Die Wechselwirkung eines magnetischen Moments $\mu_0 s$ mit H ist $-\mu_0 s H$, daher wird im Mittel

$$U_{\mathrm{SH}} = -\tfrac{1}{2} N \mu_0 (\bar{s}_a + \bar{s}_b) H \,. \tag{147.6}$$

Für die Spin-Spin-Wechselwirkungen gilt in jedem Teilgitter für ein Paar von Nachbaratomen

$$V_{\mathrm{aa}} = -\tfrac{1}{2} \varphi_{aa} s_1 s_2 \,; \qquad V_{bb} = -\tfrac{1}{2} \varphi_{bb} s_1 s_2 \,, \tag{147.7a}$$

dagegen zwischen den beiden Teilgittern

$$V_{ab} = +\tfrac{1}{2} \varphi_{ab} s_1 s_2 \,. \tag{147.7b}$$

Für die Volumeinheit erhalten wir die Summen

$$\begin{aligned} U_{\mathrm{SS}} = &-\tfrac{1}{4} \sum_n s_n \left(\varphi_{aa} \sum_m s_m - \varphi_{ab} \sum_\mu s_\mu \right) \\ &-\tfrac{1}{4} \sum_\nu s_\nu \left(\varphi_{bb} \sum_\mu s_\mu - \varphi_{ab} \sum_m s_m \right) , \end{aligned}$$

wobei die inneren Summen (Indices m und u) jeweils über die Umgebung des Atoms n bzw. ν gehen. Zur Berechnung dieser inneren Summen führen wir wieder die Isingsche Näherung von Aufgabe 143 ein; sie ergibt

$$\sum_m s_m = z \bar{s}_a \,; \qquad \sum_\mu s_\mu = z \bar{s}_b$$

und daher

$$U_{\mathrm{SS}} = -\tfrac{1}{8} z N (\varphi_{aa} \bar{s}_a^2 - 2 \varphi_{ab} \bar{s}_a \bar{s}_b + \varphi_{bb} \bar{s}_b^2) \,. \tag{147.8}$$

Wir können nun mit Gl. (147.5) und den Ableitungen von Gln. (147.6) und (147.8) in die Gleichgewichtsbedingungen, Gl. (147.2), eingehen und finden

$$\begin{aligned} -\frac{1}{2} N \mu_0 H - \frac{z}{4} N (\varphi_{aa} \bar{s}_a - \varphi_{ab} \bar{s}_b) + \frac{1}{2} N k T \tanh^{-1} \bar{s}_a = 0 \,, \\ -\frac{1}{2} N \mu_0 H - \frac{z}{4} N (\varphi_{bb} \bar{s}_b - \varphi_{ab} \bar{s}_a) + \frac{1}{2} N k T \tanh^{-1} \bar{s}_b = 0 \,. \end{aligned} \tag{147.9}$$

Wir schreiben dies etwas bequemer

$$\begin{aligned} \bar{s}_a = \tanh \left\{ \frac{\mu_0 H}{kT} + \frac{z}{2kT} (\varphi_{aa} \bar{s}_a - \varphi_{ab} \bar{s}_b) \right\} ; \\ \bar{s}_b = \tanh \left\{ \frac{\mu_0 H}{kT} + \frac{z}{2kT} (\varphi_{bb} \bar{s}_b - \varphi_{ab} \bar{s}_a) \right\} . \end{aligned} \tag{147.10}$$

Wir verwenden diese Beziehungen als die Grundgleichungen für eine antiferromagnetische Substanz. Aus ihrer Lösung entnimmt man die im thermodynamischen Gleichgewicht eintretende Magnetisierung

$$M = \tfrac{1}{2} N \mu_0 (\bar{s}_a + \bar{s}_b) \,. \tag{147.11}$$

148. Aufgabe. Antiferromagneticum: feldfreier Fall

Welche Magnetisierungen können auftreten, wenn kein äußeres Feld H an die antiferromagnetische Substanz angelegt wird? Dabei soll $\varphi_{aa} = \varphi_{bb}$ vorausgesetzt werden.

Lösung. Wir führen die Abkürzungen

$$\frac{z}{2}(\varphi_{aa} - \varphi_{ab}) = k\Theta ; \qquad \frac{z}{2}(\varphi_{aa} + \varphi_{ab}) = k\Theta' \tag{148.1}$$

ein. Hier ist $\Theta' > 0$, dagegen wird Θ negativ, falls $\varphi_{ab} > \varphi_{aa}$ ist. Das wird häufig der Fall sein, da in der Abb. 48 der Abstand $a - b$ kleiner ist als $a - a$. Die Grundgleichungen (147.10) lauten dann für $H = 0$

$$\begin{aligned} \bar{s}_a &= \tanh\left(\frac{\Theta' + \Theta}{2T}\bar{s}_a - \frac{\Theta' - \Theta}{2T}\bar{s}_b\right); \\ \bar{s}_b &= \tanh\left(\frac{\Theta' + \Theta}{2T}\bar{s}_b - \frac{\Theta' - \Theta}{2T}\bar{s}_a\right). \end{aligned} \tag{148.2}$$

Dies Gleichungssystem wird gelöst durch

$$\bar{s}_a + \bar{s}_b = 0 ; \tag{148.3}$$

dann ergeben beide Gleichungen übereinstimmend

$$\bar{s}_a = \tanh\left(\frac{\Theta'}{T}\bar{s}_a\right). \tag{148.4}$$

Nach Gl. (148.3) ist die Magnetisierung der Substanz dann gleich Null, während sich jedes Teilgitter gemäß Gl. (148.4) verhält. Die Lösung von Gl. (148.4) folgt genau wie in Aufgabe 144 für das Ferromagneticum: Die Temperaturkonstante Θ' spielt jetzt die gleiche Rolle wie dort die Curie-Temperatur, d.h. für $T > \Theta'$ existiert nur die Lösung $\bar{s}_a = 0$, $\bar{s}_b = 0$; für $T < \Theta'$ sind dagegen noch entgegengesetzt gleiche endliche Remanenzwerte möglich.

Anm. In Antiferromagnetica bestehen die beiden Teilgitter aus der gleichen Art von Atomen, so daß

$$\varphi_{aa} = \varphi_{bb}$$

ist. Das Gitter muß außerdem noch eine andere Atomart ohne Spin enthalten, wie sie in Abb. 48 durch die Punkte angedeutet ist. Dadurch können für Nachbarn innerhalb desselben Teilgitters wesentlich andere Verhältnisse bestehen als für Nachbarn verschiedener Teilgitter, ganz abgesehen von den verschiedenen Abständen. Ein gutes Beispiel ist MnO, bei dem $\Theta = -610°$ und $\Theta' = 122°$ beträgt. In der Regel ist Θ negativ, d.h. $\varphi_{ab} > \varphi_{aa}$.

149. Aufgabe. Suszeptibilität eines Antiferromagneticums

Wie verhält sich eine antiferromagnetische Substanz unter der Einwirkung eines äußeren Magnetfeldes H oberhalb und unterhalb der Néel-Temperatur Θ'?

Lösung. Mit der Abkürzung

$$x = \frac{\mu_0 H}{kT} \tag{149.1}$$

lauten die Grundgleichungen jetzt

$$\begin{aligned} \bar{s}_a &= \tanh\left(\frac{\Theta' + \Theta}{2T}\bar{s}_a - \frac{\Theta' - \Theta}{2T}\bar{s}_b + x\right); \\ \bar{s}_b &= \tanh\left(\frac{\Theta' + \Theta}{2T}\bar{s}_b - \frac{\Theta' - \Theta}{2T}\bar{s}_a + x\right). \end{aligned} \tag{149.2}$$

Wir wissen bereits, daß für $H = 0$, d.h. für $x = 0$, die Gln. (149.2) durch

$$\bar{s}_a = s; \quad \bar{s}_b = -s; \quad s = \tanh\frac{\Theta'}{T}s \tag{149.3}$$

gelöst werden. Für $T > \Theta'$ existiert dann für s nur die triviale Lösung $s = 0$; für $T < \Theta'$ dagegen auch die in der vorigen Aufgabe abgeleitete Remanenzlösung. Ist x von Null verschieden, so verschiebt sich bei schwachen Feldern die Lösung der Gln. (149.3) zu Werten

$$\bar{s}_a = s + \alpha; \quad \bar{s}_b = -s + \beta. \tag{149.4}$$

Dann lauten die Gln. (149.2)

$$\begin{aligned} s + \alpha &= \tanh\left(\frac{\Theta'}{T}s + \frac{\Theta'}{2T}(\alpha - \beta) + \frac{\Theta}{2T}(\alpha + \beta) + x\right); \\ s - \beta &= \tanh\left(\frac{\Theta'}{T}s + \frac{\Theta'}{2T}(\alpha - \beta) - \frac{\Theta}{2T}(\alpha + \beta) - x\right). \end{aligned} \tag{149.5}$$

Ist $x \ll 1$, so gilt dies auch für α und β, und wir können nach dem Schema

$$\tanh(\xi + \varepsilon) = \tanh\xi + \frac{\varepsilon}{\cosh^2\xi} = \tanh\xi + \varepsilon(1 - \tanh^2\xi)$$

entwickeln; wegen Gln. (149.3) gilt also

$$\tanh\left(\frac{\Theta'}{T}s + \varepsilon\right) = s + \varepsilon(1 - s^2). \tag{149.6}$$

Auf diese Weise entstehen aus Gln. (149.5) für α und β die linearen Gleichungen

$$\alpha = (1-s^2)\left(\frac{\Theta' + \Theta}{2T}\alpha - \frac{\Theta' - \Theta}{2T}\beta + x\right)$$

$$\beta = (1-s^2)\left(\frac{\Theta' + \Theta}{2T}\beta - \frac{\Theta' - \Theta}{2T}\alpha + x\right)$$

mit der eindeutigen Lösung

$$\alpha = \beta = \frac{(1-s^2)x}{1-(1-s^2)\,\Theta/T}\,. \tag{149.7}$$

Nach Gl. (149.4) folgt daraus

$$M = \frac{1}{2}N\mu_0(\bar{s}_a + \bar{s}_b) = N\mu_0\,\alpha = \frac{N\mu_0^2(1-s^2)}{kT[1-(1-s^2)\,\Theta/T]}H\,.$$

Wir erhalten demnach ein paramagnetisches Verhalten mit $M = \chi H$ und der Suszeptibilität

$$\chi = \frac{N\mu_0^2}{kT\left(\cosh^2\dfrac{\Theta' s}{T} - \dfrac{\Theta}{T}\right)}\,. \tag{149.8}$$

Für $T > \Theta'$ hat Gln. (149.3) nur die Lösung $s = 0$. Damit vereinfacht sich Gl. (149.8) zu

$$\chi = \frac{N\mu_0^2}{k(T-\Theta)}\,, \tag{149.9}$$

also zu einem ähnlichen Gesetz wie dem Curie-Weißschen in Aufgabe 145 bei Ferromagnetica oberhalb des Curie-Punktes. Die Néel-Temperatur Θ' spielt hier also die gleiche Rolle wie die Curie-Temperatur bei den Ferromagnetica. Die Suszeptibilität erreicht hier aber am Punkt $T = \Theta'$ nur einen endlichen Wert, da nicht nur $\Theta < \Theta'$, sondern sogar Θ negativ ist.

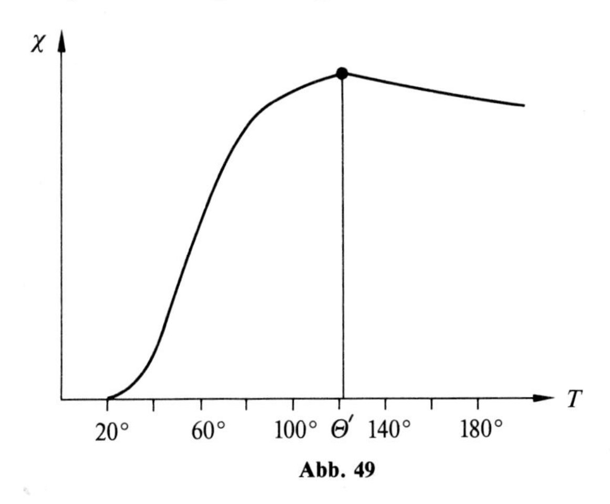

Abb. 49

Für $T < \Theta'$ muß man die volle Formel (149.8) benutzen, nach der sich bei $T = \Theta'$ die Suszeptibilität stetig verändert. Entnimmt man dann s aus der Lösung von Gl. (149.3), so ergibt sich ein Abfall der Suszeptibilität mit sinkender Temperatur bis auf Null für $T = 0$.

In Abb. 49 ist der Verlauf der Suszeptibilität mit den Daten für MnO ($\Theta = -610°$; $\Theta' = 122°$) nach den Gln. (149.8) und (149.9) berechnet und dargestellt.

Anhang

1. Grundgleichungen

Heute ist es vielfach, besonders in der Elektrotechnik, üblich geworden, die Maxwellschen Gleichungen nicht mehr

$$\mathrm{rot}\,\boldsymbol{E} = -\frac{1}{c}\dot{\boldsymbol{B}}\;; \qquad \mathrm{div}\,\boldsymbol{B} = 0 \tag{1a}$$

und

$$\mathrm{rot}\,\boldsymbol{H} = \frac{4\pi}{c}\boldsymbol{j} + \frac{1}{c}\dot{\boldsymbol{D}}\;; \qquad \mathrm{div}\,\boldsymbol{D} = 4\pi\varrho\;, \tag{1b}$$

sondern unter Weglassung der Faktoren 4π und c einfacher

$$\mathrm{rot}\,\bar{\boldsymbol{E}} = -\dot{\bar{\boldsymbol{B}}}\;; \qquad \mathrm{div}\,\bar{\boldsymbol{B}} = 0 \tag{2a}$$

und

$$\mathrm{rot}\,\bar{\boldsymbol{H}} = \bar{\boldsymbol{j}} + \dot{\bar{\boldsymbol{D}}}\;; \qquad \mathrm{div}\,\bar{\boldsymbol{D}} = \bar{\varrho} \tag{2b}$$

zu schreiben. (Die Querstriche fügen wir hier zur Unterscheidung hinzu.) Daß diese Form der Gleichungen denselben physikalischen Inhalt hat, zeigt sich darin, daß die Gln. (1a, b) und (2a, b) über die einfachen Transformationen

$$\bar{\boldsymbol{E}} = \varkappa c\boldsymbol{E}\;; \qquad \bar{\boldsymbol{B}} = \varkappa\boldsymbol{B} \tag{3a}$$

und

$$\bar{\boldsymbol{H}} = \frac{\lambda c}{4\pi}\boldsymbol{H}\;; \qquad \bar{\boldsymbol{j}} = \lambda\boldsymbol{j}\;; \qquad \bar{\varrho} = \lambda\varrho\;; \qquad \bar{\boldsymbol{D}} = \frac{\lambda}{4\pi}\boldsymbol{D} \tag{3b}$$

zusammenhängen. Definiert man in beiden Systemen die elektrische Feldstärke $\boldsymbol{E}$ als Kraft auf die Einheitsladung, also gemäß

$$\boldsymbol{K} = q\boldsymbol{E} = \bar{q}\bar{\boldsymbol{E}}\;, \tag{4}$$

so folgt (da sich q wie ϱ transformiert)

$$\lambda\varkappa c = 1\;, \tag{5}$$

so daß

$$\bar{\boldsymbol{E}} = \frac{1}{\lambda}\boldsymbol{E}\;; \qquad \bar{\boldsymbol{B}} = \frac{1}{\lambda c}\boldsymbol{B} \tag{3c}$$

wird. Die Gln. (3b) und (3c) enthalten also nur *einen*, zunächst noch willkürlichen Parameter λ.

Mit dieser Transformation bleibt die Form der *Materialgleichungen*

$$\boldsymbol{D} = \varepsilon \boldsymbol{E} \; ; \qquad \boldsymbol{B} = \mu \boldsymbol{H} \; ; \qquad \boldsymbol{j} = \sigma \boldsymbol{E} \tag{6}$$

erhalten, d. h. es gilt auch

$$\bar{\boldsymbol{D}} = \bar{\varepsilon} \bar{\boldsymbol{E}} \; ; \qquad \bar{\boldsymbol{B}} = \bar{\mu} \bar{\boldsymbol{H}} \; ; \qquad \bar{\boldsymbol{j}} = \bar{\sigma} \boldsymbol{j} \; , \tag{7}$$

wenn

$$\bar{\varepsilon} = \frac{\lambda^2}{4\pi} \varepsilon \; ; \qquad \bar{\mu} = \frac{4\pi}{\lambda^2 c^2} \mu \; ; \qquad \bar{\sigma} = \lambda^2 \sigma \tag{8a}$$

ist. Dies bedeutet, daß $\bar{\varepsilon}$ und $\bar{\mu}$ auch im Vakuum nicht $= 1$ werden, ja, daß sie wegen

$$\bar{\varepsilon} \bar{\mu} = \varepsilon \mu / c^2 \tag{8b}$$

sogar verschiedene Dimension haben. Es ist deshalb üblich, $\bar{\varepsilon} = \varepsilon \varepsilon_0$ und $\bar{\mu} = \mu \mu_0$ zu setzen, wobei ε und μ ihre Bedeutung als reine Zahlen unverändert behalten und $\varepsilon_0 = \lambda^2 / 4\pi$ die Dielektrizitätskonstante des Vakuums sowie $\mu_0 = 4\pi / \lambda^2 c^2$ die Permeabilität des Vakuums ist.

Aus den Ausgangsformeln (3b) und (3c) folgt eine Reihe weiterer Umformungen, z. B.

$$\bar{q} = \lambda q \; ; \qquad \bar{I} = \lambda I \; ; \qquad \bar{\Phi} = \frac{1}{\lambda} \Phi \; ; \qquad \frac{1}{2} \varrho \Phi = \frac{1}{2} \bar{\varrho} \bar{\Phi} \; ; \tag{9a}$$

$$\frac{1}{8\pi} \boldsymbol{D} \boldsymbol{E} = \frac{1}{2} \bar{\boldsymbol{D}} \bar{\boldsymbol{E}} \; ; \qquad \frac{1}{8\pi} \boldsymbol{B} \boldsymbol{H} = \frac{1}{2} \bar{\boldsymbol{B}} \bar{\boldsymbol{H}} \; ; \tag{9b}$$

$$\boldsymbol{j} \boldsymbol{E} = \bar{\boldsymbol{j}} \bar{\boldsymbol{E}} \; ; \qquad \boldsymbol{S} = \frac{c}{4\pi} (\boldsymbol{E} \times \boldsymbol{H}) = \bar{\boldsymbol{E}} \times \bar{\boldsymbol{H}} \; . \tag{9c}$$

Die in Gln. (9a – c) angegebenen Produkte, welche Energiedichten und Energiestromdichte bedeuten, ändern diese Bedeutung natürlich nicht bei der Umdefinition ihrer elektrischen und magnetischen Faktoren.

Die Definition der Kapazität bleibt unverändert,

$$C = q / \Phi \; ; \qquad \bar{C} = \bar{q} / \bar{\Phi} \; ; \tag{10a}$$

wenn

$$\bar{C} = 4\pi \varepsilon_0 C \tag{10b}$$

gilt. Die Selbstinduktion eines Stromkreises definieren wir nach wie vor aus der magnetischen Energie,

$$W = \tfrac{1}{2} L I^2 = \tfrac{1}{2} \bar{L} \bar{I}^2 \; ; \tag{11a}$$

daraus folgt

$$\bar{L} = \frac{1}{\lambda^2} L = \frac{\mu_0}{4\pi} c^2 L \; . \tag{11b}$$

Wir fügen noch einige weitere Beispiele an, die deutlich machen, wie die Formeln der vorstehenden Aufgaben auf die Schreibweise (2a, b) der Maxwellschen Gleichungen umzuschreiben sind.

1. Punktladung und Dipol. In den Potentialen $\Phi = q/r$ für die Ladung q und $\Phi = (\boldsymbol{p} \cdot \boldsymbol{r})/r^3$ für das Dipolmoment $\boldsymbol{p}$ setzen wir $\Phi = \lambda \bar{\Phi}$ und $\boldsymbol{p} = \bar{\boldsymbol{p}}/\lambda$ ein. Dann folgt wegen $\lambda^2 = 4\pi\varepsilon_0$

$$\bar{\Phi} = \frac{q}{4\pi\varepsilon_0 r} \quad \text{bzw.} \quad \bar{\Phi} = \frac{(\bar{\boldsymbol{p}} \cdot \boldsymbol{r})}{4\pi\varepsilon_0 r^3} .$$

2. Polarisation eines Dielectricums. In $\boldsymbol{D} = \boldsymbol{E} + 4\pi\boldsymbol{P}$; $\boldsymbol{P} = \chi\boldsymbol{E}$ müssen wir $\boldsymbol{D} = (4\pi/\lambda)\bar{\boldsymbol{D}}$; $\boldsymbol{E} = \lambda\bar{\boldsymbol{E}}$ und $\boldsymbol{P} = (1/\lambda)\bar{\boldsymbol{P}}$ einführen. Dann erhalten wir

$$\bar{\boldsymbol{D}} = \varepsilon_0\bar{\boldsymbol{E}} + \bar{\boldsymbol{P}} ; \quad \bar{\boldsymbol{P}} = \chi\lambda^2\bar{\boldsymbol{E}} = 4\pi\varepsilon_0\chi\bar{\boldsymbol{E}} ,$$

so daß wir auch

$$\bar{\boldsymbol{D}} = \varepsilon_0(1 + 4\pi\chi)\bar{\boldsymbol{E}}$$

und wie bisher $\varepsilon = 1 + 4\pi\chi$ finden.

3. Magnetfeld und Strom. Anstelle von $\oint \boldsymbol{H} \cdot d\boldsymbol{s} = (4\pi/c)I$ tritt $\oint \bar{\boldsymbol{H}} \cdot d\boldsymbol{s} = \bar{I}$. Das in Aufgabe 46 berechnete Magnetfeld des linearen Leiters, $H_\varphi = 2I/(cr)$ ist mit $\bar{H}_\varphi = (c\lambda/4\pi)\, H_\varphi$ und $\bar{I} = \lambda I$ umzuschreiben in $\bar{H}_\varphi = \bar{I}/(2\pi r)$.

Die magnetische Energieformel

$$W = \frac{1}{2}\mu\left(\frac{I}{c}\right)^2 \int\int \frac{d\boldsymbol{s} \cdot d\boldsymbol{s}'}{|\boldsymbol{r} - \boldsymbol{r}'|}$$

ist bei unverändertem W gemäß $I^2 = \bar{I}^2/\lambda^2$ und $\mu_0 = 4\pi/(\lambda^2 c^2)$ umzuschreiben, d.h. es ist $I^2/c^2 = \bar{I}^2/(\lambda^2 c^2) = (\mu_0/4\pi)\, I^2$ und daher

$$W = \frac{\mu\mu_0}{8\pi}\bar{I}^2 \int\int \frac{d\boldsymbol{s} \cdot d\boldsymbol{s}'}{|\boldsymbol{r} - \boldsymbol{r}'|} .$$

4. Vektorpotential, Lorentzkonvention. Neben $\boldsymbol{B} = \operatorname{rot}\boldsymbol{A}$ tritt die Formel $\bar{\boldsymbol{B}} = \operatorname{rot}\bar{\boldsymbol{A}}$. Das Vektorpotential transformiert sich daher wie die Induktion,

$$\bar{\boldsymbol{A}} = \frac{1}{\lambda c}\boldsymbol{A} .$$

Die Formel

$$\boldsymbol{A} = \frac{\mu}{c}\int d\tau' \frac{\boldsymbol{j}(\boldsymbol{r}')}{|\boldsymbol{r} - \boldsymbol{r}'|}$$

geht daher mit $\boldsymbol{j} = \bar{\boldsymbol{j}}/\lambda$ und $\mu_0 = 4\pi/(\lambda^2 c^2)$ in

$$\bar{\boldsymbol{A}} = \frac{\mu\mu_0}{4\pi}\int d\tau' \frac{\bar{\boldsymbol{j}}(\boldsymbol{r}')}{|\boldsymbol{r} - \boldsymbol{r}'|}$$

über.

Die Lorentzkonvention

$$\operatorname{div}\boldsymbol{A} + \frac{\varepsilon\mu}{c}\frac{\partial\Phi}{\partial t} = 0$$

ergibt mit $\boldsymbol{A} = \lambda c \bar{A}$ und $\Phi = \lambda \bar{\Phi}$

$$\operatorname{div} \bar{A} + \varepsilon \varepsilon_0 \mu \mu_0 \frac{\partial \bar{\Phi}}{\partial t} = 0 .$$

5. Elektrische Leitfähigkeit. Das Elektronenmodell der Aufgabe 135 ergab die Formel

$$\sigma = \frac{n e^2 l}{2 m v_0} .$$

Die Größen n, l, m und v_0 hängen nicht von der Wahl der elektromagnetischen Begriffe ab. Für die Elektronenladung haben wir $\bar{e} = \lambda e$ und nach Gl. (8a) für die Leitfähigkeit $\bar{\sigma} = \lambda^2 \sigma$. Daher bleibt unverändert

$$\bar{\sigma} = \frac{n \bar{e}^2 l}{2 m v_0} .$$

6. Hall-Konstante (Aufgabe 138). In den Formeln

$$E_z = -R H_y j_x \quad \text{und} \quad R = \frac{1}{nec}$$

haben wir zu setzen

$$E_z = \lambda \bar{E}_z ; \quad H_y = \frac{4\pi}{\lambda c} \bar{H}_y ; \quad j_x = \frac{1}{\lambda} \bar{j}_x ; \quad e = \frac{1}{\lambda} \bar{e} .$$

Auf diese Weise entsteht

$$\bar{E}_z = -\bar{R} \bar{H}_y \bar{j}_x ,$$

wobei wegen $4\pi/\lambda^2 = 1/\varepsilon_0$ die Hall-Konstante

$$\bar{R} = \frac{1}{n \bar{e} c \varepsilon_0}$$

wird.

2. Verschiedene Begriffsbildungen

Wir haben gesehen, daß die Form (2a, b) der Maxwellschen Gleichungen für die Größen ε_0 und μ_0 des leeren Raumes auf $\varepsilon_0 \mu_0 = 1/c^2$ führt. Daher ist es in diesem Rahmen durch keine Wahl von λ mehr möglich, beide Konstanten = 1 zu machen. Eine an die Form (1a, b) der Maxwellschen Gleichungen geknüpfte grundlegende Begriffsbildung ist daher für die Form (2a, b) aufgehoben.

Bei den Gln. (1a, b) wird nämlich unterstellt, daß im Vakuum die Vektoren $\boldsymbol{D} = \boldsymbol{E}$ und $\boldsymbol{B} = \boldsymbol{H}$ paarweise identisch werden. Daß es überhaupt notwendig ist, alle vier Vektoren in die Theorie einzuführen, wird als eine Folge der Polarisierbarkeit der Materie angesehen. Sie erzeugt zusätzlich induzierte Felder nach dem Schema $\boldsymbol{D} = \boldsymbol{E} + 4\pi\boldsymbol{P}$ bzw. $\boldsymbol{B} = \boldsymbol{H} + 4\pi\boldsymbol{M}$. Bei Abwesenheit von Materie, also z. B. bei den meisten Ausbreitungsproblemen elektromagnetischer Wellen, reduziert sich aber die Basis der Theorie auf zwei Vektoren, $\boldsymbol{E}$ und $\boldsymbol{H}$.

Diese Auffassung entspricht einem auch sonst in der theoretischen Physik bestehenden philosophischen Prinzip: Werden zwei Größen aus verschiedenen experimentellen Erfahrungen gewonnen und daher zunächst auch auf verschiedene Weise definiert, und ergibt sich dabei, daß sie stets einander proportional sind mit ein und demselben Faktor, so betrachtet man sie als identisch. Das markanteste Beispiel dafür sind träge und schwere Masse, deren Gleichsetzung ($m_t = m_s$) uns so selbstverständlich geworden ist, daß wir uns ihrer meist gar nicht mehr bewußt werden. Ein anderes Beispiel ist die Einsteinsche Relation $E = mc^2$ zwischen Energie und Masse. Hier fügen wir aus Zweckmäßigkeitsgründen den universellen Faktor c^2 hinzu und unterscheiden E und m begrifflich. Aber es gibt Gebiete der Physik, wo diese Unterscheidung lästig wird, etwa bei den Massendefekten der Atomkerne, die wir wahlweise in mMU oder MeV, also in der Massenskala oder in der Energieskala angeben (wobei die Wahl der Energieskala zum Überfluß noch mit der elektrischen Potentialskala verkoppelt ist). Die gleiche Situation besteht bei $\boldsymbol{D}$ und $\boldsymbol{E}$ bzw. bei $\boldsymbol{B}$ und $\boldsymbol{H}$: Der allgemeinen Philosophie entspricht es mehr, wenn wir die Paare $\boldsymbol{D} = \boldsymbol{E}$ und $\boldsymbol{B} = \boldsymbol{H}$ im leeren Raum als identisch betrachten (wie bei $m_t = m_s$); dann müssen wir die Maxwellschen Gleichungen in der Form (1a, b) benutzen. Es kann aber zweckmäßiger sein, sie gemäß $\boldsymbol{D} = \varepsilon_0\boldsymbol{E}$ und $\boldsymbol{B} = \mu_0\boldsymbol{H}$ als verschieden einzuführen (wie bei $E = mc^2$). In der Atomphysik ist der erste Weg und damit die Wahl der Gln. (1a, b) als Grundlage zweckmäßig; in weiten Gebieten der Elektrotechnik ist der zweite Weg und damit die Wahl der Gln. (2a, b) vorzuziehen.

Daß die potentielle Energie der Wechselwirkung zweier Elektronen im ersten Fall e^2/r, im zweiten aber umständlich $e^2/(4\pi\varepsilon_0 r)$ wird, wobei die Zusatzfaktoren physikalisch irrelevant sind, ist ein besonders augenfälliges Beispiel dafür, daß in der Atomphysik, die fast ganz auf diesem Gesetz aufbaut, der erste Weg zweckmäßiger ist.

3. Dimensionen und Einheiten

Bei der Begriffsbildung aus Gl. (1b) wurde die elektrische Ladung mit Hilfe des Coulombschen Gesetzes in das aus der Mechanik hervorgegangene System eingegliedert. Das führte zur Definition der Einheitsladung als derjenigen, die auf eine gleichgroße im Abstand von 1 cm die Kraft von 1 dyn ausübt, und damit wegen $q = r\sqrt{K}$ zu der etwas unglücklichen Dimension von $\mathrm{g}^{1/2}\,\mathrm{cm}^{3/2}\,\mathrm{s}^{-1}$, die formal und unanschaulich erschien. Daher lag der Gedanke nahe, statt das cgs-System der Mechanik auf die elektromagnetischen Erscheinungen auszudehnen, die Ladung als eine vierte unabhängige Größe hinzuzufügen. Da es aus mannigfachen, vor allem der damaligen technischen Anwendung entstammenden Gründen zweckmäßig schien, als Längeneinheit das Meter und als Masseneinheit das

Kilogramm (statt cm und g) zu wählen, und da sich als praktische Einheit des Stroms das Ampere (A) bzw. als Einheit der Ladung das Coulomb (C) mit 1 A = 1 C/s eingebürgert hatte, gelangte man zu dem sogenannten *KMSA-System* von Kilogramm, Metern, Sekunden und Ampere.

Zum Umrechnen des einen auf das andere Maßsystem bedarf es einer Anschlußgröße. Diese ist eben die Ladung:

$$1\ \mathrm{Coulomb} = 3 \times 10^9\ \mathrm{cgs}\ .$$

Die Maßeinheiten aller weiteren Größen können hieraus entnommen werden, z. B. bei den elektrischen Größen für

die Stromstärke I:	$1\ \mathrm{A} = 3 \times 10^9\ \mathrm{cgs}$
die Stromdichte $\boldsymbol{j}$:	$1\ \mathrm{A/m^2} = 3 \times 10^5\ \mathrm{cgs}$
das Potential Φ, bzw. die Spannung U:	$1\ \mathrm{Volt\ (V)} = \frac{1}{300}\mathrm{cgs}$
den Widerstand R, bzw. $L\omega$ und $1/C\omega$:	$1\ \mathrm{Ohm}\ (\Omega) = 1\ \mathrm{V/A} = \frac{1}{9} \times 10^{-11}\ \mathrm{cgs}$
die Kapazität $C = q/U$:	$1\ \mathrm{Farad\ (F)} = 1\ \mathrm{C/V} = 9 \times 10^{11}\ \mathrm{cm}$
die Verschiebung $\boldsymbol{D}$:	$1\ \mathrm{C/m^2} = 3 \times 10^5\ \mathrm{cgs}\ .$

Hierbei ist begrifflich, wie im System (1a, b) die Feldstärke als Kraft auf die Einheitsladung definiert, nur daß auch die Krafteinheit (wegen m und kg)

$$1\ \mathrm{Newton\ (N)} = 10^5\ \mathrm{dyn}$$

ist. Das Produkt $I \cdot U$ ist auch jetzt eine Leistung. Mit der Energieeinheit

$$1\ \mathrm{Joule\ (J)} = 10^7\ \mathrm{erg}$$

wird

$$1\ \mathrm{A} \times 1\ \mathrm{V} = 1\ \mathrm{Watt} = 1\ \mathrm{J/s}\ .$$

Die Verschiebung $\boldsymbol{D}$ ist so definiert, daß der elektrische Fluß durch eine geschlossene Fläche gleich der darin enthaltenen Ladung sein soll, entsprechend

$$\mathrm{div}\boldsymbol{D} = \bar{\varrho}\ ; \qquad \oint \boldsymbol{D} \cdot d\boldsymbol{f} = \bar{q}\ .$$

Die Einheit von $\boldsymbol{D}$ ist daher 1 $\mathrm{C/m^2}$ wie oben angegeben. Dabei ist zu beachten, daß wir im Gleichungssystem (2a, b) nicht mehr $\mathrm{div}\boldsymbol{D} = 4\pi\varrho$ gesetzt haben.

Da $\boldsymbol{D}$ und $\boldsymbol{E}$ jetzt verschiedene Dimension besitzen, wird auch die Dielektrizitätskonstante nicht mehr dimensionslos, was für Vakuum in dem auf Gln. (2a, b) aufgebauten System

$$\varepsilon_0 = \frac{1}{36\pi} \times 10^{-9} \frac{\mathrm{C}}{\mathrm{Vm}}$$

gibt. Wegen 1 V = 1 J/C können wir dafür auch $\mathrm{C^2/(J\,m)}$ schreiben.

Es sei noch angemerkt, daß die hier definierten Einheiten, wenn sie auf die vier Grundgrößen KMSA nach Art des cgs-Systems zurückgeführt werden, auch einigermaßen komplizierte Verbindungen, wenn auch keine gebrochenen Potenzen ergeben, z. B. (mit K für kg, M für m, S für s)

$$1\,\mathrm{V} = 1\,\mathrm{K}\,\mathrm{M}^2\mathrm{S}^{-1}\mathrm{A}^{-1}$$
$$1\,\Omega = 1\,\mathrm{K}\,\mathrm{M}^2\mathrm{S}^{-1}\mathrm{A}^{-2}$$
$$1\,\mathrm{F} = 1\,\mathrm{K}^{-1}\mathrm{M}^{-2}\mathrm{S}^2\mathrm{A}^2\,.$$

Im vorstehenden haben wir die Selbstinduktion L ausgelassen, die in beiden Systemen durch $W = \frac{1}{2}L \cdot I^2$ aus der magnetischen Energie definiert wird. Ihre Einheit ist

$$1\ \text{Henry (H)} = 1\,\Omega\,\mathrm{s} = \tfrac{1}{9} \times 10^{-11}\,\mathrm{cm}^{-1}\,\mathrm{s}^{-1}\,.$$

In Gl. (11b) tritt in $\bar{L}$ die Kombination Lc^2 auf, die auch in allen unseren Aufgaben bei der Berechnung von Selbstinduktionen erscheint. Dort wird Lc^2 anschaulich eine Größe von der Dimension einer Länge. Die Einheit dieser Größe wird

$$1\,\Omega\mathrm{m}^2/\mathrm{s} = 10^9\,\mathrm{cm}\,.$$

Bei den magnetischen Größen ist es am einfachsten, die Feldstärke $\boldsymbol{H}$ aus $\oint \bar{\boldsymbol{H}} \cdot d\boldsymbol{s} = \bar{I}$ durch die felderzeugende Stromstärke zu definieren, wobei im System (2a, b) ein Faktor $4\pi/c$ entfallen ist. Ihre Maßeinheit ist dann

$$1\,\mathrm{A/m} = 4\pi \times 10^{-3}\ \text{Ørsted (Gauß)}\,.$$

Die magnetische Induktion läßt sich entweder über die Energie oder aus

$$\mathrm{rot}\bar{\boldsymbol{E}} = -\dot{\bar{\boldsymbol{B}}}\,; \qquad \oint \bar{\boldsymbol{E}} \cdot d\boldsymbol{s} = -\frac{d}{dt} \oint \bar{\boldsymbol{B}} \cdot d\boldsymbol{f}$$

definieren; ihre Einheit wird

$$1\,\mathrm{V\,s/m^2} = 10^4\,\text{Gauß}\,.$$

Damit wird auch die Permeabilität eine dimensionsbehaftete Größe; für das Vakuum entsteht

$$\mu_0 = 4\pi \times 10^{-7}\,\mathrm{V\,s/(A\,m)}\,.$$

Die angebenen Größen ε_0 und μ_0 genügen der Beziehung $\varepsilon_0\mu_0 = 1/c^2$, wie man leicht nachprüft.

4. Umrechnungsbeispiel

Die Kraft $\boldsymbol{K}$, die von dem Induktionsfeld $\boldsymbol{B}$ auf einen Stromkreis I_1 ausgeübt wird, ist

$$\boldsymbol{K} = \frac{1}{c} I_1 \int (d\boldsymbol{s}_1 \times \boldsymbol{B})\,.$$

Mit $I_1 = \dfrac{1}{\lambda}\bar{I}_1$ und $\boldsymbol{B} = \lambda c \bar{\boldsymbol{B}}$ geht diese Formel über in

$$\boldsymbol{K} = \bar{I}_1 \int (d\boldsymbol{s}_1 \times \bar{\boldsymbol{B}})\,. \tag{1}$$

Wird das Feld $\boldsymbol{B}$ von einem zweiten Stromkreis I_2 erzeugt, so ist am Ort $\boldsymbol{r}_1$ von $d\boldsymbol{s}_1$

$$\boldsymbol{B} = \mu(I_2/c) \int \frac{d\boldsymbol{s}_2 \times \boldsymbol{r}_{12}}{r_{12}^3} .$$

Bei Ausführung der entsprechenden Transformation tritt ein Faktor

$$\frac{1}{\lambda^2 c^2} = \frac{\mu_0}{4\pi}$$

auf; die entstehende Formel lautet

$$\bar{\boldsymbol{B}} = \frac{\mu\mu_0}{4\pi} \bar{I}_2 \int \frac{d\boldsymbol{s}_2 \times \boldsymbol{r}_{12}}{r_{12}^3} . \tag{2}$$

Setzt man $\bar{\boldsymbol{B}}$ aus dieser Formel in Gl. (1) ein, so wird die Kraft zwischen den beiden Stromkreisen

$$\boldsymbol{K} = \frac{\mu\mu_0}{4\pi} \bar{I}_1 \bar{I}_2 \int\int \frac{d\boldsymbol{s}_1 \times (d\boldsymbol{s}_2 \times \boldsymbol{r}_{12})}{r_{12}^3} . \tag{3}$$

Hierbei ist durchweg weder an den geometrischen noch an den mechanischen Größen etwas geändert. Wegen

$$\mu_0 = 4\pi \times 10^{-7} \frac{\mathrm{V\,s}}{\mathrm{A\,m}}$$

erhält man die Kraft in Einheiten von

$$\frac{\mathrm{V\,s}}{\mathrm{A\,m}} \mathrm{A}^2 = \mathrm{J/m} = \mathrm{N} .$$

Für die Kraft zwischen den beiden Helmholtz-Spulen der Aufgabe 65 erhielten wir dort

$$K = 7{,}1838 \left(\frac{I}{c}\right)^2 ,$$

wobei der Zahlenfaktor nur von der Geometrie der Anordnung abhängt. Umgeschrieben lautet die Formel nach Gl. (3)

$$K = 7{,}1838 \frac{\mu_0}{4\pi} \bar{I}^2 .$$

Hier sind $\mu_0/4\pi = 10^{-7}\,\mathrm{V\,s/(A\,m)}$ und $\bar{I} = 5000\,\mathrm{A}$ einzusetzen. Damit entsteht

$$K = 17{,}96\,\mathrm{A}^2 \frac{\mathrm{V\,s}}{\mathrm{A\,m}} .$$

Da $1\,\mathrm{J} = 1\,\mathrm{VA\,s}$ und $1\,\mathrm{N} = 1\,\mathrm{J/m}$ ist, beträgt die Kraft also $K = 17{,}96\,\mathrm{N}$. Das stimmt mit dem in Aufgabe 65 erhaltenen Ergebnis von $1{,}796 \times 10^6$ dyn überein.

Das von den Spulenkörpern erzeugte Magnetfeld hatte den Betrag

$$H = \frac{4\pi}{a} \left(\frac{4}{5}\right)^{3/2} \frac{I}{c} ;$$

die Umrechnung gemäß

$$H = \frac{4\pi}{\lambda c}\bar{H}\,; \qquad I = \frac{1}{\lambda}\bar{I}$$

führt auf

$$\bar{H} = \frac{1}{a}\left(\frac{4}{5}\right)^{3/2}\bar{I}\,;$$

numerisch mit $a = 0{,}2$ m und $\bar{I} = 5000$ A auf

$$\bar{H} = 1{,}789 \times 10^4\,\mathrm{A/m}\,.$$

Da $1\,\mathrm{A/m} = 4\pi \times 10^{-3}$ Gauß ist, stimmt dies mit den in Aufgabe 65 gefundenen 224,8 Gauß überein.

Schließlich hatten wir in Aufgabe 65 den Krümmungsradius R einer Elektronenbahn in diesem Magnetfeld zu

$$R = \frac{mvc}{eH}$$

berechnet. Wegen

$$e = \frac{1}{\lambda}\bar{e}\,; \qquad H = \frac{4\pi}{\lambda c}\bar{H}\,; \qquad \mu_0 = \frac{4\pi}{\lambda^2 c^2}$$

geht diese Formel über in

$$R = \frac{mv}{\mu_0 \bar{e}\bar{H}}\,.$$

Das Auftreten von μ_0 macht deutlich, daß $\bar{B} = \mu\mu_0\bar{H}$ die Ablenkung verursacht. Für $\mu = 1$ hatten wir B und H miteinander identifiziert, was in dem dort verwendeten Begriffssystem natürlich erlaubt ist. Mit $m = 9{,}1 \times 10^{-31}$ kg und $\bar{e} = 1{,}60 \times 10^{-19}$ C erhalten wir auch hier natürlich den bereits in Aufgabe 65 berechneten Wert von R.

Sachverzeichnis

Begriffe, die ständig auftreten, wie Potential, Feldstärke usw., sind jeweils in den Vorbemerkungen zu jedem Kapitel kurz erläutert. Sie wurden deshalb im allgemeinen *nicht* in das Verzeichnis aufgenommen. Dasselbe gilt für spezielle Anordnungen (z. B. „Metallzylinder im homogenen Feld"), die als Überschriften von Aufgaben im Inhaltsverzeichnis erscheinen. Dagegen enthält das Sachverzeichnis Hinweise auf mathematische Hilfsmittel wie spezielle Funktionen und Koordinatensysteme.

Springer

Springer